学术引领系列

国家科学思想库

"十二五"国家重点图书出版规划项目

中国学科发展战略

光化学

中国科学院

科学出版社
北京

内 容 简 介

本书共有八章，内容涵盖有机光化学、能源光化学、环境光化学、光生物学、光致发光和发光分子材料、光致变色材料、太阳能电池和光驱动分子机器八个分支学科。全书针对各分支学科的特点介绍其研究对象及内容，分析评述了国内外研究现状和发展趋势，并针对我国在这些相关领域的未来发展提出了相关战略建议及措施。

本书适合高层次的战略和管理专家、相关领域的高等院校师生、研究机构的研究人员阅读，是科技工作者洞悉学科发展规律、把握前沿领域和重点方向的重要指南，也是科技管理部门重要的决策参考，同时也是社会公众了解光化学学科发展现状及趋势的权威读本。

图书在版编目（CIP）数据

光化学/中国科学院编. —北京：科学出版社，2018.1
（中国学科发展战略）
ISBN 978-7-03-054740-8

Ⅰ.①光… Ⅱ.①中… Ⅲ.①光化学-研究报告 Ⅳ.①O644.1

中国版本图书馆 CIP 数据核字（2017）第 246376 号

丛书策划：侯俊琳 牛 玲
责任编辑：朱萍萍 李丽娇 / 责任校对：何艳萍
责任印制：吴兆东 / 封面设计：黄华斌 陈 敬

科学出版社出版
北京东黄城根北街 16 号
邮政编码：100717
http://www.sciencep.com
北京厚诚则铭印刷科技有限公司印刷
科学出版社发行 各地新华书店经销
*
2018 年 1 月第 一 版 开本：720×1000 1/16
2025 年 2 月第六次印刷 印张：22
字数：440 000
定价：98.00 元
（如有印装质量问题，我社负责调换）

中国学科发展战略

指 导 组

组　长： 白春礼

副组长： 张　涛　秦大河

成　员： 王恩哥　朱道本　傅伯杰
陈宜瑜　李树深　杨　卫

工 作 组

组　长： 李　婷

副组长： 苏荣辉

成　员： 钱莹洁　马新勇　薛　淮
冯　霞　林宏侠　王振宇
赵剑峰

中国学科发展战略·光化学

项 目 组

组　长：李　灿

成　员：（以姓氏汉语拼音为序）

付贤智　黄春辉　匡廷云　李永舫　任咏华
田　禾　佟振合　张洪杰　赵进才　邹志刚

编 写 组

组　长：李　灿

成　员：（以姓氏汉语拼音为序）

安太成　卞祖强　陈春城　冯　婧　付贤智
郭　鑫　韩广业　韩礼元　胡　春　黄春辉
匡廷云　李成宇　李和兴　李永舫　刘可为
刘生忠　马　骧　梅　菊　孟庆波　彭笑刚
曲大辉　全　燮　任咏华　申德振　田　禾
佟振合　王巧纯　王心晨　王雪松　闫世成
杨旭东　尤洪鹏　张洪杰　张隽佶　张志国
章福祥　赵进才　朱永法　訾　威　宗　旭
邹志刚

总　序

九层之台，起于累土①

白春礼

近代科学诞生以来，科学的光辉引领和促进了人类文明的进步，在人类不断深化对自然和社会认识的过程中，形成了以学科为重要标志的、丰富的科学知识体系。学科不但是科学知识的基本的单元，同时也是科学活动的基本单元：每一学科都有其特定的问题域、研究方法、学术传统乃至学术共同体，都有其独特的历史发展轨迹；学科内和学科间的思想互动，为科学创新提供了原动力。因此，发展科技，必须研究并把握学科内部运作及其与社会相互作用的机制及规律。

中国科学院学部作为我国自然科学的最高学术机构和国家在科学技术方面的最高咨询机构，历来十分重视研究学科发展战略。2009 年 4 月与国家自然科学基金委员会联合启动了“2011～2020 年我国学科发展战略研究”19 个专题咨询研究，并组建了总体报告研究组。在此工作基础上，为持续深入开展有关研究，学部于 2010 年底，在一些特定的领域和方向上重点部署了学科发展战略研究项目，研究成果现以“中国学科发展战略”丛书形式系列出版，供大家交流讨论，希望起到引导之效。

根据学科发展战略研究总体研究工作成果，我们特别注意到学科发展的以下几方面的特征和趋势。

---

① 题注：李耳《老子》第 64 章：“合抱之木，生于毫末；九层之台，起于累土；千里之行，始于足下。”

一是学科发展已越出单一学科的范围，呈现出集群化发展的态势，呈现出多学科互动共同导致学科分化整合的机制。学科间交叉和融合、重点突破和“整体统一”，成为许多相关学科得以实现集群式发展的重要方式，一些学科的边界更加模糊。

二是学科发展体现了一定的周期性，一般要经历源头创新期、创新密集区、完善与扩散期，并在科学革命性突破的基础上螺旋上升式发展，进入新一轮发展周期。根据不同阶段的学科发展特点，实现学科均衡与协调发展成为了学科整体发展的必然要求。

三是学科发展的驱动因素、研究方式和表征方式发生了相应的变化。学科的发展以好奇心牵引下的问题驱动为主，逐渐向社会需求牵引下的问题驱动转变；计算成为了理论、实验之外的第三种研究方式；基于动态模拟和图像显示等信息技术，为各学科纯粹的抽象数学语言提供了更加生动、直观的辅助表征手段。

四是科学方法和工具的突破与学科发展互相促进作用更加显著。技术科学的进步为激发新现象并揭示物质多尺度、极端条件下的本质和规律提供了积极有效手段。同时，学科的进步也为技术科学的发展和催生战略新兴产业奠定了重要基础。

五是文化、制度成为了促进学科发展的重要前提。崇尚科学精神的文化环境、避免过多行政干预和利益博弈的制度建设、追求可持续发展的目标和思想，将不仅极大促进传统学科和当代新兴学科的快速发展，而且也为人才成长并进而促进学科创新提供了必要条件。

我国学科体系系由西方移植而来，学科制度的跨文化移植及其在中国文化中的本土化进程，延续已达百年之久，至今仍未结束。

鸦片战争之后，代数学、微积分、三角学、概率论、解析几何、力学、声学、光学、电学、化学、生物学和工程科学等的近代科学知识被介绍到中国，其中有些知识成为一些学堂和书院的教学内容。1904 年清政府颁布“癸卯学制”，该学制将科学技术分为格致科（自然科学）、农业科、工艺科和医术科，各科又分为诸多学科。1905 年清朝废除科举，此后中国传统学科体系逐步被来自西方的新学科体系取代。

民国时期现代教育发展较快，科学社团与科研机构纷纷创建，现代学科体系的框架基础成型，一些重要学科实现了制度化。大学引进欧美的通才教育模式，培育各学科的人才。1912 年詹天佑发起成立中华工程师会，该会后来与类似团体合为中国工程师学会。1914 年留学美国的学者创办中国科学社。1922 年中国地质学会成立，此后，生理、地理、气象、天文、植物、动物、物理、化学、机械、水利、统计、航空、药学、医学、农学、数学等学科的学会相继创建。这些学会及其创办的《科学》、《工程》等期刊加速了现代学科体系在中国的构建和本土化。1928 年国民政府创建中央研究院，这标志着现代科学技术研究在中国的制度化。中央研究院主要开展数学、天文学与气象学、物理学、化学、地质与地理学、生物科学、人类学与考古学、社会科学、工程科学、农林学、医学等学科的研究，将现代学科在中国的建设提升到了研究层次。

中华人民共和国建立之后，学科建设进入了一个新阶段，逐步形成了比较完整的体系。1949 年 11 月新中国组建了中国科学院，建设以学科为基础的各类研究所。1952 年，教育部对全国高等学校进行院系调整，推行苏联式的专业教育模式，学科体系不断细化。1956 年，国家制定出《十二年科学技术发展远景规划纲要》，该规划包括 57 项任务和 12 个重点项目。规划制定过程中形成的“以任务带学科”的理念主导了以后全国科技发展的模式。1978 年召开全国科学大会之后，科学技术事业从国防动力向经济动力的转变，推进了科学技术转化为生产力的进程。

科技规划和“任务带学科”模式都加速了我国科研的尖端研究，有力带动了核技术、航天技术、电子学、半导体、计算技术、自动化等前沿学科建设与新方向的开辟，填补了学科和领域的空白，不断奠定工业化建设与国防建设的科学技术基础。不过，这种模式在某些时期或多或少地弱化了学科的基础建设、前瞻发展与创新活力。比如，发展尖端技术的任务直接带动了计算机技术的兴起与计算机的研制，但科研力量长期跟着任务走，而对学科建设着力不够，已成为制约我国计算机科学技术发展的“短板”。面对建设创新型国家的历史使命，我国亟待夯实学科基础，为科学技术的持续发展与创新能力的提升而开辟知识源泉。

反思现代科学学科制度在我国移植与本土化的进程，应该看到，20世纪上半叶，由于西方列强和日本入侵，再加上频繁的内战，科学与救亡结下了不解之缘，新中国建立以来，更是长期面临着经济建设和国家安全的紧迫任务。中国科学家、政治家、思想家乃至一般民众均不得不以实用的心态考虑科学及学科发展问题，我国科学体制缺乏应有的学科独立发展空间和学术自主意识。改革开放以来，中国取得了卓越的经济建设成就，今天我们可以也应该静下心来思考“任务”与学科的相互关系，重审学科发展战略。

现代科学不仅表现为其最终成果的科学知识，还包括这些知识背后的科学方法、科学思想和科学精神，以及让科学得以运行的科学体制，科学家的行为规范和科学价值观。相对于我国的传统文化，现代科学是一个“陌生的”、“移植的”东西。尽管西方科学传入我国已有一百多年的历史，但我们更多地还是关注器物层面，强调科学之实用价值，而较少触及科学的文化层面，未能有效而普遍地触及到整个科学文化的移植和本土化问题。中国传统文化以及当今的社会文化仍在深刻地影响着中国科学的灵魂。可以说，迄20世纪结束，我国移植了现代科学及其学科体制，却在很大程度上拒斥与之相关的科学文化及相应制度安排。

科学是一项探索真理的事业，学科发展也有其内在的目标，即探求真理的目标。在科技政策制定过程中，以外在的目标替代学科发展的内在目标，或是只看到外在目标而未能看到内在目标，均是不适当的。现代科学制度化进程的含义就在于：探索真理对于人类发展来说是必要的和有至上价值的，因而现代社会和国家须为探索真理的事业和人们提供制度性的支持和保护，须为之提供稳定的经费支持，更须为之提供基本的学术自由。

20世纪以来，科学与国家的目的不可分割地联系在一起，科学事业的发展不可避免地要接受来自政府的直接或间接的支持、监督或干预，但这并不意味着，从此便不再谈科学自主和自由。事实上，在现当代条件下，在制定国家科技政策时充分考虑“任务”和学科的平衡，不但是最大限度实现学术自由、提升科学创造活力的有效路径，同时也是让科学服务于国家和社会需要的最有效的做法。这里存在着这样一种辩证法：科学技术系统只有在具有高度创造活力的情形下，才能在创新型国家建设过程中发挥最大作用。

在全社会范围内创造一种允许失败、自由探讨的科研氛围；尊重学科发展的内在规律，让科研人员充分发挥自己的创造潜能；充分尊重科学家的个人自由，不以“任务”作为学科发展的目标，让科学共同体自主地来决定学科的发展方向。这样做的结果往往比事先规划要更加激动人心。比如，19 世纪末德国化学学科的发展史就充分说明了这一点。从内部条件上讲，首先是由于洪堡兄弟所创办的新型大学模式，主张教与学的自由、教学与研究相结合，使得自由创新成为德国的主流学术生态。从外部环境来看，德国是一个后发国家，不像英、法等国拥有大量的海外殖民地，只有依赖技术创新弥补资源的稀缺。在强大爱国热情的感召下，德国化学家的创新激情迸发，与市场开发相结合，在染料工业、化学制药工业方面进步神速，十余年间便领先于世界。

中国科学院作为国家科技事业“火车头”，有责任提升我国原始创新能力，有责任解决关系国家全局和长远发展的基础性、前瞻性、战略性重大科技问题，有责任引领中国科学走自主创新之路。中国科学院学部汇聚了我国优秀科学家的代表，更要责无旁贷地承担起引领中国科技进步和创新的重任，系统、深入地对自然科学各学科进行前瞻性战略研究。这一研究工作，旨在系统梳理世界自然科学各学科的发展历程，总结各学科的发展规律和内在逻辑，前瞻各学科中长期发展趋势，从而提炼出学科前沿的重大科学问题，提出学科发展的新概念和新思路。开展学科发展战略研究，也要面向我国现代化建设的长远战略需求，系统分析科技创新对人类社会发展和我国现代化进程的影响，注重新技术、新方法和新手段研究，提炼出符合中国发展需求的新问题和重大战略方向。开展学科发展战略研究，还要从支撑学科发展的软、硬件环境和建设国家创新体系的整体要求出发，重点关注学科政策、重点领域、人才培养、经费投入、基础平台、管理体制等核心要素，为学科的均衡、持续、健康发展出谋划策。

2010年，在中国科学院各学部常委会的领导下，各学部依托国内高水平科研教育等单位，积极酝酿和组建了以院士为主体、众多专家参与的学科发展战略研究组。经过各研究组的深入调查和广泛研讨，形成了“中国学科发展战略”丛书，纳入“国家科学思想库—学术引领系列”陆续出版。学部诚挚感谢为学科发展战略研究付出心血的院士、专家们！

按照学部“十二五”工作规划部署，学科发展战略研究将持续开展，希望学科发展战略系列研究报告持续关注前沿，不断推陈出新，引导广大科学家与中国科学院学部一起，把握世界科学发展动态，夯实中国科学发展的基础，共同推动中国科学早日实现创新跨越！

前　言

光是生命起源和人类生存发展的物质基础之一。对光的研究派生了人类科学史上量子力学等许多重大科学领域。这其中，光化学是研究光与物质相互作用所引起的化学效应的化学分支学科，始于20世纪初。光化学早期主要是研究处于激发态的分子的结构及其理化性质的科学。经过上百年的发展，现代光化学的研究对象已经不再局限于激发态小分子，而是扩展到大分子、超分子以及凝聚态体系，特别是自然光合作用体系。现代光化学涉及生物、环境、能源等领域，形成了有机光化学、无机光化学、能源光化学、生物光化学、环境光化学等多个分支学科。近十几年来，随着人类对能源、环境、健康等问题的高度重视，现代光化学研究取得了快速发展，研究领域不断拓展，研究系统趋向复杂化和多元化，研究内容不断深入，成为自然科学的一个前沿研究方向。

鉴于光化学研究科学领域在国民经济发展中的重要作用，特别是近年来国际上该研究领域的发展趋势，中国科学院于化学部常委会十五届十一次会议批准设立学部自主部署项目“光化学学科发展战略研究”项目。项目组由来自中国科学院大连化学物理研究所、中国科学院化学研究所、中国科学院物理研究所、中国科学院理化技术研究所、中国科学院长春应用化学研究所、中国科学院植物研究所、中国科学院生态环境研究中心、中国科学院长春光学精密机械与物理研究所等中国科学院科研院所及清华大学、北京大学、香港大学、南京大学、浙江大学、华东理工大学、大连理工大学、福州大学、上海师范大学、广东工业大学等高校长期从事光化学各分支学科研究的科学家组成。项目组面向国家社会经济和科技发展中的重大需求，围绕能源、环境、生物、材料等重大科学和应用问题，瞄准国际上光化学领域研究的热点和难点，根据光化学学科的分支、历史沿革及其发展态势，系统梳理了光化学学科的发展历程，阐述了光化学学科的发展态势和前沿热点，提出了我国在该研究领域所面临的重要挑战，凝练了关键科学问题，明确了未来的发展方向和目标，形成了本书。

虽然光化学在本质上属于化学的分支学科范畴，但是多种学科，如生命科学、环境科学、物理学等，皆能在这一研究领域进行广泛地交叉融合。鉴于这一特点，本书将以科学问题为依据划分光化学学科各分支方向。全书共八章，依次为有机光化学、能源光化学、环境光化学、光生物学、光致发光和发光分子材料、光致变色材料、太阳能电池、光驱动分子机器。各个分支方向根据其特点又分为若干子课题方向。全书各分支学科自成一体，除包括各分支学科的研究对象及内容、国内外研究现状和发展趋势外，还特别针对我国在这些领域的未来发展提出了相关发展战略建议。各章撰写分工为：第一章由佟振合、王雪松编写；第二章由李灿、邹志刚、章福祥、闫世成编写；第三章由赵进才、付贤智、朱永法、全燮、李和兴、陈春城、安太成、王心晨、胡春编写；第四章由匡廷云、韩广业编写；第五章由张洪杰、黄春辉、任咏华、田禾、苏锵、冯婧、卞祖强、彭笑刚、梅菊、申德振、李成宇、尤洪鹏、刘可为编写；第六章由田禾、张隽佶编写；第七章由李永舫、刘生忠、韩礼元、孟庆波、张志国、杨旭东、訾威编写；第八章由田禾、王巧纯、曲大辉、马骧编写。全书由宗旭归类整理。

需要指出的是，本书涉及能源、环境、健康、材料等多个方向和宽广的领域，内容不可能完全涵盖当今光化学学科研究的方方面面，难免存在疏漏。另外，由于光化学学科发展日新月异，书中所提出的建议也存在一定的局限性。因此，我们希望本书能给大家提供一个参考，以期促进我国光化学研究的发展。

本书在编写过程中得到了中国科学院学部工作局的大力支持。本书成稿后得到了项目组邀请专家的宝贵修改意见和建议。在此，谨向所有为书稿形成中付出辛勤劳动的同行表示衷心的感谢！

李　灿

2017 年 10 月

摘　要

光化学是研究光与物质相互作用所引起的化学效应的化学分支学科。鉴于其与多学科（如生命科学、环境科学、物理学等领域）广泛交叉的特点，本书将以具体的科学问题为依据进行光化学各分支学科的划分，包括有机光化学、能源光化学、环境光化学、光生物学、光致发光和发光分子材料、光致变色材料、太阳能电池和光驱动分子机器八个分支方向，并且各分支方向报告自成一体，以便对各学科涉及的具体科学问题、研究现状、存在的问题及未来发展方向等方面进行梳理和把握。现将各分支学科情况简要总结如下。

有机光化学是研究处于电子激发态的有机分子的物理和化学性质的学科领域。书中重点介绍了近十年来有机光化学领域的重要进展，包括有机生色团光化学反应、光敏化反应和可见光氧化还原催化反应，充分展示了有机光化学近年来的重大发展趋势，即研究重点已从生色团的光化学反应转移到可见光氧化还原催化反应上来，尤其是利用可见光氧化还原催化反应实现惰性化学键的活化和官能化。为了进一步推动有机光化学的持续发展，建议未来更加注重如下几个方面的探索：①发展高立体选择性光化学反应新策略；②发展廉价、高效、稳定、可重复利用的光催化剂和光敏剂；③探索有机光化学反应的工业应用；④利用有机光化学的方法和技术解决能源、环境、生命健康等领域的瓶颈问题；⑤利用相关领域的新方法和技术助力有机光化学研究。

能源光化学是研究将太阳能转化存储为化学能的学科，是能源领域世界性的重大科学难题，兼具重要的科学意义和应用背景。内容主要包括基于半导体材料的能源光催化和光电催化两个方向。其共性核心科学问题包括三个方面：如何实现太阳能的高效吸收、光生电荷的高效分离、传输和高效的表面催化反应过程。该领域研究自 1972 年兴起，虽经历较长的停滞阶段，但自 2001 年以来随着材料、化学、物理、生物、工程等学科的发展取得了许多重要进展。半导体材料的发展经历了从紫外响应到可见光响应及材料吸光范围不断拓宽的阶段；半导体光生电荷分离研究不断取得进展，发展了基于异相结、异质结、晶面的电荷分离策略；基于表面催化反应提出了双助催化剂策略。此外，研究也拓展到理论模拟、超快光谱表征和原位成像技术，对催化的微观反应机理认识逐步深入。现阶段该领域存在的主要问题是太阳能转化效率远低于实际应用的需求。因此，建议未来主要从以下几个方面加强研究：①发展高效光（电）催化材料设计理论、方法，提出指导材料设计、开发的物理参数及模型；②基于材料基因组科学发展具有优异光电特性的宽光谱捕光材料；③发展新型、高效光生电荷分离策略；④发展原位时空分辨的现代光谱表征技术；⑤注重光（电）催化学科与其他学科的交叉融合研究。

环境光化学是研究利用光能进行环境污染物治理的学科。环境问题是目前全人类普遍面临的重大难题。在能源结构难以发生根本性变化的今天，探索和开发高效、清洁的环境污染物治理方法，已经成为治理环境污染的重中之重。污染物治理涉及化学、物理、生物等多个学科，该领域的发展既需要相关学科的基础研究为背景，在发展的同时也会更进一步促进有关学科的进步。本书将从解决空气污染、水污染和微生物污染等问题的光化学净化入手，介绍研究现状，直面科学问题，进而提出学科发展建议。与能源光化学相似，环境光化学污染物治理也依赖于半导体光催化剂和具有强烈氧化还原能力的光生载流子。一系列的氧化还原反应使污染物分子、微生物发生结构破坏和降解，起到净化作用。经过近几十年的发展，可用于光化学污染物净化的光催化材料大大丰富，从最初的二氧化钛、氧化锌等无机金属氧化物到类石墨烯相氮化碳等非金属材料，再到全有机的苝酰亚胺超分子材料等。掺杂、复合、晶面调控等一系列方法也被报道用于光催化性能的提高。同时，材料的光谱利用效率也由最初的紫外光响应，向可见光、红外光拓展，甚至扩展到全光谱响应。但是，目前的种种进步和发展距离实际广泛应用仍然还有一定距离。因此，未来的研究还需要更加深入，进一步探明光化学环境净化的普遍科学规律，进一步开发新型光化学环境净化材料，进一步提高光催化材料净化性能，进一步拓展光催化材料光谱响应范围，进一步促进学科的交叉融合。

光生物学是研究生命物质与电磁波（包括近紫外线、可见光、近红外线波长范围）相互作用的一个领域。光合作用等生物系统中的许多过程需要太阳光进行驱动、调节以及信息传递（如生物荧光、视觉等），使得光生物学成为生物学、化学、物理学研究中的一个重要研究领域。光生物学涉及对太阳能的利用。自然界植物对太阳光的利用一直是生命科学领域的重大基础科学问题，书中主要对植物光生物学相关的研究进行介绍，主要包括植物光合作用、植物对光的感知、植物对光能利用等研究方向。书中对当前国内外研究现状进行了总结，综述该领域研究近30年来取得的诸多突破性进展。针对目前该领域的研究现状及国家目标农业、能源和环境的战略需求，建议加强以下几个方面的研究部署：①光合膜蛋白复合体的结构与功能；②光合作用水裂解的机理；③光合膜蛋白的组装及分子调控；④植物光信号的感知与应答；⑤植物光能利用与应用；⑥光合作用的人工模拟。

光致发光和发光分子材料主要介绍了外界光源激发发光体引起的发光现象及其研究的学科。光致发光材料不仅在传统的照明、装饰和显示等领域发挥重要的作用，还在诸多新兴领域占据了不可或缺的地位，如荧光标记、分子探针、生物成像、激光和新一代照明与显示等，在工农业生产、环境、健康、国防等关系到国计民生的重要行业和领域发挥着重要作用。内容涉及稀土配合物发光材料、过渡金属配合物发光材料、聚集诱导（AIE）发光材料、半导体发光材料、量子点发光材料、长余辉发光材料、LED 用荧光粉和有机-无机杂化发光材料八个方向。其共性核心科学问题是如何深入揭示发光机理，优化光致发光材料的发光性质和综合性能。目前，对于不同类型的光致发光材料的研究处于不同的发展阶段：稀土配合物发光材料、过渡金属配合物发光材料和有机-无机杂化发光材料的基础研究已经达到国际前沿水平；量子点发光材料和LED用荧光粉的研究已经进入应用攻关阶段；亟待开发新型半导体发光材料和长余辉发光材料以开拓新的应用领域；聚集诱导（AIE）发光材料的基础和应用研究尚处于起步阶段。总体来说，我国在光致发光领域虽然取得了一定的成就，但基础研究还有深入的空间，应用方面还有进一步开发的潜能。现阶段该领域存在的主要问题是：对于大多数光致发光材料，发光的机理虽然有普遍的认识，但是深度明显不够；材料的综合性能还不能满足市场需求；不具备大规模制备工艺。因此，建议未来主要从以下几个方面加强研究：①注重基础理论研究，深层次解读各类光致发光材料的发光机理，建立完善并成熟的理论以指导材料的设计和开发；②开发新型高效光致发光材料，开拓新应用领域；③发展规模化制备策略，降低成本；④以实际应用为导向，设计和优化材料的结构与性能；⑤推动实验室与企业合作，共同探索光致发光材料的技术转移和产业化模式。

光致变色材料涉及一类光可逆性能调控的功能性光化学材料的研究。在特定光激发下进行分子异构，并能够在另一束光或其他外界响应（如热）激发下重新回到初始状态的分子材料均属于光致变色材料范畴。在20世纪50年代提出“光致变色”概念之后的60年间，光致变色材料经历了飞速的发展，从传统的染料工业领域逐步拓展到前沿光化学研究和新功能材料应用研究领域。本书分别从光致变色分子与性质、光致变色材料在各领域的应用和研究进展两个方面来介绍国内外光致变色的研究现状，提出未来光致变色材料的研究需要实现“广度”和“深度”的协同发展。广度，即探索光致变色材料在新领域的应用（如生命科学研究），更大限度地发挥光致变色分子的潜力，开发出更多适合用于日常生活及提升社会生产力的新材料；深度，则是针对在各领域应用研究中存在的问题，进一步研究材料光化学机理、提升现有体系的性能及拓展新的光致变色分子体系。在探究光致变色分子机理、实现性能和体系突破方面，力争做到“理论联系实际”，借助理论和计算化学的快速发展，建立更准确、通用的计算方法和模型，对光致变色分子设计与性能提供更准确、高效的预判。

太阳能电池涉及通过光生伏打效应直接把光能转化为电能装置的研究。采用太阳能电池将太阳能转化为电能是解决能源问题的重要途径。虽然硅基太阳能电池已经实现规模化商业应用，但受材料、工艺及器件结构的限制，其效率进一步提升和成本降低空间有限。开发新型太阳能电池及新型光伏材料具有重要的科学和应用意义，是当前的热点研究领域。书中介绍了染料敏化太阳能电池、有机太阳能电池、钙钛矿太阳能电池和薄膜硅太阳能电池四个方面，详细阐述了这些领域的研究内容、发展现状、存在的问题和未来发展方向，并提出了学科发展建议。其中，染料敏化太阳能电池目前的最高认证效率已经达到 11.9%，但其效率近年来没有得到突破，遇到了发展瓶颈。建议加强该类电池工作机理的基础研究，重点发展柔性器件及其制备工艺，加大对新电池材料和新器件结构的创新性研究。有机太阳能电池目前的光电转化效率已经超过 12%，到了向大面积器件制备和实际应用发展的阶段。我国在这方面的研究处于国际先进水平。今后要发展新型光伏分子材料以进一步提高电池性能，进行大面积柔性透明电池制备工艺研究，阐明影响器件稳定性的机理以进一步提高器件稳定性，并深入开展器件物理方面的研究。钙钛矿太阳能电池是光伏领域的研究热点，近年来其效率实现了跨越式发展，认证效率已经达到 22.1%，奠定了其可能进行商业化发展的基础。为了实现该类电池的大规模应用，必须解决其大面积制备及模块化的问题、电池的稳定性问题及使用铅带来的毒性问题。因此今后工作要加强电池结构、薄膜制备工艺、电池退化机制和替代铅的钙钛矿光伏材料研究。薄膜硅太阳能电池全球生产线产能达到 10 GW 以上，但其效率远低于晶硅电池，无法与其展开差异化竞争。因此书中建议应重点突破晶硅电池不能应用的柔性电池领域，扩展柔性电池在军事及特殊民用领域的用途。同时需要加强硅基薄膜电池在实验室的基础研究，通过多结电池技术和提高衬底陷光等措施使其效率达到 16%以上。此外，该领域所需关键生产设备和技术被国外垄断，我国的生产线几乎全部需要进口，因此急需实现关键设备国产化，以降低成本，提高市场竞争力。

光驱动分子机器涉及如何利用光能来驱动由分子构成的微观纳米机器使之产生机械运动的研究。2016 年，诺贝尔化学奖授予从事“分子机器”研究的三位科学家，这种将诺贝尔化学奖授予一个还处于基础研究阶段的研究领域的情况极其少见，说明了分子机器具有一定潜在的应用前景。书中内容主要包括光驱动互锁分子机器和光驱动分子马达两部分。核心问题主要涉及驱动原理、运动方式及所实现的功能。到目前为止，光驱动分子机器已经在纳米机械、药物可控释放，特别是分子器件领域显示出重大的应用前景。但是，要使其走入实际应用，还需要解决如何提高光化学反应转化效率、防止分子机器在固态条件下运转受阻、分子机器之间如何通信、分子机器之间如何协调一致运转等问题。因此建议未来从以下几个方面加强研究：①构建定向运动的光驱动分子机器，实现机械能输出；②与电、热、磁等领域进行交叉，发展新型功能分子机器；③将光驱动分子机器进行材料化，对微观运动进行放大，进而实现特定功能。

综上所述，光化学各分支学科具有鲜明的特色，但各分支学科同时存在共性的科学和技术问题。为了促进光化学学科从基础科学研究到应用研究的协调发展，建议未来主要从以下几个方面进行光化学学科的布局：

（1）加强光化学各分支学科领域的基础理论研究工作，以实现基础科学的突破为起点，逐步建立较完善的理论体系，为高性能光化学材料体系的设计、构建及光化学反应转化过程的实现奠定坚实的理论基础。

（2）在基础理论指导下，注重光化学核心材料的源头创新研究，发展具有自主知识产权的关键材料体系及其规模化制备技术，并制定相应的规范和标准。

（3）以市场为导向，与工业领域交互，加强产学研相结合，吸引企业参与研发工作，将实验室的研究成果转化成可为国家能源、环境、健康、国防等领域做出实质贡献的产品和技术，真正造福于国家和人民。

（4）将光化学学科发展纳入国家长期发展规划体系，加大对研发投入；建立切实可行的学科交叉研究合作交流的机制，促进学科协同发展；此外，要加强光化学学科人才培养和人才队伍结构优化，重视基础科研和工程技术研究骨干的培养。

Abstract

Light lays one of most important bases for the origin of life and the sustainable development of human beings. The study on light has triggered many important scientific breakthroughs in history, such as Theory of Relativity and Quantum Mechanics. Photochemistry is a branch discipline of Chemistry and mainly focuses on the topic of the chemical effect induced by light-matter interaction. Researches on photochemistry started at the beginning of 20 century. Initially, the main subject of Photochemistry was studying small molecules in their electronic excited states. With the development in the past century, the subject of modern photochemistry has been expanded to macromolecule, supermolecule, condensed matter, and even nature photosynthetic systems. Moreover, photochemistry has been actively crossed with the disciplines of physics, biology, environment, energy and plays more and more important roles in various fields.

The present report is outlined according the main scientific issues of the different sub-disciplines of photochemistry and accordingly consisted of eight chapters, including Organic photochemistry, Energy photochemistry, Environment photochemistry, Photobiology, Photo-luminescence, Photochromism, Solar cells, and Light-driven molecular machines. To facilitate the better understanding of the main scientific issues, research status, existing problems, and potential research directions of different sub-disciplines, every sub-discipline is introduced individually in separate chapter. The main results of the project are as follows.

Organic photochemistry is a scientific discipline that studies physical and chemical properties of organic molecules in their electronic excited states. Compared to thermal-reactions, organic photoreactions exhibit energy-saving and clean features, opening new avenues for green chemistry. The authors reviews the important advances of organic photochemistry over the past decade, including photoreactions of organic chromophores, photosensitized organic reactions and visible-light photoredox catalytic reactions, and fully demonstrates the most significant development tendency of organic photochemistry, i.e. the research focus has shifted from the photoreaction of chromophores to the visible-light photoredox catalysis, particularly to the activation and functionalization of inert chemical bonds by way of visible-light photoredox catalysis. To guarantee further development, more efforts should be paid on the following directions, ① developing new strategies for organic photoreactions of high enantioselectivity; ② pursuing new photocatalysts with high activity, high durability, cost-effectiveness, and recyclability; ③ exploring industrial application of organic photochemistry; ④ exploiting the photochemical methods and techniques to address the bottleneck problems of other fields, such as energy, environment, and life and health; ⑤ utilizing new methods and techniques of related fields to boost the research of organic photochemistry.

Energy photochemistry focuses on the research topic of converting solar energy into chemical energy such as hydrogen production from water splitting and reduction of CO_2 into chemicals. This research area is quite challenging and has been well-known as the "Holy Grail of Chemistry". Two important directions, including the powder-based photocatalytic system and film-based photoelectrochemical systems are introduced. Three most common and important scientific issues in this field including how to realize efficient light absorption, how to realize efficient separation and transportation of photogenerated charges, and how to achieve efficient catalytic reactions are discussed. It was pointed out that this research field which started at ca. 1972 experienced a stagnation stage and while undergo renaissance in the past decade with the rapid development of the disciplines of material, chemistry, physics, biology, engineering. The semiconductors have been expanded from the UV-responsive materials to visible-light-responsive materials and even the infrared-light-responsive materials. Strategies and concepts for promoting charge separation have been developed including "Junction promotion effect", "facet promotion effect", and "composite promotion effect". As for the surface catalysis, the concept of"duel cocatalyst" has been well developed and replacing noble-metal-based cocatalysts with non-noble-metals materials has been received great attention. Furthermore, the fundamental investigations on the mechanism of photocatalysis and photoelectrocatalysis have been greatly promoted with the aid of theoretical calculations in-situ and time-resolved spectroscopies and imaging techniques. However, the present solar-to-chemical conversion efficiency is still far below the value required for commercialization (A solar-to-chemical conversion efficiency of 10% is generally required), which substantially hinder the practical application this technology. Moreover, the clear identification of the fundamental reaction mechanism still remains a big challenge. To promote the development of energy photochemistry in the future five suggestions are proposed. ① Develop fundamental theories and methods that can guide the design and synthesis of efficient photocatalytic and photoele-ctrocatalyic materials; ② Explore and develop wide-light-responsive semiconductor materials via Materials Genome Initiative; ③ Develop strategies for promoting efficient charge separation and transportation; ④ Develop in-situ time-resolved and spatially resolved spectroscopies and monitoring techniques to better understanding the reaction mechanism; ⑤ Promote the interdisciplinary investigation between energy photochemistry and other research fields.

Environmental photochemistry focuses on the subject of using light energy for environmental pollutants treatment. Environmental pollution is a general problem that all mankind are faced with, which influences strongly on human health, social development and other aspects. Nowadays, it is still difficult to radically change the energy and industrial structure, which are the roots of the present environment problems. As a result, it has become a top priority in the management of environmental pollution to explore the efficient and clean methods. Pollutant treatment involves chemical, physical, biological and other disciplines, the development of the field requires both the basic research of the relevant disciplines as the background, while the development will further promote the progress of the relevant disciplines. This chapter will start from the photochemical purification of air pollution, water pollution and microbial contamination, introduce the research status, face the scientific problem, and then put forward the development of disciplines. Similar to the previous chapter, photochemical pollutant treatment is also dependent on the semiconductor materials and photogenerated carriers of a strong redox effect. A series of redox reaction to pollutants molecules, microbial damage and degradation of the structure, play a role in purification. After a few decades of development, materials for photochemical contamination treatment are greatly enriched from the initial TiO_2, ZnO and other inorganic metal oxides, to g-C_3N_4 and other non-metallic materials, the organic perylene imide supramolecules and so on. Dope, composite, crystal surface control and other series of methods have also been reported for the improvement of material performance. At the same time, the spectral efficiency of the material is also affected by the initial UV light, to visible light, infrared light expansion, and even extended to full spectral response. On these bases, the basic principles and scientific laws on photochemical environmental cleanup are also being gradually proven. However, the current progress and development, from the actual large-scale applications still have a long distance. Therefore, the future research needs to be more in-depth, further explore the general scientific laws of photochemical environment purification, further develop new photochemical environment purification materials, further improve the material purification performance, further expand the spectral response range of materials, and thus further promote the cross-integration of disciplines. Let us take the power of science to build a beautiful China.

Photobiology comprises all phenomena that arise from the interaction of living matter with electromagnetic waves in region of near ultraviolet (NUV), visible (VIS) and near infrared (NIR). This research is a very important area in sciences of life, physics and chemistry because a large number of processes in biological systems are driven, regulated by solar radiation. Equally, light plays an important role in transfer and exchange of information(for example, bioluminescence, vision etc.). With the respect of solar energy exploitation, the use of solar energy by plant is one of the most important and basic topics in the field of life sciences. The authors concentrated on the research in plant photobiology and begins with an introduction of three general subject areas: Photosynthesis; the perception of light by plants; the utilization of light energy by plants. This chapter gives a detailed summary on the international research status in this area. Many important progress and breakthroughs in the past 30 years are listed. In view of the present research status in this field and national goals: Strategic needs of agriculture, energy and environment, future perspective and plan of this field are suggested as follows: ① the structure and function of photosynthetic membrane protein complexes; ② the mechanism of water splitting in photo-synthesis; ③ assembly and molecular regulation of photosynthetic membrane proteins; ④ plant perception and response of light signal; ⑤ light energy utilization and application of plant; ⑥ artificial photosynthesis.

Photoluminescence subject is to study the luminescent phenomenon of luminescent materials excited by external light source. With the development of science, photoluminescent materials occupy the indispensable positions not only in the traditional lighting, decoration and display areas, but also in many emerging areas, such as fluorescent labeling, molecular probes, biological imaging, laser, and the new generation of lighting and display. It can be seen that photoluminescent materials play important roles in the important industries and fields related to national people's livelihood, such as industry and agriculture, environment, health, biomedicine, information storage, national defense. This chapter covers eight directions, including rare earth complex luminescent materials, transition metal complex luminescent materials, aggregation induced (AIE) luminescent materials, semiconductor luminescent materials, quantum dot luminescent materials, long afterglow luminescent materials, LED phosphors and organic-inorganic hybrid luminescent materials. The common key scientific problem is how to reveal the photoluminescence mechanism in depth and optimize the luminescent properties and comprehensive performances of the photoluminescent materials. At present, the research of different types of photoluminescent materials are in different stages: the basic research of rare earth complex luminescent materials, transition metal complex luminescent materials and organic-inorganic hybrid luminescent materials have reached the front level in the worldwide; the application research of quantum dot luminescent materials and LED phosphors are in the crucial stage; there is an argent need for developing novel semiconductor luminescent materials and long afterglow luminescent materials to open new applications; the basic and application research of aggregation induction (AIE) luminescent materials are still in its infancy. In a word, we have made some achievements in the field of photoluminescence. There are space for deep basic research and potentials for application research. Currently, the main problems in this field are: the photoluminescent mechanism is generally recognized, but not enough; the comprehensive performance cannot meet the market-oriented needs; lack of large-scale preparation process. Therefore, the proposals are as follows: ① focusing on the basic theoretical research, deep understanding the photoluminescent mechanism of various types of photoluminescent materials, to establish the mature theory to guide the design and development of materials; ② to develop efficient novel photoluminescent materials and open the new applications; ③ to develop large-scale production strategy and reduce costs; ④ to design and optimize the structure and performance of materials according to the practical application-orientation; ⑤ to promote the cooperation of laboratories and enterprises, to explore the technology transfer and industrialization model.

Photochromic material deals with a category of functional photochemical materials of which the properties could be reversibly tuned upon light irradiation. The photochromism could take place under certain wavelength of light excitation, and returned to the initial state under another beam of light or other external reactions (such as heat). Since the concept of photochromism raised in 1950s, the development of photochromic materials is booming from the traditional dye industry to the forefront of photochemical research and new functional materials. The introduction of current development of photochromic materials is focused on two main subjects: photochromic molecules and properties, applications of photochromic materials in various research fields. Suggestions for the future research and development of photochromic materials are also raised as both the breadth and depth of the research should be emphasized. The breadth means to explore the application of photochromic materials in new areas (such as life science research), reaching the best of their potential and developing more materials for daily life and the whole society. Focusing on the limitations of current molecular systems, the depth aims to study photochemical mechanism of molecules, improve performances of present systems, as well as discover new photochromic systems. Another important issue is to combine practice with theory. With the rapid development of computational chemistry, establishing a more accurate and general calculation method would be a target for endeavor to give a more accurate and efficient prediction for photochromic molecular design.

Solar cells deals with the topic of converting solar energy to electricity directly by photovoltaic effect. Among all the solar cells under investigation, silicon-based solar cells have been commercialized on a large scale; it, however, is difficult to further increase their power conversion efficiency (PCE) and decrease their production cost because of limitations of materials, processing techniques, and device configurations. Therefore, developing novel photovoltaic materials and devices is particularly significant in terms of both the science and the application, which, actually, has been attracted a lot of research attention recently. This chapter introduces four types of novel photovoltaic cells, namely, dye-sensitized solar cells (DSSCs), organic solar cells (OSCs), perovskite solar cells (PSCs), and thin-film silicon solar cells (TFSSCs). For each of them, the research topics, status, challenges, as well as the development directions in the future are discussed. Scientific suggestions on how to put each area forward are also proposed.DSSCs with a record certified PCE of 11.9% has been bottlenecked for several years. The report suggests that more attention should be put on the working principle, flexible devices, new dye sensitizers, and design of device structure. OSCs have exceeded a PCE of 12%, reaching a stage on which large-area devices and practical applications should be considered. It should be noted that Chinese researchers take the leading position in the area of OSCs around the world. Research focuses should be on the development of new organic materials to further improve the device performance, the processing method of large-area flexible transparent devices, the understanding of reasons of device degradation to increase the device stability, and the device physics in depth. PSCs has become a very hot research topic because of their fast-growing PCE that has reached 22.1% in the past few years, paving the road for their further applications. For such a purpose, some issues still need to be addressed, such as the fabrication of large-area devices and modules, the improvement of device stability, the elucidation of device degradation process, as well as the avoidance of use of toxic lead element. Much more research efforts should be made in the device design, processing method of perovskite film, degradation mechanism of devices, and preparation of lead-free perovskite materials. TFSSCs has been industrialized with a global production capacity over 10 GW. However, their PCE is far away from that of crystal silicon solar cells, making them vulnerable in the differentiated competition with the latter. The report suggests that the TFSSCs should take aim at the area of flexible devices where the crystal silicon solar cells are not competitive, for examples in the application for military and special occasions. It may be good for the research on TFSSCs returning back to laboratory so as to increase their PCE exceeding 16% by using the multi-junction cells and the improved light trapping structure. More importantly, the key production equipment and technology are monopolized by other countries, which requires their rapid localization for decreasing the production costs and increasing the market power.

Light-driven molecular machine dealing with the topic of using solar energy to power nano machines made of molecules to enable mechanical movements. In 2016, Nobel Prize in chemistry was awarded to three scientists who engaged in the study of molecular machines. It is extremely rare to confer the Nobel Prize for a research field of chemistry that is still in the basic stage, which fully demonstrates the promising future of molecular machines. This chapter consists of two parts—light driven interlocked molecular machines and light driven molecular motors. The core issues mainly involve their work principles, mechanical movements and the resulting functions. So far, light driven molecular machines have shown great potential applications in the field of nano machinery, controlled drug release, especially molecular devices. However, to make molecular machines into practical applications, many obstacles, such as how to improve the conversion efficiency of photochemical reactions, how to achieve effective operations in solid state, how to realize mutual communications between machine molecules, and how to achieve the uniform movements of a huge number of machine molecules, are still needs to be overcome. Therefore, it is suggested that the research in the following aspects should be emphasized: ① setting up non-equilibrium light driven molecular machines that work in single direction; ② integrating with areas of electricity, heat and magnetic, and as a result developing new functional molecular machines; ③ producing light driven molecular machine materials, where the micro motion of a machine molecule is amplified, and specific functions are thus obtained.

In summary, although the different sub-disciplines of photochemistry have distinct features, they have common issues from both the scientific and the technological points. To promote the synergetic developments of the photochemistry in both the fundamental and applied research fields, it is suggested to focus on the following points in the future studies.

(1) Strengthen the theoretical studies of the different sub-disciplines

of photochemistry in order to realize the breakthrough in theory and establishment of well-developed theoretical systems, which will lay the theoretical basis for the design and synthesis of high-performance photochemical materials and the development of novel photochemical processes.

(2) Emphasize the innovation in the development of photochemical materials under the guidance of basic theories. Develop key material systems with proprietary intellectual property rights and their scalable synthetic strategies.

(3) Promote the integration of production, teaching and research with market-oriented perspective. Attract partners from industry to invest in R&D by establishing preferential policies and realize the technical transformation of the achievements in laboratory to energy, environment, health, and military fields.

(4) Integrate photochemistry subject into the national long-term strategic system and increase the investment in R&D in the related research fields. Promote the integration of photochemistry with other disciplines to enable their synergetic development. Strengthen the cultivation of young talents and the optimization of the research team in both the fundamental and the applied research fields.

目 录

第一章 有机光化学

第一节 有机光化学概述

有机光化学是研究处于电子激发态的有机分子的物理和化学性质的科学[1,2]。处于激发态的有机分子相比于其基态，电子分布和构型发生了显著的改变，其物理和化学性质也随之发生巨大变化。以羰基化合物为例，当其吸收紫外光到达最低激发态后，其基态下的最高占据轨道（羰基的 n 轨道）和最低空轨道（羰基的π^*轨道）均处于半填充状态，这一电子构型决定了它们极易发生两种类型的反应，即与羰基相连的C—C 键的均裂（Norrish Ⅰ型反应）和分子内（Norrish Ⅱ型反应）或分子间的抽氢反应。这种有别于基态电子构型所引发的化学转化赋予了光化学反应许多区别于传统热化学反应的特点。首先，光化学反应的活化能非常小，甚至无需活化能，所以光反应往往在室温甚至低温条件下就可以有效发生。其次，光反应过渡态电子结构与传统热化学反应过渡态可能有大的差异，因此可以实现热化学反应难以实现的化学转化。最后，光子作为一种极特殊的“化学试剂”，其“无痕”特性为绿色化学开辟了新途径。

早期的有机光化学研究主要是从分子水平上研究有机分子激发态的形成、结构、物理特性和化学行为，重点研究新的光化学反应，探索反应机理，解释和归纳光物理现象。在近半个多世纪的发展过程中，这门新兴学科进展迅速。大量有机化合物、配位化合物、金属有机化合物的光化学和光物理行为被了解，并得到理论上的阐明，许多重要激发态在结构、能量及动态学方面的研究已相当深入。随着实验技术和基础理论的发展和完善，有机光化学的研究达到了一个新的层次，主要表现在两个方面。一是研究的时间尺度由稳态向瞬态发展，时间分辨的吸收光谱、发射光谱、核磁共振谱、顺磁共振谱、红外光谱和激光拉曼光谱等瞬态分析测试仪器在光化学研究中得以普及，时间分辨率从早期的毫秒级和微秒级发展到现在的皮秒级和飞秒级，使深刻认识有机光化学反应机制成为可能；二是光化学研究对象的空间尺度正在由分子层次向分子以上层次发展，超分子光化学研究日益受到重视，成为光化学研究的新热点。

近年来，光化学正在与材料、能源、生命、信息、环境等学科交叉融合，光化学的研究结果也正在加速向高新技术转化，如高效绿色光化学及光催化合成技术，高效光电转换材料，高密度大容量信息记录、显示和存储材料，非线性光学材料，高精度超微细加工技术，光催化环境治理等。人们越来越清楚地认识到，这些研究过程中所涉及的基础问题实际上都可以追溯到光与物质相互作用这一自然界最基本的问题上，这为光化学的发展提供了前所未有的机遇。目前国际最新的研究动向之一就是人们开始充分利用多年来在光化学研究上的成果和积累研究高新技术领域中的一系列基础理论问题，这些基础问题的解决必将使光化学合成与技术、人工模拟光合作用和光电功能材料等研究工作获得重大的突破。

在有机光化学与多学科、多领域高度交叉融合的今天，以高效、高选择性、经济、节能和环保的方式实现物质的化学转化依然是其核心使命。100 多年前，意大利化学家 G. Ciamician 和 P. Silber 就意识到有机光化学的重要意义。面对烟囱林立、喷云吐雾的工业区，他们发出这样的感慨："不毛之地上将涌现不再冒浓烟和没有烟囱的工业聚集区：玻璃管如同森林般地布满平地，随处可见高效进行着光化学反应的玻璃建筑。人类不但掌握了现在看来仍然神秘的植物光化学过程，并且知道如何比自然更加高效地获得所需产品。因为自然无需匆忙，但人类社会则必须。倘若如此，即使在遥远的将来煤炭供应完全枯竭，人类文明也不会因此受到影响。因为只要太阳照常升起，生命和文明将会继续。"现如今，对雾霾已有切肤之痛的中国民众更期待化学工业加快绿色化步伐。以洁净、节能、节约为特点的有机光化学应该担当起其应有的历史使命，为人类的可持续发展做出其应有的贡献。

第二节　有机光化学研究现状及发展动态分析

一、有机生色团光化学反应

有机生色团得名于其吸光特性，如羰基基团、烯烃基团等可吸收紫外光，共轭烯烃、稠环芳烃等则可吸收可见光。20 世纪初，G. Ciamician 和 P. Silber 率先关注有机生色团的光化学反应。当时的实验条件非常简陋，他们利用阳光的直接照射得到了许多难以合成的反应产物。第一次世界大战后，光化学反应研究在意大利、德国、英国、美国、日本、苏联等国家蓬勃发展起来。光源、分光装置、产物分离鉴定仪器设备的快速进步，也极大程度地促进了光化学反应的研究。随着时间分辨技术和现代谱学的广泛应用，人们对于光化学反应机理的认识也走向深入。

到 20 世纪末，有机生色团的光化学反应研究已发展得相当成熟，人们对于羰基、烯烃、芳烃等生色团直接光照所引发的各类反应及其机理已有了全面和深入的了解。在此基础上，研究重点转移到如何运用业已成熟的生色团光化学反应构筑复杂的、热化学难以获得的化学结构，探索光化学在药物及药物中间体等重要化学品合成领域的应用。

维生素 D_3 的生物合成是有机生色团光化学反应的一个典型代表。人体细胞中的 7-去氢胆固醇在太阳光谱中紫外线照射下，经由 6 电子顺旋电环化开环，再经过一步热异构化转化为维生素 D_3。由于维生素 D_3 是人与动物生长、发育、繁殖、维持生命和保持健康必不可少的一种脂溶性维生素，大规模工业合成非常必要。维生素 D_3 的大规模工业制备也正是利用了这一光化学反应。2000 年以前，维生素 D_3 的制备一直被少数几家国外制药企业所垄断，如瑞士 Roche 公司、德国 BASF 公司和荷兰 Duphar 公司，并对我国实施技术封锁，我国的维生素 D_3 需求几乎全部依赖进口。曹怡、张宝文等针对巨大的市场需求、国内生产的空白以及国外工艺技术上存在的诸多缺陷等情况，开创了全新的 7-去氢胆固醇无溴合成路线以及维生素 D_3 复合介质光反应技术[3]，使维生素 D_3 总产率高达 44%，比国际通用技术的产率提高了 10 个百分点。“维生素 D_3 生产新工艺”在浙江花园工贸集团有限公司投入生产，目前该集团已成为国际上维生素 D_3 最大生产企业，产品国内市场占有率大于 90%，国际市场占有率大于 60%。

羰基生色团的光反应在有机光化学领域占有重要的位置，至今仍是有机光化学研究的重要对象之一。羰基相连的烷基链的γ位具有氢原子时，羰基被激发后可通过分子内 1,5-氢攫取反应生成 1,4-双自由基，再经由分子内自由基耦合生成四元环的醇，这就是经典的 Norrish-Yang 光环化反应，是合成多取代四元碳环的有效策略之一。虽然羰基化合物简单易得、热稳定性好，但在激发态时却非常活泼，因此如何提高化学选择性，甚至高立体选择性地实现 Norrish-Yang 光环化反应无疑对合成化学、光化学及手性化学非常重要。随着不对称催化以及固相反应技术的发展，一些高选择性的 Norrish-Yang 光环化反应被陆续报道[4-6]。例如，将手性胺作为手性辅基引入邻羰基酰胺后，在结晶态时光照，即可以 98%的转化率和大于 99%的 d.e.值得到手性的β内酰胺[7]。

激发态羰基化合物在无活泼γ位氢原子时，也可发生 1,3-、1,5-、1,6-甚至更长距离的氢攫取反应产生双自由基，进而通过分子内自由基偶联构建出各种羟基取代的环状结构。这种策略对有机合成化学中大环的构建非常有用，例如，苯基乙醛酸苄氧基戊酯在光照下经由 1,11-氢攫取和自由基偶联生成多取代的十元环氧代内酯[8]。若羰基化合物以柔性链和一个富电子的给体连接，则分子内环化反应也可通过分子内电子转移实现。例如，邻苯二甲酰亚胺衍生物分子内环化反应，硫甲基[9]、酰胺[10]及三甲基硅基醚[11]等都可以作为电子给体。经过邻苯二甲酰亚胺衍生物和电子给体间的电子转移、质子或电荷中心迁移、官能团脱除等一系列途径，最终产生较稳定的双自由基，进而偶联生成多种内酯、内酰胺、环肽、环醚等中环和大环化合物。徐建华研究组报道了 *N*-(ω-羟烷基)-4,5,6,7-四氯邻苯二甲酰亚胺与烯烃的分子间光诱导电子转移反应，得到了一系列含氮、氧的中环和大环化合物[12]。

激发态的羰基化合物和烯烃分子间的［2+2］环加成反应（Paternò-Büchi 反应）是构建氧杂环丁烷的一种重要方法。氧杂环丁烷结构广泛存在于生物活性天然产物中，是一类非常有用的合成中间体。例如，Merrilactone A 是一种从滇西八角中分离得到的具有显著神经营养活性的五环双内酯倍半萜，就含有氧杂环丁烷结构。其核心骨架的构建可以通过 Paternò-Büchi 反应以高达 93%的产率实现[13]。

Paternò-Büchi 反应在合成化学中的应用价值吸引了许多化学家致力于提高该反应的立体选择性，其中利用手性辅助剂诱导的方法取得了不错的效果。Bach 等在研究醛和嘧啶酮之间的 Paternò-Büchi 反应的立体选择性时发现，使用 Kemp's 三羧酸的衍生物为手性辅剂，由于酰胺化合物之间氢键强有力的绑定，嘧啶酮和醛经过［2+2］光照环加成生成了具有大于 90%非对映异构选择性的产物氧杂环丁烷[14]。

蒽的光二聚反应很早就被人们发现，但萘衍生物光二聚反应的发现晚了约一个世纪。研究发现，只有在特定位置上有合适取代基的萘的衍生物才容易发生光二聚反应[15]。吴骊珠、佟振合等[16-20]合成了两末端以萘环标记的聚乙二醇链化合物，利用 Na-Y 型沸石超笼孔腔和低密度聚乙烯薄膜的非晶区作为微反应器，高效、专一地合成分子内光二聚类立方烷结构的产物。进一步的研究发现[21]，使用葫芦脲包结萘环标记的聚乙二醇链化合物，在水溶液中光照葫芦脲能够迅速专一地生成分子内光二聚产物，量子产率高达 40.7%。吴骊珠、佟振合等还以γ-环糊精作为手性微反应器，萘衍生物光二聚体呈现出立体选择性，ee 值达到 48%[22,23]。

二、光敏化反应

依据未成对电子自旋方向的不同，生色团的激发态可以划分为单重激发态和三重激发态，两者往往会有不同的光反应历程，得到不一样的光反应产物。但是许多生色团被光直接激发时，由于低的系间蹿越效率，难以达到其三重激发态。利用具有高三重激发态能量和量子效率的光敏剂，借助能量传递作用，可以方便、高效地实现有机生色团的三重激发态光反应。

在光敏化反应中，光敏氧化反应的意义重大。借助光敏剂与基态氧之间的能量传递，可以生成高反应活性的单重态氧物种，进而实现众多类型有机分子的氧化反应。传统的热化学氧化反应多使用过量的铬酐、重铬酸钾、高锰酸钾、过氧化氢等氧化剂，它们的储存、运输和使用过程均存在不同程度的安全隐患和环境风险。光敏氧化反应使用催化量的光敏剂，光子既可以来自人造光源，也可以来自太阳光，氧气可直接来自空气，氧化活性物种只有在光照条件下才能原位产生，从源头消除了热化学氧化反应所面临的各种弊端。王雪松、张宝文等以卟啉类化合物为光敏剂，实现了薯蓣皂苷元的光敏氧化，成功制备了甾族药物最重要中间体 16-脱氢孕烯醇酮醋酸酯（16-DPA），在安徽科宝生物工程有限公司建成 40 t/a 生产能力的工业示范线，该技术从生产源头解决了传统 16-DPA 生产工艺中由于使用铬酐作为氧化剂所带来的严重的铬污染问题[24]。

在光敏氧化反应中，激发态的光敏剂除了可以通过能量传递作用生成单重态氧外（即光敏氧化 II 型反应），还可能先和底物发生电子转移，再将电子传递给氧气，生成超氧阴离子自由基，后者和底物或者失去电子的底物进行作用，称为光敏氧化Ⅰ型反应。在烯烃的光敏氧化反应中，单重态氧、超氧阴离子以及羟基自由基等高活性物种都可与底物作用，导致反应产物众多、化学选择性差。佟振合、吴骊珠等首次利用微反应器控制烯烃的光敏氧化的方向，将分子筛 Na-ZSM-5 吸附的烯烃分散在异辛烷或者季戊四醇三甲基醚的溶液中，以 9,10-二腈基蒽和竹红菌素作为光敏剂，借助分子筛对光敏剂的阻隔作用，抑制了光敏氧化Ⅰ型反应，单一地得到单重态氧氧化产物[25]。他们还利用 Nafion 膜和囊泡作为微反应器，当同一 Nafion 膜内或同一囊泡内同时负载光敏剂和烯烃底物时，得到光敏氧化Ⅰ型产物，当膜内只负载烯烃底物或将烯烃底物和光敏剂负载入不同的囊泡内时，得到光敏氧化Ⅱ型产物[26,27]。此外，他们还利用 Na-ZSM-5 和 Na-Y 两种沸石有效调控了烯烃与单重态氧的 ene 反应产物的区域选择性[28]。吴骊珠、佟振合等[29]进一步将多吡啶铂（Ⅱ）配合物通过胺基的配合作用负载在 SBA-15 系列介孔分子筛中，用于光敏化氧化一系列含有不饱和 C═C 键的底物分子，生成相应［2+2］、［4+2］环加成及 ene 反应产物。负载提高了多吡啶铂光敏剂的稳定性，多孔材料的再利用只需过滤，重复使用 10 次后，其效率未见明显降低。

光敏氧化反应在天然产物和药物制备领域发挥了重要作用[30]。Brun 等利用单重态氧与烯丙醇的反应以及随后与环己酮的缩合，得到青蒿素的核心结构三氧杂环己烷骨架[31]。Seeberger 等则以青蒿酸为原料，通过多步热化学转化和一步光敏氧化反应，成功制备青蒿素[32]。三氧杂环己烷骨架还可以通过［4+2］环加成反应合成，驱蛔素的合成就是通过单重态氧与萜品烯的加成反应获得，得到的三氧杂环的产物进一步衍生化，目标产物在抗疟疾方面具有很好的疗效[33]。Selke 等[34]研究发现反式白藜芦醇可以和单重态氧发生［2+2］或者［4+2］环加成反应，前者产生的二氧环丁烷分解成两种醛产物，后者生成的内过氧化物则重排生成桑辛素 M。

单重态氧与呋喃衍生物的加成反应也得到深入研究[35]。呋喃甲醛和氧气在光敏剂的作用下，首先发生［4+2］环加成反应，生成的内过氧化物在甲醇作用下通过重排反应生成内酯化合物[36]。通过单重态氧可以在醛或者酮羰基的 α 位引入羟基官能团[37,38]。Vassilikogiannakis 等用一锅法将简单的呋喃衍生物在水溶液中光敏氧化为 4-羟基-2-环戊酮结构[39]。富电子的吲哚也能和单重态氧发生加成，随后通过分子内的亲核加成重排反应，并在二甲基硫醚的还原下生成 3-羟基取代的吲哚衍生物[40]。

此外，肖文精等[41]将光敏剂与手性配体连接在一起，通过与 Ni（Ⅱ）配位，利用过渡金属催化与光敏氧化的协同作用，实现β-二羰基化合物的α位羟基化反应。焦宁等[42]结合光催化和有机催化，以氧气为终端氧化剂实现了 α-卤代羧酸酯的脱卤氧化反应。

三、光氧化还原催化反应

激发态光敏剂的 HOMO 和 LUMO 轨道均为半填充状态，与其基态比较，一方面更容易得到电子，同时更容易失去电子，极容易与反应底物发生单电子转移反应，生成底物的阳离子自由基或阴离子自由基，从而诱导底物发生进一步的化学转化。该类可见光光氧化还原催化反应虽早在 20 世纪 80 年代初期就有报道，但真正在有机合成领域受到普遍的关注还是近十年的事情，这应该归功于 MacMillan、Stephenson、Yoon、König 等领导的研究团队在该研究方向上所做的杰出工作[43-46]，吴骊珠、佟振合、肖文精、雷爱文、罗三中等团队在可见光光氧化还原催化反应方面的工作也在国际上产生了重要的影响。

可见光催化不再需要更高能量的紫外光照射，摆脱了传统光反应对特殊光反应器的限制，用简单的装置，如家用荧光灯、LED 灯，甚至地球上“取之不竭”的清洁能源——太阳光，就可以有效实现。并且，对底物分子的选择而言，可见光催化只要能和激发态的光催化剂发生氧化还原反应即可，不再要求底物分子具有特定的生色团和助色官能团，从而减少了光反应对底物的限制。在可见光催化反应中，以可见光为光源避免了大多数由官能团被直接激发而导致的副反应，增加了光反应的化学选择性，在有机反应中的应用潜力巨大。

根据反应底物与光催化剂的作用方式不同，可以将可见光光氧化还原催化反应分为三类：①还原型，即使用还原剂，通过光催化剂实现电子和质子由还原剂向底物的转移；②氧化型，即使用氧化剂，通过光催化剂实现电子和质子由底物向氧化剂的转移；③氧化还原型，即无需外加任何还原剂或氧化剂，底物在反应的不同阶段分别通过与光催化剂的氧化和还原反应实现预期转化。在第三种类型反应中，常常利用到多种类型热化学催化反应（如有机催化、过渡金属催化等）与光催化反应的协同作用，充分体现出催化反应在绿色合成化学领域中的重要价值。

第一类型反应（还原型）以有机卤化物的还原为代表。对于热化学反应来说，最常用的卤化物还原试剂是有机锡试剂，该试剂毒性较大，其使用使产物的分离提纯变得困难。利用光催化氧化还原反应是解决这些问题的有效手段。Stephenson 以$[Ru(bpy)_3]^{2+}$为光催化剂，以二异丙基乙胺（$^iPr_2NEt$）和甲酸或汉斯酯为电子给体和 H 源，实现了一系列卞基卤化物和羰基邻位 C—X 键的还原[47]。他们进一步选择还原能力更强的 *fac*-$[Ir(ppy)_3]$作为光催化剂，实现一系列烷基碘代物、芳基碘代物、烯基碘代物和炔基碘代物的还原[48]。König 等则借鉴植物光合作用的原理，利用苝酰亚胺类光催化剂，通过其连续吸收两个光子，获得强还原能力的负离子自由基的激发态，实现溴化物和氯化物的脱卤还原反应[49]。

三级胺的官能化反应则可以作为第二类型（氧化型）反应的典型。三级胺发生单电子氧化后，其α位 C—H 键被活化，极易脱氢后生成亚胺阳离子，进而与众多亲核试剂偶联，实现三级胺α位的烷基化、氰基化、磷酸酯化等官能化反应[50]。在这些光催化脱氢交叉偶联反应中，均使用了化学计量的氧化剂（氧气、$BrCCl_3$、CCl_4 等）来接受电子和质子。吴骊珠、佟振合等利用催化量的放氢催化剂替代化学计量的氧化剂，获得四氢异喹啉衍生物与吲哚类亲核试剂偶联产物，反应唯一副产物为氢气，他们将这一新型反应命名为光催化放氢偶联（hydrogen evolution cross coupling，HECC）反应[51]。HECC 反应的高原子经济性和步骤经济性引起国际同行的广泛关注，采用 HECC 策略的工作逐年递增。雷爱文等利用 HECC 策略实现了芳香 C—H 键的巯基功能化以及醇和烯烃间的交叉偶联[52,53]。罗三中和吴骊珠等用升级版的 HECC 策略，实现三级胺与羰基化合物的不对称偶联，反应中利用到手性胺催化、可见光氧化还原催化和放氢催化三者的协同，反应中用到了 H 受体进一步提升目标产物收率[54]。

苯酚，作为重要的化工原料，目前的规模制备依然依赖以苯和丙烯为起始原料的三步转化过程，收率仅为 5%左右。发展由苯出发的一步氧化制备苯酚新技术始终是人们追求的目标。光催化氧化为达成此目标提供了一个可行方案。Fukuzumi 等以 3-氰基-1-甲基喹啉季铵盐为光催化剂，以氧气和 H_2O 为氧化剂，在乙腈溶液和室温光照条件下实现了以苯为原料直接制备苯酚。反应成功的关键因素是所选用的光催化剂的激发单重态具有极强的氧化能力，使得苯氧化为其正离子自由基成为可能[55]。佟振合和吴骊珠等利用 HECC 策略实现由苯出发一步光催化氧化制取苯酚。所用放氢催化剂为 Co 配合物，反应中没有使用任何牺牲性氧化剂，整个反应更具原子经济性，更符合绿色化学的理念[56]。同样利用 HECC 策略，他们借助苯和 Boc 保护的 NH_3 的偶联实现苯胺的制取。研究发现，Co 盐或 BF_3 与 NH_3 的配位作用可活化 N—H 键，从而使苯可以与氨直接光催化偶联，省去脱 Boc 保护基团的步骤[56]。目前苯胺的工业制备方法是从苯出发，先制备硝基苯，再还原为苯胺，不仅是多步反应，过程中还有使用化学计量氧化剂和还原剂，伴生大量危害环境的副产物。放氢交叉偶联策略无疑更为绿色环保。近期，吴骊珠团队继利用量子点光催化剂实现巯基化合物向二硫键化合物的转化后，又实现了醇向酮的转化，两种光催化氧化反应中氢气均是唯一副产物[57,58]。

对于第三类型（氧化还原型）的反应，烯胺有机催化与光催化的协同最引人关注。光催化反应虽然实现众多类型的反应，但遗憾的是对于手性中心的构建是其短板，通过与有机催化偶联，这一问题得到有效的解决。MacMillan 团队率先开展了这方面的工作，取得一系列重要进展。他们将基于手性咪唑烷酮的烯胺有机催化与光催化协同起来，实现了醛基化合物α-烷基化反应，反应呈现出高度的立体选择性，反应无需外加任何氧化剂和还原剂[59]。继 MacMillan 开创性工作之后，许多烯胺催化和光催化偶联的反应被深入研究。例如，罗三中等以一个带季铵盐基团的手性一级胺为有机催化剂，以［$Ru(bpy)_3$］$^{2+}$为光催化剂，实现了二羰基化合物的烷基化反应，反应呈现高度的立体专一性[60]。

此外，利用氧化还原中性的光催化反应，MacMillan 等以三氟甲基磺酰氯为三氟甲基化试剂，实现了吡咯、吲哚、噻吩、噻唑、苯环、吡啶、吡嗪和嘧啶衍生物的三氟甲基化反应[61]。他们还利用光催化产生的α-氨基自由基实现了胺的α-芳基化[62]。Yoon 团队则在［2+2］、［4+2］、［3+2］光催化环加成反应方面有系统深入的研究[63-65]。肖文精等以腙为 N 自由基源，制备了一系列二氢吡唑类化合物[66]，利用羧基化合物光催化脱羧作用产生的 C 自由基实现与炔基化试剂的偶联[67]，还利用光催化氧化方法获得的亚胺阳离子，通过脱质子作用生成 1,3-偶极甲亚氨结构，再通过［3+2］环加成反应和芳香化反应构筑了许多天然生物碱的类似物[68]。

四、光化学转换机制

人们对激发态分子活性的理解开始于 20 世纪 50 年代。在 Förster、Kasha、Porter、Havinga、Hammond、Zimmerman、Michl、Turro 及 Salem 等一批化学家的引领下，有关光化学中分子结构和活性关系基础理论得到不断发展，许多重要激发态在结构、能量及动力学方面的研究已相当深入和完善。

分子受光激发到达激发态后，会以多种光物理和光化学过程失活回到基态，包括辐射跃迁、非辐射跃迁、电子转移、能量传递和化学反应，这些过程相互竞争，决定着光化学反应的路径和效率，深入开展光物理过程的研究对深入理解光化学过程有重要的意义。

可见光光催化反应的原初过程就是光催化剂和底物间的光诱导电子转移作用，这需要电子给受体电子云彼此重叠。光诱导电子转移速率和效率将随电子给受体间距的增大呈指数下降，符合 Dexter 电子交换机制。可以预料，当给体–受体距离超过其范德华半径之和（几个埃）时，电子转移过程将不能发生。三重态能量传递通常可以看作是两个电子转移过程或一个电子转移和一个正空穴转移过程，同样也是通过 Dexter 电子交换机制进行的，长程三重态能量传递的速率和效率往往很低。然而研究发现，某些给体–受体共价相连的分子可以发生长程电子转移和三重态能量传递。为了探究其作用机制，许慧君等[69]、曹怡等[70]、佟振合等[71]设计合成了一系列共价键连接的给体–受体超分子体系，详细研究了分子内远程光诱导电子转移和能量传递过程，证明了在超分子体系中可以发生远程电子转移和三重态能量传递，较早地利用光物理和光化学相结合的方法完善了通过“空间”或“化学键”进行传递的理论。吴骊珠、佟振合、李嫕、张晓宏等[72-76]利用分子间作用力的协同和加合，成功制备了一系列分子组装体，开展了分子组装体的光信号传导过程研究。姚建年等在国际上率先开展了有机纳米体系的光物理研究[77-80]，揭示了有机分子组装体系不同于金属和无机半导体的新特点。唐本忠等[81]发现并系统深入研究了具有“转子”结构的有机分子的聚集诱导发光行为，并探索了聚集诱导发光分子在分子识别与检测、光电功能材料与器件、疾病诊断与治疗方面的应用。赵建章、李富友等则发展了多种基于三重态–三重态湮灭机制的上转换发光新体系[82-84]。分子、超分子乃至纳米体系光物理性质的深入研究深化了人们对有机光化学反应机制的理解，而有机光反应体系的拓展也为光物理研究开辟了新天地。

第三节　研究总结与展望

合成化学是化学的核心。化学家们利用合成化学已经创造了 3000 多万种化合物，为人类的物质文明和精神文明做出了重大贡献。进入 21 世纪，社会的可持续发展对合成化学提出了更高要求，在更加“高效、原子经济性和环境友好”的条件下实现物质的转化成为合成化学永恒的主题，这就要求不断地发现新催化剂和新反应。

过去的有机化学主要研究官能团的反应，经过一百多年的发展，继续发现官能团新反应的可能性已经很小。近年来惰性化学键的活化与官能化成为有机化学中最为活跃的研究领域之一。惰性键的活化无需或减少了底物的预先官能化，缩短了合成路线，体现了高效、原子经济性、步骤经济性和环境友好的现代合成理念。在温和条件下，高效、高选择性地活化 C—H、C—C 和 C—杂原子键，发展实用的合成化学新反应和新方法是新一代物质转化的途径。以 C—H 键的选择性活化为例，石油、天然气和煤化工产品的主要成分是含有惰性 C—H 键的烷烃类化合物，大幅度提高这些资源的利用效率的关键是将惰性 C—H 键选择性活化并将这类化合物转化为有用化学品。C—H 键的键能高、极性小、反应活性低，活化 C—H 键的选择性差，生成产物的活性往往比起始物的活性高，因此，选择性地活化 C—H 键具有极大的挑战性。目前已实现工业化的惰性 C—H 键的转化绝大多数需要在高温、高压和强酸条件下进行，往往需要多步转化过程，转化效率低、选择性差。为了减少能源的消耗和污染物的排放以及大幅度地提高资源的利用效率，实现在温和条件下惰性 C—H 键选择性活化具有重大的理论和实际意义。

光化学活化 C—H 键是 C—H 键活化的重要途径之一。热化学反应往往需要一定的活化能，需要加热到一定温度反应才能发生。光化学反应是激发态的反应，底物吸收光后被激发生成电子激发态，激发态进一步反应不需要活化能，或者只需要很小的活化能，因此可以在室温甚至低温下进行，实现温和条件下的物质转化。与热化学过去主要研究官能团反应的情况类似，以往光化学主要研究在紫外-可见光区有吸收的基团（生色团）的反应。20 世纪 60 年代，芳烃的二聚、羰基的 Norrish Ⅰ和 Norrish Ⅱ反应、烯烃的电环化等光化学反应的深入研究奠定了有机光化学的基础；70 年代后期发现了基于激发态能量传递和电子转移的单重态氧和超氧负离子的反应，光化学反应走向了实用。经过 40 余年的发展，继续发现生色团新的光化学反应的空间已经有限。近年来利用可见光活化惰性化学键的发现为有机光化学的发展提供了新的机遇和挑战。有机化合物的 C—H 键和 C—C 键的吸收（$\sigma\rightarrow\sigma^*$跃迁）在真空紫外光谱区（波长小于 200 nm），由于缺乏相应的光源以及反应的选择性很低，很难用真空紫外光直接激发活化 C—H 键和 C—C 键，实现有用的合成反应。自 2008 年开始，人们开始利用光催化的方法活化惰性化学键，并取得重大进展，实现了多类惰性化学键，包括 sp^3C—H 键、sp^2C—H 键以及 C—杂原子惰性键的活化与官能化，为绿色化学的发展开辟了新途径。

第四节 学科发展政策建议与措施

有机光化学从初创至今，已经铺展开近一个世纪的发展史。在这幅不算长的画卷中，中国研究者们留下了他们坚实的足迹。如果考虑到他们起步之晚，再正视他们在国际相关研究领域业已取得的学术地位，除了归因于他们长期在这一领域的坚守和奋斗，还必须感谢过去的三十年里，尤其是近十年来国家各个层面（国家自然科学基金委员会、科学技术部、中国科学院）给予该领域研究的持续和重大的支持。希望这样的支持能在国家正在实施的创新发展战略中继续得以体现，更希望我们国家这支有活力的有机光化学研究团队能将他们的研究成果化作创新的源泉，为国家的繁荣富强，尤其是全社会的可持续发展做出应有的贡献。

着眼世界科技发展前沿，立足解决国民经济发展面临的瓶颈问题，建议有机光化学在今后的十年乃至更长的一段时间里，更加注重如下几个方面的探索。

（1）光化学反应虽然有洁净、节能和节约等方面的优势，但其激发态反应的属性决定了光反应在选择性上，尤其是立体选择性上还面临巨大的挑战。虽然已有一些成功的策略来提高光化学反应的立体选择性，但适用范围还有局限，需要继续研发新的策略，并将其拓展到新的光反应体系中。

（2）目前的有机光化学还重点着力于方法学层面的研究，能否将其应用于药物及药物中间体的工业生产，以及重要精细化学品的规模制备，还需要锁定合适的目标，并探索光化学反应的放量技术。

（3）对于当前的研究热点——可见光光氧化还原催化，所用光催化剂主要是 Ru 和 Ir 的配合物以及一些有机光敏染料，前者价格偏高，后者稳定性上受限，发展新的廉价、高效、稳定、可重复利用的光催化剂应该得到足够的重视。

（4）光化学发展至今，已经与众多学科和领域形成了高度交叉融合的局面，如何利用光化学方法与技术解决人类发展面临的能源、环境、健康等方面的瓶颈问题，是值得努力的重要方向，这包括太阳能的光化学转化新体系和新方法、环境污染物的光化学检测手段和治理技术、肿瘤等重大恶性疾病的早期诊疗新策略等。

（5）反过来，如何利用相关领域的方法、体系和技术，来助力光化学研究，也应该给予足够的关注，包括新的光源和新的检测手段的应用、生物酶与光反应的结合等。

本章参考文献

[1] 中国科学院. 中国学科发展战略·合成化学. 北京：科学出版社，2016.

[2]《高速发展的中国化学》编委会. 高速发展的中国化学：1982—2012. 北京：科学出版社，2012.

[3] 张宝文，程学新，刘颙颙，等. 光化学合成维生素 D_3 的方法. 发明专利，2005，ZL02104444. 9，中国.

[4] Griesbeck A G，Heekroth H. Stereo-selective synthesis of 2-aminocyclobutanols via photocyclization of α-amido alkylaryl ketones：Mechanistic implications for the Norrish-Yang reaction. J Am Chem Soc，2002，124：396-403.

[5] Bach T，Aechtner T，Neum B. Enantioselective Norrish-Yang cyclization reactions of *N*-（ω-oxo-ω-phenylalkyl）-substituted imidazolidinones in solution and in the solid state. Chem Eur J，2002，8：2464-2475.

[6] Yang C，Xia W J，Scheffer J R. Orbital-overlap control of the reactivity of a bicyclic 1-hydroxy-1,4-biradical. Angew Chem Int Ed，2005，44：5087-5089.

[7] Natarajan A，Mague J T，Ramamurthy V. Asymmetric induction during Yang cyclization of α-oxoamides：The power of a covalently linked chiral auxiliary is enhanced in the crystalline state. J Am Chem Soc，2005，127：3568-3576.

[8] Hu S K，Neckers D C. Photochemical reactions of alkoxy-containing-alkyl phenylglyoxylates：Remote hydrogen abstraction. J Chem Soc Perkin Trans，1997，2：1751-1754.

[9] Griesbeck A G，Oelgemöller M，Lex J. Photochemistry of MTM- and MTE-eesters of ω-phthalimido carboxylic acids：Macrocyclization versus deprotection. J Org Chem，2000，65：9028-9032.

[10] Yoon U C，Jin Y X，Oh S W，et al. Asynthetic strategy for the preparation of cyclic peptidemimetics based on SET-promoted photocyclization processes. J Am Chem Soc，2003，125：10664-10671.

[11] Cho D W，Yoon U C，Mariano P S. Single electron transfer-promoted photocyclization reactions of linked acceptor-polydonor systems：Effects of chain length and type on the efficiencies of macrocyclic ring-forming photoreactions of tethered α-silyl ether phthalimide substrates. J Am Chem Soc，2008，130：2276-2284.

[12] Xue J，Zhu L，Fun H K，et al. Synthesis of medium and large ring heterocycles by photoinduced intermolecular and intramolecular electron transfer reactions of tetrachlorophthalimides with alkenes. Tetrahedron Lett，2000，41：8553-8557.

[13] Iriondo-Alberdi J，Perea-Buceta J E，Greaney M F. A Paternò-Büchiapproach to the synthesis of merrilactone A. Org Lett，2005，7：3969-3971.

[14] Bach T，Bergmann H，Brummerhop H，et al. The[2+2]-photocycloaddition of aromatic aldehydes and ketones to 3,4-dihydro-2-pyridones：Regioselectivity，diastereoselectivity，and reductive ring opening of the product oxetanes. Chem Eur J，2001，7：4512-4521.

[15] Wu X L，Lei L，Wu L Z，et al. Synthesis，structure，and chirality of hydroxyl-and carboxyl functionalized cubane-like photodimers of 2-naphthalene. Tetrahedron，2007，63：3133-3137.

[16] Tung C H，Wu L Z，Yuan Z Y，et al. Zeolites as templates for preparation of large-ring compounds：Intramolecular photocycloaddition of diaryl compounds. J Am Chem Soc，1998，120：11594-11602.

[17] Tung C H，Wu L Z. A novel type of molecular assembly：Aggregates formed by molecules with polar chains in nonpolar solvents. Chem Phys Lett，1995，244：157-163.

[18] Tung C. H，Wu L Z. Enhancement of intramolecular excimer formation，photodimerization and energy transfer of naphthalene end-labelled poly（ethylene glycol）oligomers via complexation of alkali-metal and lanthanide cations. J Chem Soc Faraday Trans，1996，92：1381-1385.

[19] Tung C H，Li Y，Yang Z Q. Intramolecular photodimerization of 2-naphthoate：Successful application of hydrophobic forces in the preparation of large-ring compounds. J Chem Soc Faraday Trans，1994，90：947-951.

[20] Xu M，Fu X G，Wu L Z，et al. Photocontrollable ion transport across a liquid membrane by anthracene end-labeled oligo-oxyethlenes. Phys Chem Chem Phys，2002，4：4030- 4035.

[21] Wu X L，Luo L，Lei L，et al. Highly efficient cucurbit[8]uril-templated intramolecular photocycloaddition of 2-naphthalene-labeled poly（ethylene glycol）in aqueous solution. J Org Chem，2008，73：491-494.

[22] Luo L，Liao G H，Wu X L，et al. γ-cyclodextrin-directed enantioselective photocyclodimerization of methyl 3-methoxyl-2-naphthoate. J Org Chem，2009，74：3506-3515.

[23] Luo L，Cheng S F，Chen B，et al. Stepwise photochemical-chiral delivery in γ-cyclodextrin-directed enantioselective photocyclodimerization of methyl 3-methoxyl-2-naphthoate in aqueous solution. Langmuir，2010，26：782-785.

[24] 程学新，张焱，刘颙颙，等. 合成 16-脱氢孕甾双烯醇酮醋酸酯及其同类物的新方法. 发明专利，2009，ZL200510011966. 6，中国.

[25] Tung C H，Wang H，Ying Y M. Photosensitized oxidation of alkenes adsorbed on pentasilzeolites. J Am Chem Soc，1998，120：5179-5186.

[26] Tung C H， Guan J Q. Remarkable product selectivity in photosensitized oxidation of alkenes within nafion membranes. J Am Chem Soc，1998，120：11874-11879.

[27] Li H R，Wu L Z，Tung C H. Reactions of singlet oxygen with olefins and sterically hindered amine in mixed surfactant vesicles. J Am Chem Soc，2000，122：2446-2451.

[28] Chen Y Z，Wu L Z，Zhang L P，et al. Confined space-controlled hydroperoxidation of trisubstituted alkenes adsorbed on pentasil zeolites. J Org Chem，2005，70：4676-4681.

[29] Feng K, Zhang R Y, Wu L Z, et al. Photooxidation of olefins under oxygen in platinum(Ⅱ) complex-loaded mesoporous molecular sieves. J Am Chem Soc，2006，128：14685-14690.
[30] Ghogare A A, Greer A. Using singlet oxygen to synthesize natural products and drugs. Chem Rev，2016，116：9994-10034.
[31] Griesbeck A G，El-Idreesy T T，Fiege M，et al. Synthesis of antimalarial 1,2,4-trioxanes via photooxygenation of a chiral allylic alcohol. Org Lett，2002，4：4193-4195.
[32] Lévesque F，Seeberger P H. Continuous-flow synthesis of the anti-malaria drug artemisinin. Angew Chem Int Ed，2012，51：1706-1709.
[33] Dechy-Cabaret O，Benoit-Vical F，Loup C，et al. Synthesis and antimalarial activity of trioxaquine derivatives. Chem Eur J，2004，10：1625-1630.
[34] Celaje J A，Zhang D，Guerrero A M，et al. Chemistry of trans-resveratrol with singlet oxygen：[2+2]addition，[4+2]addition，and formation of the phytoalexin moracin M. Org Lett，2011，13：4846-4849.
[35] Montagnon T，Kalaitzakis D，Triantafyllakis M，et al. Furans and singlet oxygen—Why there is more to come from this powerful partnership. Chem Commun，2014，50：15480-15498.
[36] Marinković S，Brulé C，Hoffmann N，et al. Origin of chiral induction in radical reactions with the diastereoisomers（5R）- and（5S）-5-l-menthyloxyfuran-2[5H]-one. J Org Chem，2004，69：1646-1651.
[37] Córdova A，Sundén H，Engqvist M，et al. The direct aminoacid-catalyzed asymmetric incorporation of molecular oxygen to organic compounds. J Am Chem Soc，2004，126：8914-8915.
[38] Sundén H，Engqvist M，Casas J，et al. Direct amino acidcatalyzed asymmetric α oxidation of ketones with molecular oxygen. Angew Chem Int Ed，2004，43：6532-6535.
[39] Kalaitzakis D，Triantafyllakis M，Alexopoulou I，et al. One-pot transformation of simple furans into 4-hydroxy-2-cyclopentenones in water. Angew Chem Int Ed，2014，53：13201-13205.
[40] Didier C，Critcher D J，Walshe N D，et al. Full stereochemical assignment and synthesis of the potent anthelmintic pyrrolo benzoxa zine natural product CJ-12662. J Org Chem，2004，69：7875-7879.
[41] Ding W，Lu L Q，Zhou Q Q，et al. Bifunctional photocatalysts for enantioselective aerobic oxidation of β-ketoesters. J Am Chem Soc，2017，139：63-66.
[42] Su Y，Zhang L，Jiao N. Utilization of natural sunlight and air in the aerobic oxidation of benzyl halides. Org Lett，2011，13：2168-2171.
[43] Prier C K，Rankic D A，MacMillan W C. Visible light photoredox catalysis with transition metal complexes：Applications in organic synthesis. Chem Rev，2013，113：5322-5363.
[44] Romero N A，Nicewicz D A. Organic photoredox catalysis. Chem Rev，2016，116：10075-10166.

[45] Skubi K L，Blum T R，Yoon T P. Dual catalysis strategies in photochemical synthesis. Chem Rev，2016，116：10035-10074.

[46] Ravelli D，Protti S，Fagnoni M. Carbon-carbon bond forming reactions via photogenerated intermediates. Chem Rev，2016，116：9850-9913.

[47] Narayanam J M R，Tucker J W，Stephenson C R J. Electron-transfer photoredox catalysis：Development of a tin-free reductive dehalogenation reaction. J Am Chem Soc，2009，131：8756-8757.

[48] Nguyen J D，D'Amato E M，NarayanamJ M，et al. Engaging unactivated alkyl，alkenyl and aryl iodides in visible-light-mediated free radical Reactions. Nature Chem，2012，4：854-859.

[49] Ghosh I，Ghosh T，Bardagi J I，et al. Reduction of aryl halides by consecutive visible light-induced electron transfer processes. Science，2014，346：725-728.

[50] Condie A G，González-Gómez J C，Stephenson C R J. Visible-light photoredox catalysis：Aza-henry reactions via C—H functionalization. J Am Chem Soc，2010，132：1464-1465.

[51] Meng Q Y，Zhong J J，Liu Q，et al. A cascade cross-coupling hydrogen evolution reaction by visible light catalysis. J Am Chem Soc，2013，135：19052-19055.

[52] Zhang G，Liu C，Yi H，et al. External oxidant-free oxidative cross-coupling：A photoredox cobalt-catalyzed aromatic C—H thiolation for constructing C—S bonds. J Am Chem Soc，2015，137：9273-9280.

[53] Yi H，Niu L，Song C，et al. Photocatalytic dehydrogenative cross-coupling of alkenes with alcohols or azoles without external oxidant. Angew Chem Int Ed，2017，56：1120-1124.

[54] Yang Q，Zhang L，Ye C，et al. Visible-light-promoted asymmetric cross-dehydrogenative coupling of tertiary amines to ketones by synergistic multiple catalysis. Angew Chem Int Ed，2017，56：3694-3698.

[55] Ohkubo K，Kobayashi T，Fukuzumi S. Direct oxygenation of benzene to phenol using quinolinium ions as homogeneous photocatalysts. Angew Chem Int Ed，2011，50：8652-8655.

[56] Zheng Y W，Chen B，Ye P，et al. Photocatalytic hydrogen-evolution cross-couplings：Benzene C—H amination and hydroxylation. J Am Chem Soc，2016，138：10080-10083.

[57] Li X B，Li Z J，Gao Y J，et al. Mechanistic insights into the interface-directed transformation of thiols into disulfides and molecular hydrogen by visible-light irradiation of quantum dots. Angew Chem Int Ed，2014，53：2085-2089.

[58] Zhao L M，Meng Q Y，Fan X B，et al. Photocatalysis with quantum dots and visible light：Selective and efficient oxidation of alcohols to carbonyl compounds through a radical relay process in water. Angew Chem Int Ed，2017，56：3020-3024.

[59] Nicewicz D A，MacMillan D W C. Merging photoredox catalysis with organocatalysis：The direct asymmetric alkylation of aldehydes. Science，2008，322：77-80.

[60] Zhu Y，Zhang L，Luo S. Asymmetric α-photoalkylation of β-ketocarbonyls by primary

amine catalysis：Facile access to acyclic all-carbon quaternary stereocenters. J Am Chem Soc，2014，136：14642-14645.

[61] Nagib D A，MacMillan D W C. Trifluoromethylation of arenes and heteroarenes by means of photoredox catalysis. Nature，2011，480：224-228.

[62] McNally A，Prier C K，MacMillan D W C. Discovery of an a-amino C—H arylation reaction using the strategy of accelerated serendipity. Science，2011，334：1114-1117.

[63] Ischay M A，Anzovino M E，Du J，et al. Efficient visible light photocatalysis of [2+2] enone cycloadditions. J Am Chem Soc，2008，130：12886-12887.

[64] Lin S，Ischay M A，Fry C G，et al. Radical cation Diels-Alder cycloadditions by visible light photocatalysis. J Am Chem Soc，2011，133：19350-19353.

[65] Lu Z，Shen M，Yoon T P. [3+2]Cycloadditions of aryl cyclopropyl ketones by visible light photocatalysis. J Am Chem Soc，2011，133：1162-1164.

[66] Hu X Q，Chen J R，Wei Q，et al. Photocatalytic generation of *N*-centered hydrazonyl radicals：A strategy for hydroamination of β,γ-unsaturated hydrazones. Angew Chem Int Ed，2014，53：12163-12617.

[67] Zhou Q Q，Guo W，Ding W，et al. Decarboxylative alkynylation and carbonylative alkynylation of carboxylic acids enabled by visible-light photoredox catalysis. Angew Chem Int Ed，2015，54：11196-11199.

[68] Zou Y Q，Lu L Q，Fu L，et al. Visible-light-induced oxidation/[3+2]cycloaddition/oxidative aromatization sequence：A photocatalytic strategy to construct pyrrolo[2，1-a]isoquinolines. Angew Chem Int Ed，2011，50：7171-7175.

[69] Zhou S Z，Shen S Y，Zhou Q F，et al. Long distance intramolecular photoinduced electron transfer in donor-acceptor systems：Effect of exothermicity on electrontransfer rates. Chem Soc，Chem Commun，1992，9（9）：669-670.

[70] Wang X D，Zhang B W，Bai J W，et al. Light-induced electrontransferof porphyrintriadfor photoelectricconversion. J Phys Chem，1992，96：2886-2891.

[71] Tung C H，Zhang L P，Li Y，et al. Intramolecular long-distance electron transfer and triplet energy transfer photophysical and photochemical studies on a norbornadiene-steroid-benzidine system. J Am Chem Soc，1997，119：5348-5354.

[72] Han X，Wu L Z，Si G，et al. Switching between ligand-to-ligand charge-transfer，intraligand charge-transfer，and metal-to-ligand charge-transfer excited states in platinum（Ⅱ）terpyridy lacetylide complexes induced by pH change and metalions. Chem Eur J，2007，13：1231-1239.

[73] Wang S M，Yu M L，Ding J，et al. Photoinduced triplet-triplet energy transfer via the 2-ureido-4[1H]-pyrimidinone self-complementary quadruple hydrogen-bonded module. J Phys Chem A，2008，112：3865-3869.

[74] Yu M L，Wang S M，Feng K，et al. Photoinduced electron transfer and charge-recombination in 2-ureido-4[1H]-pyrimidinone quadruple hydrogen-bonded porphyrin-

fullerene assemblies. J Phys Chem，2011，115：23634-23641.

[75] Zeng Y，Li Y Y，Li M，et al. Enhancement of energy utilization in light-harvesting dendrimers by the pseudorotaxane formation at periphery. J Am Chem Soc，2009，131：9100-9106.

[76] Zhang X J，Jie J S，Zhang W F，et al. Photoconductivity of a single small-molecule organic nanowire. Adv Mater，2008，20：2427-2432.

[77] Zhao Y S，Fu H B，Peng A D，et al. Constructionan doptoelectronic properties of organic one-dimensional nanostructures. ACC Chem Res，2010，43：409-418.

[78] Fu H B，Yao J N. Size effects on the optical properties of organic nanoparticles. J Am Chem Soc，2001，123：1434-1439.

[79] Zhao Y S，Xu J J，Peng A D，et al. Optical wave guide based on crystalline organic microtubes and Microrods. Angew Chem Int Ed，2008，47：7301-7305.

[80] Zhao Y S，Peng A D，Fu H B，et al. Nanowire waveguides and ultraviolet lasers based on small organic molecules. Adv Mater，2008，20：1661-1665.

[81] Mei J，Leung N L C，Kwok R T K，et al. Aggregation-induced emission：Together we shine，united we soar. Chem Rev，2015，115：11718-11940.

[82] Fan C，Wu W，Chruma J J，et al. Enhanced triplet-triplet energy transfer and upconversion fluorescence through host-guest complexation. J Am Chem Soc，2016，138：15405-15412.

[83] Cui X，Zhao J Z，Zhou Y，et al. Reversible photoswitching of triplet-triplet annihilation upconversion using dithienylethene photochromic switches. J Am Chem Soc，2014，136：9256-9259.

[84] Liu Q，Yin B，Yang T，et al. A general strategy for biocompatible high-effective upconversion nanocapsules based on triplet-triplet annihilation. J Am Chem Soc，2013，135：5029-5037.

第二章 能源光化学

第一节 能源光催化

一、能源光催化研究概述

（一）开展能源光催化研究的意义

能源是人类社会赖以生存的物质基础，是国民经济和社会发展的重要资源。目前全球的能源消费主要以化石能源为主，但是化石能源终究不可再生，而且不可避免地会排放 CO_2 温室气体，引起气候变化、生态破坏等环境问题，不利于人类社会的可持续发展。国际能源署在《世界能源展望 2016》中提到，如果能源按照目前的模式继续使用，未来世界的污染将会越来越严重，倡导要节能、发展可再生能源。因此，开发洁净的可再生能源是增加能源供给、保护生态环境、构建生态文明社会、促进人类社会可持续发展的重要措施，是 21 世纪世界发展的共同议题。太阳能取之不尽、用之不竭，是自然界最丰富的可再生能源，具有独特的发展优势和巨大的发展空间。我国陆地面积每年接收的太阳辐射总量相当于 2.4×10^4 亿吨标准煤，属于太阳能资源丰富的国家。因此，太阳能的开发利用对我国的国家安全、生态文明建设和社会可持续发展具有重要的战略意义。

能源光催化是太阳能转化的理想方式之一，是一种将太阳能转化为化学能储存的能量转化。典型的反应有两个：一个是利用太阳能光催化分解水制氢；另一个是利用太阳能将水和二氧化碳耦合转化成甲醇、甲烷等碳氢化合物，其中光催化分解水制氢的研究最为广泛。利用自然界丰富的太阳能通过分解水转换为氢能具有诸多优点：①氢气方便储存和运输，能较好地克服太阳能昼夜/季节变化、不易储存等局限性；②氢能能量密度高、清洁环保、使用方便，在燃烧时生成水，是洁净无污染、零碳排放的能源载体；③氢能与现在所有的能源系统匹配和兼容，能方便、高效地转换成电或热，有较高的转化效率；④氢气可以作为大宗化学品广泛应用于化工过程，如化工过程最常见的加氢反应。

光催化分解水制氢是化学研究领域的一樽“圣杯”，是能源领域世界性的重大科学难题，涉及化学反应过程中最基本的能量转移、电子转移和表界面催化反应等基础科学问题，需要化学、物理、材料、生物、工程等学科的交叉才能解决。其主要实现方式包含粉末体系和光电体系，其中粉末体系具有成本相对低廉、易大规模生产等优点。利用太阳能光催化分解水制氢是一条“绿色”可持续发展制氢路线，由图 2-1 光催化分解水制氢应用示意图可知，太阳能高效制氢一旦实现将彻底改变人类的能源格局，改变未来生活环境，为人类的能源与环境的可持续发展做出重大贡献，奠定生态文明建设的基础。

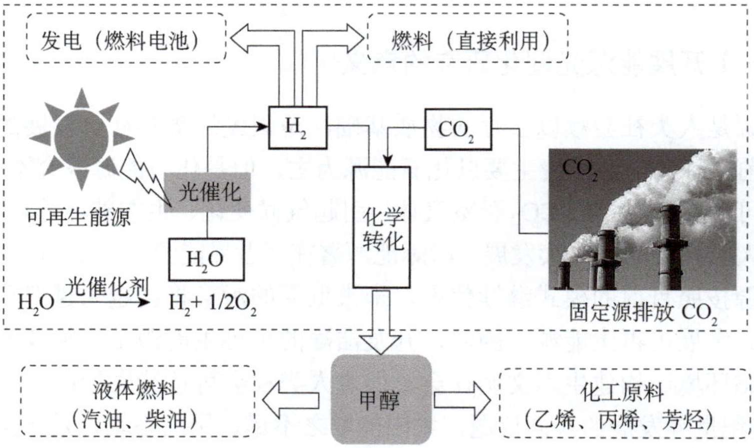

图 2-1　光催化分解水制氢应用示意图

（二）粉末能源光催化分解水的基本原理

1. 光催化分解水的化学原理

水分解的化学反应式为 $2H_2O \longrightarrow 2H_2+O_2$。该反应是吸热反应，反应热效应为 237 kJ/mol。在没有催化剂存在时，水分子按直接生成自由基进行分解时需要在 2000℃下才能进行；水分子若在光激发下直接进行分解则需要波长小于 185 nm 的高能量光，因此在无催化剂存在时，太阳光不能直接分解水。如果水分子不是按直接生成自由基进行水分解，而是通过上式的双分子反应进行水分解，那么能量应为 2.44 eV，相当于波长 507 nm 的可见光即可进行水分解，但必须有适宜的催化剂参与，使两个分子结合成一个中间化合物才有可能进行。通常电解水的电压为 1.23 eV，如按此能量用相当的光分解水时，大约需要 1000 nm 的光，所以在催化剂存在下利用太阳光进行水分解是可能的，但效率很低，只有 1%～2%。因此，还需要借助光敏剂提高光催化效率。在氧化还原型催化剂存在下的光催化分解水反应示意如下[1]：

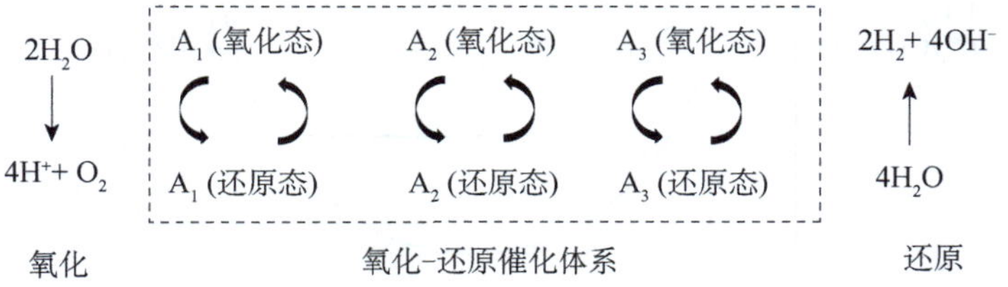

由此可见，实现这一过程的关键是要选择好氧化–还原催化剂体系。目前半导体催化剂体系被认为是最有前途的。当采用半导体 Pt/TiO_2 光催化剂在硫酸水溶液中进行水完全分解时，TiO_2 吸收光能可使价电子激发，生成自由电子和空穴，并发生如下反应：

$$TiO_2+2h\nu \longrightarrow 2e^-+2p^+$$

$$\text{氧化（}TiO_2\text{）}\ 2p^++H_2O \longrightarrow 1/2O_2+2H^+$$

$$\text{还原（Pt）}\ 2e^-+2H^+ \longrightarrow H_2$$

2. 半导体光催化的基本原理

根据以能带为基础的电子理论[2]，半导体的基本能带结构是：存在一系列的满带，最上面的满带称为价带（valence band，VB）；存在一系列的空带称为导带（conduction band，CB）；价带和导带之间为禁带。如图 2-2 所示，当半导体吸收能量等于或大于其禁带宽度（E_g）的光子（$h\nu$），将发生电子由价带向导带的跃迁，这种光吸收称为本征吸收。本征吸收在价带生成空穴 h^+，在导带生成电子 e^-。由于半导体能带的不连续性，电子和空穴的寿命较长，在电场的作用下或通过扩散的方式运动，电子与空穴发生分离并迁移到颗粒表面的不同位置，进而与吸附在半导体催化剂粒子表面上的物质发生氧化或还原反应，或者被表面晶格缺陷捕获，也可能直接复合，以光或辐射热的形式转化。光生电子–空穴对具有很强的还原和氧化活性，由其驱动的还原氧化反应称为光催化反应。

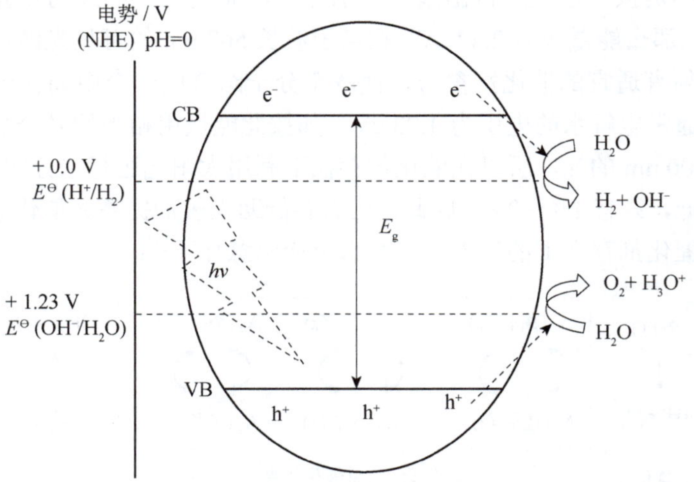

图 2-2　光催化分解水制氢反应基本原理示意图

光催化完全分解水制氢是一个典型的吸热反应，根据激发态的电子转移反应的热力学限制，光催化还原反应要求导带电位比受体的 E（H^+/H_2; 0.0V *vs.* NHE at pH=0）偏负，光催化氧化反应则要求价带电位比给体的 E（OH^-/O_2; 1.23V *vs.* NHE at pH=0）偏正；换句话说，半导体的导带底能级要低于 0.0 V（at pH=0），而价带顶能级要比 1.23 V（at pH=0）更正。因此，理论上讲，用于光催化直接分解纯水的半导体最低禁带宽度 E_g 要求为 1.23 eV，相当于吸收边带至 1000 nm 左右，处于近红外区域，可以利用整个可见光区域，但在实际反应过程中，由于半导体能带弯曲及表面过电位（对水氧化过程而言，过电位大约为 0.4 eV）等因素的影响，对禁带宽度的要求往往要比理论值大，认为应该大于 1.8 eV。

由光催化分解水反应机理可知，半导体光催化化学反应中主要涉及三个基本过程：①光的吸收与激发；②光生电子与空穴的转移和分离；③表面的氧化或还原反应。每一步的效率可分别表示为 $\eta_{捕光}$、$\eta_{分离}$、$\eta_{反应}$，而整个太阳能至氢能的光–化学能转化效率则由上述三个基本过程共同决定，可表达为式（2-1）：

$$\eta_{转化}=\eta_{捕光}\cdot\eta_{分离}\cdot\eta_{反应} \tag{2-1}$$

一般地，光催化分解水反应包括光生电子还原电子受体 H^+和光生空穴氧化电子给体 H_2O 的反应，这两个反应分别称为光催化还原和光催化氧化，即光催化分解水制氢包括光催化氧化和光催化还原两个半反应，反应速率由速率较慢的半反应所决定。就热力学而言，光催化氧化水是一个热力学爬坡反应，$\Delta G^{\ominus}$为 237 kJ/mol 左右，涉及 4 个电子转移，而光催化还原水相对较容易，$\Delta G^{\ominus}$接近于 0，涉及 2 个电子转移，因此光催化氧化水通常认为是水分解反应的速控步骤。在评价光催化剂分解水的活性时，通常用单位时间内放氢或放氧的物质的量（如 mol/h）来表示，但考虑到不同实验室使用反应器和光源等实验条件差异，为了方便比较，光催化分解水性能一般用分解水放氢或放氧的表观量子效率（AQE）来表示，其基本计算公式为

$$\mathrm{AQE(H_2)}=\frac{\text{单位时间内放氢物质的量}\times 6.02\times 10^{23}\times 2}{\text{单位时间内总的照射光子数}}\times 100\%$$

$$\mathrm{AQE(O_2)}=\frac{\text{单位时间内放氧物质的量}\times 6.02\times 10^{23}\times 4}{\text{单位时间内总的照射光子数}}\times 100\%$$

二、光催化分解水制氢的研究现状及发展动态分析

半导体光催化分解水制氢催化剂体系通常由两部分组成：一部分是光催化剂，另一部分是助催化剂。光催化剂主要负责太阳光的吸收、激发，以及将光生载流子转移至表面；助催化剂不仅能有效转移富集在光催化剂表面的光生电荷，同时可以降低分解水的活化能，加速分解水的反应速率。当没有助催化剂存在时，光催化剂自身分解水性能通常很低，一方面源于其自身的光生电荷分离能力有限，另一方面在于其分解水的活化能较高。此外，光催化剂与助催化剂隶属于不同的物相，因此其界面结构通常对光生电荷的分离具有重要影响，对光催化分解水制氢性能起关键作用。光催化剂的发展经历了从紫外响应到可见光响应以及吸收光范围不断拓宽等阶段，助催化剂由传统的贵金属逐渐向非贵金属、分子基催化剂以及减少贵金属用量等方面发展。除此之外，光催化分解水制氢的研究也不断从材料体系构筑拓展到理论模拟和光谱分析，以期获得反应机制和动力学方面的认识。下面将结合一些具体实例分类介绍光催化剂与助催化剂的研究进展，以及用于水分解研究的现代光谱技术进展。

（一）光催化剂

1. 紫外光响应的光催化剂

紫外光响应的光催化剂主要以半导体氧化物为主，其中 TiO_2 是光催化领

域研究最多的体系，研究内容涉及催化剂的形貌、晶相、改性、理论计算等诸多方面[3,4]。其次，以钙钛矿型 $SrTiO_3$[5]为代表的钛酸盐紫外光响应催化剂系列受到广泛关注。此外，具有共角的 TaO_6 八面体结构的碱金属和碱土金属钽酸盐对光催化分解水也表现出很高的产氢活性[6]。其他一些特殊结构的钽酸盐、铌酸盐系列光催化剂也引起了学术界的关注。例如，层状氧化物结构的 $K_4Nb_6O_{17}$ 具有两种不同的离子交换和水合结构层（层 I 和层 II），在镍担载过程中 Ni^{2+} 选择性地进入层 I 形成产氢位，而层 II 作为产氧位，从而可以实现电子–空穴有效的空间分离[7]。以上这些具有 d^0 电子结构的氧化物，其导带和价带分别由金属的 d 轨道和 O 2p 轨道组成。另外，当进行四元掺杂时，如 $RbLnTa_2O_7$（Ln=La、Pr、Nd、Sm），镧系元素的 4f 电子可部分影响主体为 O 2p 的价带结构，从而也能影响到光催化活性。

具有 d^{10} 电子结构的化合物是另外一大类紫外光响应光催化剂，其中包括铟酸盐 InO_2^-、锡酸盐 SnO_4^{4-}、锑酸盐 SbO_3^-、锗酸盐 GeO_4^{4-} 和镓酸盐 $Ga_2O_4^{2-}$ 等光催化剂[8]，此类化合物较大的光电子迁移率是光催化活性高的主要原因。

2. 可见光响应的光催化剂

虽然 20 世纪紫外光下完全分解水制氢已经取得了较大的进展，但是由于紫外光仅占太阳光谱中的大约 4%，要使更多太阳能得到利用，开发稳定、高活性、廉价的具有可见光响应的光催化剂已成为 21 世纪各国科学家追逐的主要目标。一般而言，稳定的半导体氧化物的导带能级主要由过渡金属离子的空轨道构成，价带能级虽与晶体结构及金属离子与氧的成键有关，但主要还是由 O 的 2p 轨道构成，因此通过掺杂过渡金属阳离子以形成新的给体或供体能级是实现可见光响应的有效策略。

（1）阳离子掺杂可见光催化剂。阳离子掺杂可见光催化剂通常以 TiO_2 和 $SrTiO_3$ 半导体氧化物的阳离子掺杂研究最为广泛[9,10]。然而掺杂常造成新的光生电子和空穴复合中心，不利于光生电荷分离，因此通过双金属离子的共掺杂补偿电荷作用已成为金属离子掺杂拓展可见光吸收和利用的新方向[11]。

（2）阴离子掺杂可见光催化剂。相对于阳离子掺杂而言，阴离子掺杂则很少造成复合中心。Asahi 等[12]采用在 TiO_2 中掺杂 N 的方法形成 $TiO_{2-x}N_x$，在 520 nm 波长下显示了较高的光催化降解有机物活性。Domen 研究组发现氮氧化物和硫氧化物是一类新型的可见光活性材料[13]，合成了含有 Ti^{4+}、Ta^{5+} 和 Nb^{5+} 等 d^0 构型的氮（氧）化物或硫氧化物，实现了宽光谱可见光响应。以 TaON 和 Ta_3N_5 的合成为例，如图 2-3 所示，其前驱体均为 Ta_2O_5，导带为 Ta 的 5d

轨道构成，价带为 O 2p 轨道。经氮化生成 Ta_3N_5 后，导带能级基本不变，仍为 Ta 5d 轨道，价带主要为 N 2p 轨道；而生成 TaON 时，导带为 Ta 的 5d 轨道，价带为 N 2p 和 O 2p 混合轨道。N 2p 轨道能级比 O 2p 的高，导致价带提升，而导带基本不变。因此，相比于 Ta_2O_5 前驱体，TaON 和 Ta_3N_5 带隙不同程度地变窄，拓展可见光吸收。中国科学院大连化学物理研究所李灿等采用高温氨解技术制备了 N 掺杂催化剂 $Y_2Ta_2O_5N$ 和 $Sr_5Ta_4O_{15-x}N_x$ 等可见光响应的催化剂[14]，在可见光照射下实现了稳定的放氢和放氧半反应。类似的硫氧化物可以看作是氧化物中的部分 O 原子被轨道能级更高的 S 原子取代的结果，此类光催化剂最典型的代表为 $Sm_2Ti_2S_2O_5$，其禁带宽度为 2.1 eV[15]。

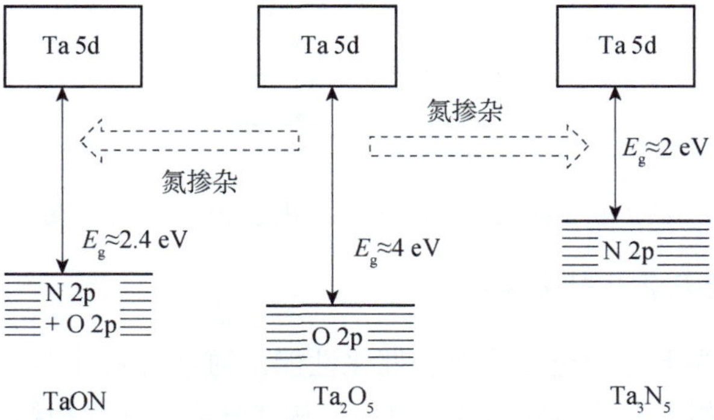

图 2-3 合成氮（氧）化物的能级变化示意图

（3）固溶体可见光催化剂。固溶体光催化剂的优点是可以实现能带结构的连续可调，合成时通常要求形成固溶体的前驱体具有相同或相类似的晶体结构。例如，GaN 和 ZnO 均为纤维锌矿结构，其带隙分别为 3.4 eV 和 3.2 eV，得到的固溶体 $Ga_{1-x}Zn_xO_{1-x}N_x$ 为纤维锌矿结构的黄色粉末[16]，导带底主要由 Ga 4s4p 轨道组成，而价带顶则由 N 2p 和 Zn 3d 组成，正是 Zn 3d 和 N 2p、O 2p 的 p-d 排斥作用提升价带作用，使得该固溶体能够吸收可见光。此外，ZnS 与具有窄禁带宽度的半导体材料 $AgInS_2$、$CuInS_2$ 结合形成了固溶体 ZnS-$AgInS_2$、ZnS-$CuInS_2$ 和 ZnS-$AgInS_2$-$CuInS_2$，该系列样品都能吸收可见光，这些固溶体可利用最长波长达 700 nm 的可见光产氢[17]。

（4）半导体复合型可见光催化剂。半导体复合是提高电荷分离效率、稳定光催化剂且扩展可见光谱响应范围的有效手段。复合型半导体的基本工作原理就是利用两种半导体导带和价带能级的差异使光生电子和空穴分别转移到不同的半导体表面而产生空间分离，减少光生电子和空穴的复合概率，进而提高光催化活性和稳定性。以研究最多的 CdS-TiO_2 体系[18]为例加以说明，如图 2-4 所示，CdS 受可见光激发产生的空穴留在 CdS 的价带中，而电子从 CdS 的导带转移到 TiO_2 导带中，能有效抑制光生电子和空穴的复合。早期研究以 CdS-TiO_2 的简单复合为主，随着纳米制备技术的不断发展，微观尺度的复合光催化剂研究相继展开。CdS 负载在 ZnO 纳米线、TiO_2 纳米管、TiO_2 纳米颗粒等载体上的光催化产氢活性都有报道。

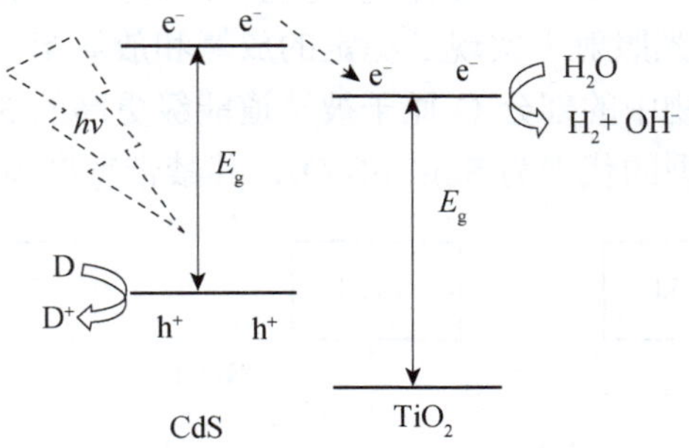

图 2-4　CdS-TiO_2 复合体光生电子空穴分离示意图

3. 异相结或异质结光催化剂

为了提高光催化的电荷分离和催化性能，通常将两种不同物相或将两种物相相同而晶相不同的半导体进行复合，构建异质结或异相结复合光催化剂。其基本工作原理就是当两种不同的介质紧密接触时会形成“结”（junction），在结的两侧由于其能带等性质的不同会形成空间电势差，这种空间电势差的存在会形成内建电场，从而加速电子-空穴的分离，进而提高光催化性能。传统太阳能电池中通过利用 p 型和 n 型半导体之间的能级差异构筑 p-n 结来促进光生电荷分离，在光催化分解水研究中也借鉴了 p-n 结构思路，通过类似的原理构筑异相结或异质结来达到分离电荷和提高光催化性能的目的。例如，同一种半导体通常具有不同晶相，且各晶相的导带或价带能级存在差异，当两晶相之间形成致密界面时，相与相之间的能级差异导致界面间形成内建电场加速光生电子和空穴分离。李灿等通过在金红石表面沉积锐钛矿 TiO_2 构筑了 TiO_2(R)/TiO_2(A) 异相结[19]，以及 α-Ga_2O_3 和 β-Ga_2O_3 之间构筑异相结[20]，均发现对光催化分解水制氢性能有明显的促进作用。此外，通过超快红外光谱研究发现，α-Ga_2O_3 和 β-Ga_2O_3 异相结之间的电荷分离发生在 3～6 ps，远远快于电荷的复合速率（1000 ms 左右），揭示了异相结促进光生电荷分离的本质。“结”促进电荷分离的概念除了应用于两个半导体之间外，通常也可应用于光催化剂与助催化剂之间的界面构筑。例如，李灿等[21]通过光催化剂 CdS

与助催化剂 MoS_2 界面异质结的构筑导致其光催化产氢活性比单独的 CdS 催化剂高 30 倍以上，而且 MoS_2/CdS 比担载贵金属助剂 Pt、Ru、Rh、Pd、Au 的 CdS 的光催化产氢活性还要高。章福祥等[22]通过在光催化剂 $LaTiO_2N$ 与助催化剂 CoO_x 之间形成致密界面，取得了比贵金属氧化物助催化剂 IrO_2 修饰的光催化剂更好的分解水放氧效率，可见光激发下放氧表观量子效率高达 27%。

（二）助催化剂

助催化剂在光催化分解水、还原 CO_2 方面几乎起着不可替代的作用，除去被广泛使用的 Pt、Rh、Pd、NiO、IrO_2、RuO_2 等常规助催化剂外，一些颇具特色的新型助催化剂也被相继开发出来。$Rh_{2-x}Cr_xO_3$ 助催化剂可大幅提高 GaN-ZnO 固溶体光催化剂的可见光完全分解水性能[23]，发展了 Rh-Cr_2O_3 核-壳结构与 Mn_3O_4 产氢、放氧组合助催化剂[24]，在全分解水中表现出显著的协同效应；李灿等相继报道了 MoS_2、WS_2、Pt-PdS 等助催化剂可显著促进 CdS 光催化产氢性能，并提出双功能助催化剂的协同促进概念[25]。另外一些具有优异电解水性能的 CoPi、CoBi 等电催化剂也被用于光（电）催化分解水的产氧助催化剂，提高了光催化分解水产氧动力学行为[26]。尽管助催化剂在光催化中的重要作用受到了广泛重视，但是有关助催化剂-光催化材料间界面结构这一关键问题的研究尚未深入开展，该问题的阐明对于设计、理解、构建高效的光催化剂体系至关重要。

（三）光催化分解水制氢微观机制与反应动力学

在整个太阳能驱动光催化分解水过程中，常常伴随电子激发态的猝灭、光生电子和空穴的复合、能量转移、质子迁移和光致异构化等众多的超快化学物理过程，这些过程间的相互竞争直接决定着光催化体系的效率。通过对光催化分解水制氢超快动力学过程进行实时的观测和理论研究，可以帮助人们深入了解人工光合成的机理，进而揭示光催化剂的效率、稳定性与催化剂结构之间的关系。人工光合成太阳能燃料的原位和超快谱学及理论研究在国际国内都是一个崭新的领域，极具挑战和机遇。下面分类介绍各种光谱技术在光催化分解水中的应用情况。

1. 时间分辨光谱研究光生电荷分离复合及反应过程

时间分辨光谱的分辨率可以从秒、纳秒的分辨率到皮秒、飞秒，在研究光生电荷分离、复合及反应等过程中可以发挥重要作用。Furube 等采用飞秒瞬态吸收光谱观察了光生电子向 Pt 转移的过程，发现 Pt 对光生电子的捕获过程有利于光生电子和空穴的分离，使得几百皮秒后 Pt/TiO_2 中未衰减的光生电子的量多于 TiO_2 中未衰减的光生电子的量[27]。井立强等使用表面光电压谱研究“结”在 TiO_2 中的作用，认为“相结”处存在锐钛矿向金红石的电子转移过程[28]。Carneiro 等使用时间分辨微波光电导研究也发现，相对于纯相锐钛矿，混相 TiO_2 的光电导信号更强、寿命更长[29]。Tang 等首次用瞬态吸收光谱观察到光催化分解水过程中的产氧过程的四空穴行为，提出产氧过程可能是光催化分解水反应的速控步骤[30]。利用超快光谱技术研究了光诱导分子内远程电子转移，发现在给体和受体相距 20 Å 的条件下仍能高效率地发生电子转移，提出了“通过化学键”进行电子转移的看法[31]。

2. 原位时间分辨光谱研究真实光催化过程

一些原位时间分辨光谱开始逐步建立和发展起来，用以研究在真实光催化反应体系中存在的各种物种对光催化剂光生载流子动力学过程的影响。Yamakata 等[32]研究人员用 50ns～s 级光栅扫描时间分辨中红外吸收光谱研究了甲醇存在条件下 Pt/TiO_2 中光生电子的衰减动力学过程，发现甲醇存在时体系中长寿命电子的产生效率大大增加，并推测甲醇对应的吸附物种能够在 50 ns 内快速捕获空穴。通过研究不同醇分子存在条件下空穴的动力学衰减行为，发现光催化的速控步骤是束缚态空穴向吸附醇分子的迁移过程。李灿等最近开发了适用于原位光催化机理研究的时间分辨激光诱导荧光光谱和时间分辨红外光谱。通过时间分辨荧光光谱，研究了 TiO_2 的相变与光催化反应活性之间的关系[33]，可以清楚地观察到在 TiO_2 由锐钛矿到金红石的相变过程中，氧空位以及 TiO_2 表面本征缺陷的产生过程，认识了 TiO_2 表面担载 Pt 助剂时光生电子的去激发过程。通过时间分辨红外光谱，研究了 TiO_2 催化剂导带及浅捕获态的电子吸收行为以及 Pt/TiO_2 光催化剂的光催化甲醇制氢的反应机理，认识到分子态吸附的水及甲醇促进了 H^+ 的转移，从而促进了 Pt 上的产氢反应[34]。

3. 时间分辨光谱与光电化学相结合研究光电催化机理

时间分辨光谱手段与光电化学表征手段相结合，被用于光催化机理，特别是光电催化机理的研究。Pendlebury 等[35]使用瞬态吸收光谱检测光生空穴，瞬态光电流技术检测光电流，发现 Fe_2O_3 光阳极中光电流和长寿命空穴数量有很好的关联，其中长寿命空穴的数量取决于电子空穴复合动力学，而复合动力学受偏压方向和大小的影响；另外作者发现，光催化水氧化反应不受光生空穴浓度的影响，这说明氧化铁水氧化反应的机理是连续的单空穴氧化过程。Durrant 等[36]还认为，在偏压或牺牲试剂存在条件下，光生空穴氧化水的转移速率非常慢，在 10^1～10^{-1} s 量级，说明光催化氧化水产氧的过程可以在毫秒到秒的时间尺度内完成。在实际的光催化反应过程中，光催化载流子过程的时间尺度跨度非常大，从飞秒量级的载流子产生、分离过程，到皮秒、纳秒量级的载流子捕获、输运过程，再到毫秒、秒量级的表面反应过程，因此在多时间尺度上对光催化机理研究，是全面认识光催化过程的关键所在。运用多种时间分辨率的光谱技术可以了解异质结、异相结、晶面取向、量子点结构等在光催化过程中的作用，揭示载流子在不同时间段上的作用以及对整个反应的贡献，确定光催化反应的决定性步骤，这对全面认识光催化机理至关重要。另外，光催化过程非常复杂，影响因素众多，因此，发展原位时间分辨光谱技术，以及与电化学表征技术、成像技术等技术相结合，是更直接全面地认识光催化动力学的必然趋势。光催化化学动力学的研究，有助于深入认识、全面理解光催化机理和过程，从而深入了解光催化反应机制，有助于探索光催化的规律和影响因素，为设计高效光催化体系打下坚实的基础。

三、研究总结与展望

1972 年日本科学家 Fujishima 和 Honda 发现光照 TiO_2 电极能够导致水分解产生氢气，揭示了利用太阳能分解水制氢的可能性。尽管当时 TiO_2 催化剂在紫外光照射下光催化分解水的量子效率仅为 0.1%，然而通过人们不断的努力研究，开拓一系列基于 d^0（Ti^{4+}，Zr^{4+}，Nb^{5+}，Ta^{5+}，W^{6+}）和 d^{10}（Ga^{3+}，Ge^{4+}，In^{3+}，Sn^{4+}，Sb^{5+}）金属基的光催化材料，紫外光区催化剂的量子效率不断得到提高。2003 年 Kudo 教授报道了 La 掺杂的 $NaTaO_3$ 催化剂紫外光照条件下分解水的量子效率可达 56%。由于到达地面的太阳光中紫外区仅占 5%左右，因此，为了充分利用太阳能，开发可见光响应的光催化剂成为 21 世纪以来这一领域的研究热点。2008 年 Domen 等报道的 GaN-ZnO 光催化剂分解水产氢的量子效率达到 5.9%；2015 年中国科学院大连化学物理研究所李灿等报道了两步法完全分解水制氢可见光照射下量子效率可达 6.8%，这些研究成果预示着可见光催化分解水制氢在不远的将来会有突破性进展。

整体而言，光催化分解水制氢研究已逐渐成为国际上可再生能源领域的研究热点，并取得了较大进展。各国科学家围绕人工光合成过程中太阳光的高效吸收和利用、光生电荷高效分离以及高效催化转化等关键科学问题展开了广泛的探索和研究；相关研究经历了最初的实验现象发现、基础理论探索到人工光合成体系整体设计构筑的不断发展过程；对光催化材料基本物性、光催化剂结构与性能“构效关系”认识由宏观不断向微观水平推进；反应体系由过去主要集中在光催化分解水半反应制氢发展到水全分解制氢，最近几年光催化制氢与 CO_2 耦合制燃料开始兴起；光催化反应的基础理论体系逐步形成，人工光合成太阳能燃料已经成为化学、物理、能源与材料等多学科交叉的热门研究领域之一。现阶段人工光合成太阳能燃料的效率仍然无法满足实际应用的要求，研究的发展趋势主要体现在太阳能光–化学转化效率的限制因素认识，发展各种超快光谱和原位表征技术用于揭示光催化机理和催化反应动力学，利用理论计算设计新颖的光催化材料；建立光催化反应效率与催化剂微观结构之间的关系；致力于高效吸光、电荷转移和表面催化反应等过程的整体设计和构建等诸多方面。国内科学家，在半导体基人工光合成体系的构筑、分子模拟酶人工光合成体系的组装以及人工光合成过程机制研究等基础领域已有多年的工作基础，取得了一些前期研究成果，一些领域已经处于国际先进或领先水平。

具体地，就光催化材料的开发而言，过去十余年各国科学家围绕提高可见光吸收这一关键问题开展了系列研究，通过能带工程技术，调节半导体光催化材料的能带带隙，使其能高效吸收可见光。主要包括以下几种途径：①寻找新的光催化材料，其价带能级正于水的氧化电位，例如，$BiVO_4$、$AgNbO_3$ 等氧化物，Ta_3N_5、TaON 等氮化物与氮氧化物，硫氧化物（如 $Sm_2Ti_2S_2O_5$），非金属化合物（如 g-C_3N_4、$B_{4.3}C$），非金属单质（如 Si、红磷、α-硫），磷酸化合物（如 Ag_3PO_4、$BiPO_4$）和金属氧化物（如 $Sr_{1-x}NbO_3$）等被相继发现具有光催化活性，丰富了光催化材料的种类，为构筑高效光催化剂体系提供了新素材，同时也拓宽了寻找新型可见光催化材料的思路等；②在具有较宽带隙的光催化剂中掺杂其他元素，在禁带中形成杂能级，如 TiO_2 和 $SrTiO_3$，用 Sb 或者 Ta 和 Cr 进行共掺杂；③由窄带隙半导体与宽带隙半导体构成固溶体催化剂，如 ZnS-$CuInS_2$、GaN-ZnO 等。我国科研人员在光催化材料开发方面也做了大量的工作，取得了较好的进展。中国科学院金属研究所刘岗研究员合成了均相氮掺杂氧化物、红色锐钛矿 TiO_2、硫单质等可见光催化剂。上海交通大学的上官文峰教授开发了 $BiYWO_6$ 光催化材料，实现了可见光分解水制氢。中国科学院大连化学物理研究所李灿院士相继开发出了 $ZnIn_2S_4$、$Y_2Ta_2O_5N_2$、硫取代氢氧化物和 $Sr_5Ta_4O_{15-x}N_x$ 等多种可见光催化材料。然而，通过掺杂或杂原子取代等发展可见光吸收光催化材料时通常会引起光生电子和空穴的迁移率及其寿命的降低。因此，合成兼具高可见光吸光度与高载流子迁移率的宽光谱响应可见光材料是今后发展的重要方向。

光生电子-空穴有效分离是实现太阳能光-化学高效转化的关键，光生电荷在半导体表/界面的分离研究受到越来越多的重视。光生电子-空穴的分离涉及半导体体内分离和表/界面转移分离等过程，迄今通过单/双功能助催化剂负载、异质结和异相结构建等方法均能加速半导体表/界面的载流子分离，达到提高太阳能光-化学转化效率的目的，构建有效的光生电荷传输“结”已成为发展高效人工光合成太阳能燃料体系的重要方式，是这一领域科学家努力的重要方向。相比半导体表/界面的光生电荷传输研究，半导体内部的载流子分离研究却相对不足。光催化材料的载流子迁移特性主要表现在扩散距离、迁移率大小、迁移取向择优性等。当前对载流子迁移特性的调控利用还主要限于通过减小光催化材料颗粒尺寸、形成中孔或开放式纳米结构等来缩短载流子从体相到达表面所需的距离，以期降低体相复合，而光生电子、空穴的体相迁移择优性这一重要内禀特性在光催化材料的设计中尚未得到有效利用，将光生电荷分离与光生载流子取向择优迁移相结合将是未来发展值得重视的一个方向。

光生电子空穴的表面催化转化过程近几年受到越来越多的关注，取得了显著的进展。研究成果主要集中体现在两方面：一是助催化剂辅助的表面催化反应；二是基于光催化材料自身表面原子结构的控制和优化。尽管助催化剂在光催化中的重要作用受到了广泛重视，但是有关助催化剂-光催化材料间界面结构这一关键问题的研究尚未深入开展，该问题的阐明对于设计、理解、构建高效的光催化剂体系至关重要。除了助催化剂的影响外，光催化材料表面原子的排列和配位环境也直接影响光催化剂性能，近几年对材料表面原子结构的精确控制受到了广泛关注。光催化性能的研究表明，通过控制光催化材料的晶面暴露比例可显著影响光催化性能。例如，中国科学院金属研究所刘岗等研究发现{010}占优的锐钛矿 TiO_2 的光催化产氢性能是{001}占优 TiO_2 的两倍。最近，中国科学院大连化学物理研究所从实验上确认了光生电荷在 $BiVO_4$ 不同晶面间的分离，并通过光沉积的方法将氧化、还原助催化剂选择性地沉积在 $BiVO_4$ 晶体的氧化晶面{110}和还原晶面{010}上，可将光催化性能提高两个数量级，充分展示了晶面控制在构筑高效光催化剂体系中的巨大潜力。光催化材料晶面控制不仅在于促进了光生电子空穴在半导体体相的迁移和分离，而且在光催化表面反应转移，调控光催化材料-助催化剂的界面结构、复合光催化材料的界面结构等方面发挥重要潜能，是未来构筑高效光催化剂体系的重要方向。

四、学科发展政策建议与措施

太阳能光（电）催化分解水制氢被认为是化学领域“圣杯式”的反应，不仅蕴含前沿性的科学基础，而且具有重大的应用前景，一旦突破将彻底改变人类的能源结构和生存生态，成为颠覆性的变革性技术，因此已激发了材料、化学、物理和生物等领域科学家的广泛兴趣，同时引起了美国、日本和欧洲等发达国家和地区的高度重视。21 世纪以来，我国政府不断加大对太阳能转化的投入，我国一批科学家瞄准该科技前沿敢于攻坚克难，在光（电）催化分解水制氢领域已取得了阶段性突破，部分成果达到国际领先水平，呈现出良好的上升势头，培育了一批优秀的科技人才队伍。因此，建议我国政府抓住机遇乘势而上，通过重大专项、重点项目群等形式整合全国优质资源和人才力量，集中攻关该领域重大科学和技术难题，推动这一领域由基础研究向产业应用的发展。具体研究方向和政策建议如下所述。

（1）优先发展新型兼具高载流子分离及宽光谱捕光的材料体系，发展材料筛选的组合化学，建立高效筛选材料的理论方法。

（2）优先发展提升光生电荷分离的策略，建立相关的理论方法。

（3）优先发展原位时空分辨的现代光谱技术，发展光-电-化学能量转换和反应动力学原位表征手段，揭示多界面能量传输与物质交换机制。

（4）发展功能材料及其薄膜制备技术，耦合多场协同效应，发展光-电-化学转化的不同转化途径，发展太阳能分解水制氢器件的材料与工程设计，形成多学科的交叉融合。

（5）加强顶层设计，设立科技专项集中攻关该研究领域的科学与技术难题。

第二节　能源光电催化及光催化

一、能源光电催化及光催化概述

解决能源短缺和环境污染问题是我国实现可持续发展、提高人民生活质量和保障国家安全的迫切需要。清洁能源的开发和利用是解决这一难题的有效方法[37]。2006 年，国务院颁布的《国家中长期科学和技术发展规划纲要（2006—2020 年）》中明确指出，清洁能源低成本规模化开发利用是未来 15 年的重点研究领域和优先主题。太阳能总量巨大，分布广泛，无需运输且用之不竭，是最重要的可再生清洁能源[38]。然而，太阳能的能量密度低，其分布随时间与地点变化大，大规模应用太阳能必须进行能量转换和存储。光催化分解水制氢或还原二氧化碳为碳基化合物可实现一步将太阳能转换并存储为化学能，以氢为燃料，其燃烧产物为清洁的水（图 2-5），以如此方式获得的碳基化合物为燃料，不额外增加大气中 CO_2 的排放量，因此这一技术在解决能源和环境问题方面有重要的应用前景[39]。

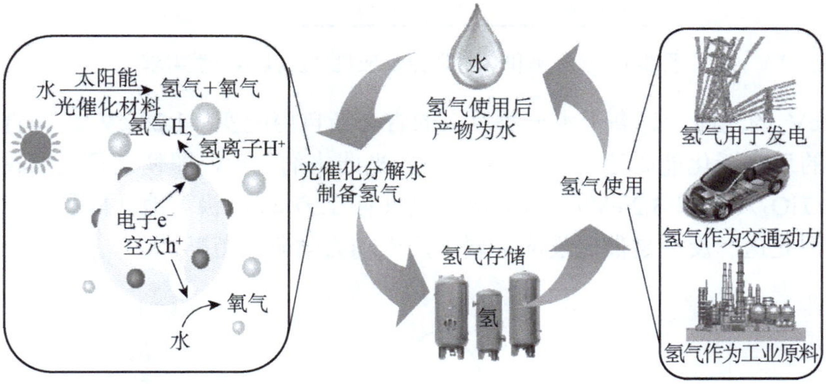

图 2-5 以光催化技术为基础构建的清洁能源循环框架

图 2-6 给出了光催化分解水和还原 CO_2 反应机理及其相应的氧化还原电位。由图可知，直接还原 CO_2 有着极高的热力学障碍，可行的转化途径是以 H_2O 作为还原剂降低热力学障碍和满足与光催化材料还原电势匹配。这意味着，尽管太阳能光催化转换利用的是还原反应所产生的高能燃料（氢气或者碳基化合物），但对于分解水和还原 CO_2 反应来说，水氧化提供质子和电子是还原反应发生的前提条件。然而，水氧化产氧需要两个 OH^- 给出四个电子同时脱除两个质子形成 O═O 键，这一反应的过电势较高，是水分解反应的速控步骤。也就是说，以水作为还原剂时，光催化 CO_2 还原和光催化分解水这两个光催化技术在能源领域中最重要的应用是相互关联的，需要首先实现水的氧化提供电子和质子作为还原剂还原 CO_2 为更高能量的碳基化合物。可见，无论是光催化分解水制氢还是光催化还原 CO_2 制备碳基燃料，均以水的高效氧化为前提。因此，以下重点以光催化分解水为例对这一领域的关键科学问题进行分析总结。

光催化反应是指以光能驱动光催化剂产生光生电荷降低反应活化能的化学反应。如图 2-7 所示，以光催化分解水为例，水分解为氢气和氧气是能量升高的过程，因此水分解是一个储能反应。如果直接光辐照分解水，则至少需

反应		$E^{\ominus}_{redox}$ (V *vs*. NHE)
$2H^{+}+2e^{-}$	$\longrightarrow H_2$	−0.41
H_2O	$\longrightarrow 1/2O_2+2H^{+}+2e^{-}$	0.82
CO_2+e^{-}	$\longrightarrow CO_2^{-}$	−1.90
$CO_2+H^{+}+2e^{-}$	$\longrightarrow HCO_2^{-}$	−0.49
$CO_2+2H^{+}+2e^{-}$	$\longrightarrow CO+H_2O$	−0.53
$CO_2+4H^{+}+4e^{-}$	$\longrightarrow HCHO+H_2O$	−0.48
$CO_2+6H^{+}+6e^{-}$	$\longrightarrow CH_3OH+H_2O$	−0.38
$CO_2+8H^{+}+8e^{-}$	$\longrightarrow CH_4+2H_2O$	−0.24

图 2-6 水分解和 CO_2 还原反应机理及其热力学需求

要 8 eV 的光能，远高于水分解反应的吉布斯自由能变（1.23 eV），即直接光解水的反应活化能高达 6.77 eV。而引入光催化剂之后，即使是只能吸收紫外光的 TiO_2（带隙 3.2 eV），其活化能也只有 1.97 eV，极大地降低了反应活化能，因此这一反应是催化反应，属于反应动力学研究范畴。

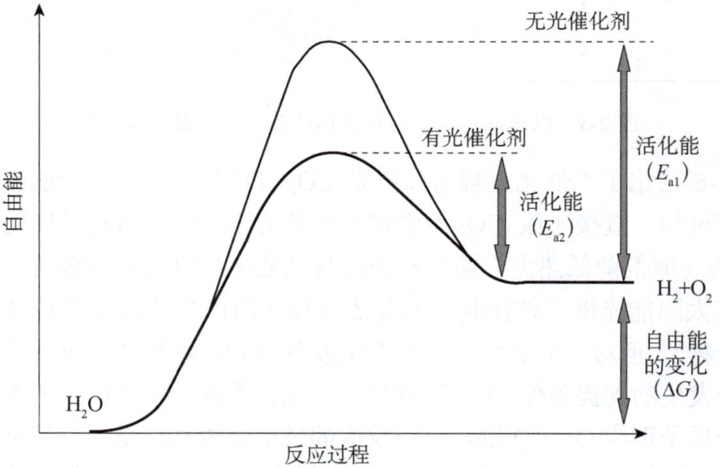

图 2-7 光催化反应过程中体系自由能变化以及光催化剂在催化反应过程的作用（以光催化分解水为例）

光电化学电池分解水和光催化粉末悬浊液分解水是目前光催化多相反应分解水的两种主要途径。与光催化粉末悬浊液分解水相比，光电化学电池分解水系统产氢和产氧反应分别发生在两个不同的电极上［图 2-8（a）］，能够有效地分离氧化/还原产物[40]，其性能主要取决于吸收太阳光的半导体薄膜电极[41]。据美国能源部推算，要实现太阳能分解水制氢的大规模利用，光电化学电池分解水的太阳能转换到氢能效率必须高于 10%[42]，且光电极具有较好的稳定性。由图 2-8 可知，光电化学电池由阳极、阴极、外电路及电解液组成。电极表面发生氧化反应的称为阳极，在其表面水被氧化为氧气。相应地，电极表面发生还原反应的称为阴极，在其表面水被还原为氢气。鉴于水氧化反应的过电势较高、动力学较慢，光电化学电池分解水制氢迈向实用化的关键在于开发出高效吸收太阳光并氧化水的半导体薄膜光阳极[43]。

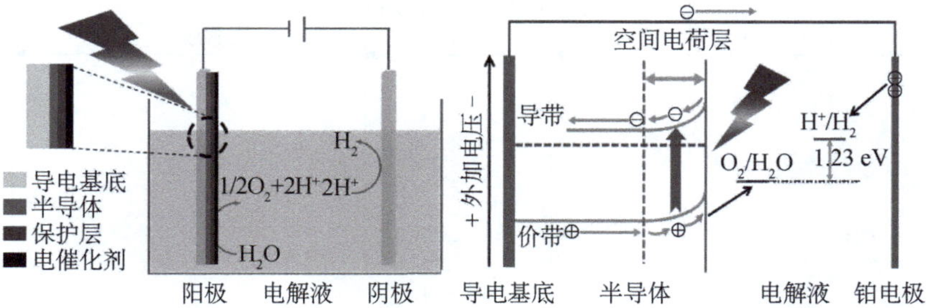

(a) 光电化学水分解电池的基本结构
插图显示了典型的阳极结构（导电基底、半导体光吸收层、保护层和电催化层）

(b) 光电化学水分解基本原理
以n型半导体光阳极氧化水为例

图 2-8 光电化学水分解电池的基本结构和光电化学水分解的基本原理

光电化学水分解电池的阳极通常由导电基底、n 型半导体光吸收层、保护层和电催化层组成［图 2-8（a)］，其工作原理如图 2-8（b）所示。光电化学电池的阳极水氧化包含以下三个基本过程：①半导体吸收能量大于或等于其禁带宽度的光子并产生电子-空穴对；②在空间电荷层内建电场作用下，电子向半导体体相内迁移，空穴向半导体与电解液界面迁移；③迁移至半导体与电解液界面的空穴氧化水释放氧气。相应地，迁移至半导体体相内的电子被导电基底收集通过外电路传输至 Pt 对电极发生水的还原反应产氢。

由上述可知，与传统的催化反应（如电催化、热催化）不同，光催化反应过程存在多种能量转换过程和电荷多界面传输。半导体光催化剂不仅需要将光能转换为具有氧化-还原能力的光生电荷，同时也起到了降低反应活化能的作用。这与通常的催化反应中催化剂主要起到降低反应活化能、提高反应速率作用有所区别。此外，对于一种特定的光催化反应来说，光催化材料一旦确定，其氧化-还原电位即确定，这也是光催化反应不同于其他催化反应的重要特征之一。光催化材料的这一特点要求我们必须选择能级位置合适的半导体作为某一特定反应的催化剂，如此才能实现高效的反应动力学过程。可见，光催化反应更为复杂，涉及光-电转换、电-化学能转换过程，光生电荷经历了体相传输、半导体/电催化剂界面传输，电催化剂/电解液界面传输等多途径传输过程（图 2-9）。光催化反应也因其电荷产生、传输的复杂性而具有多种能量损失过程，包括光生电荷的体相复合、空间电荷层内复合、表面复合、界面复合等能量损失过程；同时，电荷在电催化层内传输需要克服电荷传输势垒以及电催化反应发生需要克服反应活化能。

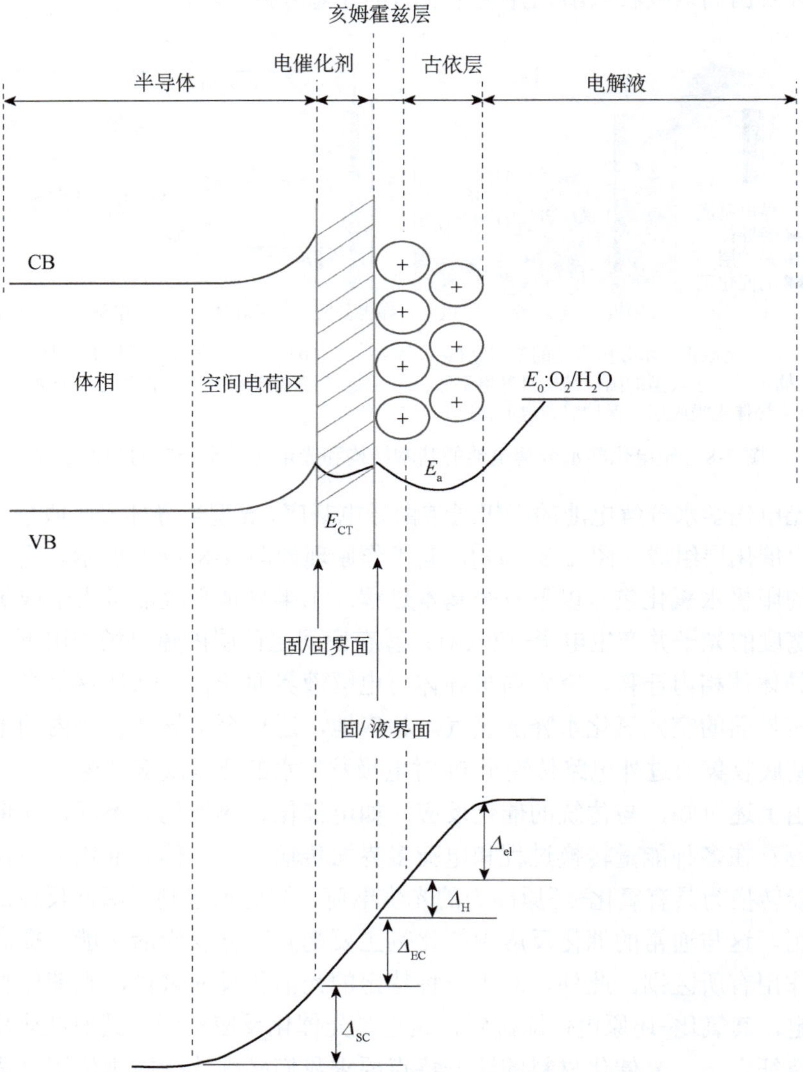

图 2-9　光催化反应中电荷的多界面传输及其能量转换与损失
（以 n 型半导体光阳极氧化水为例）

CB：半导体导带位；VB：半导体价带位；E_0：氧化-还原电势；E_{CT}：电荷传输势垒；E_a：水氧化活化能；Δ_{el}：电解液电势降；Δ_H：亥姆霍兹层电势降；Δ_{EC}：电催化层电势降；Δ_{SC}：空间电荷区电势降

光电化学电池阳极分解水的太阳能转换效率的数学表达式为

$$\eta = \frac{q(V_{ox} - V_{app})}{I_0} \int_0^{1240/E_g} \text{IPCE}(\lambda) \cdot N(\lambda) \mathrm{d}\lambda = \frac{J_p(1.23 - V_{app})}{I_0} \qquad (2\text{-}2)$$

其中，q 为电子的电量，C；V_{ox} 为氧化产物的标准电极电势，取值为 1.23 V（O_2/H_2O 的标准电极电势）；V_{app} 为工作电极所外加的偏压；E_g 为半导体能隙，eV；IPCE 为单色光子至电子的转化效率（量子效率）；N（λ）为波长为 λ 的单色光子的数目；I_0 为入射太阳光的功率；J_p 为光阳极氧化水所产生的光电流密度，mA/cm^2。

由太阳能到化学能的转换公式可知，光催化材料的光吸收范围决定了太阳能到化学能转换的最大理论效率，而光生电荷的多界面能量损失和水分解反应活化能影响量子转换效率，因此光催化技术能源应用的核心问题在于开发宽光谱响应光催化材料以及提高量子转换效率。

二、能源光电催化和光催化研究现状及发展动态分析

（一）高理论转换效率的宽光谱响应光催化材料开发逐渐引起重视

构建高效的光电化学电解水电池的核心问题是开发高效光催化材料。图 2-10 给出了到达地球表面 300～800 nm 波长范围内的太阳光光谱和求解的相应无偏压下理论光电流密度与太阳能到氢能转换效率之间的关系。可见，随着光吸收范围的不断拓宽，太阳能到氢能的理论转换效率不断升高。这意味着，开发宽光谱响应的光催化材料是实现高效太阳能到氢能转换的基本前提。由图可知，半导体材料的光吸收至少要达到 530 nm（2.34 eV），才能实现实用化所需求的 10%太阳能到氢能转换效率。这一限制条件排除了大部分的宽带隙氧化物半导体材料，如锐钛矿 TiO_2（3.9 eV，1.8%）、WO_3（2.8 eV，4.8%）、$BiVO_4$（2.4 eV，9.2%）。此外，从水分解反应热力学需求来看，其理论热力学电位需求为 1.23 V，考虑水分解反应过程中产氢与产氧的过电势及电路阻抗损失，半导体材料的最佳能隙应约为 2.03 eV，其理论光电流密度 J_{abs} 为 13.6 mA/cm^2（对应的可利用光子波长最大约为 610 nm），对应的理论最大太阳能到氢能转换效率约为 16.8%。换句话说，只要该水分解电池在无偏压测试条件下的量子效率从紫外光至 610 nm 范围内均超过 60%，其太阳能到氢能转换效率即可满足实用化需求。需要指出的是，实现无偏压分解水需要光催化材料的导、价带能级与水的氧化还原电势匹配。因此，高效太阳能转换需

要可以吸收 600 nm 以上宽光谱响应的氧化还原能力满足水分解热力学需求的高效光催化材料。

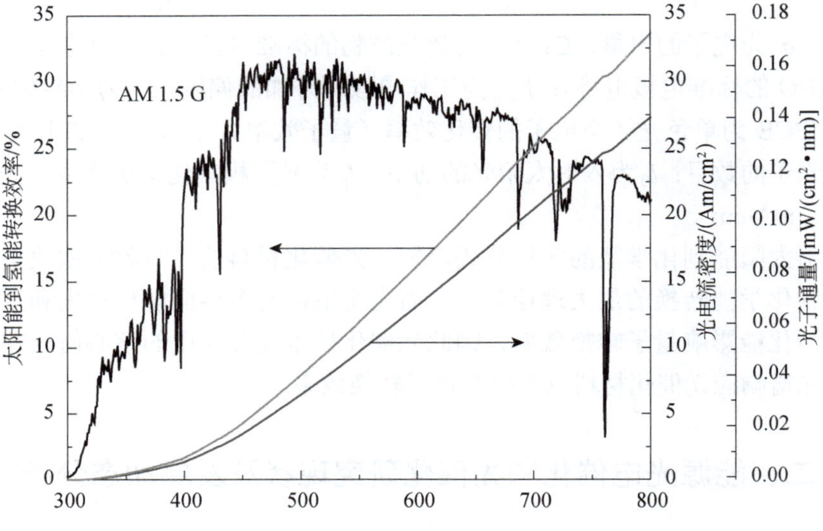

图 2-10　以 AM 1.5 G（100 mW/cm^2）为标准的地球表面太阳光光谱分布，理论光电流密度和理论太阳能到氢能转换效率

近年来，氧氮化物、氮化物作为新型光催化材料具有合适的导、价带能级以及较宽的光谱响应，逐渐引起人们的重视，太阳能转换效率逐步提升。Domen 课题组在氮化物、氧氮化物光催化材料开发方面做出了突出贡献。从 2003 年至今，先后报道了 Ta_3N_5[44]、$LaTaON_2$[45]、$MTaO_2N$（M=Sr、Ba）[46]、$LaTiO_2N$[47]、$SrNbO_2N$[48]、$LaMg_xTa_{1-x}O_{1+3x}N_{2-3x}$（$x \geqslant 1/3$）[49]等一批光谱响应在 600 nm 以上、理论转换效率超过 16%的光催化材料。这些光催化材料均能满足水分解的热力学需求，合适的导价带能级具有实现无偏压或低偏压水分解的能力，其中，$BaTaO_2N$ 和 Ta_3N_5 的太阳能到氢能的转换效率分别达到了 0.7%和 1.5%[50,51]。氮化物、氧氮化物材料仍存在量子效率不高、材料稳定性不好以及高品质薄膜制备手段匮乏等因素制约其发展。国内，在氮化物、氧氮化物光电化学水分解方面的研究也取得了长足的进步。李灿教授课题组在引入空穴存储层实现空间电荷层内空穴的高效提取，同时引入分子电催化剂修饰降低反应活化能，实现了接近 Ta_3N_5 光阳极材料理论光电流密度[52]。邹志刚教授课题组提出了机械热剥离的方法去除表面复合中心实现了 Ta_3N_5 光电流密度的大幅度提升[53]；通过降低晶界数量，减少电荷传输复合，实现了

$LaTiO_2N$ 世界纪录的光电流值[54]。

（二）光催化机理认识逐步深入、改善光催化反应效率手段趋于明确化

由太阳能到化学能转换效率公式（2-2）可知，针对具体某一光催化材料来说（即理论太阳能转换效率是定值），提高光电流密度和降低偏压是提高太阳能到氢能转换效率的主要手段。光电流密度 J_p 的数学表达式为

$$J_{\mathrm{p}}=q\int_{0}^{1240/E_{\mathrm{g}}}\mathrm{IPCE}(\lambda)\cdot N(\lambda)\mathrm{d}\lambda=J_{\mathrm{abs}}\cdot\eta_{\mathrm{abs}}\cdot\eta_{\mathrm{sep}}\cdot\eta_{\mathrm{inj}} \tag{2-3}$$

其中，J_{abs} 为理论光电流密度，表达式为 $J_{\mathrm{abs}}=q\int_{0}^{1240/E_{\mathrm{g}}}N(\lambda)\mathrm{d}\lambda$ ，即假设了量子效率为 100%时的理论光电流密度；η_{abs} 为吸收效率，描述光催化材料实际吸收的光子数目与转换为电子-空穴对数目的比例；η_{sep} 为半导体光阳极中电子-空穴对的分离效率，描述了光生电子-空穴对在体相内的复合导致理论光电流 J_{abs} 损失的比例；η_{inj} 为注入效率，即迁移至半导体光阳极表面的空穴与水反应得到氧气转换效率，描述了光生空穴在阳极表面复合数目和发生法拉第反应数目的比例。

可见，理论光电流的损失主要来自半导体光催化材料的光生电子-空穴复合。电子-空穴复合主要包括体相复合和表面复合，因此减小体相和表面复合是提高光催化反应效率、提高光电流密度的重要手段。最近几年，降低空穴有效质量、梯度掺杂、纳米结构化、形成内部极化场、表面修饰等降低体相复合和表面复合的有效方法不断被提出并得到了快速发展。2013 年，邹志刚课题组以降低载流子的有效质量来提高载流子的迁移能力为指导思想，通过形成 $ZnGa_2O_4$：Zn_2GeO_4 固溶体以及 Mo 元素掺杂 $BiVO_4$ 等手段降低了光生空穴的有效质量，提高了其扩散长度，有效地减小了载流子体相复合[55,56]。利用微纳结构降低载流子输运距离降低体相复合逐渐引起重视，已经证明与平板结构相比，纳米微结构有利于降低空穴传输距离，增加电极与电解液之间的接触面积，提高催化反应效率。这一方法尤其是对于空穴寿命短、扩散距离短的光催化材料，如 Fe_2O_3，更为有效[57]。Krol 研究组于 2013 年提出控制梯度掺杂在半导体内部形成梯度能隙能够有效降低体相复合，实现电子-空穴在体相内的定向传输[58]。2012 年，Snaith 等发现具有内部极化行为的钙钛矿电池不需要电子或空穴传输层即可获得较高的太阳能到电能转换效率，这意味着形成内部极化场可以作为一种有效的降低体相复合手段[59,60]。表面电催化材料

或钝化层修饰是降低表面光生电子-空穴复合的有效手段。通常，晶态的电催化材料的催化反应仅仅发生在表面层，与其相对照，人们将目标离子可以浸渗进入体相的一类电催化材料称为体相电催化材料。由此可见，组成体相电催化材料的活性催化物种应具有弱的晶格约束力，目标离子能够通过配位络合的方式进入体相内。自 2008 年以来，以钴磷配合物为代表的体相电催化材料得以迅速发展，用于修饰 $BiVO_4$、Fe_2O_3 和 WO_3 等光催化薄膜材料，均能显著降低表面复合，提高光催化分解水的反应效率[61-64]。

实现无偏压或低偏压水分解是高效太阳能到氢能转换的基本前提。典型的光电流和外加偏压的关系曲线如图 2-11（a）所示。按照电流曲线特征可以将其划分为 A、B、C 三个区域：A 区域为接近平带电势的无电流区域，在该低偏压区域内半导体体相内的载流子分离效率较低，没有电流通过半导体/电解液界面，仅仅发生了半导体内部少数载流子向界面迁移。而在高偏压的 C 区，体相内载流子具有较高的分离效率，光电流达到饱和值。B 区域则是 A 向 C 转变的过渡区域，降低外加偏压，就是要将 B 区域无限地接近 A 区域，即光电流开启电势接近半导体平带电势。这意味着要降低光阳极的外加偏压，我们需要从降低光阳极的开启电势入手。光电极的开启电势大小理论上等于其平带电势的高低，对于光阳极来说，开启电势越低其达到同样大小的光电流所需要的外加偏压就越小。光电极的开启电势实际上直接与其开路电压 V_{oc} 密切相关，越大的开路电压 V_{oc} 意味着半导体在光照下产生的驱动力越大，那么对于 n 型半导体光阳极来说，其开启电势就会变小。对于 n 型半导体光阳极来说，其开路电压 V_{oc} 的大小取决于光照时电子的准费米能级与 O_2/H_2O 标准电极电势之差［图 2-11（b）］，其数学表达式为[43]

$$V_{oc}=\frac{nK_BT}{q}\ln\frac{J_{ph}}{\gamma J_s} \tag{2-4}$$

其中，n 为电极的质量参数；K_B 为玻尔兹曼常数；q 为电子的电量；J_{ph} 是光电流密度；γ 为电极的粗糙因子；J_s 为图 2-11（b）中所示的五种复合途径导致的光电流损失。

由式（2-4）可知，要提高 V_{oc} 的值，需要减小电极的粗糙度 γ，降低复合电流 J_s。高粗糙度意味着过度纳米化，这将导致空间电荷层变薄而增加载流子复合概率，降低光生载流子浓度，进而降低电子的准费米能级高度，导致低开路电压。对于降低复合电流来说，空间电荷层内建电场作用下的复合电流 J_{sc} 基本可以忽略不计，体相复合电流 J_{br} 则主要与载流子的迁移率及寿命有关。电子隧穿导致的复合电流 J_t、表面态导致的复合电流 J_{ss} 及电子越过空间电荷

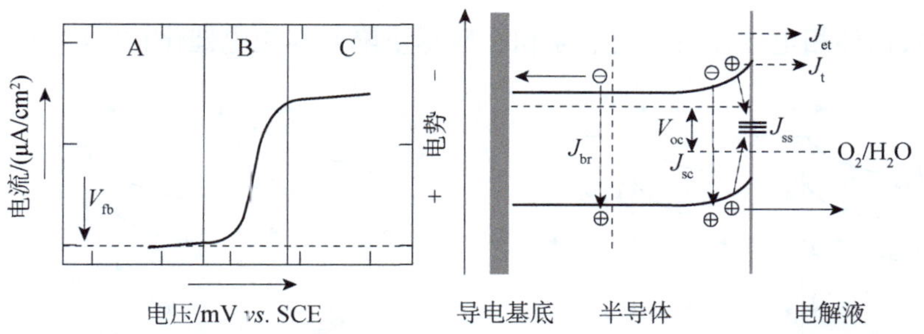

(a) 典型光阳极的外加偏压和光电流关系曲线

(b) 光激发载流子在半导体光电极中的五种复合途径以及产生相应的复合电流

图 2-11 光电化学反应的电流-电压曲线及其光生电荷复合过程

J：半导体体相内的复合产生 J_{br}；半导体空间电荷层中的复合产生 J_{sc}；半导体表面态诱导的复合产生 J_{ss}；电子从空间电荷层隧穿导致的复合产生 J_t；电子越过空间电荷层势垒导致的复合产生 J_{et}

层势垒导致的复合电流 J_{et} 可以通过合适的表面修饰手段进行抑制。另外，假使光生空穴氧化水产生氧气的反应速率过慢，就会导致电子或空穴的累积，这样空间电荷层 L_{sc} 的厚度会变薄，固/液界面的肖特基势垒高度会变低。此时，体相中的复合电流 J_{br} 及电子隧穿导致的复合电流 J_t 会因为变薄的空间电荷层 L_{sc} 而变大，电子越过空间电荷层势垒导致的复合电流 J_{et} 也会因为空间电荷层 L_{sc} 势垒高度的降低而变大。因此，增加光电极的开路电压 V_{oc} 的要求事实上与提高电荷分离效率 η_{sep} 及表面电荷注入效率 η_{inj} 是一致的，即都需要在半导体材料表面修饰电催化材料加速水氧化反应动力学。

2014 年，Boettcher 指出了体相电催化材料具有可调节的费米能级使得其与半导体光催化材料之间形成的肖特基势垒高度可调，进而导致光阳极的开路电压可调[65]。如图 2-12 所示，体相电催化材料通常是离子可浸渗的，表现出体相的氧化还原行为，由于其平均价态随外加电压变化，故其与半导体材料之间可以形成势垒高度可调的肖特基结，导致开路电压可调。因此，体相电催化材料修饰是一种有效的提高光阳极的开路电压的方法。但其也存在一定的缺陷，例如，呈现体相电催化特征的材料多为离子配位约束力较弱的非晶材料，如钴磷配合物[58]。弱的离子束缚导致了非晶电催化材料的稳定性差，尽管在某些特定配位离子存在时，电催化材料会通过自修复机制提高稳定性，但也因此限制了这类催化材料的应用范围。此外，体相电催化材料具有较多的活性离子而展现较强的电荷存储能力。如果体相电催化材料中存储的空穴与水分子反应获得氧气的速率过慢，就会导致空穴的累积，对于具有微纳结构的光阳极来说，由于空间电荷层较薄，电子遂穿概率较大，累积在体相电催化材料体相内的空穴将会与遂穿电子发生复合，降低光电流密度[66,67]。为降低空穴在体相电催化材料内的累积，应尽量降低体相电催化材料的厚度。

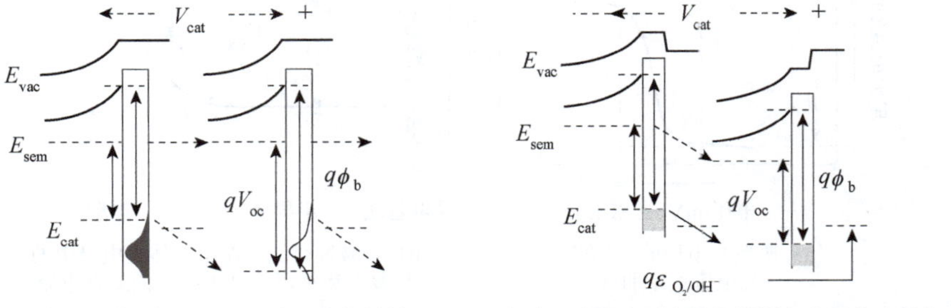

(a) 体相电催化材料与半导体光催化材料之间形成的可调变的肖特基势垒

(b) 高结晶度的表面电催化材料与半导体光催化材料之间形成的不可调变的内埋结肖特基势垒

图 2-12　半导体材料/电催化材料界面特性及其对光生电压的影响

（三）光催化材料腐蚀机理逐渐明晰、光电极稳定性快速提升

光电极的稳定性包含光催化材料本身及其表面的电催化材料的稳定性，是光电化学电池分解水能否实用化的一个决定性因素。稳定性差的光电极总是表现为其光电流随时间逐渐降低。由前述分析可知，有应用前景的半导体，其带隙往往较小，在溶液化学环境或光照条件下不稳定，易发生化学腐蚀或光化学腐蚀，缩短电极使用寿命。

光电极发生化学腐蚀是由于光电极材料或电催化材料在其所处的电解液中会发生溶解或结构破坏，进而影响光电极表面的水分解反应光电流。为了避免光电极的化学腐蚀，需要选择在特定 pH 值范围内不与光电极发生化学反应的电解液。为避免光电化学反应过程中电极表面的 pH 值因为水分解反应而发生变化导致电极化学腐蚀，可以采用一定浓度的缓冲溶液作为电解液。另外，在半导体表面负载一层保护性薄膜阻止电解液与半导体的直接接触也能提高半导体的化学稳定性。

光电极发生光化学腐蚀指的是光照过程中产生的电子或空穴引起光电极或电催化材料发生分解，进而导致光电极的活性发生不可逆的损伤。图 2-13 显示了从热力学角度考虑的光电极发生光化学腐蚀的几种情况，对于理想的半导体，其价带顶与导带底要完全跨越水的氧化与还原电势。要使半导体光电极不发生光化学腐蚀，此时要求半导体晶格组分的还原电势与氧化电势同时跨越半导体的价带顶与导带底，如图 2-13（a）所示。假如半导体中含有比水更易氧化或者还原的组分［图 2-13(b)～(d)］，此时的光生空穴或电子会优先氧化或还原该组分，破坏半导体的晶体结构。为了避免光电极发生光化学腐蚀，从热力学上考虑，需要选择能级位置符合图 2-13（a）的半导体。

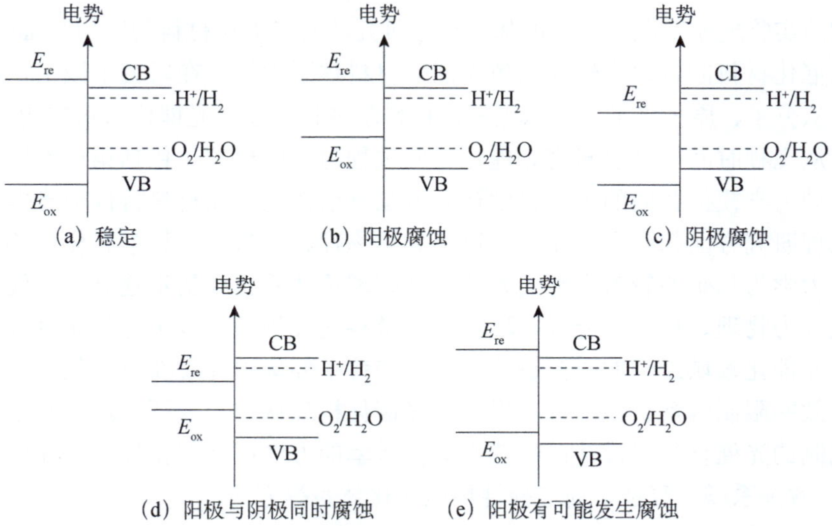

图 2-13 热力学角度且不考虑外加偏压情况下半导体光电极中的光化学稳定性

而对于氧氮化物光阳极来说，半导体晶格中可氧化成分（通常为 N 元素）的氧化电势 E_{ox} 一般位于水的氧化电位 O_2/H_2O 与半导体价带顶 VB 之间，如图 2-13（e）所示。因为水的氧化反应所需的过电势大，一旦水的氧化反应发生不畅，氧化水消耗空穴的速率就会变慢，那么半导体自身的氧化反应就会发生以释放累积的空穴甚至占据消耗空穴的主导地位，导致半导体光电极的不可恢复性损伤。所以，氧氮化物容易发生光化学腐蚀反应。

在 n 型光阳极表面修饰保护层是解决光腐蚀甚至化学腐蚀的有效途径。2013 年，Dai 研究组提出以 2 nm 的高透光 Ni 层作为 Si 电极的保护层和电催化层，实现了电极 80 h 无明显光电流退降[68]。2014 年，Choi 研究组在 $BiVO_4$ 电极表面光电沉积 FeOOH 和 NiOOH 双层电催化材料，实现了 48 h 无电流退降的良好稳定性[69]。同年，Lewis 研究组发现了非晶的缺陷态 TiO_2 作为导电保护层同时修饰 Ni 作为催化层，实现了 Si 光阳极稳定氧化水超过 100 h[70]。更为鼓舞人心的是 Chorkendorff 研究组也在同一年度报道了 Fe 改性的 p 型 NiO 修饰 Si 光阳极，其光催化氧化水稳定性可以超过 300 h[71]。

三、研究总结与展望

回顾光催化的发展历程，特别是近十余年的研究成果呈现出了长足的进步。在能源和环境问题强大需求的推动下，国际上光催化领域的研究已经从最初的实验现象发现，逐步由基础理论研究转向光催化材料的应用基础研究；由光催化材料制备逐步转向高效光催化材料体系设计。在研究手段上，已经能够从分子、原子水平上揭示光催化材料基本物性以及光催化材料的构-效关系，从飞秒时间尺度上研究光催化反应过程与反应机理。包括第一性原理与分子动力学模拟在内的现代科学计算方法逐渐在光催化材料特性与光催化基本原理研究方面起到重要作用。以半导体物理、纳米材料科学和化学热力学及动力学为基础的较为完整的光催化基础理论体系已经初步建立。光催化已经发展为物理、化学、能源、环境等多学科交叉领域，成了热门研究领域之一。光催化领域最新的研究进展与发展趋势主要集中体现在对光催化太阳能转化效率限制因素认识与效率提升；光催化机理认识与表征手段；基于新物理机制的光催化材料设计；改善光催化效率的方法；光催化反应中光催化材料构-效关系以及复杂、高选择性环境净化体系等方面。

四、学科发展政策建议与措施

光电催化、光催化学科的发展经历了四十余年的历史，依然保持了蓬勃向上的势头，不仅仅是因为这一学科的发展有着重要的应用背景。同时，也因为这一学科自身的挑战性，对其相关学科的发展具有极大的促进作用。基于我国光电催化、光催化学科现阶段的发展呈现了良好的上升势头考虑，有必要整合现有研究队伍，以项目群形式组织人才队伍，以发挥各自优势，攻克该领域重大基础问题。

（1）优先发展高效光电催化、光催化材料设计理论、方法，提出可用于指导高效光电催化、光催化材料开发的具体物理参数指标。

（2）优先发展光-电、电化学能量转换的反应动力学原位监测手段，揭示多界面电荷传输能量损失机制。

（3）优先发展先进材料制备技术、先进薄膜材料制备技术，阐明材料构-效关系，为光催化技术工程化提供材料制备科学支撑。

（4）引入新奇物理效应、耦合多场协同效应，注重光电催化、光催化学科与其他学科的交叉融合研究。

本章参考文献

[1] 吴越. 应用催化基础. 北京：化学工业出版社，2009.

[2] Maeda K，Domen K. Photocatalytic water splitting：Recent progress and future challenges. J

Phys Chem Lett，2010，1（18）：2655-2661.

[3] Zhang J，Xu Q，Feng Z，et al. Importance of the relationship between surface phases and photocatalytic activity of TiO_2. Angew Chem Int Edit，2008，47（9）：1766-1769.

[4] Wang Z Y，Zhang F X，Yang Y L，et al. Facile postsynthesis of visible-light-sensitive titanium dioxide/mesoporous SBA-15. Chem Mater，2007，19（13）：3286-3293.

[5] Domen K，Naito S，Soma M，et al. Photocatalytic decomposition of an NiO-$SrTiO_3$ catalyst. J Chem Soc Chem Commun，1980，12：543-544.

[6] Kato H，Asakura K，Kudo A. Highly efficient water splitting into H_2 and O_2 over lanthanum-doped $NaTaO_3$ photocatalysts with high crystallinity and surface nanostructure. J Am Chem Soc，2003，125（10）：3082-3089.

[7] Domen K，Kudo A，Shibata M，et al. Novel photocatalysts，Ion-exchanged $K_4Nb_6O_{17}$，with a layer structure. J Chem Soc Chem Commun，1986，23：1706-1707.

[8] Sato J，Saito N，Nishiyama H，et al. Photocatalytic activity for water decomposition of indates with octahedrally coordinated d^{10} configuration. Ⅰ. Influences of preparation conditions on activity. J Phys Chem B，2003，107（31）：7965-7969.

[9] Kudo A，Niishiro R，Iwase A，et al. Effects of doping of metal cations on morphology，activity，and visible light response of photocatalysts. Chem Phys，2007，339（1-3）：104-110.

[10] Wang D F，Ye J H，Kako T，et al. Photophysical and photocatalytic properties of $SrTiO_3$ doped with Cr cations on different sites. J Phys Chem B，2006，110（32）：15824-15830.

[11] Ishii T，Kato H，Kudo A. H_2 evolution from an aqueous methanol solution on $SrTiO_3$ photocatalysts codoped with chromium and tantalum ions under visible light irradiation. J Photoch Photobio A，2003，163（1-2）：181-196.

[12] Asahi R，Morikawa T，Ohwaki T，et al. Visible-light photocatalysis in nitrogen-doped titanium oxides. Science，2001，293（5528）：269-271.

[13] Maeda K，Domen K. New non-oxide photocatalysts designed for overall water splitting under visible light. J Phys Chem C，2007，111（22）：7851-7861.

[14] Chen S S，Yang J X，Ding C M，et al. Nitrogen-doped layered oxide $Sr_5Ta_4O_{15-x}N_x$ for water reduction and oxidation under visible light irradiation. J Mater Chem A，2013，1（18）：5651-5659.

[15] Ishikawa A，Takata T，Kondo J N，et al. Oxysulfide $Sm_2Ti_2S_2O_5$ as a stable photocatalyst for water oxidation and reduction under visible light irradiation（lambda≤650 nm）. J Am Chem Soc，2002，124（45）：13547-13553.

[16] Maeda K，Teramura K，Lu D L，et al. Photocatalyst releasing hydrogen from water-enhancing catalytic performance holds promise for hydrogen production by water splitting in sunlight. Nature，2006，440（7082）：295-295.

[17] Kudo A，Miseki Y. Heterogeneous photocatalyst materials for water splitting. Chem Soc Rev，2009，38（1）：253-278.

[18] Robert D. Photosensitization of TiO_2 by M_xO_y and M_xS_y nanoparticles for heterogeneous

photocatalysis applications. Catal Today，2007，122（1-2）：20-26.

[19] Zhang J，Xu Q，Feng Z C，et al. Importance of the relationship between surface phases and photocatalytic activity of TiO_2. Angew Chem Int Edit，2008，47（9）：1766-1769.

[20] Wang X，Xu Q，Li M R，et al. Photocatalytic overall water splitting promoted by an α-β phase junction on Ga_2O_3. Angew Chem Int Edit，2012，51（52）：13089-13092.

[21] Zong X，Yan H J，Wu G P，et al. Enhancement of photocatalytic H_2 evolution on CdS by loading MoS_2 as cocatalyst under visible light irradiation. J Am Chem Soc，2008，130（23）：7176-7177.

[22] Zhang F X，Yamakata A，Maeda K，et al. Cobalt-modified porous single-crystalline $LaTiO_2N$ for highly efficient water oxidation under visible light. J Am Chem Soc，2012，134（20）：8348-8351.

[23] Maeda K，Takata T，Hara M，et al. GaN：ZnO solid solution as a photocatalyst for visible-light-driven overall water splitting. J Am Chem Soc，2005，127（23）：8286-8287.

[24] Maeda K，Xiong A K，Yoshinaga T，et al. Photocatalytic overall water splitting promoted by two different cocatalysts for hydrogen and oxygen evolution under visible light. Angew Chem Int Edit，2010，49（24）：4096-4099.

[25] Yang J H，Wang D E，Han H X，et al. Roles of cocatalysts in photocatalysis and photoelectrocatalysis. Accounts Chem Res，2013，46（8）：1900-1909.

[26] Kanan M W，Nocera D G. In situ formation of an oxygen-evolving catalyst in neutral water containing phosphate and Co^{2+}. Science，2008，321（5892）：1072-1075.

[27] Furube A，Asahi T，Masuhara H，et al. Direct observation of a picosecond charge separation process in photoexcited platinum-loaded TiO_2 particles by femtosecond diffuse reflectance spectroscopy. Chem Phys Lett，2001，336（5）：424-430.

[28] Jing L，Li S，Song S，et al. Investigation on the electron transfer between anatase and rutile in nano-sized TiO_2 by means of surface photovoltage technique and its effects on the photocatalytic activity. Sol Energ Mat Sol C，2008，92（9）：1030-1036.

[29] Carneiro J，Savenjie T，Moulijn J，et al. How phase composition influences optoelectronic and photocatalytic properties of TiO_2. J Phys Chem C，2011，115（5）：2211-2217.

[30] Tang J，Durrant J，Klug D. Mechanism of photocatalyticwater splitting in TiO_2 reaction of water with photoholes，importance of charge carrier dynamics，and evidence for four-hole chemistry. J Am Chem Soc，2008，130（42）：13885-13891.

[31] Han X，Wu L，Si G，et al. Switching between ligand-to-ligand charge-transfer，intraligand charge-transfer，and metal-to-ligand charge-transfer excited states in platinum(II)terpyridyl acetylide complexes induced by pH change and metal ions. Chem Eur J，2007，13（4）：1231-1239.

[32] Yamakata A，Ishibashi T，Onishi H. Electron-and hole-capture reactions on Pt/TiO_2 photocatalystexposed to methanol vapor studied with time-resolved infrared absorption spectroscopy. J Phys Chem B，2002，106（35）：9122-9125.

[33] Wang X，Feng Z，Shi J，et al. Trap states and carrier dynamics of TiO_2 studied by photoluminescence spectroscopy under weak excitation condition. Phys Chem Chem Phys，2010，12：7083-7090.

[34] Chen T，Feng Z，Wu G，et al. Mechanistic studies of photocatalytic reaction of methanol for hydrogen production on Pt/TiO_2 by in situ fourier transform IR and time-resolved IR spectroscopy. J Phys Chem C，2007，111（22）：8005-8014.

[35] Pendlebury S，Cowan A，Barroso M，et al. Correlating long-lived photogenerated hole populations with photocurrent densities in hematite water oxidation photoanodes. Energ Environ Sci，2012，5：6304-6312.

[36] Cowan A，Durrant J. Long-lived charge separated states in nanostructured semiconductor photoelectrodes for the production of solar fuels. Chem Soc Rev，2013，42：2281-2293.

[37] Lewis N S. Toward cost-effective solar energy use. Science，2007，315：798-801.

[38] Grätzel M. Photoelectrochemical cells. Nature，2001，414：338-344.

[39] Esswein A J，McMurdo M J，Ross P N，et al. Size-dependent activity of Co_3O_4 nanoparticle anodes for alkaline water electrolysis. J Phys Chem C，2009，113：15068-15072.

[40] Fujishima A，Honda K. Electrochemical photolysis of water at a semiconductor electrode. Nature，1972，238：37-38.

[41] Sivula K，Formal F L，Grätzel M. Solar water splitting：Progress using hematite（α-Fe_2O_3）photoelectrodes. Chem Sus Chem，2011，4：432-449.

[42] Bard A J，Fox M A. Artificial photosynthesis：Solar splitting of water to hydrogen and oxygen. Accounts Chem Res，1995，28：141-145.

[43] Walter M G，Warren E L，McKone J R，et al. Solar water splitting cells. Chem Rev，2010，110：6446-6473.

[44] Hara M，Hitoki G，Takata T，et al. TaON and Ta_3N_5As new visible light driven photocatalysts. Catal Today，2003，78：555-560.

[45] Liu M Y，You W S，Lei Z B，et al. Photocatalytic water splitting to hydrogen over a visible light-driven $LaTaON_2$ catalyst. Chin J Catal，2006，27：556-558.

[46] Higashi M，Abe R，Takata T，et al. Photocatalytic overall water splitting under visible light using $ATaO_2N$（A= Ca，Sr，Ba）and WO_3 in a IO_3^-/I^- shuttle redox mediated system. Chem Mater，2009，21：1543-1549.

[47] Ishikawa A，Takata T，Kondo J N，et al. Electrochemical behavior of thin Ta_3N_5 semiconductor film. J Phys Chem B，2004，108：11049.

[48] Maeda K，Higashi M，Siritanaratkul B，et al. $SrNbO_2N$ as a water-splitting photoanode with a wide visible-light absorption band. J Am Chem Soc，2011，133：12334-12337.

[49] Pan C，Takata T，Nakabayashi M，et al. A complex perovskite-type oxynitride：The first photocatalyst for water splitting operable at up to 600 nm. Angew. Chem Int Edit，2015，127：2955-2959.

[50] Ueda K，Minegishi T，Clune J，et al. Photoelectrochemical oxidation of water using

$BaTaO_2N$ photoanodes prepared by particle transfer method. J Am Chem Soc，2015，137：2227-2230.

[51] Li Y B，Zhang L，Torres-Pardo A，et al. Cobalt phosphate-modified barium-doped tantalum nitride nanorodphotoanode with 1.5% solar energy conversion efficiency. Nat Commun，2013，4：2566.

[52] Liu G J，Ye S，Yan P L，et al. Enabling an integrated tantalum nitride photoanode to approach the theoretical photocurrent limit for solar water splitting. Energ Environ Sci，2016，9：1327-1334.

[53] Li M X，Luo W J，Cao D P，et al. A co-catalyst-loaded Ta_3N_5 photoanode with a high solar photocurrent for water splitting upon facile removal of the surface layer. Angew Chem Int Edit，2013，52：11016-11020.

[54] Feng J Y，Luo W J，Fang T，et al. Highly photo-responsive $LaTiO_2N$ photoanodes by improvement of charge carrier transport among film particles. Adv Funct Mater，2014，24：3535-3542.

[55] Yan S C，Wang J J，Gao H L，et al. Zinc gallogermanate solid solution：A novel photocatalyst for efficiently converting CO_2 into solar fuels. Adv Funct Mater，2013，23：1839-1845.

[56] Luo W J.，Yang Z S，Li Z S，et al. Solar hydrogen generation from seawater with a modified $BiVO_4$ photoanode. Energ Environ Sci，2011，4：4046-4051.

[57] Kay A，Cesar I，Grätzel M. New benchmark for water photooxidation by nanostructured α-Fe_2O_3 films. J Am Chem Soc，2006，128：15714-15721.

[58] Abdi F F，Han L，Smets A H，et al. Efficient solar water splitting by enhanced charge separation in a bismuth vanadate-silicon tandem photoelectrode. Nat Commun，2013，4：2195.

[59] Lee M M，Teuscher J，Miyasaka T，et al. Efficient hybrid solar cells based on meso-superstructured organometal halide perovskites. Science，2012，338：643-647.

[60] Frost J M，Butler K T，Brivio F，et al. Atomistic origins of high-performance in hybrid halide perovskite solar cells. Nano Lett，2014，14：2584-2590.

[61] Kanan M W，Nocera D G. In situ formation of an oxygen-evolving catalyst in neutral water containing phosphate and Co^{2+}. Science，2008，321：1072-1075.

[62] Pilli S K，Furtak T E，Brown L D，et al. Cobalt-phosphate（Co-Pi）catalyst modified Mo-doped $BiVO_4$ photoelectrodes for solar water oxidation. Energ Environ Sci，2011，4：5028-5034.

[63] Barroso M，Cowan A J，Pendlebury S R，et al. The role of cobalt phosphate in enhancing the photocatalytic activity of α-Fe_2O_3 toward water oxidation. J Am Chem Soc，2011，133：14868-14871.

[64] Seabold J A，Choi K. Effect of a cobalt-based oxygen evolution catalyst on the stability and the selectivity of photo-oxidation reactions of a WO_3 photoanode. Chem Mater，2011，23：

1105-1112.
[65] Lin F D，Boettcher S W. Adaptive semiconductor/electrocatalyst junctions in water-splitting photoanodes. Nat Mater，2014，13：81-86.
[66] Carroll G M，Zhong D K，Gamelin D R. Mechanistic insights into solar water oxidation by cobalt-phosphate-modified α-Fe_2O_3 photoanodes. Energ Environ Sci，2015，8：577-584.
[67] Zhong D K，Gamelin D R. Photoelectrochemical water oxidation by cobalt catalyst（"Co-Pi"）/α-Fe_2O_3 composite photoanodes：Oxygen evolution and resolution of a kinetic bottleneck. J Am Chem Soc，2010，132：4202-4207.
[68] Kenney M J，Gong M，Li Y G，et al. High-performance silicon photoanodes passivated with ultrathin nickel films for water oxidation. Science，2013，342：836-840.
[69] Kim T W，Choi K S. Nanoporous $BiVO_4$ photoanodes with dual-layer oxygen evolution catalysts for solar water splitting. Science，2014，343：990-994.
[70] Hu S，Shaner M R，Beardslee J A，et al. Amorphous TiO_2 coatings stabilize Si，GaAs，and GaP photoanodes for efficient water oxidation. Science，2014，344：1005-1009.
[71] Mei B，Permyakova A A，Frydendal R，et al. Iron-treated NiO as a highly transparent *p*-type protection layer for efficient Si-based photoanodes. J Phys Chem Lett，2014，5：3456-3461.

第三章 环境光化学

第一节　空气污染光化学净化

一、空气光化学净化概述

空气环境安全是人类赖以生存的根本保证之一。近年来，我国雾霾、酸雨等区域性大气污染问题日益突出，严重威胁群众健康，影响空气环境安全。调查显示，世界上污染最严重的 10 个城市有 7 个在中国，全国 500 个城市中，空气质量达到世界卫生组织推荐标准的不足 5 个，经济发达地区（如华北、长江中下游和华南地区）污染趋势增加，且存在持续时间长、范围广、影响大、污染重等特点。研究表明，空气环境污染物含有高毒、持久、生物积累性和远距离迁移性的物质，能累积持久存在于环境中，对人类健康造成持久的伤害。因此，治理空气污染已成为我国的重大民生问题。

对于室内空气质量的研究基本上始于 1962 年，丹麦奥尔胡斯大学成立的“室内气候研究组”（Indoor Climate Research Group，ICRG），经过 50 余年的发展，目前世界上主要国家和地区都有大量的研究人员及机构从事相关领域的研究，该领域涉及化学、材料、环境、建筑等多个学科，也是基础研究与实践应用紧密结合的中心点。研究关注的重点也由最初的热舒适性、湿度等基本性质，转移到环境相关的化学物质上，由二氧化硫、氮氧化物、颗粒物等外源性污染物，向挥发性有机污染物（volatile organic compounds，VOCs）、半挥发性有机物（semi-volatile organic compounds，SVOCs）、异味物质以及这些物质在室内的化学反应、二次污染物（如细微颗粒物）等领域扩展。

与此同时，研究关注的场所也由普通的居室空间，向办公室、商城、体育馆、地下停车场等人员更密集、空气组成更复杂的空间延伸，由此也暴露出除上述问题外，如运动场馆消毒剂残留污染物、地下停车场氮硫氧化物、潜艇和空间站等密闭空间空气净化等一系列更为复杂的问题[1]。同时，从国防安全的角度出发，如何安全、高效地处理一些高毒性气体，也是保证国家安全迫切需要解决的问题[2]。这些问题不仅仅对现有分析手段提出了新的要求，也对空气净化技术提出了全新的挑战。

二、空气污染光化学净化研究现状及进展

（一）室内空气污染光化学净化研究现状及进展

活性炭吸附是目前常用的室内空气净化技术，该技术是依靠吸附材料巨大的比表面积，吸附处理有害气体，常用的吸附剂有颗粒活性炭、活性碳纤维、凹凸棒和分子筛混合物等，其中又以颗粒活性炭和活性碳纤维最常用。这种固体吸附方法主要是静态的吸附作用，净化有害气体的效果不太明显，因此，仅能用于小范围，如抽屉、柜子等。另外，这个吸附作用是一种可逆的物理作用，吸附饱和后就会原位释放，反而造成更大的二次污染。如何让活性炭、活性碳纤维等与纳米催化活性材料结合，使吸附的有害物质在吸附剂表面发生不可逆降解反应，从而达到“吸附-降解-消除”的效果，成为目前有效处理室内环境污染的一个重要研究方向。光催化技术在室内空气净化方面有着独特的优势，它是一种始于 20 世纪 80 年代的高级氧化技术，无需任何其他化学试剂，无二次污染，可以在常温常压和光照的条件下，无需二次能源，直接将饱和烷烃、烯烃、卤代烃、芳烃、醇、醛、酮等挥发性有机污染物催化降解为二氧化碳和水或其他无机、安全的形式[3]。光催化技术净化室内空气具有高效、无毒无害、成本低等优势。不仅如此，光催化空气净化技术的研究目标，也由传统的室内污染物，向结构更复杂、毒性更高的化学毒物，如糜烂性毒剂（芥子气等）、神经性毒剂（沙林、维埃克斯等）拓展。研究表明光催化剂可以以较高的反应活性和量子效率，实现快速矿化、降解毒物分子，反应生成的挥发性产物基本无毒。因此，光催化空气净化技术已经成为研究热点，具有在今后的日常生活、工业生产、国防战争中发挥重要作用的

前景。

1. 可用于空气净化的光催化材料种类大大丰富

经过 40 余年的发展，半导体光催化剂材料的研究得到了长足的进步，材料种类大大丰富，由传统的无机 TiO_2[4,5]发展到 Bi 系含氧酸盐[6]、Fe_2O_3[7]、ZnO[8]、ZnS[9]、CdS[10,11]等其他半导体无机金属化合物，再到 g-C_3N_4[12]、高分子聚合物[13]等不含金属的光催化材料，直至当前的苝酰亚胺等[14]纯有机半导体光催化材料；由一元光催化剂到二元/多元复合光催化剂；由单紫外光响应的光催化剂发展到可见光甚至全光谱响应的光催化剂；由单一功能光催化剂发展到多功能光催化剂。可以预见，在未来很长一段时间内，对于新型光催化剂的设计与研发，依然是该领域的研究热点。新材料的发展，也势必带动相关应用领域的进步。

具体而言，作为目前研究最为深入、使用最为广泛、催化活性最高的光催化剂，TiO_2 在光照下可以有效氧化或还原表面吸附的 VOCs 等气体污染物，把它们转化为低分子量的产物。例如，Sang 等利用纳米 TiO_2 光催化剂降解了可挥发性溶剂甲苯、甲醇、三氯乙烯等[15]；Kang 等在 254 nm 紫外光下，以 500 mL/min 的 O_2 吹泡速率，进行氯仿的催化降解实验[15]；Twigg 等[16]证实大量的短链烷烃可被 TiO_2 完全催化氧化为 CO_2 和 H_2O；Li 等[17]研究了多种羰基化合物在 TiO_2 表面的反应行为，同时建立了 TiO_2 表面 VOCs 的降解机理等；挥发性有机酸，如甲酸、乙酸等是目前 VOCs 的主要来源之一，研究表明，在有氧气存在下，TiO_2 也可将该类物质光催化分解为 CO_2 和 H_2O[4]；对于芳香烃类物质，以甲苯为例，大量研究表明在经过苯甲醇、苯甲醛、苯甲酸等中间氧化产物后，甲苯最终也可被 TiO_2 完全催化氧化为 CO_2 和 H_2O[18]。基于我国室内装修材料甲醛及其他 VOCs 释放量较大的现状，以 TiO_2 为主体的各类光催化空气净化剂，近年来有着巨大的市场。另外，主要来自化石燃料燃烧所释放的氮氧化物，除了造成威胁人类健康的城市环境问题外，也是光化学污染的主要元凶，因此，对于氮氧化物的去除也十分重要。Zhang 等[19]在大面积的流动体系中研究了 TiO_2 光催化降解 NO 的过程，给出了最适宜的反应条件；Brouwers 等[20]的研究也表明，TiO_2 在空气中氮氧化物去除方面，具有巨大的潜力，在光照条件下，TiO_2 可将空气中的氮氧化物催化氧化为硝酸根离子，实现减排和消毒。这种方法可以有效解决汽车密集度高的封闭环境（如地下停车场）中的空气净化问题[21]以及降低城市道路上方空气中的 NO_x 和 VOCs 的浓度。

为了突破 TiO_2 自身的许多缺陷，对于非 TiO_2 光催化剂的探索也在同步进行，钽铌钙钛矿结构光催化材料是研究关注的一类材料，Kudo 等发现的新型钽酸盐光催化剂[15]以及邹志刚等研究的 $InTaO_4$ 可见光催化剂体系[22]成为光催化研究领域内新的热点。这些新型的钽铌化合物光催化剂一般具有 ABO_3 的钙钛矿结构，与传统的 TiO_2 光催化剂相比，无论是阳离子还是阴离子均具有更大的结构容忍度，可以较大程度地调控光催化剂的结构和性能，从而提供较好的光催化活性，特别是其中的碱金属、碱土金属钽酸盐复合氧化物，如 $NaTaO_3$[23]、$Ba_5Ta_4O_{15}$[24]等，都表现出较好的甲醛降解性能。另一类研究热点则集中在钨钼钒系[25]光催化材料，而该类钨酸盐都具有一个共同点：具有层状的钙钛矿结构，因其特有的结构和物理化学性质，也表现出良好的光催化性能。2006 年 Finlayson 等[26]报道了 Bi_6WO_{12} 在波长大于 440 nm 的可见光下具有较好的活性。进一步的研究表明，Bi_2WO_{12}[6]、$Bi_2W_2O_9$[6]、Ag_2WO_4[27]等都具有较好的可见光活性。由于钨和钼两元素在周期表中是同一族，具有一定的相似性，因此 Bi_2MoO_6[28]与 Bi_2WO_6 有着几乎相同的性质。已有研究报道证实，这种具有层状结构的多元氧化物往往具有较高的光催化活性，光量子效率甚至高于 TiO_2。此外，也有大量报道指出部分金属氧化物（如 ZnO、Fe_2O_3、CuO、Bi_2O_3 等）、金属硫化物（如 ZnS、CdS 等）、金属卤氧化物（如 BiOCl、BiOBr、BiOI[29]等）均有较好的光催化性能，但其目前在室内空气净化相关领域的应用研究还较少。

目前，石墨烯结构氮化碳（$g-C_3N_4$）是另一类热门的新型可见光非金属光催化剂，无论是在环境污染物治理，还是清洁能源生产，都有巨大的应用前景，而且目前已经实现了部分商业化应用。Dong 等[30]报道了 $g-C_3N_4$ 在光催化氧化氮氧化合物方面的性能，并通过实验探明了其氧化机理；Dong 等[31]通过复合有机化合物的方法，进一步提高了 $g-C_3N_4$ 在 NO 氧化方面的能力；朱永法等[32]报道了形貌改性后的多孔 $g-C_3N_4$ 对于污染物的降解能力的大幅度提升。在这些大量研究工作的基础上，人们继续进行了各种努力，如过渡金属掺杂、半导体复合、形貌调控等，以进一步提高 $g-C_3N_4$ 的光催化活性，使其满足大规模实际应用的要求。更进一步，朱永法等[14,33]报道了纯有机苝酰亚胺超分子自组装纳米线光催化材料，利用 $\pi-\pi$ 堆积形成快速的电子传输通道，显著增加了空穴-电子分离程度，提高了光催化活性。相比于传统的无机金属光催化剂和 $g-C_3N_4$，有机半导体光催化材料易于设计，能带结构便于调控，氧化矿化能力强，对目标污染物分子可以定向性合成等优势使其在未来的环境污染物光催化治理中占有一席之地。

相比于单一晶形的 TiO_2，锐钛矿和金红石异质结复合而成的商品化 Degussa P25-TiO_2 具有更高的活性，也由此引起了研究者对于多元复合光催化剂的兴趣。在此思路的启发下，为了解决活性不高、光谱响应窄等问题，大量二元、三元甚至多元光催化剂被研制出来。由于复合半导体具有两种或多种不同能级的价带和导带，在光激发下电子和空穴分别迁移至一种材料的导带和复合材料的价带，从而使光生载流子有效分离或产生新的催化性能。复合半导体可分为半导体-绝缘体复合及半导体-半导体复合。绝缘体（如 Al_2O_3、SiO_2、ZrO_2 等）大多起载体作用，TiO_2 负载于适当的载体后，可获得较大的比表面积和合适的孔结构，并具有一定的机械强度，以便在各种反应床上应用。复合半导体的互补性质能增强电荷分离，抑制电子-空穴的复合和扩展光致激发波长范围，从而显示了比单一半导体具有更好的稳定性和催化活性。

总而言之，随着研究的进一步深入，性能优良的光催化材料已经被逐步开发出来，部分性能突出的材料如 P25-TiO_2、g-C_3N_4 甚至已经走向了市场化，在空气污染物净化领域发挥出重要作用。有理由相信，在可以预见的未来，必将会有越来越多性能更为优异的、环境相容性更好的光催化空气污染物治理材料问世。

2. 多种原理技术实现光催化材料能效的大幅提高

虽然，目前已经有大量的光催化材料被人类所认识，但是，这些已知的光催化材料或多或少都存在着一些缺陷或问题，亟待科学家去进一步研究解决。例如，对于 TiO_2 类光催化材料，受限于其约 3.2 eV 的禁带宽度，对应于约 390 nm 的响应阈值波长，只能在能量较高的紫外光下激发，量子效率较低（低于 1%），对太阳光全光谱的利用率更低，这一点严重制约着其更自然、更方便地应用。与 TiO_2 类似，ZnO 对于光谱的利用率也相对较低，量子效率低；而其他具有可见光响应性能的无机金属盐、氧化物等光催化材料，在可见光激发下的总体光催化性能则变得较差，很难与 TiO_2 媲美。此外，CdS 还因为毒性较大，催化过程中可能会有 Cd 的释放，更无法在环境治理中大规模应用。相比之下，非金属光催化材料虽然易于设计和调控，可以实现可见光甚至全光谱的响应，但是其对光生-电子空穴对的复合作用则较金属氧化物材料更为强烈，同时该类结构往往不够稳定，循环重复性能差，在实际应用中仍有很多困难。如何提高光催化剂量子效率和稳定性，促进该技术在经济上、环境相容性上能被人们所接受，同样也成了世界范围内的科学工作者的研究兴趣。经过科学家长期的努力和钻研，目前对于光催化材料能效提高的主要思路，主要集中在离子掺杂、染料敏化、半导体异质结复合、结构和形貌调控等方面。

离子掺杂是利用物理或化学方法，将离子引入催化剂晶格内部，从而在其晶格中引入新电荷，形成缺陷或改变晶格类型，影响了光生电子和空穴的复合或改变了半导体的能带结构，最终促使光催化材料的光催化活性发生改变。

染料敏化技术则主要是利用 TiO_2 等无机光催化材料对光活性物质的强吸附作用，添加适当可被可见光激发的光活性敏化剂，吸附于催化剂表面。在可见光照射下，吸附态的光活性分子吸收光子后，产生自由电子并注入无机催化材料的导带上，从而拓展了材料的波长响应范围，使之实现利用可见光进行有机污染物的催化降解。结合我国当前的具体国情，纺织印染和染料生产目前在我国的工业结构中依然占有较重要的位置，如果能够充分利用现阶段在染料方面积累的技术，把可能造成环境污染的染料用于光催化剂的敏化，则该方面的研究更具有特殊的意义。目前，文献报道的几种常见敏化剂有无机敏化剂、有机染料、金属有机配合物和复合敏化剂。

除上述两种方法外，半导体的异质结复合也是一种提高光催化剂催化能力的有效手段，在异质结界面处，光生载流子可以发生有效的分离和传输，从而材料的光催化性能得到提高。复合型半导体纳米粒子是指由两种或两种以上物质在纳米尺度上以某种方式结合在一起而构成的复合粒子，复合的结果不仅能有效地调节单一材料的性能，而且往往会产生出许多新的特性。两种不同的半导体复合需要考虑不同半导体的禁带宽度、价带、导带能级位置及晶型的匹配等因素。复合半导体的互补性质能增强电荷分离，抑制电子-空穴的复合和扩展光致激发波长范围，从而比单一半导体具有更好的稳定性和催化活性。

形貌调控是除上述方法外，另一种常见的能效调控手段。从本质上讲，形貌直接决定着催化剂材料的暴露晶面、晶粒尺寸等结构性能：晶面因素会直接影响材料对污染物分子的吸附性能，界面电荷分离能力，不同的晶面，其氧化、还原能力完全不相同；晶粒尺寸，则影响到光生载流子的传输性能，更小的晶粒尺寸，有助于光生载流子由体相向表面传输。

3. 多种光催化净化室内空气的技术和产品的研发

在民用技术方面，福州大学光催化研究所多年来一直致力于光催化净化室内空气的技术和产品的研发，研制开发出多功能光催化空气净化器及其工业生产技术，设计建成了年产 30 万台光催化空气净化器的生产线，已投入市场，并开发出室内空气净化器、车用空气净化器、医用空气消毒器等多个系列，可满足各种空间环境的空气净化需求，部分产品还实现了出口。此外，光催化净化空气工艺灯也是一项基础科研与产业应用相结合背景下开发出的空气净化产品，将光催化技术与装饰性灯具结合在一起，使普通工艺灯赋予光催化净化空气功能，从而实现产品的多功能化。工业生产方面，在“863”项目“高效降解有机污染物的可见光光催化纳米材料的关键技术研究”支持下，科研人员开发出 $InVO_4/TiO_2$、PS/TiO_2、$In(OH)_yS_z$、N-SiO_2/TiO_2 等几个系列 10 余种可见光激发的高效光催化剂。其中，$Pt/TiO_{2-x}N_x$ 在 400～800 nm 可见光作用下对苯的降解率为 83%，比标准 $TiO_{2-x}N_x$ 高 3～4 倍，而且可以实现年产 200 t 的生产规模。军用技术方面，在与海军有关部门合作下，相关机构成功设计并构建用于舱室密闭空间气体综合净化、催熟剂-乙烯清除与果蔬保鲜的装置样机，目前已作为新一代制式型号装备于 2015 年正式列装。该光催化系统装置同等条件下的净化指标明显优于目前海军列装净化器及部分国际商用产品，还可作为密闭空间生命支撑系统的重要组成单元发挥技术优势，该成果获军队科技进步奖一等奖一次。朱永法等[34,35]开发了一系列复合纳米薄膜光催化剂（SnO_2/glass、TiO_2/glass、TiO_2/SnO_2/glass、SnO_2/TiO_2/glass），利用 SnO_2/TiO_2 复合半导体之间光生载流子的输运与分离，大大提高了复合光催化剂薄膜对于室内甲醛的气相光催化氧化反应性能。此外，利用加热回流、解胶分散及重结晶的方法，制备了在水溶液中可以稳定分散、纳米晶粒大小为 4～8 nm 的 TiO_2 活性溶胶。该溶胶可以稀释后直接喷涂，在固体表面形成活性涂层。由于纳米颗粒比较小，并具有丰富的羟基，很容易在固体表面形成强结合，不会被气流和水流冲刷掉。从而建立了批量生产纳米光催化材料的新工艺，并利用纳米光催化材料研制了适合喷涂的喷剂材料，实现了室内空气的治理。研制的金属丝网基光催化剂可以应用于家庭、医院和公共场所杀菌和空气净化及冷库的保鲜。此外，利用壳聚糖、石墨烯气溶胶及碳气凝胶等构建了三维网络结构复合光催化剂，可以实现对室内低浓度污染物的吸附富集和光催化降解，从而实现对室内空气的持久净化。

（二）大气光化学净化研究现状及进展

从污染物的种类来看，目前主要的大气污染物有：含硫化合物，SO_2、H_2S、$(CH_3)_2S$、H_2SO_4 等；含氮化合物，NO、NO_2、NH_3、N_2O、HNO_3 等；含碳化合物，CO、CO_2、VOCs 等；光化学氧化剂，O_3、PAN、H_2O_2 等；含卤素化合物，HF、HCl、CFCS 等；持久性有机污染物 POPs；颗粒物，硫酸盐、硝酸盐、多环芳烃、含碳组分、重金属等。其中 NO_x、SO_x、VOCs、POPs 等属于人为一次排放污染物。在复合污染过程中，这些一次气态污染物经过复杂的物理和化学反应生成二次污染物，如大气细颗粒物$PM_{2.5}$、臭氧及酸雨。因此，只要一次污染物（NO_x、SO_x、VOCs、POPs 等）仍处于高排放、高浓度的状态，复合型的大气污染问题就得不到解决，所以“十三五”的环保新思路指出，要在治理末端污染物的同时，控制一次污染物的排放。

治理大气一次污染物主要依靠控制排放和末端治理的方法，针对不同的污染物必须使用不同的处理办法。例如，对 SO_2 的治理，控制源头排放可以取得良好的效果。通过采用煤炭洗选、采用低硫煤、洁净煤燃烧等技术手段可使 SO_x 的排放水平得到明显控制（200 mg/m^3 以内）。在减排治理 NO_x 中，前端控制一般采用低氮燃烧技术（包括分级燃烧、烟气再循环、低过剩空气系数、注入水或蒸汽等）。但仅仅依靠前端控制很难实现 NO_x 的高效去除，如美国 Exxon 公司发明的 Thermal DeNO_x 工艺，在 870～1200℃范围内用于燃油和燃煤电站锅炉脱氮，其 NO_x 去除率只有 50%左右。必须通过后端净化技术［包括选择催化还原法（SCR）、选择非催化还原法（SNCR）、SCR/SNCR 混合法、活性炭吸附法、光化学净化法等］实现对 NO_x 的高效去除。一般的末端净化方法还包括吸收法、吸附法、催化转化法、燃烧法、冷凝法等。

相比上述传统净化技术，光化学净化法属于低能耗、低投入、高效、安全的新技术。大气光化学净化主要分为高能紫外线净化技术和光催化净化技术。高能紫外线净化技术主要依靠高能紫外线直接作用于大气污染物分子，在高能光子的作用下直接分解污染物。该方法对仪器设备有一定的要求，且容易造成臭氧的二次污染。光催化净化技术主要依靠光催化剂在紫外光或可见光的照射下产生光生电子空穴对大气污染物实现还原或氧化。光催化净化技术对 NO_x、VOCs 有较好的去除能力，也可用于部分 POPs 的去除。

1. 光化学氧化-还原实现 NO_x 的光化学净化

（1）NO_x 化合物的分类和来源。氮氧化物（NO_x）指的是只由氮、氧两种元素组成的化合物。常见的氮氧化物有一氧化氮（NO，无色）、二氧化氮（NO_2，红棕色）、一氧化二氮（N_2O）、五氧化二氮（N_2O_5）等，其中除五氧化二氮常态下呈固态外，其他氮氧化物常态下都呈气态。作为空气污染物的氮氧化物常指 NO 和 NO_2。

氮氧化物是造成大气污染的主要污染源之一，造成 NO_x 产生的原因可分为两个方面：自然发生源和人为发生源。自然发生源除了因雷电和臭氧的作用外，还有细菌的作用。自然界形成的 NO_x 由于自然选择能达到生态平衡，故对大气污染的贡献不大。人为发生源主要是由燃料燃烧及化学工业生产所产生的。例如，火力发电厂、炼铁厂、化工厂等有燃料燃烧的固定源和汽车等移动源以及工业流程中产生的中间产物，排放 NO_x 的量占到人为排放总量的 90%以上。据统计全球每年排入大气的 NO_x 总量达 5000 万 t，而且还在持续增长。

（2）光催化氧化消除 NO_x。光催化材料的电子和空穴被光激发后，一方面空穴本身具有很强的得电子能力，可夺取 NO_x 体系中的电子，使其被活化而氧化。另一方面，电子与水或者空气中的氧发生反应生成氧化能力更强的·OH 及·O_2^-等，将 NO_x 最终氧化生成 NO_3^-。氧化 NO_x 生成的 NO_3^-会残留在催化剂的表面，当累积到一定浓度时会降低催化剂活性，所以需要水的洗净、再生。而通过催化剂流出的水几乎是没有酸性的，完全可以被空气中的粉尘中和而无害化。

用于 NO_x 光催化氧化的催化剂主要以 TiO_2 基为主，不过近年来也有新进展。例如，Ti-MOF（有机金属框架结构）光催化剂在修饰纳米金属后也显示出对 NO_x 的光催化氧化能力。采用钛酸四丁酯为有机钛源，*N,N*-二甲基甲酰胺与乙醇为混合溶剂，2-氨基对苯二甲酸为配体，原位合成了一种可见光驱动具有高催化氧化 NO 活性的 Ag 负载型 MOF 结构的有机金属钛聚合物新型光催化剂。原位掺杂银纳米颗粒后，由于 Ag 纳米粒子不仅能够促进 NH_2-MOP（Ti）的组装，还有利于提高对可见光的捕获能力，同时，Ag 纳米粒子促进了光生电子的快速传导，降低其与空穴的复合，提高了光催化氧化 NO 的效率，且有良好的稳定性。

（3）光催化还原法消除 NO_x。光催化还原反应是使 NO_x 在光催化剂的作用下直接分解生成完全无害的 N_2。以 TiO_2 为催化剂的反应条件比较特殊，一般需要加入还原剂，如需要加入 NH_3 才可将 NO 降解为 N_2，加入甲醇可将 N_2O 降解为 N_2；有些反应还可以在低温下进行。另外，特定的光催化剂也可将 NO_x 还原。与光催化氧化 NO_x 相比，光催化还原反应具有不产生 NO_3^-、不需要水洗及再生等优点。其主要存在问题是在还原过程中，若控制不当，除生成 N_2 外，还会生成如 CO、N_2O 之类的有害副产物。如果是用 NH_3 作还原剂，还存在腐蚀、堵塞设备和运输储存的安全性等问题。同时还原方法对 NO_x 的去除效率相比于氧化方法明显较小。

（4）光催化氧化净化 NO_x 的应用现状。NO_x 能够被光催化剂产生的自由基物种氧化为 NO_3^-和 HNO_3 吸附在催化剂表面，最终在雨水冲刷下被大气颗粒物中碱性组分中和而去除。日本、欧洲等地将开发的光催化剂应用在路面、隧道和建筑物表面，能够有效去除 20%～60%的 NO_x。在意大利米兰的道路上，使用 TiO_2 光催化材料，光催化净化汽车排放的二氧化氮。经过数月的研究分析发现，NO_x 污染数降低了 60%～70%。我国上海已经在城区部分路面铺设了含有光催化剂的材料，这样的路面能吸收 45%的汽车尾气污染。

2. VOCs 的光化学氧化净化

VOCs 是大气中普遍存在的一类分子量小、沸点低、亨利常数较大的含碳有机化合物，它是形成光化学烟雾的前驱体。VOCs 可分为自然排放和人为排放，其中人为排放源的主要污染物包括醛类（甲醛、乙醛）、苯系物（苯、甲苯、乙苯、二甲基苯）、C_2～C_4 烯烃类（乙烯、丙烯、丁烯）、烷烃（异戊烷、庚烷、辛烷）。VOCs 的人为排放较为复杂，大致可分为燃料燃烧、溶剂使用、农村生物质燃烧、机动车尾气、装修装潢和餐饮油烟，也是目前主要需要控制和净化的 VOCs 污染源。

VOCs 的去除目前主要依靠吸附法和吸收法。其中吸收法适用于气量大、中等浓度的含 VOCs 废气的处理。光催化氧化法作为一种反应条件温和、不需要额外的化学助剂，且使用后的催化剂可用物理和化学方法再生后循环使用的新技术，是对吸附法和吸收法的有益补充。依靠光催化剂上产生的电子-空穴对生成·OH 等氧化物种，氧化吸附在催化剂表面的 VOCs，生成 CO_2 和 H_2O。光催化氧化法对 VOCs 的降解率可达 90%～95%。

光催化氧化 VOCs 的研究主要以甲苯、甲醛、乙烯等模型污染物在光催化剂上的光化学降解行为研究为主。对苯乙烯的研究发现，大气中苯乙烯与·OH 的反应对二次有机气溶胶的形成具有重要贡献。通过使用 TiO_2 光催化剂，吸附到 TiO_2 表面的苯乙烯极容易被光催化原位生成的表面·OH 进攻发生降解反应，加速苯乙烯的降解。将苯系物如甲苯、邻甲苯胺和邻氯苯胺降解中间产物的化学质谱分析与其毒理学评价相结合，可进一步阐释 VOCs 在 TiO_2 催化剂上的安全脱毒机制。同时，研究发现醛类与 NO_2 反应形成高致癌致突变性二次气溶胶重要前驱体亚硝酸，而卤代醛类与卤素反应可形成臭氧分解剂 ClO，同时 SiO_2 的存在将加速醛类与 NO_2 的非均相反应和降低其大气污染浓度。这些研究为光化学净化 VOCs 的安全排放提供了一种高效的评价方法，也为正确理解大气层物理化学反应机制提供理论支持。

光化学净化 VOCs 的研究主要以甲苯、甲醛、乙烯等模型污染物在光催化剂上的光化学降解行为进行研究，但也开始逐渐涉及实际工业。通过开展典型工业行业排放 VOCs 的污染特征研究，可以有效地明晰特征污染物及其潜在风险，从而为典型工业行业排放 VOCs 的大气迁移转化机制和污染控制机理提供科学理论研究基础。日本大金公司于1996年利用光催化脱臭技术开发出空气净化除臭机，日本石原公司与丰田汽车公司、Equos研究公司联合开发成功的TiO_2光催化技术，可高效去除空气中的NO_x、甲醛等。国内空气净化器厂家也在2000年后陆续将光催化技术应用于VOCs的降解，并已形成以光催化技术为核心，通过等离子体、真空紫外及臭氧联合氧化等技术集成的成套工艺应用于多种行业废气处理，如喷涂废气（包含各类烯烃、醛类、脂肪酸类、甲基酮类、芳香族化合物）。

3. POPs的光化学氧化净化

根据联合国环境规划署1995年18/32号决议，12种物质被定义为需要首先消除的持久性有机污染物（POPs），包括艾氏剂、狄氏剂、异狄氏剂、滴滴涕、七氯、氯丹、灭蚁灵、杀毒芬、六氯苯、多氯联苯、多氯代二苯并二噁英和多氯代二苯并呋喃。POPs中有9种农药、1种工业化学物（多氯联苯）和2种排放物（多氯代二苯并二噁英和多氯代二苯并呋喃）。农药和工业化学品可以通过限制生产和使用替代品逐步解决。而2种排放物则需要通过后续净化手段加以消除。

传统的紫外光解消除POPs是利用二噁英污染物可强烈吸收紫外光的特性实现其降解的目的。脱毒机理主要有两种：①C—Cl键直接断裂；②发生分子结构重排或错位。该方法易于原位化处理二噁英，被认为是最有潜力实现大规模工业化的二噁英治理技术之一。目前存在的问题是体系杂质的存在对光分解反应产生副作用。

目前，国内中国科学院和高校的研究人员利用光催化技术分解二噁英类化合物。研究表明，二噁英类化合物在中压汞灯的照射下可以被TiO_2降解，在2 h的反应时间内对二氯代二噁英的降解率达到98.3%。美国、日本和俄罗斯也对利用光催化氧化降解二噁英类化合物进行了大量研究，研究表明：除催化剂外，光催化反应器的设计和反应器内光学特性对二噁英类化合物的去除也非常关键。

4. 光化学净化的工程实践

将光催化降解VOCs的基础理论进行延伸与拓展，在充分明确工业污染源VOCs排放特征的基础上，在油漆生产行业[36]、电子垃圾拆解行业[37]等开展了光催化集成技术净化有机废气的工程实践。如采用水喷淋耦合高压静电-光催化氧化一体化联用设备（流量10 000 m^3/h）开展了为期两个月的电视机线路板高温拆解资源化过程排放有机废气的现场净化中试[38]。研究结果表明：该联用设备对总悬浮颗粒物、PM_{10}和$PM_{2.5}$的去除率分别为70.1%、90.9%和93.3%，同时对VOCs的最高处理效率接近70%，且经过处理后VOCs的致癌和非致癌风险均大幅度降低，达到安全标准，表明了该光催化集成技术对VOCs具有很高的处理效率及良好的稳定性。值得指出的是，除了VOCs和颗粒物之外，光催化集成技术还被证明能够同时有效地去除颗粒物上的持久性有机物，包括多环芳烃和多溴联苯醚和邻苯二甲酸酯[39]。例如，在30天内，袋式除尘-光催化氧化-生物滴滤联用设备对采用家用煤炉拆解电视机线路板过程排放的VOCs、多环芳烃和多溴联苯醚的平均去除率分别为83.7%、87.2%和94.1%，同时工人的健康风险在经过联用设备处理后也大幅度地降低[40]。

由于大气污染物在排放过程中存在成分多样化问题，针对实际问题需要选用不同的方法和光化学净化技术耦合，以最大限度地实现对排放物的彻底消除。利用光催化系统、吸附剂喷射系统和光伏/光热一体化系统，在电厂尾部烟道中喷射自行开发的碳基/非碳基吸附剂，通过光催化促进氮氧化物和重金属汞氧化，提高吸附剂吸附效率及脱硫塔（WFGD）液相吸收效率，可达到高效脱除燃煤电厂烟气多种污染物的目的。目前已经实现300 MW级机组的技术示范，并在国电宿迁热电有限公司、宝钢有限公司电厂、烟台龙源电力股份有限公司等得到了应用推广，进行电厂烟气NO_x和Hg等多种污染物联合脱除。

此外，光催化自清洁外墙涂料先后在广汽丰田办公楼、福州大学行政楼、浙江绍兴加油站、公交候车亭、银行大楼等建筑中得到应用。光自洁涂料已逐步被市场认可和接受，被认为是最具市场前景的光催化产品。为了进一步提高光催化涂料的普适性和施工性能，相关研究机构和企业在原有技术的基础上，成功开发出一种新型耐酸碱、防腐、耐候和自清洁性能涂料，并且表现出较优的保色和防粉化性能，几乎可适用于包括深色的各种有机、无机基底涂层表面，大大拓宽了光催化涂料的适用范围。不仅如此，这种新型的光催化自清洁涂料还具有光催化氧化去除NO_x和SO_2的功能。若将此材料用于城市建筑物表面，可有效降解汽车尾气排放的污染物，从而对因NO_x二次光化学反应而形成的雾霾起到抑制作用。

三、研究总结与展望

第一，光化学净化技术属于近年来发展起来的大气污染物净化新技术。

该技术有其自身的优势（如能耗低、净化条件温和、二次污染物较少），但也有其阶段性的缺点（如需要紫外光、降解效率不够高、无法彻底分解难降解污染物）。预计未来 20 年，光催化技术的基础研究将日趋成熟，光催化剂的效率将有明显提高，伴随而来的将是如光伏发电被广泛使用一样，光催化技术在污染物治理领域将得到大面积应用。

第二，面对我国目前较为严重的空气污染问题，光催化因其低能耗、绿色环保、高效的特点，必将成为环境治理、守护人民健康安全的有力工具，传统光催化材料的推广应用，也势必成为环保、家居、健康行业的热点，可以预见在不久的将来，会有越来越多的商品化光催化空气净化材料走入寻常百姓家。

第三，经过几十年的发展，光催化材料的种类得到大大丰富，但是对新型高效、廉价、稳定、易得的光催化剂的开发与探索，依然还将是相关研究的热点与重点。同时，对于光催化净化机理的深入研究，也将继续进行下去。因此，可以预见，随着光催化机理的进一步探明以及更多新材料得到开发，未来光催化材料的能效必将大幅度提高。

第四，面对我国现阶段大气污染的严重形势，通过与其他净化方法的耦合，可以充分发挥光化学净化技术的优势，有效增强对大气污染物的尾端去除效率。光化学净化技术是现阶段对其他大气污染物净化技术的有益补充。将来有望在 NO_x、VOCs 及 POPs 的处理上发挥重要作用。

第五，光化学净化技术目前已在局部领域和地区得到实际应用，其适用范围还在不断拓展。通过局部示范效应，光化学净化技术的影响力将得到提升，并吸引一批中小企业加入应用研发中来，提高光化学净化技术的发展速度。

四、学科发展政策建议与措施

第一，光化学大气净化属于环境化学、光化学和催化化学的交叉学科，还涉及科学、工学、建筑学等多个学科。增大基础研究领域对光化学大气净化学科的研发投入，设立专项研究计划，设立多学科交叉的平台，加速该学科在基础理论上的创新和突破，为进一步应用化研究奠定坚实的基础。

第二，光催化净化技术本质上是一门应用技术，通过出台相关优惠政策，引导环保企业更多地加入光化学净化技术的研发和应用工作中来，加快光化学净化技术的产业化速度，形成产业示范效应和规模效应。

第三，光催化属于技术密集型产业，结合我国目前对“大众创业，万众创新”的支持，政府可以从政策上予以支持，从经济上予以帮助，鼓励有能力的相关科研人员，加入产业化的队伍，积极促进和加速科研的成果转化，让光催化技术不仅仅生存在论文中、实验室中，更应该走向社会，走入寻常百姓家。

第四，鼓励有条件的地区在汽车尾气处理、电厂尾气处理、餐饮油烟试点采用单一或集成式光催化净化技术，形成地区示范效应，加速光催化净化技术的实用化。

第五，光催化技术不仅仅是一项民用技术，在未来的战场上，特别是涉及化学武器、生物武器的战争中，同样会发挥出巨大的作用。因此，对于光催化环境净化技术的研究，应该积极吸纳军方的力量，鼓励军队科研机构开展有关研究和应用，实现光催化技术的全面发展和应用。

第二节 水污染光化学与光电净化

一、水污染光化学与光电净化概述

天然水体中日益增加的数千种化学品复合污染是人类所面临的最关键环境问题之一。尽管大多数化合物在水体中的浓度很低，但是其中一些化合物如农药、医药品等的毒性很强，尤其多种污染物往往以混合形式存在而产生的联合毒性效应增加，对人体和环境带来潜在的健康和生态危害。已经证实多元混合物在水生系统中暴露情况较为常见。最近有研究发现西班牙 6 个河口区都出现雄性鱼雌性化问题，而其罪魁祸首是一些属于内分泌干扰类化学物质的新型污染物[41]。同时由多国科学家联合开展的微量污染物离体生物测试研究发现废水、再生水和饮用水都不同程度地显示了遗传毒性和雌激素效应[42]。我国的研究者也发现松花江、长江、淮河等流域所考察的 16 个水源，其中 80%遗传毒性显阳性[43]。种种研究均表明，水体的化学复合污染可能对水生生物和人类健康造成长期且巨大的安全威胁。

目前的污水处理厂主要采用的生物处理工艺仅仅可去除部分微量污染物，而大部分微量污染物都是生物难降解的，导致数千种难降解的污染物流入水体，引起水生态系统健康的问题，继而产生饮用水源的污染。目前，我国城市供水仍有 20%达不到饮用水卫生标准，农村供水有 50%达不到饮用水标准。据估计，全国仍有约 4 亿人饮用受到有机物污染的水。这些难降解的污染物虽然浓度低（ng/L～μg/L），但现有饮用水常规净水工艺不能有效去除这些微量有机物，而且水中天然有机物和 Br^- 在液氯消毒或臭氧深度氧化过程中，会产生毒性更强的副产物。如氯消毒除了能够使水生病原菌灭活外，还能够与天然有机物反应产生许多有毒的消毒副产物，其中大部分（如三卤甲烷和卤乙酸）会对人体健康构成潜在的威胁，现已发现氯化消毒副产物 400 多种，其中许多氯消毒副产物在动物实验中被证明具有致突变性和致癌性，有的还有致畸性和神经毒副作用。*Science* 期刊已经报道通过物理-化学处理过程有效地去除天然有机物可以控制饮用水系统中氯消毒副产物的生成[44]。许多报道指出高级催化氧化技术能够成功地应用于生物处理过程的前处理单元或后处理单元，高级催化氧化技术与传统生物处理技术的结合使水处理过程更快速、更具有成本效益[45,46]。然而，国内外水处理厂广泛采用的臭氧深度氧化工艺，由于其氧化能力不足和臭氧在水中的溶解度低等缺陷，不仅对农药、医药品等结构稳定的有机污染物去除率低于 50%[47,48]，导致大量氧化副产物的累积，抑制有益微生物的生长，而且对于含溴水会导致有毒致癌副产物溴酸盐的生成。已有的实验研究和实际的水处理效果都证实，现有水处理单元对这些难降解的微量污染物的去除存在技术瓶颈。

面对国家在污水深度处理、饮用水安全保障以及水质改善等方面的重大需求，亟待研究高效可靠的水处理技术。多相光催化技术因其可以利用取之不尽用之不竭的太阳光作为能源，是一项“绿色”和“环境友好”的高级氧化技术[49,50]。它同时具备光照、$\cdot OH$、$\cdot O_2^-$、H_2O_2 等氧化剂的氧化、吸附和过滤等多种功能，能有效杀灭真菌、细菌、病毒等有害病原微生物，目前受到世界范围内水消毒领域科研工作者的广泛关注。事实上，太阳光谱主要包括两部分光，可见光（43%）和红外光（48%），如何利用这两部分太阳光能是解决太阳能光催化水处理技术的关键，但至今仍没有很好地解决这个问题。过去的材料开发与机制研究的结果似乎说明，催化剂的稳定性与催化剂的太阳能高活性相矛盾，高活性催化材料必须满足的一个条件是最大限度地吸收太阳能，这就要求半导体材料的禁带宽度窄，由于较多光激发产生的电子与空穴在材料体内的残留，使半导体非常容易发生腐蚀。虽然光催化存在一些技术问题，阻碍其广泛地应用于实际水处理，但是光催化具有利用天然可再生能源太阳能的前景，有希望取代现有的昂贵的技术和设备，在很大程度上降低水处理成本。而高效稳定的太阳能光催化材料的研发是光催化应用于实际水处理的关键。

二、水污染光化学与光电化学净化研究现状及进展

（一）污水净化研究现状及进展

1. 光化学方法控制水污染

水污染控制领域的光化学方法包括直接光解、敏化光解、均相光催化和非均相光催化。

（1）直接光解。使用紫外光，通常按光子能量由高到低分为三段：UV-C（波长 200～280 nm）、UV-B（波长 280～315 nm）、UV-A（波长 315～400 nm）。三段紫外光均可以直接分解污染物，较多采用的是光子能量较高的 UV-C。被 UV-C 激发的污染物分子与溶解氧分子反应，生成氧化态降解产物。直接光解过程比较简单，但仅对能够吸收 UV-C 的污染物有效，而且不能彻底氧化污染物。向水中添加 O_3 或 H_2O_2 等氧化剂，可被 UV-B 或 UV-A 分解成具有强氧化性的 •OH（氧化还原电位 2.8 V）。另一种直接光解法使用真空紫外线（波长 100～200 nm，仅能在真空中传播），其光子能量高达 6.20～12.4 eV，可直接将水分子裂解成 • H 和 • OH，无需添加氧化剂就能彻底分解污染物，但是真空紫外对水的穿透性差，应用受到限制。

（2）敏化光解。敏化光解要求水中存在染料，染料分子作为敏化剂被可见光激发，与溶解氧反应生成单线态氧（$^1O_2$），氧化分解水中其他有机物。$^1O_2$ 的氧化能力有限，另外，染料属于污染物，因此敏化光解不适合在污染控制领域使用[51]。

（3）均相光催化。均相光催化分两类。例如，废水中存在 NO_2^-、NO_3^-、过渡金属阳离子等溶解态的物种时，能够接受光子产生 • OH[52]，起到类似光催化剂的作用；又如，$FeOH^{2+}$接受 UV-C 光子还原成 Fe^{2+}并产生 • OH，然后再被溶解氧分子氧化成 Fe^{3+}。第二种均相光催化是添加了 Fe^{2+}和 H_2O_2 的光芬顿反应。Fe^{2+}被 H_2O_2 氧化成 Fe^{3+}的同时产生 • OH 从而矿化污染物（Fe^{3+}可与水中的还原物种反应生成 Fe^{2+}进行循环反应）。芬顿反应须在 pH 值约为 3 的环境中进行，pH 较高时将产生 Fe^{3+}氢氧化物沉淀（铁泥），pH 较低则产生悬浮 Fe^{3+}络合物。光芬顿反应不但消耗 H_2O_2，还需添加酸、碱、铁离子等多种化学品，成本高、操作复杂[53]。

（4）非均相光催化。非均相光催化通过光激发半导体光催化材料产生的电子和空穴与氧气或水反应生成 • OH，具有对污染物无选择性和分解彻底等优点，而且不用添加其他消耗性化学品，与其他三种光化学过程相比具有明

显的优势，是处理低浓度高毒性废水的潜在技术。污染控制针对的是实际废水，除了水分子外，还存在有机物、金属阳离子、无机阴离子、微生物，参与界面反应的成分复杂且溶液 pH 值变化范围较大，与电解液成分和 pH 值可控的光伏、光解水过程的界面反应显著不同，因此本章重点介绍多相光催化与水污染控制相关的界面反应原理和研究进展。此外，光催化是面向应用的技术，光催化材料、反应器和工艺进展也是本章的主要内容。

2. *污染物界面反应原理*

不同类型的污染物，光催化反应途径也不同。根据不同的反应途径，可分为一般有机物、含杂原子有机物、染料、金属离子、微生物等。

（1）一般有机物。一般有机物包括脂肪烃、醇、醛、酸和芳香烃，其光催化分解通过·OH 或其他氧化性物种攻击 C—C、C—O、C—H、C＝C、C≡C 或苯环完成，处理目标是完全矿化。·OH 与饱和烃反应攻击的是单键，通过亲电加成、脱氢、电子转移等步骤把饱和烃氧化成相应的醇、醛、羟酸，最终分解成 H_2O 和 CO_2[54]。·OH 与不饱和键（C＝C、C≡C）的反应途径是通过亲电加成达到羟基化，·OH 与构成双键的一个 C 成键，另一个 C 剩余一个电子呈激发态。反应式如下：$RHC=CR_2 + \cdot OH \longrightarrow RHC(OH)-C(\cdot)R_2$。然后按照饱和脂肪醇的分解步骤进行。

（2）含杂原子取代基的有机物。杂原子指的是除 C、H、O 以外的其他原子，主要包括 Cl、Br、I、F、N、P、S。杂原子取代基的存在，不但提高了有机物的毒性，而且增加了化学稳定性难以降解。光催化分解此类污染物的关键步骤是 C 与杂原子间化学键的断裂，大多数反应可通过·OH 途径完成，产物是 Cl^-、Br^-、I^-、F^-、NO_3^-、PO_3^-、SO_4^{2-}等阴离子。

（3）染料。按结构差别，染料分为偶氮、蒽醌、靛蓝、酞菁、三苯甲烷、硫化染料等类型。染料废水处理的目标是脱色和降低毒性，破坏发色团即可脱色，但是必须矿化才能去除毒性。染料分子结构复杂，光催化分解路径各不相同，但是基本遵循·OH 氧化分解的原理，通过光生电子还原的很少。

染料分子的共轭结构和取代基对分解动力学影响最大。例如，偶氮染料光催化分解比蒽醌染料容易；同为偶氮染料，酸性橙 12 比酸性橙 10 多一个磺酸基而容易被降解，酸性橙 8 则由于比酸性橙 10 多一个甲基而更难降解，取代基电负性不同导致与光催化材料的吸附差异是本质原因[55]。

（4）重金属离子。光催化处理 Cr^{6+}、Cd^{2+}、Hg^{2+}、Pb^{2+}、As^{3+}等毒性金属离子的目标是转化成低毒离子或还原成固体形态回收利用。金属离子的转化途径包括：被光生电子还原成低价态离子或0价金属，被空穴或·OH氧化成高价态离子。避免被光生电子和空穴（或·OH）循环氧化还原是金属离子去除必须考虑的问题。例如，As^{3+}的一般处理方法是先氧化成低毒的As^{5+}，然后通过吸附、沉淀或离子交换的方式去除，这个过程一般要曝气，以便用O_2分子捕捉光生电子避免As^{5+}被还原回As^{3+}。

（二）净水深度处理研究现状及进展

近十年来，抑制光生电荷复合、提高界面反应速率以及避免副反应是光催化水污染控制领域理论研究的重点，各种光催化反应器和耦合工艺的研究是推动光催化技术在废水处理中应用的关键。该方面的主要进展概括为：①通过吸附、过滤强化污染物与催化剂表面接触，达到提高处理效率的目的；②光催化-超声、光催化-臭氧、光催化-微生物在内的主要耦合工艺的耦合；③高效光催化反应器的设计和应用研究。

1. 吸附耦合光催化

光催化材料与活性炭等吸附材料混合悬浮体系中，由于部分光催化材料与活性炭接触，光生电荷能够迁移到活性炭表面与被吸附的污染物反应。具有一定导电性的活性炭作为吸附剂，不但能把污染物富集到光催化剂附近，而且可以接受光生电子抑制与空穴的复合，提供了更多的反应界面。为了使光催化材料与吸附材料接触更充分，通常在光催化材料颗粒表面包覆透明性较好的多孔吸附层。光生电子经过吸附材料，空穴经过吸附材料的孔道分别到达表面与被吸附的污染物反应。

耦合吸附与光催化的另一个好处是提高选择性。由于沸石等吸附材料孔结构和表面基团的作用，带有特定表面基团的污染物更容易被吸附，因此选择性提高。吸附与光催化协同作用可使动力学常数提高 2 倍以上。将光催化材料做成多孔结构即可提高吸附污染物的能力。新型材料金属有机骨架材料（metal-organic frameworks，MOFs）以及煅烧 MOFs 得到的金属氧化物等多孔材料具有光响应能力。MOFs 结构的本质是多孔结构的配位聚合物晶体，由链状有机分子通过共价键连接中心金属原子组成，与沸石和分子筛非常相似。独特的多孔结构能够吸附污染物，将自由基与污染物的反应限制在狭窄的孔道中，而产物小分子则容易迁移出去，因此自由基的作用得到加强。·OH 主导的氧化反应能够无选择地彻底分解水中的有机物，一些可生物降解的化学物质也消耗了·OH，调控光催化材料表面性质使其选择性吸附难生物降解的高毒性污染物，必然能提高针对这部分污染物的分解速度。例如，MOF 材料 MIL-100（Fe）能够高效光催化分解布洛芬、儿茶碱和双酚 A 等毒性污染物，快速选择性吸附污染物是较高分解效率的原因。

2. 膜分离耦合光催化

光催化与膜分离结合，不但可通过膜孔截留去除污染物，还能利用光催化作用矿化污染物被截留的污染物，既避免了二次污染，又减缓了膜污染。已经出现的光催化与膜分离的结合形式有如下三种。

（1）分离膜作为粉体光催化剂的回收装置放在悬浮型光催化反应器之后，悬浮光催化剂高度分散在污水中，与污染物质充分接触，分解效率较高。但是光催化与膜分离是两个分离的单元，没有协同效应，另外光催化颗粒还可能堵塞膜孔导致通量下降。

（2）第二种结合形式是把光催化材料负载在膜表面，不但避免了催化剂堵塞膜孔或随水流失，而且光催化功能层与被截留的污染物紧密接触，有足够的停留时间实现彻底分解污染物，弥补了光催化反应速率慢的不足。对于膜分离而言，由于光催化层分解了截留的污染物，膜污染被有效减缓，可以长时间保持高通量。这种负载型光催化分离膜的处理效果高于单独光催化和单独膜分离的加和，具有明显的协同效应，有望实用化。

（3）无需多孔膜基体，完全用光催化材料也能制作分离膜。以低维光催化材料为原料，采用抽滤、阳极氧化、静电纺丝等方法可以制备具有分离功能的光催化材料。目前此方面研究的热点是优化膜孔径分布、提高膜材料机械强度。这种结合形式的耦合原理与第二种形式相同，优点是即使表面的光催化材料脱落，内层依然具有光催化功能。

目前，光催化与微滤、超滤、纳滤、反渗透等分离膜的耦合均有报道，实验室规模的研究成果已经证实光催化膜具有分离及分解双重功能，在有机物去除、灭菌中表现出了良好的效果。

3. 臭氧氧化耦合光催化

利用 O_3 氧化分解水中的污染物已经是比较成熟的水处理技术。但是 O_3 的氧化电势为+2.07 V，只能把不饱和键氧化成饱和键，最终产物通常是羧酸，没有继续氧化饱和键的能力，有时甚至产生有毒的产物。例如，O_3 水处理消毒过程容易将溴化物氧化成溴酸盐，使出水毒性增加。此外，O_3 在水中自身分解速度较快而氧化分解污染物的速度很慢，因此大部分臭氧没有用于分解污染物，利用率较低。

光催化与臭氧氧化的结合原理是 O_3 捕捉光生电子生成•OH，使氧化能力由臭氧的+2.07 V 提高到+2.8 V，能够矿化污染物从而避免毒性中间产物的积累。由于 O_3 在水中的溶解度高于 O_2，能够捕捉更多光生电子抑制光生电荷复合，加快光生空穴与水反应生成•OH 的速度。一些报道提出光催化耦合臭氧分解污染物遵循零级动力学，界面反应速率与污染物初始浓度无关，因此改善了光催化过程反应速率随反应物浓度降低而减小的问题。典型的结果是光催化臭氧氧化的动力学常数是光催化的 3 倍以上，TOC 去除率是臭氧氧化的 5 倍以上，充分显示了协同效应。需要注意的是，O_3 也可能与光催化生成的•OH 反应生成氧化能力较弱的 O_2 和 HO_2•。可通过调控 O_3 流量避免这个不利反应发生。

4. 超声耦合光催化

超声波能使液体介质分子在平衡位置附近振动并形成空化泡。空化泡内部温度高达上千摄氏度，可将气态水分子裂解生成•OH、•OOH、•H 和•O 等自由基，气液过渡区是超临界状态，因此可通过高温热解，超临界水氧化和自由基氧化反应等三个途径分解有机污染物。由于空化泡内充斥着各种自由基，因此超声技术对容易进入空化泡内的易挥发污染物处理效果最好。自由基溶液中扩散的过程中大部分复合，扩散到溶液中的主要是自由基复合产生的 H_2O_2，因此对溶液中的污染物氧化不彻底。

超声波与光催化结合的优点很多。首先，空化泡内电离气体可激发光催化材料产生•OH。其次，悬浮在水中的光催化颗粒能够将从空化泡扩散出来的 H_2O_2 分解成•OH，提高了氧化能力[56]。再次，悬浮的催化剂有助于空化泡成核，使其更密集，作用范围更大。然后，超声波产生的冲击和声流加强液相中反应物、产物、自由基与光催化剂表面之间的传质。此外，如果光催化材料具有压电性能，超声波还能提供周期变化的机械能，借助压电效应带来的内电场促进光生电荷的分离。超声波与光催化结合耦合的动力学常数一般是单独光催化的 2 倍左右，单独超声波的 5 倍，具有明显的协同效应。

5. 光催化与生物处理组合技术

生物处理单元是目前生活污水及综合废水处理的核心工艺，其优点是处理成本低廉，缺点是仅能分解可生化性污染物，不能有效分解有毒有害和难降解性污染物，微生物活性易被毒性污染物抑制，代谢产物可能有毒。光催化技术能无选择性地彻底分解污染物，但是效率低，导致水处理成本高，恰好与生物工艺互补。

二者的组合形式由进水特点决定。对于毒性较高的进水，采用光催化单元作为生物工艺的预处理。此时光催化的目标是提高可生化性而不是完全矿化，因此停留时间可以很短，弥补了光催化矿化污染物速度慢的不足。为了避免进水中悬浮颗粒对入射光线的散射，一般需要在光催化单元前置絮凝工艺。对于可生化性较高，但是微生物处理后代谢产物有毒的进水（例如，阿莫西林等抗生素经微生物处理的小分子代谢产物有毒），此时在微生物单元后接光催化单元，能够有效矿化这些代谢产物。

上面两种结合方式中，光催化和生物单元是分离的，光催化和微生物也可在同一个单元分解污染物。光催化过程产生的可生化中间产物通过微生物过程分解，微生物代谢产生的难以继续生物分解的污染物也可被·OH 氧化。这种结合方式可通过在多孔生物载体内部生长微生物，外部负载光催化颗粒的方式实现。多孔生物载体的孔内的微生物可免受紫外光照射，载体外表面光催化材料产生的·OH 能够氧化破坏孔内最外层的微生物，但内层的微生物能够正常代谢。这样的体系实现了光催化过程和微生物过程最近距离的耦合，使二者达到最佳的配合状态。

6. 光催化反应器

具有实际应用潜力的反应器类型包括如下三种。

（1）悬浮型反应器。悬浮型反应器又称为泥浆式反应器，该反应器的形状一般为立方体或圆柱体，粉末状光催化剂悬浮于待处理水中，光源一般是浸没于水中的紫外灯阵列。其优点是外形简单，光催化剂可与污染物充分接触，传质效率高；缺点是需要附加回收装置避免催化剂流失，催化剂颗粒的散射影响光吸收，搅拌和曝气装置导致处理成本较高。

（2）负载型反应器。此类反应器中光催化薄膜负载于固定放置的载体表面，光源放置在平面光催化薄膜上方或者圆筒形光催化薄膜的轴心位置，废水流经催化剂表面过程中被降解。与悬浮型反应器相比，优点是无需回收催化剂、不用搅拌；缺点是传质效率低，对催化剂与载体的接触强度要求很高。

设计合理的载体形状能够提高传质效率。为了使进水中更多的污染物分子在流过反应器时能接触到催化剂，应在载体表面形成湍流，显然最简单的平行板载体无法满足要求，因此研究者尝试了波纹板、折流挡板、单螺旋、双螺旋、填充网状等形状的载体。即使不考虑湍流改善了传质，由于相对于平行板载体催化剂面积增加，污染物与催化剂接触的机会也显著提高了。这种反应器面临的主要问题是催化剂容易脱落和复杂形状的催化剂接受光照强度不均。

（3）固定床或流化床反应器。固定床反应器中，TiO_2 光催化材料负载于直径 1 mm 左右的石英砂、玻璃珠、氧化铝、硅胶、沸石等多孔球形载体表面，用网眼尺寸小于 1 mm 的聚合物网包装成催化剂床层固定于反应器内，光源外置。流化床反应器则是在圆柱形反应器轴向中部放置隔断网，催化剂颗粒放在隔断网下面，通过曝气或超声波保持流化态。这类反应器结合了悬浮型和负载型反应器的优势，不需要固液分离，可连续式处理污染物，传质效率高。其缺点是颗粒之间的碰撞可能会造成催化剂脱落，反应器的水头损失较大，采光条件有待改进。

以此为指导思想，针对目前石化、印染和制药等工业有机废水的深度处理与回用问题，目前一些新型的光催化复合处理技术与装备已经在民用和军用领域获得应用。如光催化印染废水深度净化与回用系统已成功应用于军队有机废水的深度处理（图 3-1）。

图 3-1　军队废水的深度处理装置

（三）研究总结与展望

在过去，光催化对水中大多数污染物，如难降解的化学品以及消毒副产物的光催化转化都得到广泛的研究，综合起来，主要有如下几方面的突破性进展：①证明了分子氧在光催化降解过程中的作用不仅仅是清除导带电子，还有通过界面活化直接参与污染降解的羟基化、芳环开环反应、脱羧矿化为CO_2等一系列过程，这些发现为通过活化O_2来调控污染物降解开辟了一条新的途径；②揭示了表面氢键和表面质子转移在污染物的光催化氧化还原降解过程，如水分子氧化、分子氧还原以及卤代污染物的还原脱卤过程中都起着非常重要的作用；③提出了光催化剂表面空穴与污染物毒性官能团的直接反应，是水中特殊有毒污染物快速脱毒的关键步骤，为饮用水中痕量污染物安全转化开辟了新的途径；④新型等离子基元太阳能光催化以自由电子和光致空穴为主要活性物种，为饮用水中污染物还原脱毒和病原微生物的灭活提供了新的思路。

尽管目前已经探索出几个有希望的应用方式（与吸附、膜分离、臭氧、超声、微生物工艺结合），但光催化技术在水处理中的实际应用进展缓慢。如前所述，主要原因界面反应机制不清楚，缺乏提高反应动力学常数的有效手段和处理量能够满足实际水处理要求的反应器。未来应从如下几个方面努力推动光催化水处理技术的实用化。

1. 材料方面

应加强基础理论研究，在深入理解界面反应过程机制的基础上，发现新型光催化材料，发展材料改性、修饰方法，构建高效催化剂结构。除了理论研究亟待突破、降低光催化材料制备成本、延长使用寿命，开发成熟的低温负载技术避免催化剂脱落流失也是必须关注的方向，如三维网络结构的光催化材料，可以具有吸附富集、原位降解和免分离的特点。

2. 反应器方面

发展计算机模拟技术，并立足于实际应用，充分考虑采光、传质等问题设计和研发新型反应器。考虑到采光和传质的限制，强化采用单元反应器组装成大通量设备的研究。

3. 工艺方面

独立的光催化单元应针对透明性较好、水量不大、污染物浓度较低、毒性较高的废水（如沐浴水、海产养殖水、工业废水等）；对于大量废水，一定要考虑与其他成熟技术的联用，最好与水处理单位合作，使用实际废水并充分考虑与其他水处理单元的衔接；溶解CO_2、碳酸根、碳酸氢根等自由基捕获剂浓度较高的废水，不适合用光催化工艺处理。

（四）水净化学科发展政策建议与措施

光催化水污染控制技术的发展以应用为目的。科研管理部门应从以下三个方面入手，通过科研经费的针对性投放引导研究人员攻克限制实现应用的科学和技术难题。值得强调的是，每个领域都要有组织地制定相应的规范和标准，方便研究成果的相互比较。

（1）应加强对基础研究的经费支持力度，鼓励涉及提高能量效率的原创性研究。

（2）支持商品化光催化材料的开发。一方面应该加速开发我国自有知识产权的 TiO_2 生产技术，降低材料成本；另一方面要着手探索可见光响应光催化剂。为避免在不可能应用的不稳定、成分复杂、结构精细、价格昂贵和有毒材料的研究中浪费资源，应从光能利用、分解污染物性能、寿命、环境影响、价格等多方面综合考虑，建立光催化材料的生命周期评价方法及门槛标准。

（3）催化剂低温负载技术的开发。关键点是低温和长期稳定性，通过降低能耗和延长使用寿命降低光催化材料的成本，提高市场接受性。

（4）支持商品化反应器的开发。制定配套设备、运行参数的行业规范和器件性能的国家标准。建议当前应以 UV 灯为光源推动光催化的实际应用，待稳定高效可见光催化剂及其反应器和配套附属设备成熟后再考虑使用太阳光为光源。

（5）要鼓励科研单位和水处理企业联合开发耦合技术，把光催化与已经实际应用的水处理工艺结合，拓宽光催化技术在实际工程中的应用方式。中试实验应在厂区使用实际废水进行，避免实验室研究无法了解实际处理中存在的问题，例如，进水水质需要调整以适应光催化及其耦合技术的双重要求。

第三节　微生物污染光化学净化

一、微生物污染光化学净化领域概述

异相光催化技术是一种以太阳光为能源的“环境友好型”高级氧化技术，具有无需投加任何化学药剂，不产生消毒副产物、无二次污染等优点，同时结合了光照、$\cdot OH$、$\cdot O_2^-$、H_2O_2 等氧化剂的氧化、吸附和过滤等多种功能，能有效杀灭真菌、细菌、病毒等有害病原微生物，已经受到世界范围内水消毒领域科研工作者的广泛关注。再结合上述部分对于光催化技术在气体、有机污染物方面的应用潜力，对于我国复合污染比较严重的污染水体而言，多相光催化技术进行饮用水消毒和有机微污染物的深度净化可能是一种经济高效的选择。

光催化消毒的基本原理是半导体光催化剂在受到光照激发后，产生光生电子-空穴对，其迁移到催化剂表面后发生一系列光化学反应，产生强氧化性物质如·OH和·O_2^-等，可杀灭水中大量的病原微生物并有效降解其产生的有机、无机污染物。但是，将光催化消毒技术应用于工程实践还有许多实际的重要问题需深入研究。基于国内外在光催化杀菌领域的研究现状，针对我国病原微生物严重污染的问题，本节将阐述我国利用光催化技术杀灭在空气及水中典型病原微生物的研究现状及进展，为有效推动新一代杀菌技术的发展与进步及其推广应用提供科学理论依据，并对光催化技术在微生物净化学科的发展提出了政策建议，为实现光催化技术在我国微生物污染净化方面的推广应用提供技术支撑。

二、微生物污染光化学净化研究现状

（一）空气及水体中微生物净化研究正在快速推进

细菌、真菌、病毒等微生物含量是环境质量评价的重要指标之一，直接影响着人类健康。光催化微生物净化技术，经过一段时间的发展，对该问题的研究着眼点，目前主要集中在水体中微生物的净化处理和空气微生物净化处理两个方面。我国利用光催化技术对水体消毒方面，已有大量研究者对此进行了深入研究。

另外，室内空气微生物的净化，近年来越来越受到关注。2003 年在我国大面积暴发的“非典”（SARS）疫情，以及近年来禽流感、猪流感等大规模公共卫生安全事件，都给人们敲响了局域空气污染物处理的警钟。光催化技术不添加化学试剂，不会引起二次污染，环境友好，能够直接产生活性氧物种对微生物进行有效杀灭，因而成为目前最有潜力的空气微生物净化手段。基础研究方面，光催化在空气消毒方面已有大量文献报道，如 Kozlova 等研究了 UVA/光催化杀灭空气中细菌和病毒性能，研究发现微生物通过气溶胶的形式沉降在 TiO_2 和 Pt/TiO_2 催化剂薄膜上，该催化剂 30 min 内能分别杀灭约 90%

和 99.8%的微生物，而且 Pt/TiO_2 对微生物具有更高的矿化率[57]。安太成课题组采用中试规模的光催化反应器对垃圾压缩站内空气中的有害微生物进行了去除，发现经过光催化处理后空气中的微生物含量由处理前的Ⅳ级（污染）降低到Ⅰ级（洁净）[58]。Goswami 等利用一个循环风道的实验台测试了 TiO_2 对沙雷氏菌的杀菌性能，结果显示循环风在 5 min 内可达到 100%的杀灭效果[59]。Jacoby 等证实 TiO_2 涂层可以杀灭空气中完整的大肠杆菌细胞，并且将产生的有机物氧化为 CO_2[60]。这些研究为光催化杀菌技术在气固表面的自净化提供了直接证据。Lin 等测试了 TiO_2 光催化过滤器对广谱菌种气溶胶，包括大肠杆菌、枯草杆菌、无名丝酵母及青霉菌的去除效果，实验发现该方法对这些菌种均显示出较好的杀灭效果[61]。

光催化空气微生物净化技术主要应用在空气微生物消毒过滤系统，既可与新建或已有建筑通风系统相结合，也可作为便携式净化器，形式灵活多变。目前最常使用的是基于 TiO_2 的光催化反应器，其中 TiO_2 反应表面和光源是反应器的两大部件，且光子、TiO_2 颗粒和微生物颗粒的充分接触是获得较好灭菌效果的前提。光催化材料在空气中微生物净化方面的另一个重要应用就是自消毒和自洁净表面。将表面尤其是易于受潮的表面上涂覆光催化材料，在有足够紫外光照的条件下可以有效抑制沉降在表面上菌落的生成，防止其繁殖和进一步传播[62]。按照基底材料划分，目前我国已经发展的光催化自清洁表面包括玻璃、陶瓷、不锈钢、铝材、玻璃纤维及聚合材料等，并且部分已被成功应用于医院、宾馆及商用设施作为抗菌表面。当然，在战争中所使用的生物战剂（生物武器）也多是通过空气扩散施放，带致命细菌的微生物颗粒能分散成微小的粒子悬浮在空气中，与空气混合成气溶胶，随风飘移，污染空气、地面、水源和食物，并能渗入无密闭设施的人防工程之内。因此，如何将具备光催化杀菌性能的光催化涂层覆盖在需要保护的环境表面上，利用室内荧光或室外太阳光，以及自净化材料的自消毒和自清洁作用，可以在一定程度上有效防护生物武器的伤害。

（二）高效光催化杀菌材料得到广泛开发

在众多光催化材料当中，TiO_2 以其高效、无毒、低成本的特性一直是该领域内的热点材料，近年来对于新型光催化材料的探索，也主要集中在两个方面，一是对 TiO_2 光催化材料进行修饰改性，二是开发新型非 TiO_2 基的光催化材料，并将其应用于光催化杀菌系统中。

对 TiO_2 进行可见光修饰改性的方法有多种，前文详述的贵金属沉积、离子掺杂、染料敏化和异质结复合等，均已被成功证实可以有效提高 TiO_2 基光催化材料的可见光催化杀菌活性[63-66]。Wu 等以蒙脱石（MMT）作为载体合成的 $Ag/TiO_2/MMT$ 催化剂，由于增加了表面活性中心和表面等离子体共振效应，在可见光下有极高的杀菌活性[67]；李桂英等利用一种简单易行的水热-煅烧方法，合成了 $g\text{-}C_3N_4/TiO_2$ 复合光催化剂，研究发现该催化剂不但能够杀灭大肠杆菌，而且能破坏细胞膜并使胞内物质泄漏，进而导致细菌死亡甚至分解[68]；聂信等利用 N 掺杂 C 聚合物负载的 TiO_2 复合光电极在可见光的激发下实现了对细菌的快速杀灭[69]；Qian 等的研究也发现在可见光下，TiO_2-壳聚糖复合材料对 *E. coli*、*S. aureus* 和 *A. niger* 均有高而稳定的杀菌和防霉菌效果[70]。

在新型非 TiO_2 基的光催化材料的开发方面，同样有大量金属氧化物和硫化物被报道用于光催化杀菌，如 ZnO、WO_3 和 $ZnIn_2S_4$ 等。此外，另一类在光催化有机污染物降解中被广泛研究的 Bi 系光催化剂目前也已经有大量报道可用于细菌的杀灭。例如，胡春等研究了 $NiO/SrBi_2O_4$ 催化剂在可见光下杀菌的效果，发现该催化剂不但可以完全杀灭大肠杆菌[71]，同时也对金黄色葡萄球菌具有很好的杀灭作用[72]；张高科等利用 $Bi_2O_2CO_3/Bi_3NbO_7$ 复合催化剂能够在可见光下有效杀灭大肠杆菌[73]。此外，$BiVO_4$[74]、Bi_2WO_6[75,76]、单斜相 Bi_2O_4[77]、BiOI/BiOBr[78]和 Bi_2MoO_6-RGO[79]的光催化杀菌性能也已见报道。另外，具有表面等离子体共振效应的可见光光催化材料在水体中杀菌也有部分研究[80,81]。例如，安太成课题组制备了一系列具有表面等离子体共振效应的催化剂 Ag/AgX-CNTs（X=Cl、Br、I）用于可见光光催化杀菌[82]；周启星课题组合成的等离子体光催化剂 $Ag/g\text{-}C_3N_4$ 也能够在可见光下有效杀灭大肠杆菌[83]，同时发现等离子光催化剂 $Ag/AgBr/WO_3\ H_2O$ 能够在可见光下杀灭并裂解大肠杆菌[84]。

由于传统金属基的半导体光催化材料具有相对高的成本，以及可能产生重金属二次污染等问题，近年来环境科研工作者将注意力逐渐转移到更加低成本的非金属甚至单质光催化材料上。其中，石墨相氮化碳（$g\text{-}C_3N_4$）是一种光催化领域的“明星”非金属光催化材料，我国率先对非金属光催化材料的杀菌性能进行了研究[85]。在此基础上，王万军等将 $g\text{-}C_3N_4$、石墨烯和单质硫结合起来，制备出一种具备多级结构的光催化材料，发现其可以有效杀灭大肠杆菌，证实了非金属光催化材料也可用于对水中微生物的杀灭[86]。全燮课题组也将 $g\text{-}C_3N_4$ 纳米片、还原氧化石墨烯和醋酸纤维素结合起来，合成的 $g\text{-}C_3N_4$ NS/RGO/CA 膜复合材料能够实现将细菌有效分离且高效可见光催化杀灭[87]。同时，单质红磷也被发现具有一定的光催化杀菌性能[88]。

虽然纳米光催化材料具有较高活性，但制备方法一般都较为烦琐、能耗较高，不利于杀菌技术的大规模工业化应用，且在实际使用中由于催化剂的纳米尺度使得催化剂回收变得相当困难。最近的研究还发现某些天然矿物也具有很高的光催化杀菌活性，并可以应用于水体中微生物的杀灭。王保强课题组开发了一系列矿物光催化剂，如闪锌矿[89-91]和黄铁矿[92]等，发现它们在可见光照射下对大肠杆菌都具有很好的杀灭作用。此类催化剂经济成本相对较低，不需要化学合成，且部分矿物还具有磁性，易于分离回收。因此，低成本天然矿物光催化材料可能会成为今后光催化杀菌材料开发和实际产业化应用的新方向，但是目前这方面的研究在国内还处于起步阶段。

（三）光催化杀菌机理需要进一步探明

与光催化降解有机污染物的机理类似，光催化杀菌的本质仍然是在光电转换中进行的氧化还原反应，不同的是由于微生物的特殊性，光催化杀菌中使得情况更加复杂。大量研究证明，光生空穴、光生电子、$\cdot OH$、$\cdot O_2^-$和 H_2O_2 等活性物种都有可能对细菌具有杀灭作用。王万军等详细对比了 B-Ni-TiO_2 光催化杀菌和染料降解的差异，发现与染料降解以 $\cdot OH$ 为主要活性物种不同的是光催化杀菌的主要活性物种是 H_2O_2 且催化剂无需与细菌直接接触，因为 H_2O_2 的寿命相对其他自由基较长，可穿透半透膜实现对细菌的远距离杀灭[93]；陈艳敏等的研究也发现天然闪锌矿可见光催化杀菌体系中的主要活性物种是 H_2O_2[91]。更多的研究进一步发现在不同光催化杀菌材料体系中的光催化杀菌机理包括光生空穴直接氧化、光生电子还原以及 $\cdot OH$、$\cdot O_2^-$和其他自由基等的攻击，如李桂英等研究发现在光电催化杀菌体系中少量卤素，特别是 Br^-的存在可大幅度加速细菌杀灭和矿化的效果，本质原因是在该体系中产生了稳定高效的二卤阴离子自由基（$\cdot X_2^-$），可瞬间杀灭和快速矿化病原微生物[94-96]。由此可见，光催化杀灭细菌反应的机理在不同光催化材料体系中可能是不同的，并且与光催化材料的能带结构、电子结构和反应环境条件相关。

在光催化细菌杀灭机理方面，微生物细胞是由很多微生物大分子，如 DNA/RNA、蛋白质、脂质等组成的复杂结构，而这些生物大分子又由最基本的结构单元，如碱基、氨基酸等构建而成。由此推测，病原微生物细胞的分解和矿化过程是相当复杂的，在完全矿化之前，微生物细胞首先被分解为生物大分子，继而生物大分子被降解为生物小分子。因此，安太成等从光催化降解生物小分子到生物大分子再到杀灭微生物的角度由浅入深、由下而上详细研究了光催化杀菌的机理[97,98]，对其光催化杀菌机理有了更进一步的认识。

另外，由于微生物细胞本身具有生命，且能够对不利环境产生一定的抵抗和自我保护作用，其被杀灭的生物机理要远比有机物的化学降解作用复杂。因此如何理解光催化杀菌的生物机理是研究和提高光催化杀菌性能的关键。已被实验验证的机理有以下几种情况：①辅酶 A（Coenzyme A，CoA）的氧化，光催化过程中，细胞内参与细胞呼吸过程酶反应的辅酶 A 同时被氧化，从而抑制了生物细胞的呼吸作用，并最终造成了微生物的杀灭[99,100]。②细胞结构的破坏，研究认为杀灭过程是光催化产生的活性物种氧化攻击微生物的细胞质膜（包括外部的脂多糖和内部的肽聚糖）致使细胞的完整性丧失，同时使得细胞膜的流动性变差[100,101]，类似结果在利用单基因敲除突变菌株（JW3935-4 和 JW1077-1）进行光催化杀灭对照研究中得到了证实[102]。③细胞膜损伤后进一步导致了细胞内生物大分子，如蛋白质和 RNA 等的泄漏，同时在细菌胞外环境中生成的活性物种，特别是 H_2O_2，能够穿透细胞膜进入细胞内，导致细菌胞内活性物种水平升高。细胞内外环境中急剧上升的活性物种水平，导致细菌氧化应激体系失灵，即抗氧化酶如过氧化氢酶（CAT）及超氧化物歧化酶（SOD）逐渐失活，最终致使细胞失活[103,104]，这些现象可以通过 SEM 观察杀菌过程及相应部位的变化情况，直至细胞能完全分解并从催化剂表面消失。④生物大分子的破坏，从损伤的细菌胞内泄漏的生物大分子物质特别是蛋白质及核酸可以进一步被破坏。蛋白质作为细胞的重要构成部分，其氧化损伤产物（羰基化蛋白）的浓度水平是评价细胞氧化损伤的重要分子标记物，有研究发现细菌蛋白质羰基化水平在整个光催化处理过程中呈现上升趋势[103]。而微生物细胞破坏后产生的另一种生物大分子核酸也可以进一步被破坏，使得 DNA 的复制和诸多代谢机能受到抑制，以致细胞完全失活。当然微生物代谢过程中产生的内毒素等也在光催化降解过程中得以分解。

三、研究总结与展望

太阳能驱动光催化是目前最有潜力的“绿色”微生物杀灭技术。近年来，我国研究人员已经开展了一系列利用光催化进行空气及水体中微生物净化的研究，其中包括基础和应用两个方面的研究，取得了一系列重要的研究成果。在基础研究方面，目前已经开发出了多种可用于微生物杀灭的高效光催化材料，这些材料包括金属半导体、非金属聚合物、单元素光催化剂甚至天然矿物光催化剂等，为光催化杀菌材料的设计、合成和制备提供了很好的理论依据和指导思想。同时，初步探明了光催化杀菌的微观机理过程，揭示了影响光催化杀菌的关键参数。最近由安太成、赵惠军和王保强主编，在 Springer 数据库出版了题名为 *Advances in Photocatalytic Disinfection* 的专著。该书系统收录了我国绝大多数光催化杀菌和消毒领域科研人员的科研工作，让科研人员对光催化杀菌机理的理解提高到了一个新的认识高度。在应用研究方面，已经实现了包括中央空调杀菌、杀菌涂料、空气净化器等产品的产业化应用，朱永法课题组利用金属丝网基光催化剂，实现了医院病房的无菌化以及应用于冷库和食品运输冷链的无菌化。

然而，我国光催化杀菌技术起步较晚，在基础及应用研究方面还有很多问题没有解决，需要各学科研究人员进一步进行协作突破研究。

（1）光催化灭菌的相关研究，通常以细菌为实验对象，光催化剂采用 TiO_2，施加充足的紫外光照射。但光催化材料作为自洁净材料实际应用于室内时，光照条件、菌种、基底材料与实验室研究条件差异较大，因此现有研究结果并不能有效地反映和预测已有相关材料在实际应用中的性能。

（2）光催化杀菌材料的微生物杀灭性能与材料性质、反应条件（如光照、反应器形式、反应时间）、微生物种类等密切相关。限于实验条件的限制，不同研究结果之间缺乏可比性，所建立的经验模型往往也仅适用于与实验对应的条件。因此，相应标准的缺失是该领域发展的一个不可忽略的瓶颈。

（3）目前，研究关注的重点大多是紫外光或可见光响应的光催化材料，而占太阳光谱绝大部分的红外光谱区甚少有研究。因此如何结合紫外、可见、红外光激发的光催化杀菌材料构筑全太阳光谱响应的高效稳定催化剂用于室外环境中微生物的杀灭是一个重要问题。

（4）实际的复合污染体系中通常存在有机污染物和微生物两类主要的污染物，也都可以在光催化技术应用中被降解。但在已有的研究中，研究者大多仅以单一污染物进行研究，由于所采用的研究方法不同，因此无法比较两个过程的性能差异，更重要的是缺乏一种污染物的存在对另一污染物的降解效果影响的探讨。

（5）目前在基础研究方面已开发出上千种光催化材料，其中多数也具备很高的光催化杀菌性能。但是这些材料的制备过程较为复杂，催化剂容易发生耗损，生产成本高，难以进行产业化应用。因此如何提高催化剂稳定性、降低催化剂成本、实现催化剂的固定和反应器的高效设计均是面向产业化应用必须解决的问题。

四、学科发展政策建议与措施

在环境污染日益严重的今天，大力发展环境催化污染控制技术是我国环境科学与工程方面必须重视的科研方向。光催化技术作为一种可直接利用太阳能的环保技术，必将成为我国能源、环境乃至经济可持续发展的支撑力量。因此基于光催化技术在环境微生物杀灭方面的发展策略，构建我国光催化杀菌系统的科技对策可遵循以下三条基本技术路线，三管齐下，并行互动。

（1）大气微生物污染方面，开发和推广高效光催化材料的应用，解决光催化剂负载和空气过滤器的优化设计，成功推进室内空气过滤系统的技术转型与升级。

（2）水体中微生物污染方面，针对水体的复合污染问题，研发和应用新型光催化材料替代传统氯气消毒技术，促进水体中微生物控制技术的多元化发展，有步骤地推动水体杀菌消毒新技术的进步和基础设施的改善。

（3）开展创新光催化杀菌技术耦合声、热、电化学技术的研发、示范和产业化，构建微生物污染处理系统集成，促进微生物环境催化杀灭的技术创新与重点跨越。

近年来，国家攻关计划、光催化和环境微生物污染控制重大科技专项的实施，极大地推动了我国微生物污染净化的技术变革。根据国家中长期科技发展规划，今后将进一步加大力度，推进我国环境催化微生物杀灭的科技创新与产业化。为此提出以下四点建议。

第一，以实现光催化杀菌技术的产业化为目标，有效推进基础研究与应用研究并行互动与协调发展战略。在市场方面，以民用设备为主体，大力发展小型化和微型化的光催化微生物净化器。对大型工业厂商加强环保监测力度，推进新技术的革新、装备改造和应用。在研发方面，以光催化微生物杀灭为战略重点，紧抓未来几十年对环境杀菌技术变革的战略机遇，政、产、学、研联合攻关，实现我国环境污染控制领域的跨越发展。

第二，大力推进新型、低成本、易回收的光催化材料的设计和筛选，着重开发天然矿物作为光催化材料的潜能，解决其颗粒大、活性不高的难题。全力推进光催化杀菌产业化技术革新，尤其是催化剂负载技术和反应器设计技术与应用等，建立光催化杀菌的基础技术平台，应对环境微生物净化技术转型过程中核心技术的变化与过渡。

第三，加大政府支持力度，重点支持关键廉价光催化材料的研发和批量生产技术的开发，以及支持相关基础设施建设，并引导新型光催化微生物净化系统的发展计划。利用政策导向，对光催化微生物净化系统的研发和使用给予支持，争取国内大环保公司等企业的参与，利用相对成熟的传统技术开发平台，促进光催化微生物净化技术的产业化进程。

第四，加强研发队伍、技术平台建设，积累研发经验，对研究人员引入竞争机制。同时，基于我国实际情况，建立制定相关法规、标准与规范。加强国际信息交流、人才交流，必要时引进国外先进技术与人才，保持并引领国际光催化微生物净化技术的先进水平。

本章参考文献

[1] 黄燕娣，胡玢，王栋，等. 国内外室内空气污染研究进展. 中国环保产业，2002，12：44-45.

[2] 韩世同，李静，习海玲，等. 化学武器及其模拟剂的光催化消除研究进展. 化工科技，2005，5：49-53.

[3] Asahi R，Morikawa T，Irie H，et al. Nitrogen-doped titanium dioxide as visible-light- sensitive photocatalyst：Designs，developments，and prospects. Chem Rev，2014，114(19)：9824-9852.

[4] Chen H，Nanayakkara C E，Grassian V H. Titanium dioxide photocatalysis in atmospheric chemistry. Chem Rev，2012，112（11）：5919-5948.

[5] Xie H，Zhang Y，Xu Q. Photodegradation of VOCs by C-TiO_2 nanoparticles produced by flame CVD process. J Nanosci Nanotechnol，2010，10（8）：5445-5450.

[6] Zhang N，Ciriminna R，Pagliaro M，et al. Nanochemistry-derived Bi_2WO_6 nanostructures：Towards production of sustainable chemicals and fuels induced by visible light. Chem Soc Rev，2014，43（15）：5276-5287.

[7] Salih H，Patterson C，Sorial G. Adsorption of VOCs by activated carbon in the presence and absence of Fe_2O_3 NPs and humic acid//Abstracts of papers of the American Chemical Society. Washington DC：Amer Chemical Soc，2011，241.

[8] Zhu B L，Xie C S，Wang W Y，et al. Improvement in gas sensitivity of ZnO thick film to volatile organic compounds（VOCs）by adding TiO_2. Mater Lett，2004，58（5）：624-629.

[9] Choi Y I，Lee S，Kim S K，et al. Fabrication of ZnO，ZnS，Ag-ZnS，and Au-ZnS microspheres for photocatalytic activities，CO oxidation and 2-hydroxyterephthalic acid synthesis. J Alloy Compd，2016，675：46-56.

[10] Li X，Yu J，Jaroniec M. Hierarchical photocatalysts. Chem Soc Rev，2016，45（9）：2603-2636.

[11] Han M Y，Huang W，Quek C H，et al. Preparation and enhanced photocatalytic oxidation activity of surface-modified CdS nanoparticles with high photostability. J Mater Res，1999，14（5）：2092-2095.

[12] Ong W J，Tan L L，Ng Y H，et al. Graphitic Carbon Nitride（g-C_3N_4）-Based photocatalysts for

artificial photosynthesis and environmental remediation：Are we a step closer to achieving sustainability? J Chem Rev，2016，116（12）：7159-7329.

[13] Muktha B，Madras G，Guru Row T N，et al. Conjugated polymers for photocatalysis. J Phys Chem B，2007，111（28）：7994-7998.

[14] Liu D，Wang J，Bai X，et al. Self-assembled PDINH supramolecular system for photocatalysis under visible light. Adv Mater，2016，28（33）：72-84.

[15] 朱永法，姚文清，宗瑞隆，等. 光催化：环境净化与绿色能源应用探索. 分析化学，2015，3：393.

[16] Brigden C T，Poulston S，Twigg M V，et al. Photo-oxidation of short-chain hydrocarbons over titania. Appl Catal B：Environ，2001，32（1-2）：63-71.

[17] Li P，Perreau K A，Covington E，et al. Heterogeneous reactions of volatile organic compounds on oxide particles of the most abundant crustal elements：Surface reactions of acetaldehyde，acetone，and propionaldehyde on SiO_2，Al_2O_3，Fe_2O_3，TiO_2，and CaO. J Geophys Res，2001，106（6）：5517-5529.

[18] Ardizzone S，Bianchi C L，Cappelletti G，et al. Photocatalytic degradation of toluene in the gas phase：Relationship between surface species and catalyst features. Environ Sci Technol，2008，42（17）：6671-6676.

[19] Zhang J L，Ayusawa T，Minagawa M，et al. Investigations of TiO_2 photocatalysts for the decomposition of NO in the flow system—The role of pretreatment and reaction conditions in the photocatalytic efficiency. J Catal，2001，198（1）：1-8.

[20] Ballari M M，Hunger M，Husken G，et al. NO_x photocatalytic degradation employing concrete pavement containing titanium dioxide. Appl Catal B：Environ，2010，95（3-4）：245-254.

[21] 张前程，张凤宝，张国亮，等. 室内空气中有机污染物的光催化净化. 环境科学与技术，2003，3：56-59，66.

[22] Zou Z G，Ye J H，Arakawa H. Structural properties of $InNbO_4$ and $InTaO_4$：Correlation with photocatalytic and photophysical properties. Chem Phys Lett，2000，332（3-4）：271-277.

[23] Fu H，Zhang S，Zhang L，et al. Visible-light-driven $NaTaO_{3}$-xN_x catalyst prepared by a hydrothermal process. Mater Res Bull，2008，43（4）：864-872.

[24] Xu T G，Zhang C，Shao X，et al. Monomolecular-layer $Ba_5Ta_4O_{15}$ nanosheets：Synthesis and investigation of photocatalytic properties. Adv Funct Mater，2006，16（12）：1599-1607.

[25] 张立武，朱永法. 钨钼酸盐复合氧化物新型可见光光催化研究. 中国材料进展，2010，1：45-53.

[26] Finlayson A P，Tsaneva V N，Lyons L，et al. Evaluation of Bi-W-oxides for visible light photocatalysis. Phys Status Solidi A，2006，203（2）：327-335.

[27] Lin Z，Li J，Zheng Z，et al. Electronic reconstruction of alpha-Ag_2WO_4 nanorods for visible-light photocatalysis. ACS Nano，2015，9（7）：7256-7265.

[28] Dumrongrojthanath P，Thongtem T，Phuruangrat A，et al. Glycolthermal synthesis of Bi_2MoO_6 nanoplates and their photocatalytic performance. Mater Lett，2015，154：180-183.
[29] Liu D，Yao W，Wang J，et al. Enhanced visible light photocatalytic performance of a novel heterostructured $Bi_4O_5Br_2/Bi_{24}O_{31}Br_{10}/Bi_2SiO_5$ photocatalyst. Appl Catal B：Environ，2015，172：100-107.
[30] Liu C，Zhang Y，Dong F，et al. Easily and synchronously ameliorating charge separation and band energy level in porous g-C_3N_4 for boosting photooxidation and photoreduction ability. J Phys Chem C，2016，120（19）：10381-10389.
[31] Dong G，Yang L，Wang F，et al. Removal of nitric oxide through visible light photocatalysis by g-C_3N_4 modified with perylene imides. ACS Catalysis，2016，6（10）：6511-6519.
[32] Zhang M，Xu J，Zong R，et al. Enhancement of visible light photocatalytic activities via porous structure of g-C_3N_4. Appl Catal B：Environ，2014，147：229-235.
[33] Wang J，Shi W，Liu D，et al. Supramolecular organic nanofibers with highly efficient and stable visible light photooxidation performance. Appl Catal B：Environ，2017，202：289-297.
[34] Shang J，Yao W Q，Zhu Y F，et al. Structure and photocatalytic performances of glass/SnO_2/TiO_2 interface composite film. Appl Catal A：Gen，2004，257（1）：25-32.
[35] 何俣，朱永法，喻方，等. 玻璃珠负载中孔 TiO_2 纳米薄膜光催化研究. 无机材料学报，2004，2：385-390.
[36] He Z G，Li J J，Chen J Y，et al. Treatment of organic waste gas in a paint plant by combined technique of biotrickling filtration with photocatalytic oxidation. Chem Eng J，2012，200（6）：45-53.
[37] Chen J Y，Huang Y，Li G Y，et al. VOCs elimination and health risk reduction in e-waste dismantling workshop using integrated techniques of electrostatic precipitation with advanced oxidation technologies. J Hazard Mater，2016，302：395-403.
[38] Liu R R，Chen J Y，Li G Y，et al. Using an integrated decontamination technique to remove VOCs and attenuate health risks from an e-waste dismantling workshop. Chem Eng J，2016，318：57-63.
[39] Li G Y，Sun H W，Zhang Z Y，et al. Distribution profile，health risk and elimination of model atmospheric SVOCs associated with a typical municipal garbage compressing station in Guangzhou，South China. Atmos Environ，2013，76：173-180.
[40] Chen J Y，Zhang D L，Li G Y，et al. The health risk attenuation by simultaneous elimination of atmospheric VOCs and POPs from an e-waste dismantling workshop by an integrated de-dusting with decontamination technique. Chem Eng J，2016，301：299-305.
[41] Puy-azurmendi E，Ortiz-zarragoitia M，Villagrasa M，et al. Endocrine disruption in thicklip grey mullet（chelon labrosus）from the Urdaibai Biosphere Reserve（Bay of Biscay，Southwestern Europe）. Sci Total Environ，2013，443：233-244.
[42] Escher B I，Allinson M，Altenburger R，et al. Benchmarking organic micropollutants in wastewater，recycled water and drinking water with in vitro bioassays. Environ Sci

Technol，2013，48（3）：1940-1956.

[43] Zhong W，Wang D，Xu X，et al. Screening level ecological risk assessment for phenols in surface water of the Taihu Lake. Chemosphere，2010，80（9）：998-1005.

[44] Sedlak D L，Gunten U V. The chlorine dilemma. Science，2011，331（6013）：42-43.

[45] Oller I，Malato S，Snchez-Prez J. Combination of advanced oxidation processes and biological treatments for wastewater decontamination—A review. Sci Total Environ，2011，409（20）：4141-4166.

[46] Bernabeu A，Vercher R，Santos-juanes L，et al. Solar photocatalysis as a tertiary treatment to remove emerging pollutants from wastewater treatment plant effluents. Catal Today，2011，161（1）：235-240.

[47] Roux J L，Gallard H，Crou J P，et al. NDMA formation by chloramination of ranitidine：Kinetics and mechanism. Environ Sci Technol，2012，46（20）：11095-11103.

[48] Rule K L，Ebbett V R，Vikesland P J. Formation of chloroform and chlorinated organics by free-chlorine-mediated oxidation of triclosan. Environ Sci Technol，2005，39（9）：3176-3185.

[49] Sousa M，Gonalves C，Vilar V J，et al. Suspended TiO_2-assisted photocatalytic degradation of emerging contaminants in a municipal WWTP effluent using a solar pilot plant with CPCs. Chem Eng J，2012，198：301-309.

[50] Sugihara M N，Moeller D，Paul T，et al. TiO_2-photocatalyzed transformation of the recalcitrant X-ray contrast agent diatrizoate. Appl Catal B：Environ，2013，129：114-122.

[51] Evans R C，Douglas P，Burrow H D. Applied Photochemistry. Berlin：Springer，2013.

[52] Robertson P K，Bahnemann D W，Robertson J M，et al. Photocatalytic Detoxification of Water and Air. Environmental Photochemistry Part Ⅱ. Berlin：Springer，2005.

[53] Bahnemann D W，Robertson P K. Environmental Photochemistry Part Ⅲ. Berlin：Springer，2015.

[54] Chen J，Ollis D F，Rulkens W H，et al. Photocatalyzed oxidation of alcohols and organochlorides in the presence of native TiO_2 and metallized TiO_2 suspensions. Part（Ⅱ）：photocatalytic mechanisms. Water Res，1999，33（3）：669-676.

[55] Khataee A，Kasiri M B. Photocatalytic degradation of organic dyes in the presence of nanostructured titanium dioxide：Influence of the chemical structure of dyes. Mol Catal A：Chem，2010，328（1）：8-26.

[56] Sharma S K，Sanghi R. Advances in Water Treatment and Pollution Prevention. Berlin：Springer Netherlands，2012.

[57] Kozlova E A，Safatov A S，Kiselev S A，et al. Inactivation and mineralization of aerosol deposited model pathogenic microorganisms over TiO_2 and Pt/TiO_2. Environ Sci Technol，2010，44（13）：5121-5126.

[58] Li G，Zhang Z，Sun H，et al. Pollution profiles，health risk of VOCs and biohazards emitted from municipal solid waste transfer station and elimination by an integrated

biological-photocatalytic flow system: A pilot-scale investigation. J Hazard Mater, 2013, 250-251 (0): 147-154.

[59] Goswami D Y, Trivedi D M, Block S S. Photocatalytic disinfection of indoor air. J Sol Energy Eng, 1997, 119 (1): 92-96.

[60] Jacoby W A, Maness P C, Wolfrum E J, et al. Mineralization of bacterial cell mass on a photocatalytic surface in air. Environ Sci Technol, 1998, 32 (17): 2650-2653.

[61] Lin C Y, Li C S. Inactivation of microorganisms on the photocatalytic surfaces in air. Aerosol Sci Tech, 2003, 37 (12): 939-946.

[62] Woloszyn M, Rode C. Tools for performance simulation of heat, air and moisture conditions of whole buildings. Build Simul: China, 2008, 1 (1): 5-24.

[63] Yang C, Liang G L, Xu K M, et al. Bactericidal functionalization of wrinkle-free fabrics via covalently bonding TiO_2@Ag nanoconjugates. J Mater Sci, 2009, 44 (7): 1894-1901.

[64] Sun C X, Li Q, Gao S A, et al. Enhanced photocatalytic disinfection of wscherichia coli bacteria by silver modification of nitrogen-doped titanium oxide nanoparticle photocatalyst under visible-light illumination. J Am Ceram Soc, 2010, 93 (11): 3880-3885.

[65] Lin H, Deng W, Zhou T, et al. Iodine-modified nanocrystalline titania for photocatalytic antibacterial application under visible light illumination. Appl Catal B: Environ, 2015, 176-177: 36-43.

[66] Yang X F, Qin J L, Jiang Y, et al. Bifunctional TiO_2/Ag_3PO_4/graphene composites with superior visible light photocatalytic performance and synergistic inactivation of bacteria. RSC Advances, 2014, 4 (36): 18627-18636.

[67] Wu T S, Wang K X, Li G D, et al. Montmorillonite-supported Ag/TiO_2 nanoparticles: An efficient visible-light bacteria photodegradation material. ACS Appl Mater Interfaces, 2010, 2 (2): 544-550.

[68] Li G Y, Nie X, Chen J Y, et al. Enhanced visible-light-driven photocatalytic inactivation of *Escherichia coli* using g-C_3N_4/TiO_2 hybrid photocatalyst synthesized using a hydrothermal-calcination approach. Water Res, 2015, 86: 17-24.

[69] Nie X, Li G Y, Wong P K, et al. Synthesis and characterization of *N*-doped carbonaceous/TiO_2 composite photoanodes for visible-light photoelectrocatalytic inactivation of *Escherichia coil* K-12. Catal Today, 2014, 230: 67-73.

[70] Qian T, Su H, Tan T. The bactericidal and mildew-proof activity of a TiO_2-chitosan composite. J Photoch Photobio A, 2011, 218 (1): 130-136.

[71] Hu X X, Hu C, Qu J H. Photocatalytic decomposition of acetaldehyde and Escherichia coli using $NiO/SrBi_2O_4$ under visible light irradiation. Appl Catal B: Environ, 2006, 69 (1-2): 17-23.

[72] Hu C, Hu X X, Guo J, et al. Efficient destruction of pathogenic bacteria with $NiO/SrBi_2O_4$ under visible light irradiation. Environ Sci Technol, 2006, 40 (17): 5508-5513.

[73] Gan H H, Zhang G K, Huang H X. Enhanced visible-light-driven photocatalytic inactivation of

Escherichia coli by $Bi_2O_2CO_3$/Bi_3NbO_7 composites. J Hazard Mater，2013，250：131-137.

[74] Wang W，Yu Y，An T，et al. Visible-light-driven photocatalytic inactivation of *E. coli* K-12 by bismuth vanadate nanotubes：Bactericidal performance and mechanism. Environ Sci Technol，2012，46（8）：4599-4606.

[75] Zhang L S，Wong K H，Yip H Y，et al. Effective photocatalytic disinfection of *E. coli* K-12 using AgBr-Ag-Bi_2WO_6 nanojunction system irradiated by visible light：The role of diffusing hydroxyl radicals. Environ Sci Technol，2010，44（4）：1392-1398.

[76] Ren J，Wang W Z，Zhang L，et al. Photocatalytic inactivation of bacteria by photocatalyst Bi_2WO_6 under visible light. Catal Commun，2009，10（14）：1940-1943.

[77] Wang W，Chen X，Liu G，et al. Monoclinic dibismuth tetraoxide：A new visible-light-driven photocatalyst for environmental remediation. Appl Catal B：Environ，2015，176-177：444-453.

[78] Wang Y，Lin L，Li F，et al. Enhanced photocatalytic bacteriostatic activity towards Escherichia coli using 3D hierarchical microsphere BiOI/BiOBr under visible light irradiation. Photoch Photobio Sci，2016，15（5）：666-672.

[79] Zhang Y，Zhu Y K，Yu J Q，et al. Enhanced photocatalytic water disinfection properties of Bi_2MoO_6-RGO nanocomposites under visible light irradiation. Nanoscale，2013，5（14）：6307-6310.

[80] Hou Y，Li X Y，Zhao Q D，et al. Role of hydroxyl radicals and mechanism of escherichia coli inactivation on Ag/AgBr/TiO_2 nanotube array electrode under visible light irradiation. Environ Sci Technol，2012，46（7）：4042-4050.

[81] Xu Y G, Huang S Q, Xie M, et al. Core-shell magnetic Ag/AgCl@Fe_2O_3 photocatalysts with enhanced photoactivity for eliminating bisphenol A and microbial contamination. New J Chem，2016，40（4）：3413-3422.

[82] Shi H，Li G，Sun H，et al. Visible-light-driven photocatalytic inactivation of *E. coli* by Ag/AgX-CNTs（X=Cl，Br，I）plasmonic photocatalysts：Bacterial performance and deactivation mechanism. Appl Catal B：Environ，2014，158-159（0）：301-307.

[83] Ma S，Zhan S，Jia Y，et al. Enhanced disinfection application of Ag-modified g-C_3N_4 composite under visible light. Appl Catal B：Environ，2016，186：77-87.

[84] Ren J, Wang W Z, Sun S M, et al. Enhanced photocatalytic activity of Bi_2WO_6 loaded with Ag nanoparticles under visible light irradiation. Appl Catal B: Environ, 2009, 92(1-2): 50-55.

[85] Huang J H，Ho W K，Wang X C. Metal-free disinfection effects induced by graphitic carbon nitride polymers under visible light illumination. Chem Commun，2014，50（33）：4338-4340.

[86] Wang W J，Yu J C，Xia D H，et al. Graphene and g-C_3N_4 nanosheets cowrapped elemental alpha-sulfur as a novel metal-free heterojunction photocatalyst for bacterial inactivation under visible-light. Environ Sci Technol，2013，47（15）：8724-8732.

[87] Zhao H X，Chen S，Quan X，et al. Integration of microfiltration and visible-light-driven

photocatalysis on g-C_3N_4 nanosheet/reduced graphene oxide membrane for enhanced water treatment. Appl Catal B：Environ，2016，194：134-140.

[88] Xia D，Shen Z，Huang G，et al. Red phosphorus：An earth-abundant elemental photocatalyst for"green"bacterial inactivation under visible light. Environ Sci Technol，2015，49(10)：6264-6273.

[89] Chen Y，Lu A，Li Y，et al. Naturally occurring sphalerite as a novel cost-effective photocatalyst for bacterial disinfection under visible light. Environ Sci Technol，2011，45（13）：5689-5695.

[90] Xia D，Ng T W，An T，et al. A Recyclable mineral catalyst for visible-light-driven photocatalytic inactivation of bacteria：Natural magnetic sphalerite. Environ Sci Technol，2013，47（19）：11166-11173.

[91] Shi H，Huang G，Xia D，et al. Role of in situ resultant H_2O_2 in the visible-light-driven photocatalytic inactivation of *E. coli* using natural sphalerite：A genetic study. J Phys Chem B，2015，119（7）：3104-3111.

[92] Xia D，Li Y，Huang G，et al. Visible-light-driven inactivation of *Escherichia coli* K-12 over thermal treated natural pyrrhotite. Appl Catal B：Environ，2015，176-177（0）：749-756.

[93] Wang W，Zhang L，An T，et al. Comparative study of visible-light-driven photocatalytic mechanisms of dye decolorization and bacterial disinfection by B-Ni-codoped TiO_2 microspheres：The role of different reactive species. Appl Catal B：Environ，2011，108（1-2）：108-116.

[94] Li G，Liu X，Zhang H，et al. Adenovirus inactivation by in situ photocatalytically and photoelectro catalytically generated halogen viricides. Chem Eng J，2014，253(0)：538-543.

[95] Nie X，Li G，Gao M，et al. Comparative study on the photoelectrocatalytic inactivation of *Escherichia coli* K-12 and its mutant *Escherichia coli* BW25113 using TiO_2 nanotubes as a photoanode. Appl Catal B：Environ，2014，147（0）：562-570.

[96] Li G Y，Liu X L，Zhang H M，et al. In situ photoelectrocatalytic generation of bactericide for instant inactivation and rapid decomposition of gram-negative bacteria. J Catal，2011，277（1）：88-94.

[97] Li G Y，Liu X L，An T C，et al. A novel method developed for estimating mineralization efficiencies and its application in PC and PEC degradations of large molecule biological compounds with unknown chemical formula. Water Res，2016，95：150-158.

[98] Li G，Liu X，An T，et al. Photocatalytic and photoelectrocatalytic degradation of small biological compounds at TiO_2 photoanode：A case study of nucleotide bases. Catal Today，2015，242（0）：363-371.

[99] Matsunaga T，Tomoda R，Nakajima T，et al. Photoelectrochemical sterilization of microbial-cells by semiconductor powders. Fems Microbiol Lett，1985，29(1-2)：211-214.

[100] Gao M，An T，Li G，et al. Genetic studies of the role of fatty acid and coenzyme A in photocatalytic inactivation of *Escherichia coli*. Water Res，2012，46（13）：3951-3957.

[101] Liu P，Duan W L，Wang Q S I，et al. The damage of outer membrane of *Escherichia coli* in the presence of TiO_2 combined with UV light. Colloid Surface B，2010，78（2）：171-176.
[102] An T，Sun H，Li G，et al. Differences in photoelectrocatalytic inactivation processes between *E. coli* and its isogenic single gene knockoff mutants：Destruction of membrane framework or associated proteins? Appl Catal B：Environ，2016，188：360-366.
[103] Sun H，Li G，Nie X，et al. Systematic approach to in-depth understanding of photoelectrocatalytic bacterial inactivation mechanisms by tracking the decomposed building blocks. Environ Sci Technol，2014，48（16）：9412-9419.
[104] Sun H，Li G，An T，et al. Unveiling the photoelectrocatalytic inactivation mechanism of *Escherichia coli*：Convincing evidence from responses of parent and anti-oxidation single gene knockout mutants. Water Res，2016，88（1）：35-43.

第四章
光 生 物 学

在自然界，有许多生命过程受太阳光主导或者依赖于太阳光，因此光生物学是生物学、化学及物理学研究中的一个重要研究领域。在众多研究课题中，植物对太阳光的利用一直是生命科学领域的重大基础理论问题，包括植物对光的感知、吸收、传递、转化和利用等一系列生物学过程的本质和规律及光合作用光能利用、生物质能及太阳能发展的前沿科学技术。它与当今人类面临的粮食、能源与环境等国际重大问题密切相关，世界发达国家高度重视太阳能光生物转化和利用，推出了一系列的重大研究计划，如欧盟的“太阳能-氢”计划、“人工叶片”计划，并组成许多相关的研究联盟，如美国“人工光合作用联合中心”（JCAP)与“阿贡-西北太阳能研究中心”、瑞典的“人工光合作用联盟”及澳大利亚“人工光合作用网络”等。各国的科学家都在通过生物学、新兴的组学以及生物信息学等学科，并与物理和化学交叉，试图揭示太阳能光生物转化的机制，并通过人工模拟光合作用机理生产可再生的清洁能源，构建可持续的新能源体系。《中国中长期科学和技术发展规划纲要（2006—2020 年）》中，在面向国家重大战略需求的基础研究部分，明确提出了光能高效利用的机理研究。同时，光合作用机理研究也是《创新 2050：科学技术与中国的未来》中提出的 22 个科技战略问题之一。

第一节 光生物学概述

光生物学是包括生命物质与不同波长电磁波相互作用的一个学科领域。

基于生物系统中的许多过程需要太阳光进行能量驱动、信号调节及信息传递（如生物荧光、视觉等），使得光生物学是生物学、化学及物理学研究中的一个重要研究领域。涉及对太阳能的利用、自然界植物对太阳光的利用一直是生命科学领域的重大基础理论问题，包括植物对光的感知、吸收、传递、转化和利用等一系列生物学过程的本质和规律。

一方面，太阳光为植物（或藻类）光合作用提供能量。光合作用是高等植物（包括藻类）特有的功能，是地球上大规模利用太阳能把二氧化碳和水合成有机物并放出氧气的过程，是几乎一切生命生存和发展的物质基础，曾被诺贝尔奖基金会评定为“地球上最重要的化学反应”。绿色植物和蓝细菌通过光合作用将二氧化碳和水合成有机物并释放氧气，为几乎所有的生命活动提供有机物、能量和氧气。光合作用不仅是生命科学的重大基础理论问题，而且与当今人类面临的粮食、能源和环境问题密切相关。研究光合作用光能高效转化的机理，不仅能揭示自然界这一独特的高效吸能、传能和转能的机理，并能为在农业和工业上的应用提供理论依据和途径[1]。

另一方面，光是植物生长发育的一种重要环境信号分子，调控高等植物叶绿体发育及植物生长发育。植物在整个生命活动的各个环节都能精确感知太阳光的不同波长、强度、周期和方向等信息，并通过自身的调节机制在不断变化的自然环境中保持理想的生长状态。因此，没有植物对光能的利用，就不可能有人类社会的生存和可持续发展。

我国在光生物学领域有着悠久的研究历史和积累，特别是近十年来，引进和培养了数十位中青年学术带头人，在光合膜蛋白结构与功能及其组装、光调控植物生长发育的分子机理等方面取得了一批在国际上有重大影响力的研究成果。相信在此基础上，凝聚优势力量，多学科交叉融合，聚焦光生物学重大前沿科学问题，不仅能揭示植物独特生物学过程的生命本质，而且为农作物光能高效利用、可再生生物质能源、人工仿生模拟及太空植物生产等方面奠定基础，为我国农业和工业上的应用提供依据和途径。

第二节　光生物学研究现状及发展动态分析

一、国际本领域发展趋势分析

光合作用研究领域的首要和核心问题之一是光合作用中高效吸能、传能和转能的分子机理。现已确定光合作用光能的吸收、传递和转化均是在具有一定分子排列及空间构象、镶嵌在光合膜上的捕光及反应中心色素蛋白复合体中高效进行的。其能量的传递效率高达 98%～100%，能量转化效率几乎达 100%，从光能吸收到原初电荷分离涉及的时间尺度为 10^{-15}～10^{-7}s，它包含着一系列涉及光子、激子、电子、离子等传递和转化的复杂物理和化学过程。光合作用光能的吸收、传递和转换是怎样的过程？在分子水平上捕获的太阳能并把它转变为化学能是怎样的反应？与之有关的分子构造是怎样的？而这种特殊的分子构造又是怎样使光合作用吸能、传能和转能过程的速度和效率达到如此之高？执行光合作用反应的多亚基蛋白复合物合成、组装的调控机制如何？这些问题的解决要求在分子、原子水平上将结构与功能紧密地结合起来进行生命科学、物理学、化学等多学科的渗透与交叉和有机结合来研究。

基于光合作用研究在理论和实践上的重要意义，它一直受到世界科技界及许多国家的高度重视，在不同历史时期都推出了一系列针对光合作用机理的重大研究计划。近三十年来，国际光合作用研究也取得了一些重大进展，在光合作用重要蛋白质复合体的结构、功能与调控机理方面取得突破性进展，获得重大的原创性成果，其代表性的成果始于 20 世纪 80 年代中期，Michel、Deisenhofer 和 Huber 等解析了第一个来源于紫细菌光合反应中心膜蛋白复合物的晶体结构[2]，他们三人也因此项工作获得了 1988 年的诺贝尔化学奖。2001 年，德国科学家解析了 2.5 Å 分辨率蓝藻光系统Ⅰ（photosystem Ⅰ，PSⅠ）的晶体结构[3]，首次向人们展示了一个高度复杂的色素-蛋白光能转换系统。2011 年，沈建仁课题组首次解析了蓝藻光系统Ⅱ（photosystem Ⅱ，PSⅡ）二聚体 1.9 Å 分辨率的晶体结构[4]，从原子水平上首次清晰地揭示了 PSⅡ的核心——水裂解催化中心的组成和几何结构。这一创造性成果不仅对进一步理解 PSⅡ的结构与功能提供了重要依据，而且对阐明光合水氧化机理具有重要的里程碑意义，该成果被 *Science* 期刊评为 2011 年世界十大科技突破之一。从此，人们对光合放氧复合物的结构有了更为直接、清晰的认识，标志着对光合水氧化机理的研究迈入一个崭新的阶段。最近，沈建仁教授带领课题组运用世界上最先进的第四代 X 射线同步辐射技术——X 射线自由电子激光（XFEL），结合高分辨率晶体结构，首次揭示了自然界光合水裂解中心锰簇在反应起始状态的天然结构及 S_3 态的结构[5,6]，这些工作为进一步探求光合水裂解中心锰簇其他中间态的结构，进而阐明光合水裂解机理大大迈进了一步。

光合作用的运转是一个不断变化的动态过程，它随着外部不断变换的环境而时刻进行着功能的优化和调节，以此达到高光效的目的。随着现代分子生物学技术的发展，一系列调控光合作用功能的新基因和新蛋白被迅速发掘出来，阐明这些重要调控因子的生物学功能是研究植物高光效的重要途径和最新的国际发展趋势，正在孕育着重大突破。例如，德国 Leister 和日本 Shikanai 实验室分别发现了 PGR5 和 PGRL1 两个重要蛋白可以瞬间与其他色素蛋白复合体形成超级蛋白复合物，实现能量在超级复合物内部的直接传递，从而确保光能的有效利用[7,8]。

太阳光为植物的生长发育提供了最重要的环境信息，植物在整个生命活动的各个环节都能精确感知太阳光的不同波长、强度、周期和方向等信息，启动一系列生理生化反应来适应不断变化的自然环境，使植物保持理想的生长状态，并实现对光合作用的精密调节。自 20 世纪 80 年代开始，欧美等地区和国家的科学家利用拟南芥植物为研究体系，对植物响应和适应光照变化的作用机制进行了研究，发掘和鉴定了植物感知红光-远红光的光敏色素、感知蓝光的隐花色素、感知紫外线波段的受体等光受体蛋白，以及一系列的光信号传递分子蛋白，解析了它们的生理功能及其相互间的联系和调控机制。例如，邓兴旺教授的研究工作发现了 12 个多效性 COP/DET/FUS 位点，系统揭示了它们的组成及功能，建立了植物响应和传递光信号的重要理论体系[9]。

二、国内研究现状

我国在光生物学研究领域拥有一批研究经验丰富、科学素质高的老中青科学家。通过多年的合作，学科交叉已形成基础扎实、富于创新的一支包括中国科学院院士、国家“千人计划”入选者、国家杰出青年科学基金获得者、中国科学院“百人计划”入选者等老中青科学家组成的优秀团队。在这一具有重大理论意义，又具有广泛和深远应用前景的生命科学前沿领域内，我国在国际上具有重要影响，在国内外具有优势的几个重要方面主要是：①光合膜蛋白的结构与功能；②光合功能调控的分子机理；③光能感知和信号传递；④光合作用在农业和能源上的应用。

（一）光合膜色素蛋白复合体的结构和功能

光合膜蛋白复合体由多个蛋白亚基和大量辅助因子以特定的分子排列形成精密而复杂的空间结构，解析其结构与功能是阐明光合作用光能吸收、传递、转化微观机理的基础，是进行人工模拟光合作用的前提条件。从 20 世纪 60 年代初，在汤佩松院士、匡廷云院士的领导下，中国科学院植物研究所就开始了光合作用的研究，开创了我国光合膜、光合膜蛋白结构与功能的研究领域。近年来我国科学家在此领域做出了多项国际上有重要影响的研究成果。中国科学院生物物理所与植物所合作，通过生物化学、结晶学及结构生物学的有机结合，于 2004 年在国际上首次从原子水平解析出 LHCⅡ高分辨率（2.7 Å）空间结构，这一成果被评为 2004 年中国十大科技进展之一[10]。2015 年《科学》以长文（article）的形式报道了由中国科学院植物研究所匡廷云、沈建仁研究组解析的高等植物光系统Ⅰ超分子复合物 2.8 Å 晶体结构，首次在原子水平揭示了高等植物光系统Ⅰ（PSⅠ）捕光天线的光合色素网络系统[11]。近来，中国科学院生物物理所柳振峰研究组、章新政研究组与常文瑞/李梅研究组通力合作，联合攻关，通过单颗粒冷冻电镜技术，在 3.2 Å 分辨率下解析了高等植物（菠菜）光系统Ⅱ-捕光复合物Ⅱ超级膜蛋白复合体（PSⅡ-LHCⅡ supercomplex）的三维结构[12]，研究成果在 *Nature* 上发表。

（二）光合功能调控的分子机理

光合膜复合物的正确组装是实现光合功能的前提，光系统复合物的组装不仅仅只是叶绿体基因编码蛋白之间的相互组合，也包括基因转录、转录后加工、翻译、翻译后修饰、复合物组装和蛋白降解以及辅因子的结合等环节。不仅如此，由叶绿体基因和核基因编码蛋白组成的光系统复合物的组装，必然存在准确的调控网络以确保来自两个不同遗传体系编码的各个亚基以一定的化学计量比合成并组装成复合物。因此光系统复合物的组装过程，特别是组装调控非常复杂，需要大量的调节因子的参与。近年来，中国科学院植物研究所张立新和卢从明课题组在国际上开展了光系统Ⅰ、光系统Ⅱ及细胞色素 b_6f 复合物光合膜蛋白复合物组装调控机理的研究，通过分子遗传学的手段，在光合作用体系光能高效利用以及叶绿体生物发生及功能维持的调控机制等方面取得了系统性成果：发现了一批分别参与光系统色素蛋白复合物生成和功能维持的重要调控因子 *LPA2*、*LPA3*、*LPA19*、*PDP1*、*DAC*、DEG5、DEG8 和 DEG8，从分子水平上揭示了其作用机理[13,14]，为理解光合作用能量高效传递和转化的分子基础提供了坚实的证据。

高等植物光合作用是在植物特有的细胞器叶绿体中进行的。近几年来大量的研究表明：叶绿体和细胞核之间的信息交流，包括正向信号和反馈信号，对叶绿体的生物发生和功能维持起着至关重要的作用，成为植物信号转导的一个新兴领域，我国科学家发现了从叶绿体到细胞核进行传递的关键转录因子，揭示叶绿体反向信号转录的本质，这些研究为理解叶绿体基因与核基因协同表达维持光合作用功能的机制开辟了新的思路[15]。我国科学家研究发现核基因编码产物可以从转录、转录后调控（RNA 剪切、编辑、加工）、蛋白质翻译等多个水平调控叶绿体基因的表达，从分子水平上揭示了核基因控制叶绿体基因表达的正向调控机制以及它们在控制叶绿体的生物发生和功能维持上具有重要作用[16,17]。

（三）光能感知和信号传递

植物生命周期从种子萌发、形态建成，到开花、衰老的各个生长发育过程都处于不断变化的光照环境中，植物通过体内的光受体精确感知周围光环境的变化，启动一系列生理生化反应来适应环境。我国学者在植物光能感知与信号转导领域相继取得了一系列有影响力的研究成果。在光受体的研究方面，率先揭示了光敏色素 A 在细胞核内外动态移动的分子机制，阐明了光敏色素和隐花色素的磷酸化调控位点和调控方式，解析了紫外 B 光受体的晶体结构并找到了决定其功能的关键位点，为阐明感光机理和分子改造光受体奠定了基础。深入揭示了一系列信号通路关键蛋白的功能，发现蛋白-蛋白相互协调的分子机制。大量的工作还阐释了光与赤霉素、油菜素内酯、生长素等激素信号之间存在相互协同或拮抗关系，对深入认识植物内源激素与外界环境的协调性对生长发育具有重要意义。

近年来，中国科学院植物研究所林荣呈研究组聚焦光照对叶绿素合成的调节机理，试图揭示光信号在植物叶绿体发育和光合作用中的作用。通过正向和反向遗传学以及生物化学的方法，他们发现并证明了 FHY3、FAR1、PIF1、PIF3、HY5、HYH 和 RVE1 等一系列光信号转录因子，以及染色质重塑因子 BRM 等可以直接调节叶绿素合成基因 *PORA*、*PORC*、*HEMB1* 等基因的表达，这些因子还可以通过蛋白相互作用来协同或拮抗下游基因的表达。同时，他们发现活性氧信号在幼苗见光中发挥重要作用，揭示了光信号与活性氧信号的交叉作用。这些调控作用有助于拟南芥幼苗从异养到自养生长转变过程中适应光环境的变化，确保叶绿素的精确合成和叶绿体的正常发育[18-20]，这些因子的发掘及其分子机理的揭示极大地增强了对植物光信号调控网络的认知。

（四）光合作用在农业和能源上的应用

从 20 世纪 50 年代中期开始，中国科学院植物生理和生态研究所在殷宏章院士、沈允钢院士的领导下，开始了光合作用中电子传递、光合磷酸化及大田群体光合作用等方面的研究，在光合磷酸化方面取得了在国际上有重大影响的成果。近年来，米华玲、沈允钢研究组进一步研究了低浓度的亚硫酸氢钠促进循环电子传递及循环光合磷酸化、提高蓝藻和植物光合作用的机理。

近年来，光合作用研究为解决我国农业生产上的重大问题也有多项战略性成果。中国科学院遗传与发育研究所李振声院士牵头与中国科学院植物所及中国科学院上海生命科学研究院植物生理生态研究所一起开辟了高光效育种的新途径。李振声院士培育的‘小偃 6 号’和‘小偃 54’小麦品种是通过普通小麦与长穗偃麦草的远缘杂交系统选育而来。‘小偃 54’继承了长穗偃麦草的抗病、抗强光氧化等特点，生化分析发现在光抑制下‘京 411’类囊体膜 LHCⅡ复合物解体，而 LHCⅡ又结合着参与光保护的叶黄素循环色素，从而揭示了抗光氧化的生化基础。进一步利用‘京 411’和‘小偃 54’培育出了光合效率高、适应范围广和品质优良的‘小偃 81’及‘小偃 101’小麦新品系。在水稻中克隆到一个全新的叶绿体定位的 UDP-葡萄糖差向异构酶 PHD1，其不仅可以提高低光强下作物的光合能力，还促进水稻分蘖、粒重及株高等优良性状的产生[21]。另外发现光合产物的有效运输能够增加籽粒碳水化合物的有效供给，从而提高粮食产量。这些重大发现为新一代水稻以及能源作物高产育种，特别对西南如四川、云南、贵州等光强不足地区的作物高产改良提供了一种全新的思路，具有显著的潜在应用价值和经济意义。

在充分研究光合膜蛋白复合体的结构和功能以及光合作用调节分子机理的基础上，对其进行仿生模拟解决当代能源和农业方面的问题是国际光合作用发展的一个重大趋势和方向。近年来，我国科学家在人工制备有机太阳能电池方面也取得重大进展，通过对光合膜蛋白 LHCⅡb 进行了一系列的分子改造并成功将其应用于制备高效光电转换材料，打造了第一个生物-有机太阳能电池（LHCⅡb-P3HT/PCBM），实现了光合膜蛋白与有机材料的能级匹配和能量高效传递[22]。光系统Ⅱ水裂解催化中心能够将水高效安全地裂解，并释放出氧气、获得电子和质子，它是自然界经过数十亿年的进化而形成的一种巧妙的蛋白、色素及金属簇合物结合系统。人工模拟该系统，利用太阳能实现从水到电能和氢能的工业化制备，具有重要的科学意义和应用价值。近期，中国科学院化学所张纯喜课题组成功合成得到与自然界水裂解中心相似的 Mn_4Ca 簇合物，很好地模拟了光系统Ⅱ水裂解催化中心的不对称 Mn_4Ca 簇核心结构。这类模拟化合物的获得被同行评为人工光合作用研究的重大突破，它不仅对研究自然界光系统Ⅱ水裂解中心的结构和水裂解机理有重要的参考价值，也为今后制备廉价、高效的人工水裂解催化剂有重要的科学意义和应用价值，有望为人类利用太阳能和水生产清洁能源开辟新途径[23]。

第三节　研究总结与展望

一、研究总结

植物光生物学涉及的面很广，从生物学的角度看，既需要从基本的光合作用光合膜蛋白复合物结构解析了解光能吸收与转换的生命过程及其机理，也需要通过对光信号转导机制的解析将植物发育与光合作用的协调相关联，并可以从群体与生态的角度去探讨光合作用与实际作物产量调控以及自然界光-碳平衡。去深入探讨所涉及的光合作用与光信号转导不仅是未来主要的前沿科学问题和可能取得的重大突破，也对当今人类面临的粮食、能源和环境等问题具有重要的应用价值。

（一）光生物能量转化机理研究是我国农业可持续发展的需要

随着我国工业化和城市化的发展和人口增长，如何提高作物产量是当前我国农业可持续发展所面临的重要问题。而我国现有耕地面积已接近 18 亿亩[①]的红线，也就是说，我国粮食产量的增加只能通过提高作物单位面积的产量来实现。植物干重的 90%～95%来自光合作用的产物，光合作用是作物产量形成的物质基础，因此，提高作物光能利用效率是提高作物产量的重要途径和必由之路。目前大田作物光能利用的效率远远没有达到理论值，挖掘光能利用效率有极大的潜力。光合作用光反应是在一个高度的复合蛋白体网络中进行的，执行光合作用光反应的多亚基蛋白复合物中的蛋白合成、组装成功能复合物的调控机制仍然知之甚少。在光合膜复合物组装过程中哪些基因起着关键的调控作用，这些基因调控的机制和作用方式如何？在光合作用原初反应及生理生化过程研究的基础上，通过与遗传学和分子生物学交叉融合，揭示与提高光能吸收、传递和转化效率密切相关的基因功能和调控机理是未来认识光合作用高效光能转化机理的重要研究趋势。

（二）光生物能量转化机理研究是我国能源和环境战略发展的需要

传统的以化石燃料为主的能源体系越来越不能满足可持续发展的需要，

---

① 1 亩≈667m^2。

摆在人类面前的一个巨大问题是：如何能够在提供人类所需能源的同时降低二氧化碳的排放，保护生态环境的安全。为此，必须寻求建立新的可持续发展能源体系。基于光合作用原理，利用太阳能的生物转化生产清洁能源，是发展绿色能源的重要途径，预计将在近10年内取得革命性的突破。长期以来，如何固定太阳能，并高效地转化成人类所需的清洁能源是当今最重要的科学和技术问题之一，是全世界共同关注的焦点。模拟光合作用是解决这一问题的重要途径之一，也是未来能源战略的一个重要方向，因而备受各国政府和科学家的重视。

利用太阳能生产清洁能源面临极大的挑战。到目前为止，只有光伏技术可以较长时间大规模利用太阳能，但关键的科学问题是现有的技术光能转化效率不高，同时成本高又污染环境。然而，在自然界中，经过20亿～30亿年进化的光合作用，是高效转化太阳能的典范。光合作用光能传递效率高达98%～100%，光能转换效率几乎达100%，它是在光合膜上、不同的时间尺度（皮秒、飞秒）及不同的空间尺度（分子、原子）上发生的。揭示光合作用高效转能的分子机理，将能用物理和化学的语言解释和阐明这一重大的生物学过程，从而跨越了物理世界与生物世界不可逾越的鸿沟，这将能实现光合作用的人工模拟，实现太阳能的规模利用，将深刻地影响世界能源资源的格局。

二、研究展望

总之，揭示光合作用高效转能的分子机制是光合作用研究的核心和制高点，也是当今光生物科学领域的重大基础理论问题之一。随着生物化学、生物物理学、分子生物学、物理学、化学、遗传学、基因组学、蛋白质组学等相关技术在光合作用研究领域的运用，光合作用的原初反应及诸多生理生化过程已经不断从分子水平得到揭示，正孕育着一系列重大突破。有可能使光合膜系统成为第一个在原子水平上可以用物理和化学概念进行解释的复杂生物膜系统。揭示作物光合作用高效吸能、转能和传能的分子机理，不仅在理论上具有重大意义，而且将为提高作物光能转化效率、为开辟太阳能利用的新途径提供理论依据，从而促进和推动农业和能源科学与技术的发展及新兴产业的形成。

第四节　学科发展政策建议与措施

一、下一步需重点部署的方向及未来发展目标

光生物高效光能转化的机理是科学前沿，是重大的科学问题，同时又具有明确的国家目标，农业、能源和环境的战略需求。我国光生物学的研究具有显著和独特的优势，在国际上具有重要的影响，研究具有雄厚的积累，孕育着重大的突破。预计在近五年之内，将在以下几个方面取得一批在国际上具有重大影响的成果，处于国际引领地位。

（一）光合膜蛋白复合体的结构与功能

高分辨率光系统复合物、光合调控因子晶体结构的解析是阐明光合作用机理以及光合作用人工模拟等多种新兴产业的基础。目前对光系统复合物的解析还不能完全阐释光合吸能和传能的分子机理，利用新型结构解析技术对光系统在更高分辨率上的解析将使我们在这一领域继续保持国际领先地位。有望从原核到真核光生物的光系统Ⅰ、光系统Ⅱ、细胞色素 b_6f 等光合膜复合物中获得 10 种光合膜蛋白复合物晶体，并在原子水平上解析其结构。与此同时，加强与物理和化学的有机结合，研究光合作用原初反应吸能、传能和转能，阐明重要光合膜蛋白复合体中能量吸收和传递、电子和质子传递的机理，阐明两个光系统反应中心原初电荷分离、电子转移的动力学与蛋白质骨架协同变化的规律，建立独特的光系统能量转化理论模型和相应的动态结构模型，结合结构分析和理论计算提出高效转能的微观机理，同时为仿生模拟提供理论依据和新思想、新途径。

（二）光合作用水裂解的机理

光系统Ⅱ可以在常温常压下利用可见光的推动，使热力学非常稳定的水在较低电化学势条件下裂解为电子、氧气和质子。嗜热蓝藻高分辨率的光系统Ⅱ三维晶体结构在原子水平上解析，揭示了光系统Ⅱ的催化核心——放氧复合物锰簇的组成和几何结构，但这仅仅是水裂解反应的开始状态，即 S_1 态的结构，而水裂解反应是通过一系列 S 状态（$S_0 \rightarrow S_1 \rightarrow S_2 \rightarrow S_3 \rightarrow$［$S_4$］$\rightarrow S_0$）

转换进行的。将继续解析放氧复合体其他反应中间态，尤其是 S_2 态和 S_3 态的高分辨率结构。同时注重光合水裂解过程中光系统Ⅱ氢键网络水分子和质子通道的结构和功能调控机制，与物理、化学交叉，结合理论计算，有望在国际上率先突破“光合水裂解超分子膜蛋白的动态分子结构及水裂解机理”这一难题，为人工光合作用水裂解催化剂的研制提供理论依据和新途径。

（三）光合膜蛋白的组装及分子调控

光合作用光能高效吸能、传能和转能是在光合膜上一系列色素蛋白超分子复合物中进行的。色素蛋白超分子复合体中色素、蛋白及其他因子组装、协同作用是实现光能高效传递和转化的前提。然而光合膜蛋白复合体是由叶绿体基因与细胞核基因编码的亚基构成的多亚基蛋白复合体。在原有工作基础上，更深入地研究包括光合电子传递、光合碳同化以及光合产物运输等重要光合过程对于全面深入地认识光合作用调控机理具有重要的科学意义，可为将来培育高光效作物新品系提供理论基础。有望在五年内率先揭示光合膜复合物生成的分子调控机理、揭示叶绿体反向信号转导的本质、揭示叶绿体基因与细胞核基因协同表达保持光合作用高效转能机制等方面，做出在国际上有重大影响的原创性成果，同时为提高作物光能利用效率提供理论依据和有效途径。

（四）植物光信号的感知与应答

光是植物在自然界生长发育最重要的环境因子之一，对农作物的发芽、开花、株型等性状具有重要的影响。阐明光信号调控的植物特有生命现象背后的分子机理具有重要意义。在未来系统研究植物生命周期全过程对光的感知与应答，研究光受体及其信号通路，发掘光信号途径的重要功能基因，可以全面深入地认识光信号调控植物生长发育的本质，为未来通过分子设计提高作物的农艺性状和经济性状，增加环境适应性提供有用的基因资源。在已有知识水平的基础上，大力推进设计改造有益于人类社会及生物环境的新型作物。

（五）植物光能利用与应用

光合作用放氧彻底改变了地球，使生命繁荣。针对国际和国内能源与粮食等战略问题，在微藻能源、农作物光能利用、合成生物学、太空光能利用及人工光合等方向均包含着对光能利用与应用的诸多方面。不同层面提高光能利用效率、提高微藻光合工厂放氢和产油效率、揭示极端生境中光能利用的植物学基础等方面研究、设计植物光能利用装置不但与基础研究与农业生产密切相关，而且对于我国的载人航天事业，太空、极地和深海资源探索利用等方面的设备和物质保障具有战略意义。

（六）光合作用的人工模拟

自然光合系统是大自然经过数十亿年进化出来的异常巧妙和精密的体系，人工光合仿生模拟应从自然光合系统中吸取精华，充分发挥它在高效吸能、传能、电荷分离以及水裂解等关键过程的天然优势。一方面，通过蛋白质工程对吸光子色素蛋白复合体的改造和合成生物学进行吸光子蛋白模块的合成，并通过与 TiO_2 和 ZnO 等纳米结构设计及薄膜对光电转换的调控，打造对光能宽幅吸收、高效传能和转能的新型生物有机太阳能电池和生物无机太阳能电池。在 5～10 年之内，获得具有我国自主知识产权的高效光能转化器的技术体系。另一方面，通过对光合作用光系统Ⅱ水裂解及调控的分子机理研究，建立太阳能生物转化制氢技术体系，同时开展太阳能生物转化制氢机理及模拟研究，争取在 5～10 年之内对已分离筛选到的高产氢突变株进一步优化和提高，进行太阳能生物转化制氢的产业化，研制高效、稳定、低成本的催化剂，获得自主知识产权的太阳能生物转化制氢和人工模拟制氢体系。

二、组织机制改革及保障措施建议

综上所述，光生物学这一前沿交叉性研究，与农业、能源、环境、材料和信息科学及技术的发展密切相关，具有明确的国家目标。因此，在现有基础上，我国应进一步组织一级学科生命科学、物理学、化学和数学的相互交叉，有机结合、优势互补，不失时机地进一步开展这一领域的研究，有望在短期内取得一批在国际上有重大影响的成果，并起到引领作用。抢先占领这一领域的制高点，为农业、能源和环境的可持续发展提供强大的推动力。

从组织模式上，围绕光合膜蛋白复合体结构与功能、光合作用水裂解的机理、光合膜蛋白的组装及分子调控、植物光信号的感知与应答、植物光能利用与应用、光合作用的人工模拟等六个研究方向，凝练科学目标，以重大突破项目为依托，组织我国光合作用优势力量，开展深入研究，集中攻关。力争取得一批在国际上有重大影响的成果，在国际权威杂志上发表论文多篇，培养一批能进行学科交叉研究，在国际上具有极强竞争力的科技骨干和学科带头人，促进中国的光生物学研究在国际本领域研究中起引领作用，促进光合作用研究成果在农业、能源和信息材料科学中做出重要贡献。

本章参考文献

[1] 匡廷云. 光合作用原初光能转化过程的原理与调控. 南京：江苏科学技术出版社，2003.

[2] Deisenhofer J，Epp O，Miki K，et al. Structure of the protein subunits in the photosynthetic reaction centre of rhodopseudomonas viridis at 3Å resolution. Nature，1985，318：618-624.

[3] Jordan P，Fromme P，Witt H T，et al. Three-dimensional structure of cyanobacterial photosystem Ⅰ at 2.5 Å resolution. Nature，2001，411：909-917.

[4] Umena Y，Kawakami K，Shen J R，et al. Crystal structure of oxygen-evolving photosystem Ⅱ at a resolution of 1.9 Å. Nature，2011，473：55-60.

[5] Suga M，Akita F，Hirata K，et al. Native structure of photosystem Ⅱ at 1.95Å resolution revealed by a femtosecond X-ray laser. Nature，2015，517：99-103.

[6] Suga M，Akita F，Sugahara M，et al. Light-induced structural changes and the site of O=O bond formation in PS Ⅱ caught by XFEL. Nature，2017，543：131-135.

[7] Munekage Y，Hashimoto M，Miyake C，et al. Cyclic electron flow around photosystem Ⅰ is essential for photosynthesis. Nature，2004，429：579-582.

[8] DalCorso G，Pesaresi P，Masiero S，et al. A complex containing PGRL1 and PGR5 is involved in the switch between linear and cyclic electron flow in Arabidopsis. Cell，2008，132：273-285.

[9] Lau O S，Deng X W. The photomorphogenic repressors COP1 and DET1：20 years later. Trends Plant Sci，2012，17：584-593.

[10] Liu Z，Yan H，Wang K，et al. Crystal structure of spinach major light-harvesting complex at 2.72 Å resolution. Nature，2004，428（6980）：287-292.

[11] Qin X，Suga M，Kuang T，et al. Structural basis for energy transfer pathways in the plant PSI-LHCI supercomplex. Science，2015，348：989-995.

[12] Wei X，Su X，Cao P，et al. Structure of spinach photosystem Ⅱ-LHC Ⅱ supercomplex at 3.2 Å resolution. Nature，2016，534：69-74.

[13] Chi W，Ma J，Zhang L. Regulatory factors for the assembly of thylakoid membrane protein complexes. Phil Trans R Soc Biol，2012，367：3420-3429.

[14] Liu J，Yang H，Lu Q，et al. PsbP-domain protein1，a nuclear-encoded thylakoid lumenal protein，is essential for photosystem Ⅰ assembly in Arabidopsis. Plant Cell，2012，24：4992-5006.

[15] Chi W，Sun X，Zhang L. Intracellular signaling from plastid to nucleus. Annu Rev Plant Bio，2013，164：559-582.

[16] Zhou W，Cheng Y，Yap A，et al. The Arabidopsis gene YS1 encoding a DYW protein is

required for editing of rpoB transcripts and the rapid development of chloroplasts during early growth. Plant J，2009，58：82-96.

[17] Zhong L，Zhou W，Wang H，et al. Chloroplast small heat shock protein HSP21 interacts with plastid nucleoid protein pTAC5 and is essential for chloroplast development in Arabidopsis under heat stress. Plant Cell，2013，25：2925-2943.

[18] Chen D，Xu G，Tang W，et al. Antagonistic basic helix-loop-helix/bZIP transcription factors form transcriptional modules that integrate light and reactive oxygen species signaling in arabidopsis. Plant Cell，2013，25：1657-1673.

[19] Tang W J，Wang W Q，Chen D Q，et al. Transposase-derived proteins FHY3/FAR1 interact with PHYTOCHROME-INTERACTING FACTOR1 to regulate chlorophyll biosynthesis by modulating HEMB1 during deetiolation in Arabidopsis. Plant Cell，2012，24：1984-2000.

[20] Zhang F，Tang W，Hedtke B，et al. Tetrapyrrole biosynthetic enzyme protoporphyrinogen Ⅸ oxidase 1 is required for plastid RNA editing. P Nati Acad Sci USA，2014，111：2023-2028.

[21] Li C，Wang Y，Liu L，et al. A rice plastidial nucleotide sugar epimerase is involved in galactolipid biosynthesis and improves photosynthetic efficiency. PLoS Genet，2011，7（7）：e1002196.

[22] Yao K，Liu C，Chen Y，et al. Integration of light-harvesting complexes into the polymer bulk heterojunction P3HT/PCBM device for efficient photovoltaic cells. J Mater Chem，2012，22：7342-7349.

[23] Zhang C，Chen C，Dong H，et al. A synthetic Mn_4Ca-clustermimicking the oxygen-evolving center of photosynthesis. Science，2015，348：690-693.

第五章 光致发光和发光分子材料

第一节 稀土配合物发光材料

一、稀土有机配合物概述

镧系元素基态原子的电子组态为［Xe］$4f^N6s^2$或［Xe］$4f^{N-1}5d^16s^2$，电子在4f轨道中不同的排布使其具有非常复杂的能级，不同能级的跃迁产生丰富的吸收与发射光谱。研究表明，镧系离子的$4f^N$电子组态中共有1639个能级，能级之间的可能跃迁数目高达199 177个，可观察到的谱线有30 000多条，再加上少数镧系离子的4f～5d间的能级跃迁，则数目更多。因此，镧系离子可以发射从紫外到红外区的各种波长的光[1]。

镧系离子内层4f轨道受到外层5s5p电子的屏蔽作用，f-f电子跃迁很少受到外界环境的影响，因此其发光具有谱带窄、色纯度高、荧光寿命长（可达毫秒量级）等特点。但由于f-f跃迁为宇称禁阻，所以稀土离子自身的吸光系数非常低［$\varepsilon \approx 1 \sim 10$ L/(mol·cm)］，需要用到一些敏化基质来构筑稀土发光材料。根据基质不同，可将稀土发光材料分为稀土无机发光材料和稀土有机配合物发光材料。稀土无机发光材料稳定性好，占据市场主导地位，但是其摩尔吸光系数低，稀土用量大，性价比低。利用具有高摩尔吸光系数的有机配体敏化稀土离子发光，可以大大减少稀土用量，更好地高值化利用稀土资源。

1942年，Weissman首先报道了有机配体对稀土离子的敏化，引起了人们对稀土配合物的研究兴趣[2]。有机配体在紫外或可见区具有很大的摩尔吸光系数（$\varepsilon \approx 10^3 \sim 10^4\ M^{-1} \cdot cm^{-1}$），可以通过“天线效应”将能量传递给稀土离子，大大增强了稀土材料的发光亮度。目前，普遍接受的传能敏化机理是三重态传能过程[3]：配体吸光后被激发到单重激发态（^1S），在稀土原子“重元素效应”作用下，通过系间窜越到达配体的三重激发态（^3T），然后传递能量到稀土离子（Ln^{III}），使稀土离子发光。近年来，人们发现在一些特殊的体系中，也存在着单重激发态（^1S）直接向稀土离子传能的途径[4]。此外，还有一些其他的可以向稀土离子传能的激发态，包括电荷转移态（charge transfer，CT state，如 ILCT、MLCT），过渡金属的 d 轨道能态，以及其他稀土离子的 f 能级[5]。这些激发态向稀土离子传能的过程，可以通过偶极-偶极的长程作用模式（即 Förest transfer），也可以通过短程的电子云接触能量交换模式（即 dexter transfer）。无论是何种传能模式，都要求该能态具有比稀土离子的发射能级具有更高的、匹配的能量，这样才可以有效地防止能量反传，提高传能效率。

除敏化传能效率外，影响稀土配合物发光量子效率的另一重要因素是稀土中心的发光效率，它与自身发光能量（对应能级差）的高低以及配位结构等外界环境对其发光的猝灭作用大小有关系。稀土离子的发射能级与其基态的最高支项能级差越小，那么稀土中心的发射就越容易被外界环境中的振动弛豫等因素猝灭。例如，Tb^{3+}、Eu^{3+}发射的能级差都比较大，Tb^{3+}：ΔE=14 800 cm^{-1}（$^5D_4 \rightarrow {}^7F_0$），$Eu^{3+}$：$\Delta E$=12 300 cm^{-1}（$^5D_0 \rightarrow {}^7F_6$）。它们的发射分别位于绿光和红光区域，获得高效率的发光材料相对容易。对于 Nd^{3+}：ΔE=7500 cm^{-1}（$^4F_{3/2} \rightarrow {}^4I_{9/2}$）、$Er^{3+}$：$\Delta E$=6600 cm^{-1}（$^4I_{13/2} \rightarrow {}^4I_{15/2}$）、$Yb^{3+}$：$\Delta E$=10 000 cm^{-1}（$^2F_{5/2} \rightarrow {}^2F_{7/2}$）等，发射位于红外区，其发光容易被外界环境猝灭，发光效率很低。而对于其他一些稀土离子，它们的发光既有位于可见区又有位于红外区的部分，如 Sm^{3+}、Dy^{3+}、Ho^{3+}等，也由于能量更容易通过红外区的能级弛豫，所以总的发光效率也很低。外界环境对稀土离子发光的猝灭主要是由一些高能量的振动引起的，如 O—H（$\nu_{O\text{-}H}$，约 3400 cm^{-1}），N—H（$\nu_{N\text{-}H}$，约 3400 cm^{-1}）等。所以在设计合成配合物的时候要尽可能地避免出现这些基团与稀土离子在第一配位层直接作用，在外围环境中也最好不要出现。对于近红外发光的稀土离子来说，甚至是 C—H（$\nu_{C\text{-}H}$，约 3000 cm^{-1}）键的振动也会对其发光产生严重的猝灭，设计这类配合物时需要采用全卤代或氘代的配体[6]。

因此，要获得高发光效率、高发光亮度的稀土配合物，配体的选择需要注意以下因素：①大的摩尔吸光系数，确保配合物强的吸光能力；②合适的敏化能级，多数情况下考虑其三重态能级，要一定程度上高于稀土离子的发射能级，以得到高效的敏化效果；③合适的配位结构，为稀土离子提供一个刚性的配位环境，并且排除溶剂分子与稀土离子配位，确保稀土中心离子的高效发射。

此外，对于不同用途的材料，还有一些其他需要考虑的方面。例如，用于生物领域的配合物，需要具有很高的化学稳定性，不易解离。配体要有强的螯合能力，通常采用多齿螯合配体。从软硬酸碱理论的角度考虑，稀土属于硬酸，更倾向于和硬碱配位，通常的配位能力顺序为 O＞N＞S。用于电致发光材料，配合物需要电中性结构，热稳定性好，能够真空蒸镀制作器件。用于转光剂，则需要配合物具有良好的光稳定性，不被紫外或可见光所降解。

二、稀土有机配合物研究现状及发展动态分析

稀土配合物发光材料具有吸光能力强、Stokes 位移大、发光寿命长、窄带发射、固定波长等特点，用途非常广泛。以下按其在转光薄膜、LED 荧光粉、生物成像、分析传感等方面的应用大致介绍相关研究进展。

太阳光到达地球表面时，紫外线的能量约占 7%，小于 320 nm 的紫外线对植物有害。如果能够将高能量的紫外线转换为植物叶绿素可以利用的红光（如利用发红光的铕配合物转光剂），可以提高光合作用的效率，提高作物产量。同样，硅太阳能电池紫外区的光电转化效率低，而且短波长的紫外线会导致太阳能电池（如硅电池）中的高分子封装胶老化，影响胶膜的透光率。利用稀土配合物将有害的紫外线转换为可利用的可见光，既起到保护作用，又可以提高电池效率。这方面的工作国内外都有相关研究报道。葡萄牙艾维罗大学的 Carlos 等报道了以溶液溶胶法制备的一种包含铕离子及 2-噻吩甲酰三氟丙酮配体的有机硅烷透明薄膜。在玻璃基底上制得的薄膜在波长 340 nm 的光激发下，绝对量子产率为 60%[7]。北京大学黄春辉课题组开发出了一类新型的具有高发光效率、出色的热稳定性和极佳的紫外耐受性的稀土配合物发光材料。他们采用由 8-羟基喹啉衍生出的、具有高的激发态能级的羟基萘啶类配体敏化稀土铕离子发光，所制备的铕配合物不仅发光效率高达 84%，而且能够在连续的紫外光辐照下长时间保持高的发光稳定性[8]。南京大学游效曾课题组利用铕配合物掺杂的 PVAC 薄膜覆被于晶体硅太阳能电池组件的表面，使电池在紫外区的光电转换效率显著提高[9]。

近年来，随着紫外或蓝紫光 LED 芯片技术发展和效率提高，稀土配合物用作近紫外激发有机荧光粉的研究得到了人们的重视。美国佛罗里达州立大

学 Strouse 课题组制备了一种 β-二酮类的化合物包覆的 Eu：Y_2O_3 纳米颗粒，该有机配体成功敏化了 Y_2O_3 的氧空位及铕离子，得到了波长 270～370 nm 的近紫外光激发的白色荧光材料。在激发波长 370 nm 处，该材料的量子效率仅有 19%，制成的白色 LED 器件后发光效率达到 100 Lm/W[10]。中国科学院福建物质结构研究所杜少武课题组用吡啶二羧酸作为配体制备了铕、铽和钆配合物，通过调整三种配合物的比例，得到了一系列高效可调控的全色荧光材料。其中在近紫外光（波长 320 nm）激发下得到了量子效率高达 62%的白光荧光材料[11]。

生物成像的应用中，由于生物组织自身在紫外光激发下往往会发出荧光，常用的、发光寿命短的有机小分子荧光材料就难以避免自身荧光所带来的干扰，而稀土有机配合物具有很长的发光寿命，可以通过时间分辨成像技术获得分辨率高的信号图像。尽管稀土配合物已广泛用于时间分辨的荧光免疫分析与荧光成像，但由于传统的稀土配合物激发波长位于紫外区，发射位于可见区，检测与成像存在光损伤和光穿透深度浅的缺点，因此开发长波敏化、发射的稀土发光配合物是近年来研究的热点。文献报道可见光敏化稀土配合物发光的纯有机配体主要是含氮杂环类，迄今能够实现纯有机配体高效敏化稀土铕配合物的成功案例较少。北京大学王远课题组利用中性配体分子内的低能量电荷转移跃迁激发，使激发波长红移到 460 nm[12]，稀土铕配合物发光效率也高达 52%。更多可见光激发的研究是利用 d 区金属配合物存在的电荷转移激发态（MLCT），很容易地将吸收峰拓展到可见光区域，可调节过渡金属配合物的激发态能级以敏化不同稀土离子的可见或近红外发光。北京大学黄春辉课题组利用配合物作配体的方法合成出首例纯铕离子红光发射的双金属铱-铕配合物，其激发窗口可以延伸到 530 nm[13]。他们还系统研究了铱配合物配体的激发态能级、桥联配体的三重态能级对敏化稀土发光效率的影响[14-16]。

稀土配合物发光的强度及寿命受到外围配位环境和配体能级的影响，利用该性质可检测环境变化，如离子、pH 值、小分子和温度等。美国韦恩州立大学的 Allen 课题组设计并合成了一种多齿配体，并与铕离子反应得到了双铕离子配合物。该配合物发光衰减速率随 pH（4～8）的升高而降低。配合物利用桥联的醇盐在不同 pH 值下与 H^+的结合程度不同，对于铕离子发光的猝灭程度不同，从而检测铕配合物发光的寿命来获得水溶液的 pH 值[17]。浙江大学钱国栋教授课题组报道了一种含有稀土的金属有机骨架（MOF）结构的温度传感材料，用一种 2,5-二甲氧基-1,4 对苯二甲酸（DMBDC）与 Tb^{3+}和 Eu^{3+}

形成 MOF 结构。混合稀土 MOF 材料 $Eu_{0.0069}Tb_{0.9931}$-DMBDC 能够随着温度上升，Tb^{3+}发光逐渐减弱，而 Eu^{3+}的发光却逐渐增强，由 10 K 时发出黄绿光到 300 K 时发出红光[18]。上海同济大学的闫冰教授课题组报道了一种对水溶液中的 Gd^{2+}具有高选择性及高灵敏度的稀土 MOF 材料[19]。北京大学黄春辉课题组设计合成了基于羧基萘啶配体的水溶性铕配合物，其激发波长可延伸至 400 nm，配合物具有良好的光稳定性及配位稳定性，极稀水溶液中量子产率最高可达 28%，并且具有灵敏的 pH 响应的特性[20]。

此外，稀土配合物在光纤放大器和光电通讯等领域也有广阔的应用前景，尤其是铒（Er）配合物。现代远程电子通讯以光缆为基础，由于数据损失，需要通过掺铒的光纤放大器来弥补光纤信号的衰减。2014 年，南京大学郑佑轩课题组利用全氟化的二（二苯基膦酰）亚胺（HF-tpip）合成了高量子效率的铒配合物 $Er(F\text{-}tpip)_3$，并用全氟化锌配合物作为主体材料和敏化剂，实现了高吸收效率的主体分子对铒离子的有效耦合，实现了 7%的量子效率，为有机体系中的最高纪录[21]。

三、研究总结与展望

我国是稀土资源大国，保证在稀土国际市场上的领导地位，是提升国家未来核心竞争力的重要手段之一。在基础研究方面，经过几十年的努力，我国在稀土配合物荧光材料和分析传感等方面取得了许多可喜的成果，达到了国际前沿水平。但从实验室到走向实际应用，我国还比较欠缺。具体表现为应用研究能力不足、研发水平一般，与工业交互少。因此，目前材料的综合性能还不能满足市场导向性的需求。

四、学科发展政策建议与措施

稀土有机发光材料具有很广阔的应用市场，建议结合相关企业的需求及未来产业布局，来部署研究项目群，推进项目的管理和评估体制。推动企业与实验室的共同合作，共同探索稀土有机发光材料的技术转移和产业化模式，实现该材料在照明、显示、农膜、太阳能转光膜等重要方面的实际应用。目前稀土有机发光材料在应用上的局限主要是材料综合性能不高，尤其是稳定性的欠缺，应结合有机和无机材料各自的优势，重点攻关杂化材料。

第二节　过渡金属配合物发光材料

一、过渡金属配合物发光材料概述

1971 年，Adamson 等率先在 d^6 电子构型的钌（Ⅱ）的联吡啶配合物中发现了金属到配体电荷转移（metal-to-ligand charge-transfer，MLCT）激发态的光氧化还原反应现象[22]。随后 Gray、Ballhausen 等主导和发展的配位场理论，加深了人们对电子跃迁和过渡金属配合物的光谱的理解[23,24]。由此逐渐形成了一个全新的、迷人的发光过渡金属配合物及其光化学的研究领域。相对于 d-d 激发态，三线态 MLCT 激发态具有比较小的金属-配体键的结构畸变，因此有较高的光致发光量子产率。此外，具有三线态 MLCT 特征的过渡金属配合物可在室温下发光和具有大的 Stokes 移动、长的发光寿命、对氧气敏感等特点，可以广泛应用于化学传感、生物识别、超分子组装、主客体识别、发光器件等方面。

在光致发光（photoluminescence，PL）体系中，基态（S_0）受到光激发后所形成的单线激发态（S_1）回到基态（$S_1 \rightarrow S_0$）发出荧光（图 5-1）。同时部分单线激发态能量也能通过系间窜越（$S_1 \rightarrow T_1$，intersystem crossing，ISC）先传递到三线激发态（T_1），然后再回到基态（$T_1 \rightarrow S_0$）而发出相对长寿命的磷光。过渡金属的引入增加了有机结构的自旋轨道耦合作用（spin-orbit coupling，

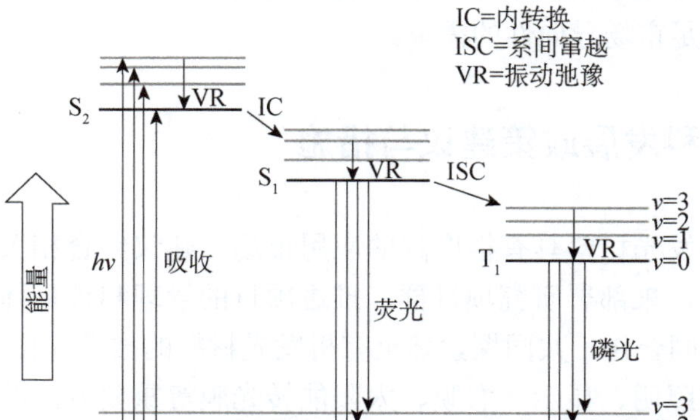

图 5-1　Jablonski 分子能级图

SOC），促进了三线激发态的辐射衰变，有助于提高分子的磷光量子产率。因此，以过渡金属配合物为主的，基于三线态磷光应用的新一代发光材料应运而生[25,26]。

在电致发光（electroluminescence，EL）材料中，过渡金属配合物的单线态以及三线态激子都能用于电致发光，从而突破自旋统计，理论上能达到100%的内量子效率（IQE），大大提高了电致发光效率。最近，另一种提高激子利用率的方法——热激活延迟荧光（thermally activated delayed fluorescence，TADF），也受到广泛关注[27,28]。如图 5-2 所示，S_1 的能量比 T_1 要高，通常来说 T_1 的激子难以主动回到 S_1。TADF 材料通常具有较小的单线态-三线态能量差（ΔE_{ST}）。在热的刺激下三线态激子由 T_1 先返回 S_1，然后再跃迁回基态 S_0，最终发出延迟荧光。同样，对三线态激子的有效利用，可以提高 TADF 发光材料的电致发光 IQE。在过渡金属配合物中，铜（Ⅰ）配合物具有较小的 ΔE_{ST}，展现出丰富的 TADF 性质。此外，其他 d^{10} 电子构型金属——银（Ⅰ）和金（Ⅰ）——配合物同样具有 TADF 特性[27,29,30]。另外，基于杂化局域-电荷转移（hybridized local and charge transfer，HLCT）激发态的热激子（hot exciton）材料，利用高能激发态过程（S_n–T_m，m,n>1）同样可以突破自旋统计提高激子利用率[31]。

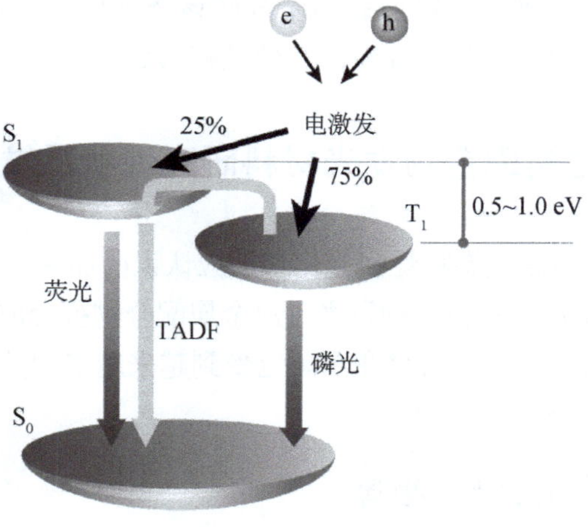

图 5-2 能带图和 TADF 的电子迁移路径[7]

在简单金属配合物的基础上，通过非共价相互作用（如氢键、静电作用、给受体相互作用、金属⋯金属相互作用等）引入第二配位圈（second coordination sphere）所构建的复杂超分子配合物具有更加丰富的光物理和光化学性质[32]。超分子相互作用在之前的配体-金属之外增加了一个新的维度来调控过渡金属配合物的激发态性质，大大拓展了超分子光化学的内涵。例如，传统的发光过渡金属配合物通过修饰配体和更换金属来调控其 MLCT 激发态性质；在此基础上，金属···金属相互作用的应用，还赋予发光超分子配合物相对稳定和较少受氧气影响的 MMLCT 激发态，而且超分子配合物的构型与分子排列可以提供更多元的信息和多维的激发态性质调控的途径[33-35]。理论上来说，激发态特征决定发光性质，多功能的发色团和激发态对过渡金属配合物在光化学、光感应和光催化等方面的应用有重要的意义。

过渡金属配合物激发态的基础研究，揭示了发光的内部机理和激发态的动力学，有助于详尽阐述和理解其中的光物理和光化学过程，并利用瞬态和稳态吸收、激发态的动力学和热力学来分析不同的过程。例如，首先，一般认为过渡金属配合物发出磷光，不过这是在 $S_1 \rightarrow T_1$ 的系间窜越快速进行的前提下。而系间窜越缓慢的过渡金属配合物能够同时发出一定比例的荧光与磷光[36]。其次，通过调节过渡金属配合物的激发态，它们展示出丰富的激发态的光氧化还原性能、能量传递敏化、不同的吸收和发射光谱等光化学与光物理性质。因此，对激发态的瞬态和稳态性质的研究，有助于未来从基本原理入手来指导相关发光材料的设计与调控。此外，密度泛函（DFT）与含时密度泛函（TDDFT）对激发态的计算也是有效的验证与辅助，但是也不应该盲目地依赖理论计算，过渡金属激发态的研究应该坚持理论与实验结合，两者相辅相成，最终达到对发光材料性能的有效调控与合理设计。

二、过渡金属配合物发光材料研究现状及发展动态分析

近年来，随着对激发态特性和光化学反应认识的加深，不断有新型的具有 MLCT 或者 LMCT 激发态特性的发光过渡金属配合物被合成与报道。过渡金属配合物的光物理与光化学的研究在我国也受到越来越多的关注[33-35,37-40]。研究重点主要集中在以下几个方面。

（一）磷光有机发光二极管

设计并合成新型磷光有机发光二极管（PHOLED）的研究，是目前过渡金属发光材料的最重要的研究方向之一。受三线态收获效应的影响，过渡金属的引入可以提高材料的光致发光量子产率和电致发光内量子效率，使得过渡金属配合物在磷光 OLED 领域的表现备受关注。环金属铱（III）的配合物在磷光 OLED 材料中的高效表现受到很大关注。其他过渡金属配合物的磷光

OLED 应用也迅速发展，如环金属铂（Ⅱ）、金（Ⅲ）、钯（Ⅱ）等配合物。同时通过对有机基团的修饰，这些过渡金属发光材料的发光范围很广泛，可以覆盖所有可见光区。在过渡金属发光材料中设计与发展白光 OLED 器件也是现在比较重要的一个发展方向。

除了以上的贵金属之外，相对便宜和地壳含量丰富的过渡金属发光材料的探索也在进行，如最近报道的基于锌（Ⅱ）和铜（Ⅰ）的发光配合物在高效率白光 OLED 中的应用。这些研究不仅能够提高磷光 OLED 材料的性能，也为未来高效 OLED 材料的发展提供了新思路。

（二）生物分子的识别、传感和造影

过渡金属发光材料具有大的 Stokes 位移、高的光化学稳定性和低的激发能量等特点，可以应用于生物分子识别和细胞造影。这其中钌（Ⅱ）、铂（Ⅱ）、铼（Ⅰ）、锇（Ⅱ）、铑（Ⅲ）、铱（Ⅲ）等已经被证明可以应用在生物分析方面。这些过渡金属配合物可以作为荧光标记探针来识别各种生物分子，如 DNA、多肽、蛋白质等。甚至有些还可以用来进行活体细胞标记。此外，我国科学家还报道了大量的铂（Ⅱ）、金（Ⅰ）和金（Ⅲ）配合物的体外和活体治疗行为的例子。最近又发现发光铂（Ⅱ）配合物可以用来识别 DNA 的错配和脱碱基位点，从而有望用来进行癌症的诊断与治疗。

此外，具有特定功能基团（如异硫氰酸、醛基、马来酰亚胺等）的强发光铼（Ⅰ）、钌（Ⅱ）和铱（Ⅲ）的多吡啶配合物能与核酸、氨基酸、多肽、蛋白质等分子形成荧光共轭体。通过检测这些荧光共轭体从而对这些生物分子进行有效的标记和造影。

（三）基于非共价相互作用的光化学识别与传感

由于光谱检测具有较高的灵敏度，因此利用过渡金属配合物分子发光的变化来进行化学识别更具优势。在具有丰富的 MLCT 激发态光谱性质的过渡金属配合物中，通过引入功能基团，与不同的客体通过非共价相互作用结合，来调节它们的激发态性质。过渡金属配合物与客体分子的非共价相互作用，包括氢键作用、静电作用、给受体相互作用、π-π 相互作用、蛋白质交互作用、金属…金属相互作用等，可以影响激发态的能量转移和光诱导电子转移（PET）过程，呈现出不同的电子吸收与发射光谱，最终实现客体的传感与识别。

例如，非共价金属…金属相互作用的形成会影响配合物的激发态，导致光谱性质的变化，可据此来设计新型的分子磷光信号传感器。利用金（Ⅰ）…

金（Ⅰ）相互作用导致电子吸收与发射光谱红移的光开光效应，二核或三核金（Ⅰ）配合物可以高效地识别K^+、Cs^+、Mg^{2+}、Al^{3+}、Cu^+、Ag^+等金属阳离子。平面型的三联吡啶铂（Ⅱ）炔配合物在形成铂（Ⅱ）…铂（Ⅱ）相互作用之后，会有一个明显的 MMLCT 的激发态出现，使其电子吸收和发射光谱与单体截然不同。在三联吡啶铂（Ⅱ）炔配合物分子间和分子内的铂（Ⅱ）…铂（Ⅱ）相互作用、三联吡啶单元的 π-π 堆积相互作用以及配合物和高分子的静电相互作用的诱导下，结合三联吡啶铂（Ⅱ）炔配合物 MLCT 和 MMLCT 光化学与光物理的性质，这一类配合物可用来作为溶剂、阴离子、聚合物及 DNA 等物质的传感器；另外还能应用于化学传感、主客体作用、发光金属凝胶、纳米结构等方面，为分子开关器件、离子探针及超分子结构和纳米结构与形貌的研究开创了新的思维。其他类型的金（Ⅰ）、铂（Ⅱ）配合物以及许多其他 d^8 和 d^{10} 电子构型的金属配合物[如铑（Ⅰ）、铱（Ⅰ）、钯（Ⅱ）、金（Ⅲ）、银（Ⅰ）、铜（Ⅰ）等]同样能够形成分子间的非共价金属…金属相互作用，从而展现出丰富多样的激发态性质。

（四）基于非共价金属…金属相互作用的发光多核 d^{10} 电子构型金属簇合物

最近，许多具有新奇结构的多核 d^{10} 电子构型金属簇合物最近被我国科学家报道，如多核金属硫簇配合物、单一配体均配多核金属簇配合物、多核杂金属簇配合物等。由于金属…金属相互作用对这些化合物激发态的影响，这些多核簇合物还展现出有趣的混杂着金属中心 ds/dp 特征的 LMMCT 激发态磷光性质。现在的研究重点正在向控制并理解它们的超分子结构形成和对发光性质的应用转变。化学、光、溶剂等诱导下的结构与形貌的变化导致了多核簇合物的发光性质的变化。手性自分类现象也在金（Ⅰ）的硫簇配合物中发现，这一发现可为模拟生物活动提供参考。另外，金（Ⅰ）和银（Ⅰ）的杂核氧簇合物被报道能用于高效 C—H 活化。基于银（Ⅰ）…银（Ⅰ）、铜（Ⅰ）…铜（Ⅰ）或杂金属相互作用的多核金属簇合物同样也具有丰富的 LMMCT 和 ds/dp 激发态性质，为这一类簇合物在发光材料中的应用提供了更多备选。

最近关于这些发光多核金属簇化合物在发光材料中的应用研究也逐渐兴起。通过对磷光吡唑三核金（Ⅰ）配合物在固态中堆积方式的调控，这一化合物可以发出白色的光。另外，单一炔基配体保护的杂核金（Ⅰ）和银（Ⅰ）的簇合物也可以成功应用在溶液法制备的磷光 OLED 材料中。整体来说，发光多核 d^{10} 金属簇合物在 OLED 及其他发光材料上的应用的研究仍然有限，还有很大的发展空间。

（五）热激活延迟荧光

最近，对于热激活延迟荧光（TADF）的研究受到了国内相关化学家的关注。然而，大部分的研究兴趣集中在有机体系，过渡金属配合物的 TADF 性质的开发与应用相对较少。这一领域的发展不能只局限于有机体系，在过渡金属配合物［如铜（Ⅰ）配合物］中同样也发现了 TADF 现象，这为过渡金属配合物 TADF 性质的研究提供了可能。

由于具有较小的单线-三线态能量差，铜（Ⅰ）配合物能够高效地利用三线态激子发出延迟荧光，在 TADF 发光材料的应用中展现了潜能。例如，具有 TADF 特性的含氮和含磷配体的铜（Ⅰ）配合物可以成功应用在溶液制备的 OLED 中。在具有有效的自旋轨道耦合并发出强的蓝绿光的 Cu_4Cl_4 簇合物中也观察到了 TADF 与磷光的快速交换与动态平衡。同为 d^{10} 电子的金（Ⅰ）和银（Ⅰ）的配合物也展示出 TADF 特性，但是稳定性和溶解性的问题限制了它们在发光材料中的发展。总体来说过渡金属配合物 TADF 的研究相对较少，除了有少量关于铜（Ⅰ）配合物的 TADF 器件报道以外，对其他过渡金属配合物的 TADF 的性质与应用研究有待提高。

（六）其他过渡金属配合物发光材料

除了以上发光材料之外，还有其他几类同样非常重要的过渡金属发光材料及其应用被广泛研究，如金属配合物与无机纳米粒子、量子点以及石墨烯的杂化材料、基于双光子或多光子吸收过程的镧系金属配合物的上转换（upconversion）性质在纳米材料和生物造影中的应用、同样涉及双光子或多光子吸收过程的非线性光学（nonlinear optics）材料等。

三、研究总结与展望

过渡金属配体发光配合物是目前光致发光材料研究中的非常重要的一类代表。通过设计和合成各种功能化的配体与不同的过渡金属配位，可以得到各式各样的金属-配体发光体系。这些体系的电子吸收和发射、能量转移和激发态的氧化还原性能都能得到有效的调控，从而展现出各种不同的光学性质以适应不同应用的需要。此外，在调节过渡金属配合物的分子性质的基础上，利用超分子组装的方法通过非共价的弱相互作用（如金属…金属相互作用）

生成多层次的复杂超分子结构，可以大大扩充这一领域的研究维度，给未来的研究提供无限的机会和可能性。

在发光过渡金属配合物的研究中，通过改变各种功能化的配体，来系统地研究这些配合物的光物理或者光化学性质的变化，可以揭示这些发光过渡金属配合物的结构与性能的关系。随着对这些发光配合物的光物理性质的基本了解与进一步认识，人们将能够很好地设计与调整这些物质的电子吸收和发光性质。这种“设计”功能的方法其实就是“自下而上”（bottom-up）设计与构筑材料的方法，可以用来探索和开发这种发光过渡金属配合物在更多领域的潜在应用。可以预期的是，通过不断地改进来优化含过渡金属发光配合物的功能，这一类发光材料未来可以广泛应用在各式各样的领域，如免疫分析、化学与生物传感、OLED、OPV、染料敏化太阳能电池、多模态成像、诊断、治疗、光催化、清洁可再生能源的光敏剂等领域。

四、学科发展政策建议与措施

首先，虽然目前我国在过渡金属配合物发光材料方向取得了一定的成就，但整体来说国内的基础研究还有深入的空间。过渡金属配合物的激发态的研究和内部能量传递过程的理解有助于我们建立自己的学科知识体系与学术价值判断，带入新的创新点。因此，需要继续加大对这一领域基础研究的投入与支持力度，以促进更多原创性研究的出现，最终能够引领这一领域世界发展的潮流。在应用方面，还应该继续深化过渡金属配合物发光材料的发展，进一步开发其在实际应用方面的潜能。

其次，基于第二配位圈的概念，利用非共价的相互作用来构筑超分子金属有机发光材料，使得这一领域由以前的配体-金属二元体系扩展到了超分子金属有机配合物的多元体系，为未来提供了无限的可能。目前的研究已经表明，这些超分子发光配合物具有独特的结构-性质关系，可以应用在发光分子机器、化学传感、超分子功能结构和生物识别等方面。在超分子化学蓬勃发展的大前提下，这一领域将来在很多年内都会处于前沿地位，建议对这一方面的基础学科发展与相关应用的研究大力支持。

最后，以现有的理论和研究为基础，通过对配体、金属以及超分子组装的综合调控与设计，开发新型的过渡金属发光体系，早日布局未来分子发光材料的研究，引入新的着力点和前进方向。同时，推动发光材料在材料、医疗、能源、环境等方面的应用，以促进这些领域和整个国家的可持续发展。

第三节 聚集诱导发光材料

一、聚集诱导发光概述

光是地球生命的来源之一，它对于人类乃至整个宇宙来说都至关重要。同时，它也是人类社会和人们生活不可或缺的最基本的元素之一，是人类生活的依据和认识外部世界的工具。为彰显光在科学发现和技术创新中的伟大意义，联合国将2015年定为“国际光与光技术年”（international year of light and light-based technologies）。在人类文明的历史长河中，人类通过不懈追求获得了与光相关的丰富知识和信息，尽管如此，在“光”的领域里仍存在着许多有待理解和探索的方面。

众所周知，光源自发光体。发光材料（发光体）是光电领域的重要研究对象，发光材料的开发使我们获取了无数促进高新科技发展和造福世界的知识。在发光过程的理解和应用上的每一次突破都为科学的进步和社会的发展开辟了新途径。以2008年被授予“诺贝尔化学奖”的工作为例，绿色荧光蛋白（green fluorescent protein，GFP）的开发与应用使我们看到了此前从未看见过的生化结构和过程，也让我们认识或者重新认识了诸多生物过程和生化途径。随着社会的进步和科学的发展，发光材料逐渐在诸多新兴领域中占据了不可或缺的地位，如荧光标记、分子探针、电致发光器件、光捕获系统等，在能源、环境、健康、医疗、国防等关系国计民生的重要行业和相关领域发挥着越来越重要的作用。因其广阔的应用前景，多年来发光材料一直是科学研究特别是光化学研究中的焦点和热点。

从理论上来说，发光材料可以任何物理状态被应用，如气态、液态和固态等。但在绝大多数的实际应用中，发光体的应用形式基本为薄膜或聚集体。例如，当被用于有机发光二极管（OLEDs）和有机场效应晶体管（OFETs）等光电子器件时，发光体常以固体薄膜和晶体的形式存在。在生物医学领域，发光材料常在生理环境或者水相介质中使用。尽管在分子结构中引入极性基团可以帮助增加发光材料与水的相容性，但其芳香性成分（如苯环等）的固有疏水性仍然可能会引起尺寸小到肉眼难以观察到的纳米聚集体的形成。同样的问题也发生在有机发光体被用于生态系统监测和环境保护的情形。例如，用于检测饮用水中有害物种的毒性水平的荧光化学传感器也常常在水相溶液中形成纳米聚集体。因此，在实际应用中，有机发光体的聚集随处可见，聚集是一个自发进行的内在过程。

相比于其稀溶液，发光体在聚集态可呈现减弱、不变或者增强的发光。在众多的传统发光体系中，发光体在聚集状态常常遭遇部分甚至全部的荧光猝灭。自 1954 年 Förster 提出浓度猝灭效应[41]以来，这一聚集导致荧光猝灭（aggregation-caused quenching，ACQ）的现象已被记录在册长达半个多世纪。随后涌现出的大量关于 ACQ 的研究工作使得人们对该效应的光物理过程和工作机理有了深入了解。1970 年 Birks 在他的经典著作——《芳香分子的光物理学》（*Photophysics of Aromatic Molecules*）一书中总结道："许多芳香性发光材料都存在着 ACQ 的问题"，此前这一论断已被普遍接受。传统发光材料在以单分子形式存在时常常强烈发光而一旦聚集或者团簇时则会遭遇不同程度的 ACQ 效应。当具有平面构型的发光体发生聚集时，分子被限定在紧密相邻的空间中，毗邻的分子特别是那些圆盘状或棒状分子上的芳香环之间产生强烈的 π-π 堆积相互作用，分子在激发态下形成激基缔合物或者激基复合物，使得激发态通过非辐射跃迁的方式回到基态，进而导致发光猝灭。ACQ 现象极为普遍，且从实际应用的角度来看，在大多数情况下，ACQ 效应弊大于利。

聚集诱导发光（aggregation-induced emission，AIE）是与发色团的聚集密切相关的另一光物理现象。AIE 这一概念由唐本忠研究组于 2001 年首次提出[42]，它改变了人们对发色团聚集的认知，带来了观念和技术上的双重变革。在 AIE 过程中，不发光的分子由于聚集的形成而被激活发光。唐本忠课题组借鉴液晶领域中"液晶基元"（mesogens）的概念，将在分子状态不发光而在某些适宜状态（如聚集态）被激活发光的具有 AIE 性能的分子命名为"AIE 基元"（AIEgens）[43,44]。起初，AIE 产生的机理被认定为"分子内旋转受限"（restriction of intramolecular rotations，RIR）原理，近年来，随着更多 AIE 新体系的开发，在大量实验与理论研究的基础上，聚集诱导发光的内在机理被进一步统一为"分子内运动受限"（restriction of intramolecular motions，RIM）原理[43]，包括 RIR 和"分子内振动受限"（restriction of intramolecular vibrations，RIV）。RIM 机理认为，AIE 基元都具有三维非平面的柔性结构，在以分子形式存在时，AIE 基元剧烈的分子内运动（如旋转和振动）以非辐射形式耗散了激发态能量，而一旦发生聚集，分子内运动受限，激发态能量以辐射跃迁的方式释放，同时高度扭曲的分子结构阻碍了分子间的 π-π 堆积，两者的协同作用使得 AIE 基元在聚集态高效发光。简言之，RIM 机理的本质是构型固化或结构僵化[43,44]。

尽管具有 ACQ 性能的发光材料已被广泛应用，但人们往往难以将它们的功能发挥到极致。传统观念里，发光材料的溶液态发光常常优于固态发光，若是溶液中的发光都不够高效，那么这一材料的实际应用则不乐观。然而，AIE 效应改变了这一观念：传统意义上毫无用处的材料可能会高度实用，曾经难以通过 ACQ 材料实现的目标现在可能可以通过 AIE 基元予以实现。与在孤立状态表现优良的 ACQ 材料不同，AIE 基元完美体现了伊索的哲学思想——“团结则存，分裂则亡”。换言之，独特的 AIE 效应对“团结就是力量”这一箴言的诠释可谓无懈可击。在 AIE 体系中，聚集体比独立个体更闪亮，遵循着一般集体数量效应规律。

那么，从 AIE 研究中我们能获取怎样的学术见解呢？研究稀溶液中孤立分子的光发射有助于我们掌握辐射跃迁过程的基本知识。尽管如此，分子物种的非辐射跃迁过程却鲜少被研究。要阐明一个 AIE 过程，第一步便是了解 AIE 基元的单分子在溶液态下由非辐射过程导致的荧光猝灭。同时，人们常常在溶液中研究光物理过程，而与实际应用更为相关的发光材料的聚集态光物理过程尚未被充分理解。填补这些方面的知识空缺有助于获取光物理过程的完整画面和全面理解，这也是 AIE 研究为何如此重要的原因。AIE 研究的开展加深了我们对光物理过程中的一些关键科学问题的理解，帮助我们了解了导致溶液态不发光的非辐射跃迁途径和聚集态辐射转变的深层原因。ACQ 的研究具有比 AIE 长得多的历史，已有成熟的理论来阐述其内在机理。建立新的理论和数学模型是解读 AIE 过程的必然结果，与此同时，AIE 也为破译溶液态发光淬灭的非辐射跃迁和聚集态辐射衰变的内在机理提供了新的平台，因此，AIE 研究具有极其重要的学术价值。

通过 AIE 研究获取的新的光物理知识可指导我们合理开发新的发光体系和拓展新的应用[43-46]。通过简单的结构调控便可使 AIE 材料以更高的性能和更少的缺陷适应于特定的高新科技需求，无需像 ACQ 材料一样依赖于机会。基于 RIM 原理开发设计的 AIE 材料已不胜枚举，包括纯碳氢骨架、含杂原子有机体系、AIE 大分子、金属复合物以及非典型发色团体系等等。目前，新型 AIE 材料已在生化传感、生物成像、光电材料等诸多领域得到了广泛应用。原则上，任何能激活 RIM 过程的方式/方法都能被用来开发新的生物/化学传感体系。AIE 基元已被成功用作荧光开启（turn-on）或点亮（light-up）式生物传感器[47-50]、DNA 显影剂[51]及监测生物过程（如蛋白纤维化）的探针[52]等。AIE 效应使得 AIE 材料可在分子水平、细胞水平以及组织水平对细胞器[43,53-56]、细胞[49,50,57-59]、微生物[60,61]和组织[62]特异性成像。高度发光的 AIE 纳米体系（如 AIE 点）已在生物医学领域大放异彩[49,63]。由 AIE 基元构筑的多功能纳米体系已被成功用于生物医学成像、疾病诊断与治疗等[49,50,64,65]。AIE 纳米探针在生物医用领域的重要地位和美好前景在 2016 年 3 月 3 日发表于《自然》上的题为“The nanolight revolution is coming”的评论性文章中得到了充分阐释[66]。多种多样基于 AIE 的化学传感体系已被开发用于离子[67]、爆炸物[68]、温室气体[69,70]以及指纹[71]等对环境保护、水质监控、国家安全和司法调查等方面来说十分重要的物种的检测。除了对化学物质的检测外，AIE 基元还可以对一系列外界刺激实现荧光响应，包括光[72]、热[73,74]和机械力[75]等，有望作为一类颇具前景的智能材料得以应用。因其可以完全克服传统材料所具有的 ACQ 效应，AIE 基元也被广泛引入光电体系。研究者们利用 AIE 效应成功开发了固态高效发光的 OLED 器件[43]、光波导材料[76]、圆偏振荧光体系[77]以及发光液晶[78-80]等。由此可见，AIE 效应的研究也具有深远的现实意义。

AIE 概念问世以来的十五年间，因其在基础研究和实际应用中的重要性，AIE 已吸引了无数来自不同学术和技术背景的研究者。AIE 研究领域的版图不断延伸，已成为光化学和新材料领域的一大热点。AIE 相关的研究与应用已逐步渗透到化学、生物、医学、药学、材料学以及物理等各个领域。从 Web of Science 数据库中获取的数据显示，自从 2001 年第一篇与 AIE 有关的文章发表以来，AIE 研究的产出（论文发表数目和被引频次）逐年呈指数形式增长。2016 年年均论文发表数和论文被引频次分别创下 1005 和 27 562 的新纪录。据汤森路透社与中国科学院文献情报中心联合发布的《2013 研究前沿》报告显示，“聚集诱导发光的特征和化合物”在全球化学与材料科学领域十大研究前沿中排名第三。在《2015 研究前沿》报告中，“聚集诱导发光化合物的合成、性质和用于细胞成像”在全球化学领域十大研究前沿中排名第二，并且属于重点热点前沿，进一步体现了 AIE 研究日益增长的世界影响力。迄今，全球已有来自 60 多个国家和地区的 300 多个研究机构涉足 AIE 研究，其中我国的学术研究机构共占据了近 70%的比重，真正形成了一个由中国科学家开创与引领的学科热点。在如此热门和备受关注的 AIE 领域中，由田禾院士领导的华东理工大学研究团队在过去十年里开展了独具特色且卓有成效的研究，其成果记录数在所有机构中名列第十一位。下文将分别予以介绍。

二、聚集诱导发光材料研究现状及研究进展

（一）新型聚集诱导发光体系的设计与合成

目前已开发的AIE体系数目庞大，但真正被广泛应用的仅有四苯基乙烯体系，而且这些AIE材料的发光波长大多集中在550 nm以内。AIE领域的发展需要更多新的母核结构单元，特别是近年来，生物医学领域的应用对AIE材料提出了更高的要求，使得高发光效率、稳定性好和长波发射成为开发AIE新体系所追求的主要目标。华东理工大学田禾课题组瞄准时机，结合自身原有研究基础和优势，在新型聚集诱导发光体系的设计与合成方面取得了突破性进展。

1. 新型AIE核心结构单元的研发

（1）基于分子内旋转受限（RIR）原理，田禾研究组通过将苯基取代的两个茚基通过单键连接研制了一个具有蓝光发射和显著AIE特性的纯碳氢体系（图5-3中的Ph–IN）。该AIE基元的晶态荧光量子产率高达76.0%[81]。以Ph–IN为母核结构，通过茚基上取代基的改变或聚集态的简便调控，成功制得了一系列固态高度发光且发射波长可从深蓝色调节至红色的新型2,2′–二茚基荧光分子（分子结构见图5-3）。该工作为AIE分子设计贡献了全新的核心结构单元，意义重大，因此受到了国内外同行的广泛关注与认可，该文发表至今已被引用160次，入选ESI高被引论文。

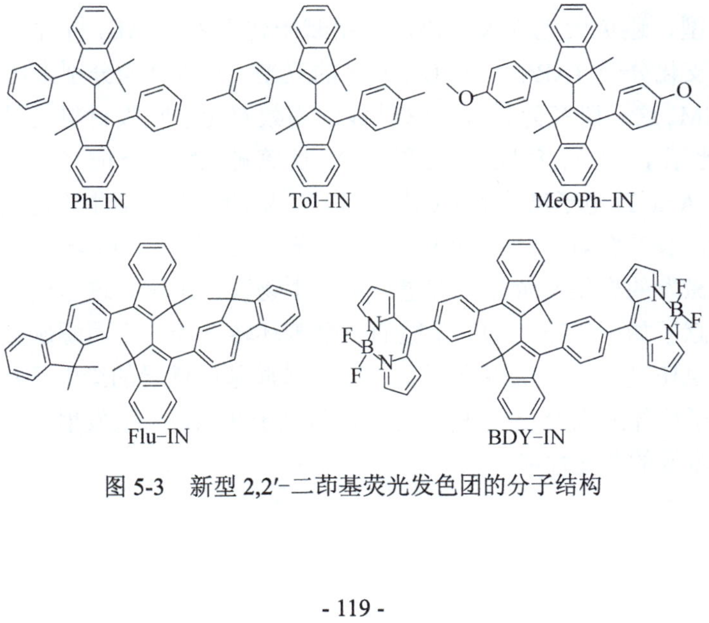

图5-3　新型2,2′–二茚基荧光发色团的分子结构

（2）田禾研究组利用 RIR 策略构筑了一系列具有星状构型和 D-π-A、D-A-D 或 D-π-A-π-D 电子结构的多支化新型 AIE 体系，研制了具有高效长波发射和大的双光子吸收截面的固态荧光材料，为开发荧光生物探针提供了优秀的发色团候选。具体来说，该研究组于 2007 年利用三苯胺、咔唑等电子给体（D）和醛基、二氰基乙烯基等电子受体（A）巧妙设计了五个具有不对称 D-π-A 结构的星状分子[82]。这些三苯胺衍生物（图 5-4 中的 SBCHO、DBCHO、CZCHO、CZCN 和 SBCN）均具有典型的 AIE 特性且其发光颜色可通过取代基的改变从天蓝色精密调控至深红色区域，相应的最大发射波长（λ_{em}）可从 470 nm 调节至 670 nm。这些 AIE 基元的合成路线简单且产率高。以 CZCHO 作为发光层制得的蓝光 OLEDs 的外量子效率最高可达 2.09%，由 SBCN 制得的非掺杂 OLEDs 的最大电致发光波长达 724 nm。三苯胺基团的存在使得这些荧光分子具有空穴传输性能，可同时充当空穴传输层和发光材料。而且，这些新型 AIE 材料可通过简便的旋涂工艺制备成 OLEDs。上述这些特性简化了 OLEDs 的结构和制备工艺，有利于 OLEDs 的大规模生产。

在上述工作的基础上，该课题组于 2010 年以电子受体 2,4,6-三(甲基苯)-1,3,5-三嗪为核，以电子给体二苯胺、三苯胺及吩噻嗪为外围取代基构筑了具有 D-π-A-π-D 电子结构的多支化对称型 AIE 基元 TAPA-a 和 TAPA-b[83]（分子结构见图 5-4）。他们通过多支化电子给体的引入增加了体系的电子云密度，利用端基的变化有效调控了化合物的光学性能。分子中的多重转子一方面可有效耗散溶液态的激发能量，另一方面可在聚集态下保持扭曲的三维分子构型，避免荧光猝灭，协同作用赋予化合物以 AIE 特性。研究结果表明，多支化分子 TAPA-a 和 TAPA-b 的双光子吸收截面分别高达 8629 GM 和 4500 GM。这一研究为具有 AIE 性能的高效双光子吸收材料的设计提供了指导。此后，该研究团队又采用类似策略设计合成了一系列具有 D-π-A-π-A-π-D 电子结构的大共轭体系[84-86]，所得芳胺衍生物均同时表现出 AIE 性能、长波发射（556～651 nm）、双光子吸收性能（814～5782 GM）以及双光子激发的聚集态荧光，有望被用于生物医学领域。这些研究成果为后续研究贡献了如下思路：①三苯胺的三个苯环转子和非平面螺旋桨状构型使得其成为 AIE 基元的理想构筑单元；②三苯胺基团优异的给电子特性使得其易于与电子给体形成 D-A 结构，因而常常赋予体系以长波发射、双光子吸收和双光子激发的荧光性能。

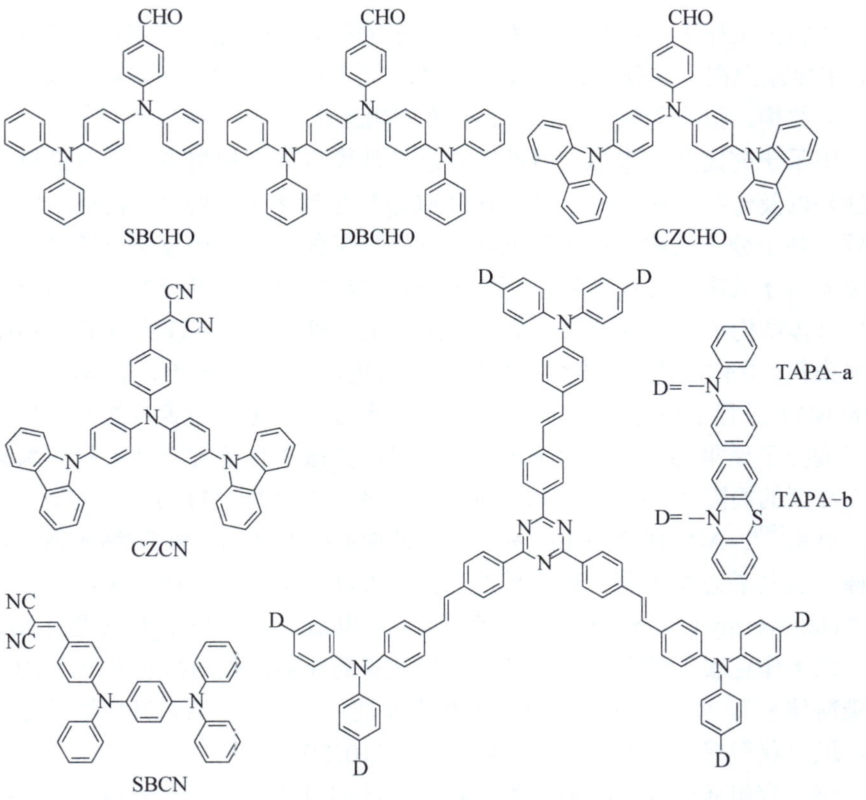

图 5-4 具有星状构型和 D–π–A、D–A–D 或 D–π–A–π–D 电子结构的多支化 AIE 体系

2. 由 ACQ 体系改造而成的新型 AIE 体系的研究

在利用 RIM 策略改造传统荧光分子，实现 ACQ 到 AIE 的转变方面，田禾研究组开展了富有创新性的系统研究工作，研发了一系列高性能的具有长波发射的 AIE 材料。传统的发光材料通常具有平面结构，在分子分散状态高效发光，在聚集态下，由于分子间的紧密排列和强烈的 π–π 堆积相互作用而激活 ACQ 效应。传统发光材料种类丰富、选择多样且往往具有许多宝贵性能，遗憾的是，难以避免的 ACQ 效应大大限制了它们的应用。相当多的研究工作已经证明用来阻碍 ACQ 效应的策略常常在部分降低 ACQ 效应的同时带来损害发光材料有用性能的负面效应。针对这一问题，唐本忠课题组率先开展将 ACQ 染料转变为 AIE 基元的创新研究[87,88]，目前，已有大量 ACQ 染料被成功改造为 AIE 基元的案例[44,89]。在这些案例里，传统染料的 ACQ 效应被消除的同时保留了其原有的功能性，实现了双赢的局面。尽管如此，在目前已被

报道的相关工作中，由 ACQ 体系转变而来的红光发射的 AIE 体系可谓凤毛麟角，主要原因在于原有的红光 ACQ 体系常常具有非常大的 π 共轭和极为刚性的平面结构，很难避免聚集态的 π–π 堆积相互作用。

田禾研究团队的朱为宏教授针对近红外染料母体种类少、既有染料光稳定性差以及传统染料在实际应用中的 ACQ 现象等诸多制约其广泛应用的关键问题，基于分子结构设计源头创新，从染料母体结构设计与波长调控以及提升荧光量子效率等方面入手，巧妙地设计了结构简单、可修饰性强的喹啉腈 AIE 母体结构单元，发展了一系列具有红/近红外发光的高性能 AIE 喹啉腈类荧光染料。具体来说，该探究小组对经典的红光 ACQ 分子 4H-吡喃腈（图 5-5 中的 BD）进行了精巧的修饰。通过将吡喃环上的氧原子替换成烷基取代的氮原子调控了聚集态分子间的堆积方式，最终突破了传统吡喃腈染料体系固态荧光淬灭的局限性，发展了一类以喹啉腈（图 5-5 中的 ED）为母体的新型 AIE 红光染料[90]。AIE 化合物 ED 易于自组装成高效发光的一维微/纳米飘带和微米棒，且其晶态微米棒具有优异的光波导性能。该工作一经发表，美国化学会“Noteworthy Chemistry”的电子周刊便对其进行了 Highlight 专题报道，指出“该工作克服了现有 AIE 类化合物短波长的缺陷，成功拓展了 AIE 的长波长染料体系”。鉴于该工作的创新性和重要性，该研究团队对其申请了专利保护，现已获得授权（中国发明专利 ZL 201210199278.7）。

该研究组还建立了喹啉腈类染料分子结构设计方法，在兼顾波长调控的同时注重提升染料的功能性。例如，为增加喹啉腈类染料的水溶性，他们在分子结构中引入了亲水性的磺酸基。研究发现，磺酸基的取代位置对喹啉腈染料的荧光发射波长和水溶性的影响显著。当磺酸基位于外侧苯环上时，所得化合物 EDPS（图 5-5）在水中不溶且在聚集态下仅发射黄光（λ_{em}=570 nm），而将磺酸基直接连接至喹啉腈环上时（图 5-5 中的 EDS），不仅使喹啉腈染料荧光发射波长保持在红光区域（λ_{em}=610 nm）并且极大地改善了染料的水溶性，为细胞示踪和胰岛素水平的实时监测提供了高性能的荧光探针[91]。该工作受到了国内外同行的广泛关注与认可并入选 ESI 高被引论文。

该研究小组借鉴太阳能电池研究中有机敏化染料分子结构的设计思路，通过精准调控 HOMO 和 LUMO 分子轨道能级，成功将喹啉腈染料的发射波长延伸至近红外区域（>720 nm），并有效提升了荧光量子产率[92]。相比于以苯并吡喃腈为母体的具有相同电子给体的近红外染料，图 5-5 中所示的近红外喹啉腈染料 QM-5 的荧光量子效率显著提升达 75 倍。特别值得一提的是，荧光体系的发光波长和聚集态形貌随着电子给体单元及连接喹啉腈母体与电子

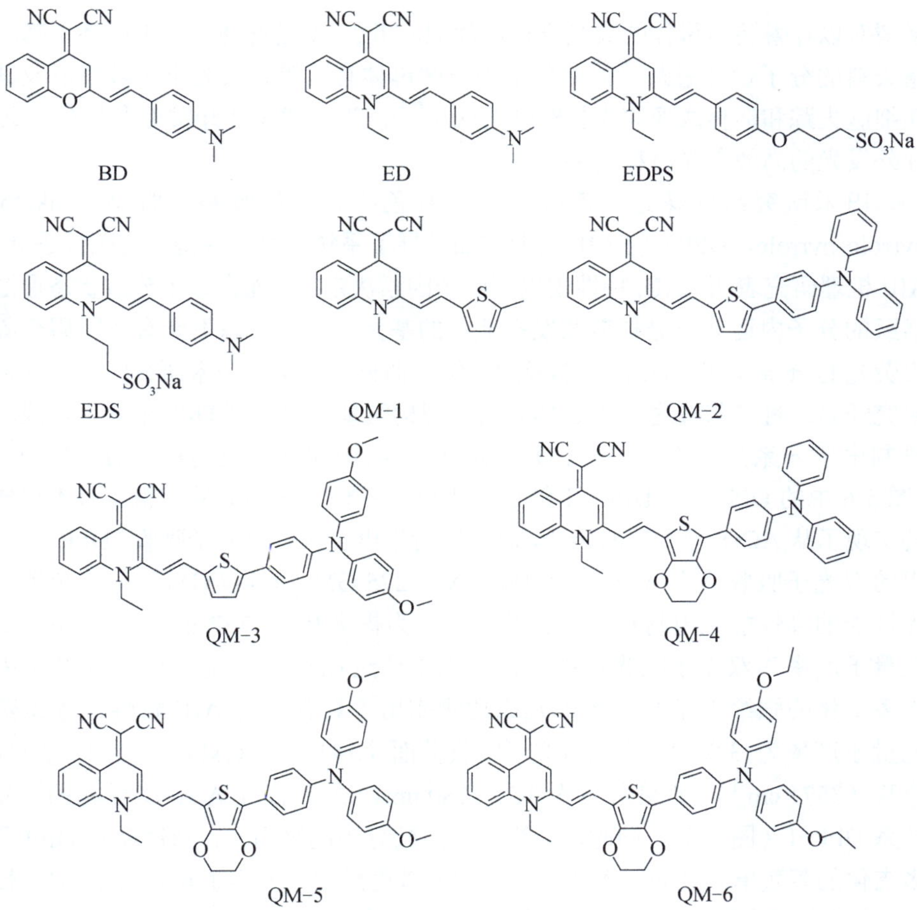

图 5-5 以喹啉腈为母体的新型 AIE 体系的分子结构

给体的 π 桥的变化而显著改变。聚集态下，QM-1、QM-2 和 QM-3 呈现微米棒状形貌，而 QM-4、QM-5 和 QM-6 则形成球状纳米粒子。研究发现，由于聚集态的形貌差异，QM-5 具有比 QM-2 更快的细胞摄取速度和更好的肿瘤靶向性。该工作一经发表就被 *Wiley Materials Views* 和 *Wiley Materials Views China* 分别以"Targeting tumors with AIE nanoparticles"和"近红外染料的肿瘤标记及靶向"为题进行 Highlight 专题评述，指出该工作为"发展高性能近红外染料分子作为活体成像应用中的纳米材料提供了一条新的设计思路"。文章发表至今已被引用 60 次，入选 ESI 高被引论文。相关染料分子结构设计的工作已经申请中国发明专利并获得授权（ZL 201410512468.9）。

鉴于上述重要的创新研究和突出成果，该课题组应 *J. Mater. Chem. C* 编辑邀请对以喹啉腈为母体的荧光染料进行 Highlight 专题综述，详细阐述了喹啉腈染料的分子设计思路、如何利用喹啉腈母体有效提升荧光量子效率以及其在细胞失踪和活体成像等生物医学的应用[93]，为后续设计开发更多具有红/近红外发光的高效荧光材料提供了参考。

田禾研究组的花建丽教授在传统红色染料二酮吡咯并吡咯（diketo-pyrrolo-pyrrole，DPP）的 AIE 转变方面开展了系统研究，取得了突破性进展。AIE 机理研究表明，AIE 特性由以下两个因素决定：①能在分子分散状态通过活跃的分子内运动充分耗散激发态能量的基元；②聚集态下能有效阻碍会猝灭荧光的 π-π 堆积相互作用形成的三维扭曲分子构型。田禾研究组基于前期研究经验，将三苯胺这一 AIE 体系的理想构筑基元整合到 DPP 单元上，成功研制出了一系列具有 D-π-A/D-π-A-π-D 结构和红光发射的 AIE 基元[94]（图 5-6 中的 DPP-Ⅰ、DPP-Ⅱ和 DPP-Ⅲ）。三苯胺与 DPP 的有机结合不仅成功实现了从 ACQ 到 AIE 的转变，而且还衍生出了具有双光子吸收（DPP-Ⅰ～Ⅲ的双光子吸收截面 σ 分别为 188 GM、275 GM 和 447 GM）与双光子荧光性能的高性能光电材料。在此基础上，为提高基于 DPP 的 AIE 体系的荧光量子产率和双光子吸收性能，该研究组通过在拉电子性的 DPP 核芯上引入多支化的强给电子性芳胺单元成功研制出了具有显著 AIE 特性（固态荧光量子产率为 3.0%）、大的双光子吸收截面（σ=10 600 GM）、大的斯托克斯位移（3571 cm^{-1}）、近红外发光（λ_{em}=780 nm）以及 D-π-A-π-D 结构的荧光体系 DPP-1（图 5-6）。同时，为进一步阻断分子的平面性，该团队在 DPP 和多支化的芳胺单元之间插入了缺电子性的苯丙烯腈，得到了具有典型 AIE 性能、大的斯托克斯位移（5649 cm^{-1}）和红光发射（λ_{em}=627 nm）的化合物 DPP-2（图 5-6）。该 AIE 基元的双光子吸收截面（σ=8100 GM）比 DPP-1 略小，但其固态荧光量子产率（11.0%）却比后者更高。这一工作不仅为 ACQ 染料的 AIE 改造提供了新思路，进一步证明了 RIM 机理，还为生物医用领域贡献了性能优异的具有红/近红外发射的双光子材料[95]。最近，该研究组在上述两个工作的基础上，基于三苯胺和 DPP 单元开发了一系列多支化 D-π-A-π-D 型化合物（图 5-6 中的 YJ-1～3），同样得到了固态高效发光（荧光量子产率>6.1%）的具有良好双光子性能（σ>2000 GM）的 AIE 体系[96]，再次验证了通过在 DPP 上引入芳胺基元来实现 ACQ 到 AIE 转变的策略的有效性。

（二）振动型双发射荧光体系的开发、机理探讨及应用研究

基态和激发态具有明显不同的电子构型和/或结构的分子可能具有独特的

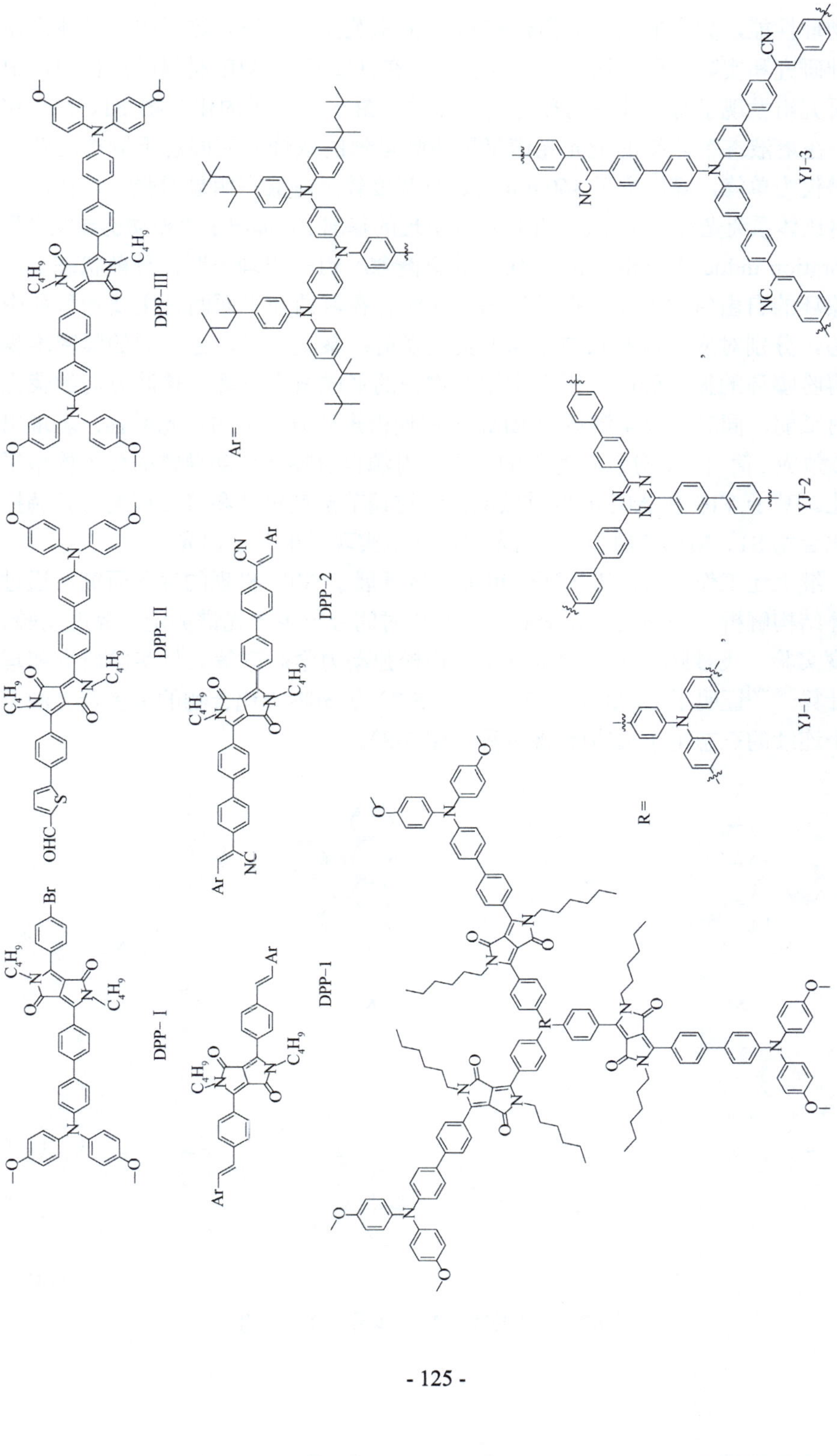

图 5-6 基于 DPP 和芳胺衍生物的新型 AIE 体系的分子结构

光物理性能，如大的斯托克斯位移和/或多重荧光发射等。这样的分子体系在基础研究和实际应用中均具有重要意义。在开发新型 AIE 材料的过程中，田禾研究组发现了吩嗪体系的独特光学性质：图 5-7 所示的化合物 S1、M1 和 M2 在溶液态下测得的荧光光谱呈现清晰可辨的双峰而在固态下测得的荧光光谱仅为单峰，峰位位于 460 nm 附近且强度较之溶液态明显增强[97]。在深入探讨该体系荧光双发射现象产生的内在机理的基础上，提出了“振动诱导发光”（vibration-induced emission，VIE）的新概念。VIE 机理表明：分散状态下，吩嗪环的自由弯曲振动使得激发态下同时存在弯曲和平面两种主要构型和中间态，分别对应短波和长波方向的荧光发射；聚集态下，分子间的紧密堆积使得吩嗪环的振动受限，平面构型的物种的形成概率下降，长波方向的荧光发射减弱，同时，聚集激活的 RIM 过程使得短波方向上的荧光增强，表现出 AIE 效应。简言之，分散状态下的红光发射源自吩嗪环振动导致的分子构型平面化。基于 VIE 和 AIE 的双重效应，通过调节溶剂极性和聚集程度有效调控了化合物 S1、M1 和 M2 的发光光谱，甚至实现了单分子白光。

继上述工作之后，田禾研究组进一步开展了 VIE 机理的深入研究。通过晶体结构解析、稳态荧光光谱测试、纳秒时间分辨荧光光谱测定、黏度实验、温度实验、飞秒瞬态荧光测试以及结构松弛动力学研究等大量实验研究和理论计算[98,99]证明了 DPAC 和 FIPAC（图 5-7）等吩嗪类化合物的多色荧光源于一个连续的三态电子/结构弛豫过程（图 5-8）。

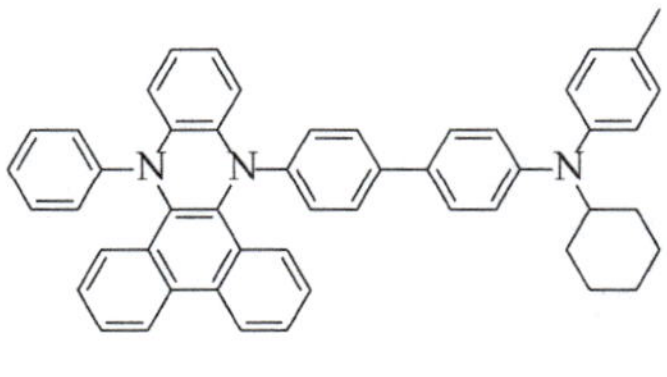

S1

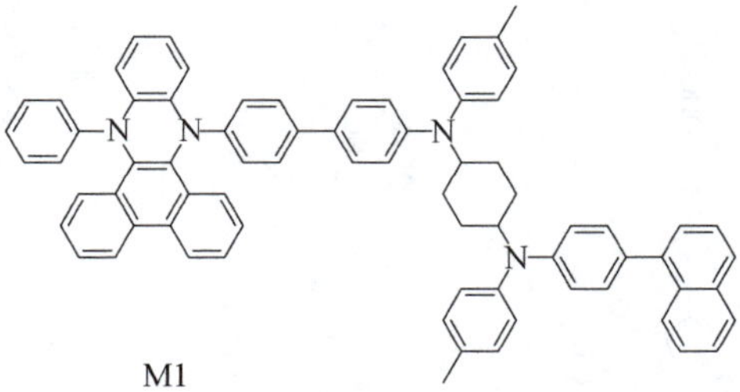

M1

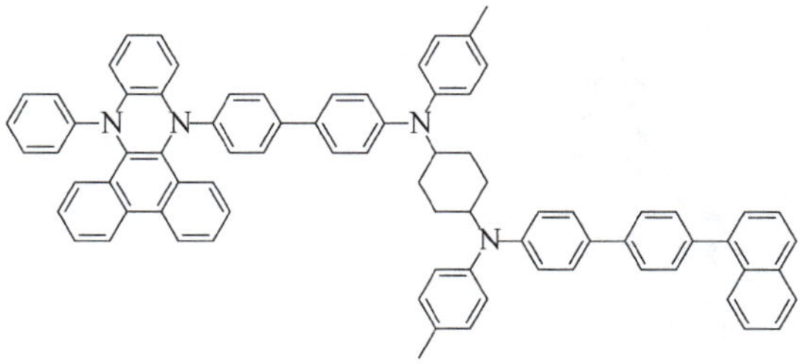

M2

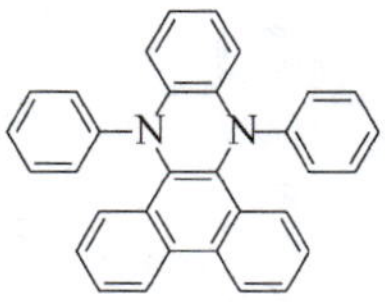

DPAC

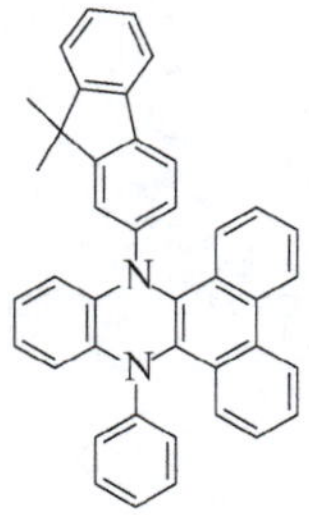

FIPAC

图 5-7　基于吩嗪的 VIE 体系的分子结构

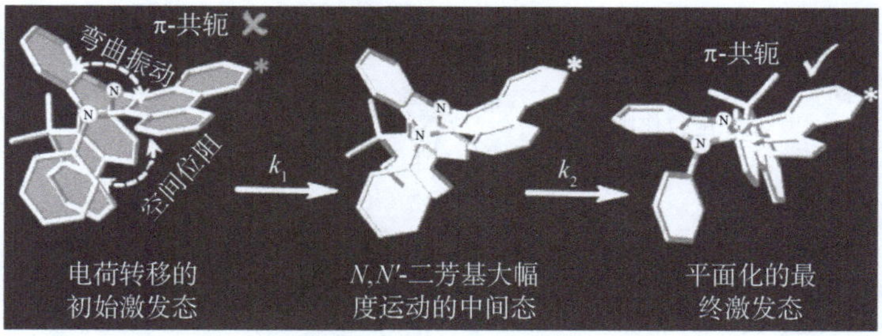

图 5-8 VIE 机理示意图[98]

最近，该研究组基于 VIE 机理开发了更多具有蓝-红（橙）双发射的 VIE+AIE 新体系并通过结构修饰拓展了相关应用。由于分子内振动与分子所处微环境密切相关，因而 VIE 体系具有优异的环境敏感性，同时，VIE 分子的本征双发射使得其对外界刺激（黏度、温度、极性及被测物浓度变化等）呈现比率式响应。研究表明，VIE 体系具有如下特点：①从原理上来说，VIE 过程是激发态下分子构型平面性的本征变化过程；②这一不同寻常的光物理现象（双发射）可在相对分散的状态如溶液态下被观察到，有利于机理的确定；③基于 VIE 的荧光体系常常表现出非常大的斯托克斯位移（可达 250 nm），对实际应用来说极具吸引力；④更重要的是，VIE 体系发光颜色的变化可以即时反应分子构型的变化，基于 VIE 机理的荧光响应时间在微米尺度内，能快速地捕捉动态过程。鉴于 VIE 机理的诸多优点，该研究组研发了可用于重金属离子识别的自带“内参”的新型荧光探针，发展了新的检测机制。通过在化合物 DAPC 的苯环上简单修饰能与汞离子配位的胸腺嘧啶基团，成功制得了能特异性识别汞离子的比率型荧光探针 DBPST[100]。随着汞离子浓度的增大，该探针的蓝光发射由于 AIE 效应而逐渐增强，而红光发射仅稍稍降低，因此这一由振动诱导的红光发射（VIE）可以作为探针体系的内参，而蓝光和红光区域的发射强度的比值则可作为内置校准，大大提高了信噪比（图 5-9）。基于 VIE 机理的比率式荧光探针明显优于那些具有复杂分子结构或者需要额外添加参比的比率式荧光探针体系。该概念验证性工作完美阐释了 VIE 机理在化学传感中的应用潜能，为新型化学传感器的设计提供了新思路。

进一步地，田禾研究组的贺晓鹏副研究员将 VIE+AIE 体系的应用拓展到了生物检测领域[101]。通过简便的亲水性修饰制得了季铵盐化的 DPAC 衍生物 VN（图 5-10）。当神经退行性疾病如阿茨海默症的疾病指标 β 淀粉体（Aβ 多肽）被加入至 VN 的缓冲溶液中时，VN 与 Aβ 多肽之间相互结合，限制了吩嗪环从弯曲到平面的分子内振动，使得体系的总体荧光颜色从红色（600 nm）

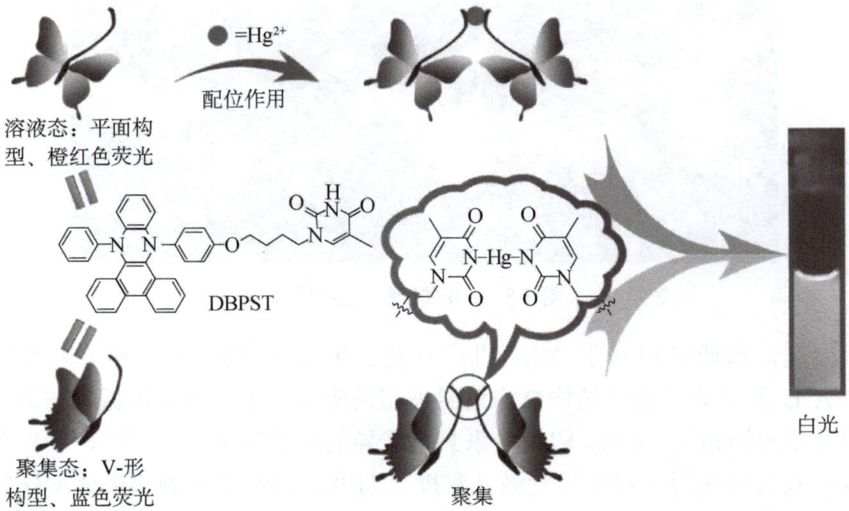

图 5-9 探针 DBPST 的分子结构及其检测汞离子的机理示意图[100]

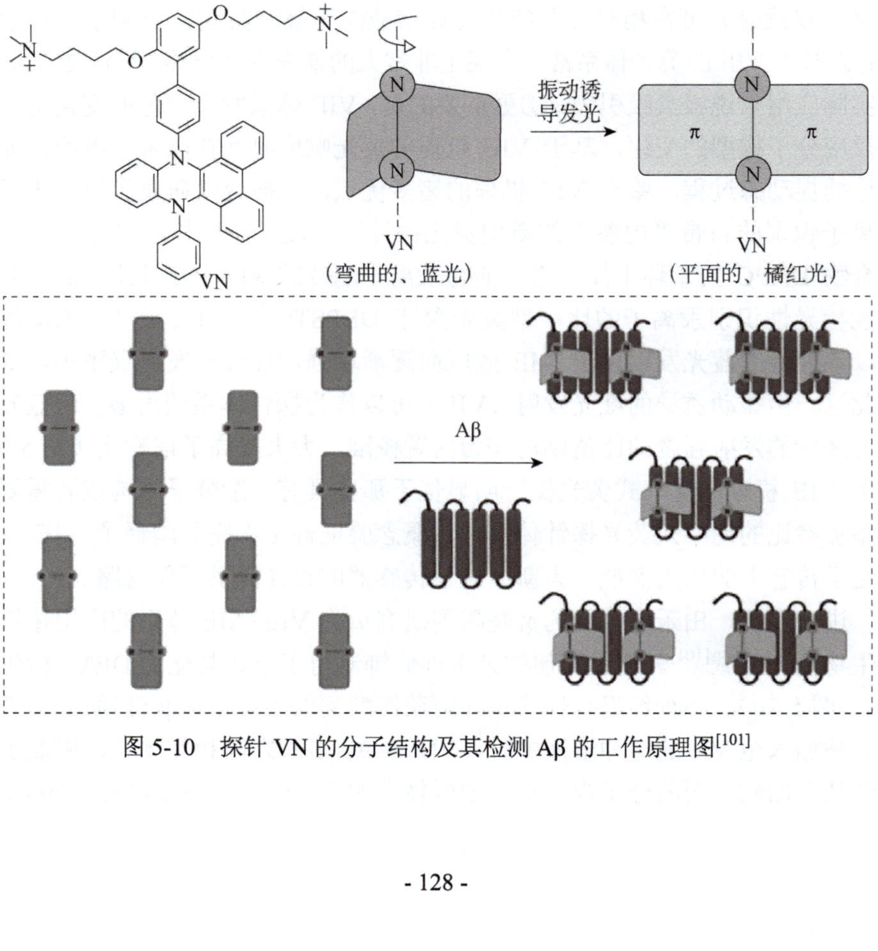

图 5-10 探针 VN 的分子结构及其检测 Aβ 的工作原理图[101]

经由白色变化至蓝色（470 nm），实现了 Aβ 的比率式荧光检测（图 5-10）。荧光响应的比值（I_{470}/I_{600}）与 Aβ 的浓度和纤维化时间成正比。该探针也被证明可用于转基因小鼠大脑海马体中小的 Aβ 斑块的显影。这一开创性的工作为基于 VIE 体系构筑荧光生物探针提供了依据。

（三）聚集诱导发光体系的功能化及其应用探索

1. 化学传感体系

田禾课题组基于聚集诱导发光开发了若干化学传感体系。例如，利用星形多支化 AIE 化合物（图 5-4 中的 SBCHO）的高效固态荧光、“类金字塔”非平面分子构型以及疏松的分子堆积方式，开发了能以肉眼可见的荧光“开-关”方式简便快速地检测氯气（Cl_2）的固态化学剂量计[82]。因其创新性与重要性，该工作发表至今已被引用 302 次，入选 ESI 高被引论文。

2013 年，田禾研究组的花建丽教授利用 RIR 策略，基于三苯胺结构单元和三苯基均三嗪基元构筑了全新的 AIE 体系，并通过在其分子结构中引入具有汞离子配位能力的胸腺嘧啶基元（图 5-11）制得了聚集态具有红光发射和大的双光子吸收截面（σ=3328 GM）的汞离子化学传感器[102]。探针 TPA-TA-T 与汞离子共存时，胸腺嘧啶与汞离子的配位作用引起发色团聚集，从而激活 RIM 过程而呈现荧光开启（AIE）效应。该探针对汞离子表现出优异的选择性和灵敏度，而在此之前报道的汞离子探针绝大多数都是基于传统的具有 ACQ 效应的荧光材料，因而它们的荧光响应常常以“关闭”（turn-off）模式呈现。这一工作不仅为汞离子的检测提供了高效的新型荧光探针，也为其他重金属离子探针的分子设计提供了指导。

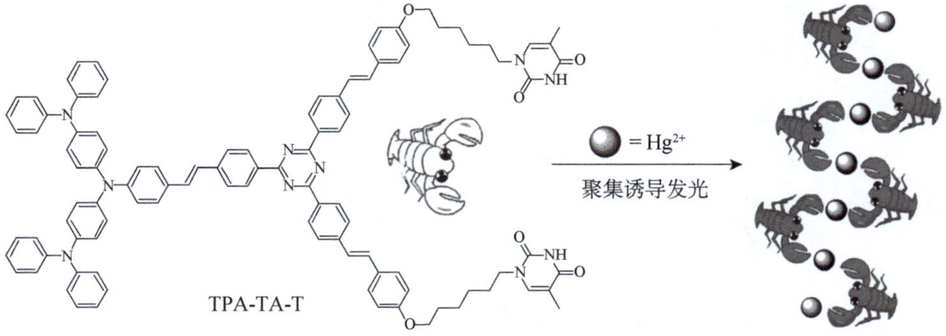

图 5-11　基于 AIE 特性的荧光开启式汞离子化学传感器及其检测原理图[102]

2. 生物探针体系

近年来，荧光材料在生物领域的应用受到了越来越多的关注，在短短六年间诞生的两个与荧光材料的生物应用密切相关的诺贝尔化学奖（2008 年和 2014 年）充分证明了这一点。AIE 材料作为一类新兴而又独特的发光材料，在生物检测和生物成像等领域的应用也越来越引人注目。田禾研究组在基于 AIE 特性的生物探针体系的研发方面取得了不错的成果。

在生物检测方面，该研究组的花建丽教授做了不少开创性的工作。他们以二苯并[*a*，*c*]吩嗪基元为电子受体、甲氧基取代的三苯胺基元为电子给体，构筑了具有 D−A 结构的可用于溶血磷脂酸（lysophophatdic acid，LPA）检测的近红外荧光探针体系 TDBP[103]。TDBP 分子上长的烷基链和吡啶盐（图 5-12）使得 TDBP 可溶于体积比为 1∶1 的水和二甲亚砜的混合溶液中。在此情形下，具有 AIE 活性的 TDBP 仅微弱发光。同时，长的烷基链与吡啶盐使得 TDBP 与 LPA 分子通过疏水作用和静电吸引而发生相互作用，所形成的 TDBP−LPA 复合物在该检测介质中溶解度低，进而发生聚集，使得 RIM 过程被激活，荧光被开启。这是第一个利用 AIE 机理检测溶血磷脂酸的工作。由于溶血磷脂酸在刺激癌细胞增殖和促进血小板聚集等方面发挥着关键作用，溶血磷脂酸与恶性肿瘤等疾病密切相关，因此，这一检测工作意义重大。值得一提的是，TDBP 的近红外发光能有效提高信噪比，从而使得探针具有高选择性和高灵敏

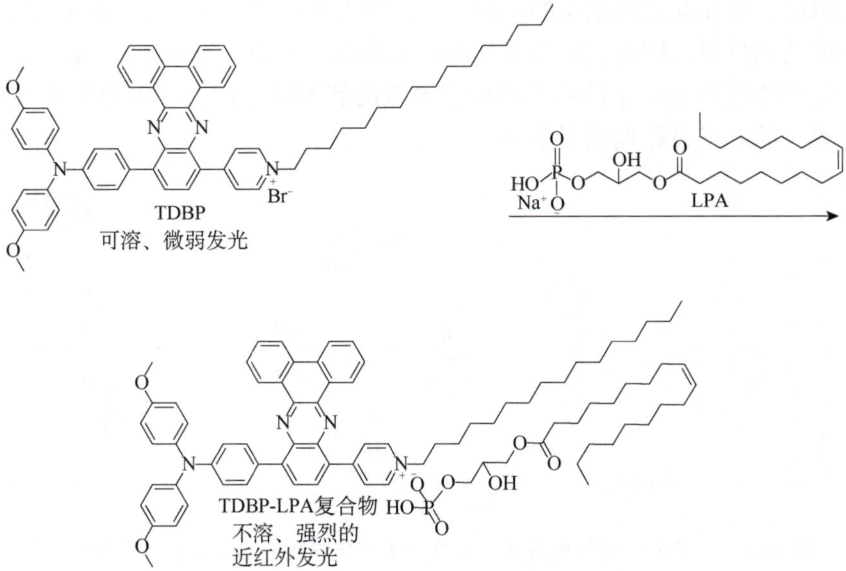

图 5-12　AIE 化合物 TDBP 的分子结构及其检测溶血磷脂酸的工作原理

度。TDBP 对溶血磷脂酸的检测限低至 0.4 μmol/L，而人体血浆中溶血磷脂酸的生理浓度范围为 0.1～6.3 μmol/L，意味着该探针有望被用于临床检测。胎牛血清中溶血磷脂酸的定量实验更是充分展现了这一应用前景。

基于 AIE 机理，花建丽教授还开发了若干可用于其他肿瘤标记物如柠檬酸的检测的荧光探针。2016 年年初，他们报道了首例基于 AIE 特性开发的柠檬酸荧光探针[104]。该工作所报道的荧光探针 DPP-Py1 和 DPP-Py2 的分子结构如图 5-13（a）所示。他们以 DPP 和三苯胺的加合物为近红外荧光发色团，以吡啶基上对称的二胺单元为识别基团，实现了柠檬酸的高选择性快速检测。DPP-Py1 和 DPP-Py2 对柠檬酸的响应模式分别为比率型和荧光开启式。DPP-Py1 具有比 DPP-Py2 更好的检测精度、更高的灵敏度、更低的检测限（0.18 μmol/L）以及更好的 pH 值稳定性。研究表明，在柠檬酸存在下，检测体系红色荧光的增强源自探针分子吡啶基上的对称二胺基团与柠檬酸的复合作用导致的 AIE 效应。相比于经典的指示剂移位法（indicator-displacement assay），这一基于 AIE 效应的新方法更加简便快速。DPP-Py1 和 DPP-Py2 在尿液和血清中对柠檬酸的定量检测展示了其应用于真实生物样品的潜力。

鉴于柠檬酸在肿瘤等疾病诊断中的重要意义，花建丽教授等于近期开发了另一个基于聚集诱导发光的荧光点亮式柠檬酸探针[105]。DTPA-TPY-Zn 为三芳胺基三联吡啶（DTPA-TPY）与锌离子的配合物，其分子结构如图 5-13（b）所示。DTPA-TPY 具有分子内电荷转移和 AIE 特性，在聚集态发射强烈的黄绿光，而其与锌离子配位后生成的 DTPA-TPY-Zn 则在聚集态和溶液态几乎

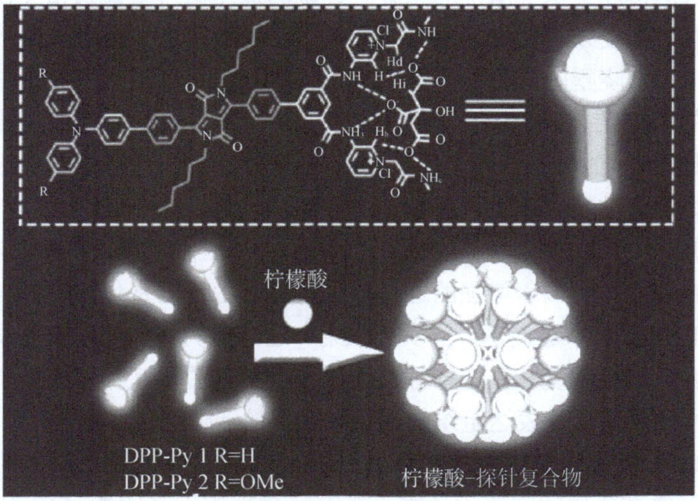

（a）DPP-Py

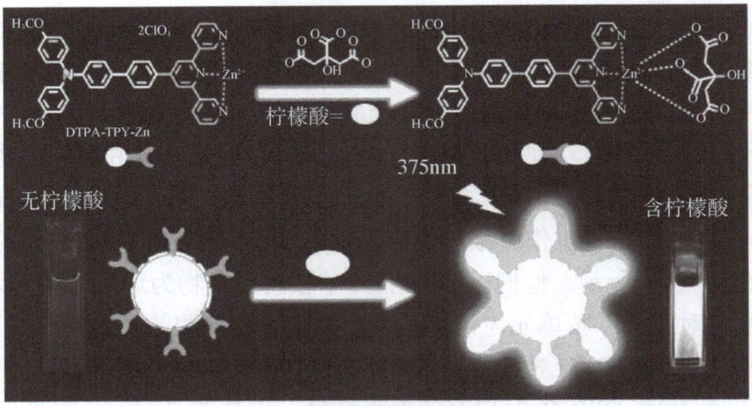

(b) DTPA-TPY-Zn

图 5-13　DPP-Py 和 DTPA-TPY-Zn 的分子结构及其检测柠檬酸的原理[104,105]

都不发光。当向 DTPA-TPY-Zn 的聚集体系中加入柠檬酸后，柠檬酸与探针的配位作用消除了锌离子对 DTPA-TPY 的猝灭效应，使得 DTPA-TPY 的聚集态荧光重新恢复，整体表现出对柠檬酸的荧光开启式检测。该荧光探针具有优异的选择性和高的灵敏度（检测限为 0.35 μmol/L）。尿液中柠檬酸的成功定量充分展现了该“一步”直接法在临床实际样品检测中的实用性。

凝集素是一类可被糖基识别的蛋白质，它们广泛分布在天然植物和哺乳动物的细胞和组织中。糖与凝集素之间的特异性相互作用调控着大量的生理和病理过程。因此，高灵敏度和高选择性地探测糖与凝集素之间的相互作用将为基础科学和疾病诊疗提供实质性的见解。传统的探测糖与凝集素相互作用的方法常依赖于耗时、复杂且昂贵的免疫荧光技术。为解决这一问题，田禾研究组的花建丽教授和贺晓鹏副研究员基于 AIE 机理共同研发了用于探测糖与凝集素的相互作用的新型荧光探针[106]。他们在上文介绍的聚集态具有近红外光发射的 DPP-Ⅲ（图 5-6）的分子结构上通过高效的铜催化叠氮-炔烃 1,3-偶极环加成反应分别修饰上了甘露糖和半乳糖基元，得到了糖基化的 DPP 衍生物 DPPM 和 DPPG（图 5-14）。DPPM 和 DPPG 在水溶液中几乎不发光，而一旦与其对应的凝集素结合便能发射显著增强的近红外光。这是由于糖基化的探针与凝集素复合激活了 RIM 过程，进而诱导了荧光发射。这是首例基于聚集诱导发光构筑的在近红外区域高灵敏度和高选择性检测糖和凝集素的相互作用的糖基化探针，有望被应用到凝集素过表达组织的低背景干扰的活体成像中。

利用 AIE 机理构筑生物探针体系，除了对 AIE 基元进行适当的结构修饰外，还可以通过巧妙的实验设计将不带有特异性识别基团的 AIE 化合物直接应用于生物物种的检测。最近，田禾课题组的贺晓鹏副研究员和梅菊博士就合作报道了这样的一个研究实例[107]。他们利用具有 AIE 活性的噻咯衍生物 DES 的纳米聚集体与糖基吡喃腈染料通过超分子溶液自组装的方法制得糖基纳米粒子（AIE-GNP）。绿光发射的 DES 纳米聚集体与糖基吡喃腈 DK1 或 DK2 复合后由于两者之间的荧光共振能量转移（Förster resonance energy transfer）而呈现出后者的红色荧光。如图 5-14 所示，当检测体系中存在 Aβ 多肽时，糖基纳米粒子整体富集在 Aβ 纤维上，由于 ACQ 效应使得 DK1 或 DK2 的荧光被淬灭，而 DES 的 AIE 效应被显露，体系呈现 DES 的荧光，实现了 Aβ 的比率式荧光检测。而当向糖基纳米粒子体系加入与 DK1 或 DK2 对应的凝集素时，由于糖基化荧光分子 DK1 或 DK2 与凝集素结合，DES 的纳米聚集体被

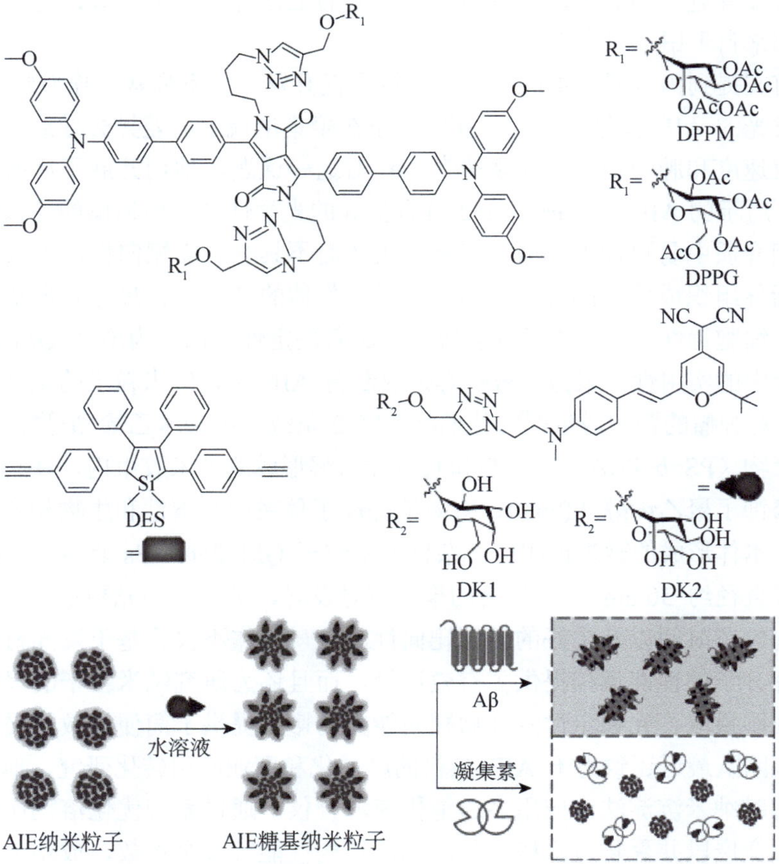

图 5-14 糖基化 DPP 衍生物、DES、DK1 和 DK2 的分子结构及 DES、DK1 和 DK2 体系区别性检测 Aβ 纤维和凝集素的原理图[107]

释放，探针体系呈现出与 Aβ 纤维检测时不同的比率式荧光响应，从而实现了单一荧光探针对 Aβ 纤维与凝集素的区别性检测。这一工作为基于各种 AIE 化合物以及其他发光材料开发可用于生物大分子的比率式检测的多功能新型荧光探针提供了新思路。该工作一经发表便被 *Wiley Materials Views China* 以“一箭双雕：超分子糖基 AIE 比率探针”为题进行 Highlight 专题评述，显示了该工作的重要意义。

AIE 基元最振奋人心的应用在生命科学和生物医学工程领域。AIE 纳米粒子的高亮度、优异的光稳定性、不闪烁性、良好的生物相容性、高效的细胞摄取性和长时间的细胞内停留能力以及大的光学非线性等优点使得其可被用于细胞长时示踪和深度组织的显影。在这个研究方向上，除了新加坡国立大学的刘斌课题组与唐本忠研究组合作开展的工作外，全球多数具有影响力的工作都来自于田禾研究组。

前文提到田禾研究组的朱为宏教授不仅开发了一系列基于喹啉腈的红/近红外发光的 AIE 体系还发现了探针分子在聚集形貌上的差异会导致不同的细胞摄取速度和肿瘤靶向性的规律[92]，针对这一课题，他们开展了后续研究。图 5-5 所示的 AIE 化合物 QM-2 具有优异的光学性能，但遗憾的是该化合物在水相介质中易自发形成微米棒状聚集体而不具有肿瘤靶向性，大大限制了它在活体组织成像中的应用。由于染料聚集体的亲水性、尺寸和形状在细胞摄取、细胞毒性及肿瘤成像性能等方面起着决定性作用，为增强 QM-2 在组织成像中的实用性，朱为宏教授等采取制备 AIE 杂化纳米粒子的策略实现了 QM-2 对肿瘤的靶向成像[108]。他们将 QM-2 负载在由聚苯乙烯-*b*-聚丙烯酸嵌段共聚物（PS-*b*-PAA）自组装和有机硅水解形成的纳米胶束内，在纳米胶束外围修饰了聚乙烯醇（PEG），有效地提高了体系的水溶性和生物相容性。与 QM-2 本体形成的微米棒相比，杂化纳米粒子 QM-2@PNPs 具有均一的球形结构（直径约 30 nm）、更显著的聚集诱导发光、更优异的光稳定性、更长的细胞内停留时间以及更好的肿瘤靶向性。这一工作不仅为基于发光材料的生物探针分子的性能调控提供了有效途径，而且还为研究纳米粒子的尺寸与形状对细胞摄取、光稳定性及肿瘤靶向能力的影响提供了简便高效的平台。此外，该团队最近还致力于 AIE 染料的产品化和商业应用转化研究，他们创新采用瞬时纳米沉淀法，应用多通道快速混合仪，通过系统优化溶剂比例、流速，改变嵌段共聚物疏水核部分的刚性结构性能等多个参数，成功地实现了对喹啉腈染料的聚集态可控制备。

在生物成像应用中，与传统单光子荧光成像相比，双光子荧光成像技术具有更大的组织穿透深度、更低的组织自体荧光干扰以及更小的光损伤等诸多优点，因而更具吸引力和应用前景。田禾研究组的花建丽教授充分结合自身研究特色，利用 AIE 机理开发了一系列性能优异的双光子材料特别是发射红光的双光子体系并将其应用于活体细胞/组织的双光子成像，取得了国内乃至国际领先的研究成果。2014 年，他们设计合成了以带有烷基链的多支化三苯胺封端的1,3,5−三苯基三嗪衍生物 ATT−1、ATT−2 和 ATT−3（图 5-15）[109]。这三个染料均具有显著的 AIE 特性和良好的双光子吸收性能，在氯仿中测得的双光子吸收截面分别为 2756 GM、4750 GM 和 10 003 GM。细致的构效关系研究表明，随着多支化电子给体数目的增加，三嗪衍生物的 AIE 效应增强且双光子吸收截面增大。在 HeLa 细胞成像实验中，ATT−1、ATT−2 和 ATT−3 均能使细胞在单光子和双光子激发下成像，且 ATT−3 的显影效果最佳。这一工作为开发同时具有大的双光子吸收截面和高荧光量子产率的固体材料及荧光探针提供了指导。继该工作之后，他们又开发设计了 D−A−D 型双光子荧光染料 TPETP1 和 TPETP2[110]。通过简单的铃木偶联反应制得四苯基乙烯（TPE）封端的荧光化合物 TPETP1 和 TPETP2，其中，芳胺和 TPE 为电子给体，[1,2,5]噻二唑[3,4−*c*]吡啶（PT）为电子受体。TPETP1 和 TPETP2 具有 AIE 特性和红光发射，其荧光量子产率分别为 7.3%和 5.5%，高达 6030 GM 和 2360 GM 的双光子吸收截面充分证明了这两个新的 AIE 化合物的双光子性能。光学性能更优的 TPETP1 展现了良好的活体细胞的双光子成像能力。

除了活体细胞的双光子成像，该研究组还将其通过 ACQ 到 AIE 改造的 DPP 衍生物应用在了活体组织的双光子成像中[95]。将双光子性能优异的 DPP−2（分子结构见图 5-6）用磷脂酰乙醇胺−聚乙二醇 2000−马来酰亚胺（DSPE−PEG−Mal）包裹制备成纳米粒子后在其表面修饰上具有细胞穿透能力的多肽（CPP），得到了 DPP−2−CPP 的 AIE 纳米粒子。这些 AIE 纳米粒子具有良好的水分散性和优异的生物相容性，又因其均一的球状形貌、优异的双光子吸收性能（纳米粒子的 σ 高达 534 000 GM）、高效率近红外/红光发射、良好的光稳定性等诸多优点被用于单光子活细胞成像和血管的双光子荧光成像。研究表明，DPP−2 的 AIE 纳米粒子的细胞毒性低、成像信噪比高、无闪烁而且还可显示小鼠耳部皮肤组织中 80 μm 深处的血管结构。在此工作之后，他们又开展了以四苯基乙烯封端的 DPP 衍生物的双光子性能及双光子成像的研究[111]。图 5-15 中所示的四个 DPP−TPE 衍生物因其大的 D−π−A−π−D 电子结构、多重芳香性转子和扭曲的三维构型而具有红光发射、双光子性能（包括吸收和荧光）和 AIE 特性。DPP−TPE−3 具有最大的双光子吸收截面

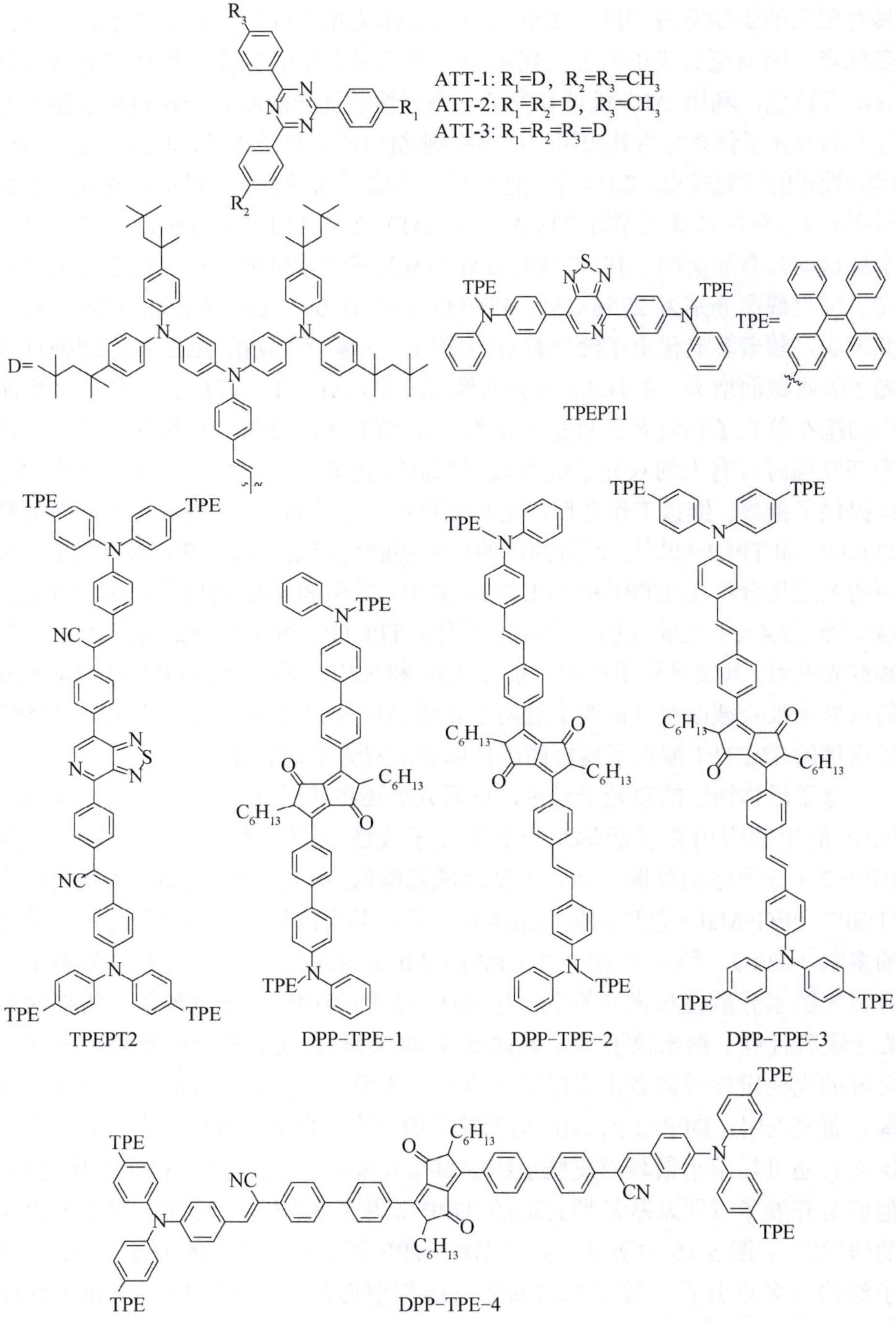

图 5-15 用于活体细胞或组织成像的 AIE 双光子体系的分子结构

（σ=1140 GM）、仅次于 DPP-TPE-1 的绝对荧光量子产率（Φ=29.3%）和最大的双光子活性截面（$\sigma\Phi$=334 GM），因此被选为用于生物成像的荧光探针。利用有机物修饰的二氧化硅纳米粒子包裹负载 DPP-TPE-3，制得平均尺寸为 25 nm 的形貌均一的球形纳米粒子。这些纳米粒子在细胞和血管成像中表现突出，甚至可使 100 μm 处的小鼠耳朵血管清晰可见。上述双光子 AIE 探针均具有良好的应用前景。

3. 刺激响应性体系

结合他们在超分子自组装以及光致变色领域的研究，田禾研究组在开发具有刺激响应性的 AIE 体系的方面做出了重要贡献。

2014 年，该研究组马骧教授构筑了以吡啶基功能化的四苯基乙烯 TPE-Py（图 5-16）和磺化环芳烃分别作为客体分子和主体单元的超分子体系[112]。所得超分子聚合物体系具有显著的 AIE 性能和非常有趣的 pH 值响应性：在纯水溶液中，随着 pH 值的增大，超分子组装体逐渐解体，不溶于水的 TPE-Py 分子自发聚集，体系荧光由黄色变为绿色，而当 pH 值减小时，超分子体系重新组装，使得荧光由绿色恢复为黄色；而在水和四氢呋喃的体积比为 1∶1 的混合溶液中，由 pH 值改变引起的溶解性变化使得荧光在明-暗态之间反复切换（图 5-16）。这一 pH 值可控的超分子聚合物的设计策略克服了常规超分子荧光聚合物体系中的 ACQ 问题，为发展更多超分子智能材料开辟了新途径。

2016 年年初，田禾研究组马骧教授与岭南师范学院王胜教授合作研发了具有热响应性和光致变色性能的 AIE 体系[113]。他们将 AIE 基元（即四苯基乙烯）、激发态分子内质子转移（excited-state intramolecular proton transfer，ESIPT）单元（即亚水杨基苯胺）和凝胶因子（即胆固醇基元）三者有机结合，成功制得了同时具有 AIE 和 ESIPT 性能的荧光体系 T1 和 T2（图 5-17）。T1 与 T2 之间微小的结构差异导致了其性能上的显著不同：①化合物 T1 在所有选用的有机溶剂中都不能形成稳定的凝胶，而 T2 则能在环己烷中成胶，而且由于溶胶-凝胶转变和 AIE 特性，T2 在环己烷溶液中的荧光强度具有明显的温度依赖性；②TPE 基元扭曲的空间构型使得 T1 和 T2 的分子排列较为疏松，而比 T1 多一个苯环的 T2 则具有更为疏松的分子排列，因而顺-反和醇-酮式的光致异构化转变可以在聚集态（如凝胶态）下进行，从而使得紫外-可见吸收光谱发生变化。换言之，T2 凝胶同时具有热响应性和光致变色性能。该研究工作为开发新的热/光响应性 AIE 体系提供了新思路。

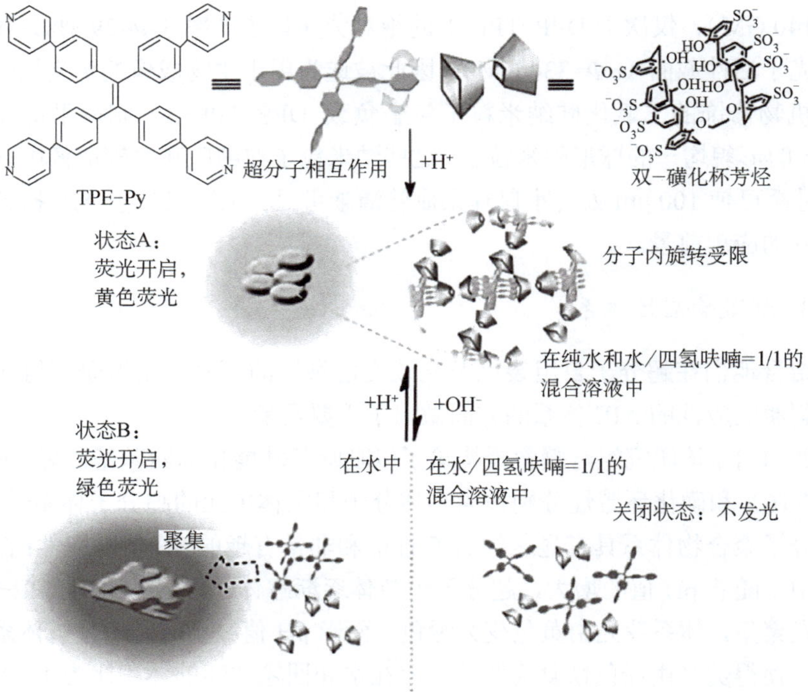

图 5-16　基于 AIE 特性的 pH 响应性超分子体系[112]

光致变色材料对分子逻辑门、数据记录与存储、多光子器件、纳米器件以及光电器件等领域来说极具吸引力。近年来，基于光致变色分子开关，制备可在分子或超分子水平工作的光电器件的研究备受关注。此外，光开关化合物在传感、自组装以及光控生物体系中也发挥着重要作用。荧光光致变色材料是众多多功能型光致变色体系中最受关注的一类。尽管如此，光致变色 AIE 体系以及 AIE 分子开关的开发却是 AIE 研究领域鲜少被触及的方向。为拓展具有 AIE 性能的光致变色体系，马骧教授与王胜教授继续合作开展了相关研究，并于近期成功研发了四个全新的光致变色 AIE 化合物[113]。通过将原型 AIE 基元四苯基乙烯和三苯基乙烯与最为经典的光致变色基元二噻吩乙烯巧妙融合，制得了荧光分子 BTE-AIE1、BTE-AIE2、BTE-AIE3 及 BTE-AIE4（图 5-17）。这四个 AIE 化合物在溶液中不发光而在聚集态下则发射强烈的黄绿光。溶液状态下，在紫外光（254 nm）和可见光的交替辐照下，BTE-AIE1 和 BTE-AIE3 的溶液颜色在红色和无色之间反复变换，BTE-AIE2 和 BTE-AIE4 的溶液颜色则在紫色和无色之间来回切换。在聚集态/固态下，经过 254 nm 的紫外光辐照后，这些化合物的分子结构呈现闭环状态，荧光被淬灭，经过可见光照射后，分子重新呈现开环状态，荧光相应恢复。化合物固体表观颜色

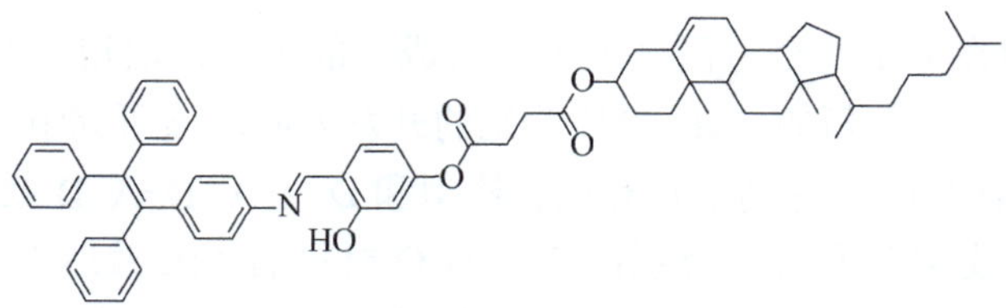

T1

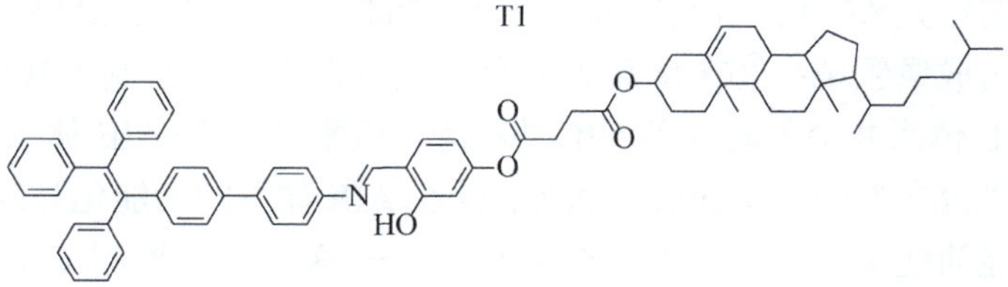

T2

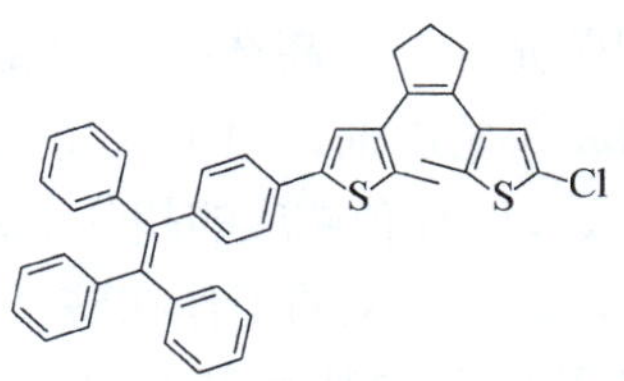

BTE-AIE1

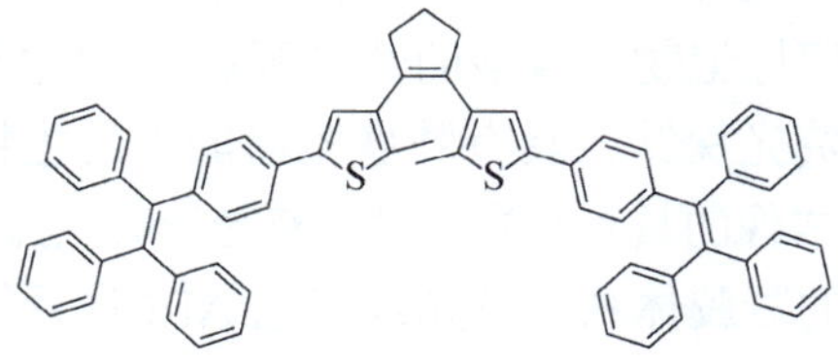

BTE-AIE2

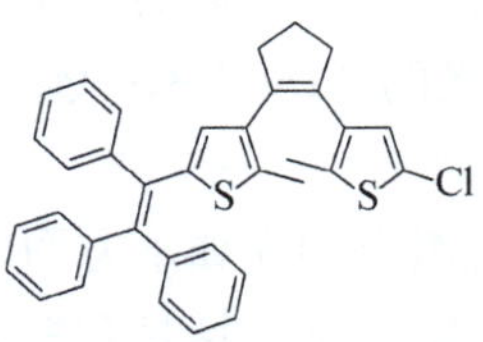

BTE-AIE3

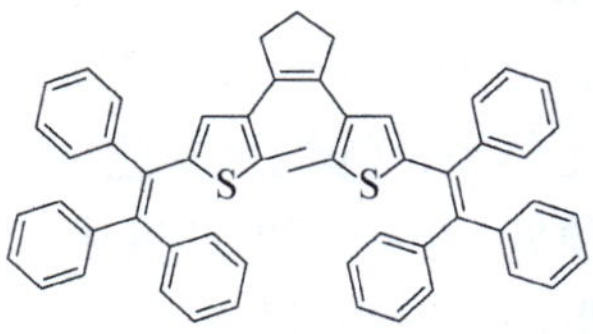

BTE-AIE4

图 5-17 新型热/光响应性 AIE 化合物的分子结构

随着紫外光和可见光辐射的变化与其在溶液中的变化一致。上一工作中[114]，AIE 化合物 T2 的光致变色性能仅能通过紫外-可见吸收光谱测得，而此工作中所开发的 AIE 体系的光致变色性能则可同时通过紫外-可见吸收光谱、荧光光谱及肉眼观察到。该类光致变色 AIE 材料有望被用于光学存储、光刻图案化、光控分子开关以及超分辨荧光成像等高新技术领域。据了解，这是迄今全球第五篇报道 AIE 光致变色体系的工作，前四篇均出自韩国首尔大学的 Soo Young Park 课题组，由此可见，该工作将奠定我国在该研究方向上的领先地位。

三、研究总结与展望

简而言之，田禾研究组在 AIE 领域的研究特色鲜明且重点明确。具体来说，该研究组在如下几个方面开展了富有成效的工作，取得了突破性的进展和突出的成果：①在新的 AIE 母核单元的开发方面，该研究组贡献了若干新型 AIE 核心结构单元，特别是具有星状构型和 D-π-A、D-A-D 或 D-π-A-π-D 电子结构的多支化新型 AIE 体系；②在 ACQ 材料的 AIE 改造方面，成功将几类经典的红光 ACQ 材料改造成具有 AIE 特性的高性能荧光材料并将其用于生物检测与成像领域；③在特殊 AIE 体系的开发方面，研制了具有 VIE 效应的特殊 AIE 体系并深入研究了 VIE 的机理，探索了 VIE+AIE 体系的应用，开发了自带“内参”的比率式荧光探针；④在 AIE 体系的功能化与应用拓展方面，贡献了能简便快速地以肉眼可见的荧光“开-关”方式检测 Cl_2 的固态化学剂量计、荧光开启式高灵敏度汞离子探针、溶血磷脂酸的荧光开启式近红外探针、肿瘤标记物柠檬酸的荧光开启式/比率型荧光探针、高选择性和高灵敏度凝集素荧光探针、具有肿瘤靶向能力的生物成像显影剂、用于双光子活体细胞/组织成像的具有红光发射的双光子荧光探针、以 pH 值响应的超分子聚合物、热响应的凝胶体系以及光致变色 AIE 体系等。该研究组的工作在整个 AIE 研究中占据重要地位，在以下几个方面形成了自己的特色和优势：①具有 D-π-A、D-A-D 或 D-π-A-π-D 电子结构的多支化 AIE 体系；②红/近红外发光的 AIE 体系；③双光子吸收和双光子激发发光的 AIE 体系；④具有 VIE 性能的双发射荧光体系；⑤光致变色 AIE 体系。

由此可以预见，在今后的研究中，田禾研究组有望在如下方面取得重大突破：①新型聚集诱导发光母体结构单元的研发，特别是包括具有振动诱导发光（VIE）性能的 AIE 体系在内的振动型聚集诱导发光体系；②VIE 现象的机理探索与更深入的研究以及与之相关的成熟理论体系的建立；③振动型聚集诱导发光体系（包括 VIE 体系）的发光效率的提高及其在光电器件、化学传感以及生物医用领域的进一步应用；④光可控、光致变色的功能性 AIE 体系的开发及其在分子开关、光刻图案化以及超分辨荧光成像中的应用；⑤喹啉腈等红/近红外发光的 AIE 体系的扩展与放大生产，以及吸收与发射均位于长波区域特别是红/近红外区的高效率 AIE 染料的研制；⑥具有大的双光子活性吸收截面的 AIE 体系的开发，特别是具有红/近红外发光的双光子体系的进一步优化与生物应用。

四、AIE 研究领域发展中存在的问题与建议

中国科学家是 AIE 研究领域的开创者、先驱和中坚力量。在过去 15 年里，我国在 AIE 研究领域取得了令人瞩目的成绩，尽管如此，该领域也存在着一

些问题。例如，AIE 机理虽然已经基本统一，但深度稍显不够，成熟的理论模型尚未完全建立。虽然近期唐本忠研究组已经提出分子内运动受限机理的理论雏形，指明了影响构象柔性、分子内运动幅度以及激发态能量耗散的多种因素[44]，但这些因素之间具体的数学关系以及它们与激发态能量耗散之间的函数关系尚不清楚。同时，虽然 AIE 材料的种类已十分丰富，但都还未能真正应用于生产实践与实际生活，科学研究与生产实践脱节是中国光电材料研究领域普遍存在的问题。材料性能的优化不够、大规模制备的工艺不具备、应用出口不明确、科研工作者的商业化意识不足、实验室研究与工业生产或者商业开发之间的对接不到位等种种原因导致了 AIE 材料的实际应用尚处于初始阶段。特别值得指出的是，虽然 AIE 概念已经在科研界耳熟能详，但 AIE 领域目前的国际认可度还有待进一步加强，国外科学家的偏见、中国科学家的矜持、国际合作与交流不充分等原因共同导致了 AIE 研究虽然很热但却未能完全成为国际主流的局面。虽然，绝大多数与 AIE 相关的文章都来自于中国，但由于尚未被国际著名的研究机构、学术团队以及科研强国完全认可，与 AIE 相关的一些重要工作常常难以发表在高水平的国际期刊上。

目前，AIE 研究已经处于快速成长期的后半段，在这样百花齐放的阶段，如何脱颖而出，如何做一些与众不同的或者更有意义的工作是未来每个从事 AIE 研究的科研工作者应该思考的问题和应当努力的方向。同时，将这样一个具有中国原创性和国际影响力的研究领域的热度保持住也是中国研究者们要担负的责任。面对这样机遇与挑战并存的局面，提出如下建议。

（1）重视基础理论研究。深层次解读 AIE 机理，建立完善并且成熟的理论体系。通过数学建模和计算化学等方法和手段建立各个物理量之间的定量关系。

（2）注重源头创新，做真正创新的工作，做系统而有深度的研究，减少跟风与模仿。

（3）发扬工匠精神，将研究做精做细。针对具体的关键科学问题开展系统而深入的研究，高标准严要求地做好每个研究项目。

（4）开展实用性研究，做真正有用的东西，将实验室的成果转化为产品和技术，使之成为推动技术发展和人类进步的生产力，而不应该仅仅停留在发表文章的层面。此外，还应重视知识产权的保护以及技术的转化与转移。

（5）建立切实可行的学科交叉研究合作机制。AIE 研究领域的新技术与新方法的发展离不开材料科学、数学、物理、生物以及医学等基础学科的支持。目前，我国 AIE 研究领域与国内的企业、材料科学、数学、物理、生物以及医学界的等尚缺乏高效的沟通交流机制与合作渠道，不仅使得 AIE 材料的实用化进程受阻，也不利于 AIE 领域的基础创新。科研主管部门应设立交叉研究计划，支持并鼓励学科交叉合作研究，建立双赢的合作机制，促进 AIE 研究领域与材料科学、数学、物理、生物、医学等学科间的深度交叉与融合，催生新的生长点，推动前沿创新并带动技术突破。

（6）加强国际合作与交流。拓展国际合作范围，通过组织国际会议、学术报告、研究人员互访、研究生联合培养等丰富多样的交流与合作方式进一步增加 AIE 的国际知名度、影响力和认可度。

第四节　半导体发光材料

一、半导体发光材料概述

发光材料在通信卫星、雷达、光学计算机、生物分子探针、航天飞机等高科技领域及照明、装饰、防伪等与人们日常生活息息相关的领域发挥着极其重要的作用。经过长期的发展，现已形成了相当大的生产规模和可观的市场，产生了巨大的经济效益和社会效益。发光材料的发光方式是多种多样的，主要包括光致发光、阴极射线发光、电致发光、热释发光、光释发光、辐射发光等。光致发光是用紫外光、可见光及红外光激发发光材料时引起的发光，是发光现象中研究最多、应用也最广的一个领域，这种发光材料称为光致发光材料[115]。

众所周知，直接带隙半导体材料具有优异的发光性能，因此已被广泛地应用于照明与显示领域，特别是 GaN 基蓝光 LED 的成功开发不仅创造了巨大的经济价值，还直接引发了人类照明史上的一次革命。相比于电致发光，半导体材料的光致发光的研究历史更为久远，尽管其在发光领域的应用不如电致发光那样影响巨大，但是依然在荧光粉、长余辉储能、生物探针、单光子源、光频转换等诸多领域有着非常重要的潜在应用价值。

二、半导体发光材料研究现状及发展动态分析

应用于光致发光领域的化合物半导体材料包括Ⅱ-Ⅵ、Ⅳ-Ⅵ、$Ⅱ_3$-$Ⅴ_2$、Ⅲ-Ⅴ以及Ⅱ-Ⅲ-$Ⅵ_2$ 三元合金化合物，其发射光谱覆盖了从近紫外到近红外区间的宽广区域。近年来，石墨烯量子点、碳点、钙钛矿量子点作为新型的

光致发光材料以其独特的发光性能，也引起人们的广泛兴趣。

（一）ⅡB-ⅥA 族化合物半导体

ⅡB-ⅥA 族化合物半导体是指包括锌、镉、汞分别与氧、硫、硒、碲形成的化合物，如 ZnO、ZnS、ZnSe、CdS、CdSe 等，它们的能带结构特征是导带由阳离子 s 轨道构成，价带由阴离子 p 轨道构成，绝大部分属直接带隙半导体，具有高的发光效率，因此在电致发光、荧光探针以及光伏领域，具有重要的应用价值[116]。

早在 1866 年，人们就发现 ZnS：Cu 在光或外加电场激发下可以发出明显的荧光。通过改变 Cu 离子浓度以及相应的制备参数，可以获得从蓝色到绿色波段的发光。经过长期发展，ⅡB-ⅥA 族化合物半导体纳米晶材料（量子点）由于发射带宽窄，颜色可调，已成为半导体光致发光领域的研究热点，作为一种新型荧光探针，在生物医学领域中的应用已引起国内外科学工作者的极大关注。1998 年，Alivisatos 等和 Nie 等同时在 *Science* 上报道了 CdSe/ZnS 核壳结构的量子点在细胞及组织标记成像中的研究。他们首次将量子点作为生物荧光标记，并且应用于活细胞体系，解决了如何将量子点溶于水溶液，以及如何通过表面的活性基团将量子点与生物大分子偶联的问题，由此掀起了量子点的研究热潮，量子点的应用便开始由物理化学向生物医学领域进军[117,118]。自此之后，各国的科学家不断发展高质量荧光量子点的制备技术，油相合成的裸核的量子产率通常低于 40%[119,120]。此外，荧光量子点的量子产率与其表面结构关系密切，通过制备核壳结构可大幅提高量子点的荧光量子产率，可达 50%～80%，甚至接近 100%[121]。

量子点荧光探针荧光效率高，光化学稳定性强，且生物相容性好，经化学修饰的水溶性量子点，可与生物分子进行有效偶联，安全性好。通过量子点的表面与多种生物分子结合，可获得多种功能基团，使生化分析更加灵活。水相合成量子点具有试剂无毒、优越的生物相容性等优点，成为量子点制备的潮流。除了 CdTe 和 HgTe 之外，基于水相法制备的大部分量子点发光性能较差。2007 年，Jiang 等用 GSH 作稳定剂合成 CdS 量子点，通过提高反应温度，使得反应时间大大缩短，量子产率提高至 36%[122]。随后，Yan 等用谷胱甘肽和半胱氨酸（GSH：cysteine=1：3）作保护剂合成高质量的 CdTe 量子点，这是首次使用混合保护剂在水相中合成量子点，一方面，两者都含有氨基和羧基，水溶性好；其次两者之间也能形成氢键，能够阻止量子点表面巯基的扩散；再者就是半胱氨酸链长较短，反应速度快，能够更好地钝化表面缺陷。

最终使合成量子点的量子产率达 70%以上，这是目前不经后处理的水相合成量子点的最高量子产率[123]。

除上述二元材料外，Ⅰ-Ⅲ-VI_2 型三元合金化合物（$CuInS_2$、$CuInSe_2$、$CuGaS_2$、$CuGaSe_2$、$AgInS_2$ 等）的制备和荧光特性也是人们研究的热点，这类材料不含 Cd、Pb 等重金属离子，毒性小，在生物标记领域展现了广阔的应用前景。

荧光量子点在生物学中的应用是一个方兴未艾和值得高度重视的新领域，如何实现高量子产率的水溶性量子点是该领域亟待解决的一个问题。随着量子点荧光探针技术的不断发展和完善，必然会给药物筛选、疾病筛查、基因测序等多个生物医学研究领域带来新的发展契机。此外，生物学应用中对量子点特性的需求与太阳能光化学中需要的光频转换材料的特性有很多的相同点，因此，荧光量子点如果能提高稳定性并降低成本将在太阳能光化学领域有广阔的应用前景。

（二）Ⅲ–Ⅴ半导体

Ⅲ-Ⅴ半导体的带隙调节范围也覆盖了紫外到近红外的波段。与Ⅱ-Ⅵ族材料相比，Ⅲ-Ⅴ族材料优异的电学调控特性使得它们在电致发光和激光器件领域大展身手。基于红外激光的光纤通信以及基于蓝色发光的白光照明已经获得诺贝尔奖，大功率半导体激光更是在精密机械加工领域获得的巨大应用。在光致发光方面，得益于成熟的制备工艺，Ⅲ-Ⅴ族自组装半导体量子点可以被制成性能优良的单光子源，为量子纠缠态研究提供服务。2000 年，Imamoglu 小组首次在 InAs 单量子点上观测到了具有单光子统计性质的光致荧光发射。虽然国内在量子点研究方面起步比较晚，但是在基于量子点的单光源研究方面也取得了较好的进展[124]。

（三）其他新型半导体材料

1. 钙钛矿半导体

钙钛矿作为直接带隙半导体材料具有生产成本低、可溶液加工、可见至近红外区光吸收系数大、载流子扩散距离和寿命长、平衡的双极性电荷传输且载流子迁移率高等特点，成为近几年来光伏领域最具竞争力的材料之一。与此同时，钙钛矿半导体独特的发光特性，包括荧光量子效率高、发光带隙连续可调且发射光谱窄等，使其在发光材料（荧光粉等）及发光器件（二极管、激光等）中展现出优异的性能和极高的产业化前景。

近两年，钙钛矿半导体的发光研究受到了广泛的关注并取得快速发展。通过优化材料组成、结构以及合成方法，有机-无机杂化钙钛矿半导体（$CH_3NH_3PbX_3$，X=Cl,Br,I）和全无机钙钛矿半导体（$CsPbX_3$，X=Cl,Br,I）的光致发光性能得到显著的提高，其荧光量子效率可以高达 70%～90%的高荧光量子效率。基于各种形貌（量子点、纳米线、纳米片、单晶、微晶等）和聚集态（溶液、粉末、薄膜）的钙钛矿半导体在 LED、激光等领域的应用获得不断突破。值得指出的是，我国科研工作者在钙钛矿发光材料的研发中做出了重要贡献。北京理工大学的钟海政课题组通过配体辅助再沉淀法获得发光覆盖 405～730 nm 的有机-无机杂化钙钛矿量子点，将 $CH_3NH_3PbBr_3$ 量子点（3.3 nm）的荧光量子效率从小于 0.1%提升到 70%[125]。南京理工大学的曾海波课题组突破了传统的合成条件（惰性气氛以及热注入），实现了全无机 $CsPbX_3$ 钙钛矿单晶结构量子点的室温大量合成。所得的量子点发光峰在 430～670 nm 可调，红绿蓝三基色量子效率高达 70%～95%，半高宽窄至 15 nm，与蓝光 LED 芯片结合获得白光发射 LED 器件[126]。

尽管钙钛矿半导体材料的研究和应用近年来取得快速发展和巨大突破，钙钛矿材料在制备的可重复性、提纯、环境及体系稳定性、材料毒性等方面仍有很多难题需要解决，上述因素对材料发光和光电性能的影响使得钙钛矿材料在研究和产业化应用中面临重要挑战。在目前的研究工作中，通过材料体系的调整和制备方法的改进，材料的均匀性、稳定性、安全性等问题已得到初步改善。如能充分发挥钙钛矿材料的低成本和优异的光致发光特性，将有可能在未来的太阳光利用、照明、显示、光通信等领域充分实现其产业化价值。

2. 碳基纳米材料

碳基纳米材料来源广、成本低、易加工，具有高生物及环境相容性，以及独特的光学、电学及催化特性，成为极具潜力的新型半导体材料。碳纳米点/石墨烯量子点的吸收和发射光谱在紫外-可见-近红外区可调，且在蓝光、绿光和红光区的荧光量子效率分别可达到 80%、50%和 40%以上[127]，部分具有激发波长依赖的发光特性，作为光致发光材料，可有效地将紫外和可见区的太阳光转化为固定波长的光用于改善光催化剂、光电转换器件、植物光合作用等光能利用产品的光吸收效果，对特定谱段太阳能的利用及转换具有重要意义。碳纳米点/石墨烯量子点合成方法简单多样，原料来源广泛，制备成本低廉，表面基团丰富，易于化学修饰和再加工；其发光特性可通过尺寸效应、表面缺陷、元素掺杂和表面修饰等诸多因素调节，方便实现材料体系的多样化和可设计性。相比于传统的无机半导体发光材料，碳纳米点/石墨烯量子点制备成本低，对环境友好，可持续生产，生物相容性好，同时具有高荧光量子效率和优异的光稳定性，有望替代传统的光致发光材料成为具有产业应用前景的新型半导体材料，实现太阳能高效利用。

3. *硅材料*

由于 Si 量子点本身不含重金属元素，近些年来，Si 量子点的合成及其相关应用研究受到人们的普遍关注。但是相对来说，Si 量子点的合成条件比较苛刻、合成过程比较复杂，这些因素严重阻碍了 Si 量子点的发展。最近，Kortshagen 等使用气体燃烧等离子体在气相条件下直接合成了 Si 量子点[128]，经过液相有机烯烃的表面钝化，得到 Si 近红外量子点荧光量子产率为 60%。Prasad 等通过两步法成功制备了高发光效率的 Si 量子点[129]，其发射波长可在 450～800 nm 之间任意调节，用聚乙二醇胶束修饰后可用于高分辨率的活体肿瘤靶向。

三、研究总结与展望

半导体材料在人类社会发展的过程中起到了非常重要的作用，并且创造了巨大的应用价值。长期以来，半导体发光及应用的研究多集中在电致发光和激光上，被广泛应用于照明、显示和激光加工领域，而其光致发光方面的应用则多数停留在实验室阶段，如其在生物荧光探针等生物领域的应用还存在很多问题，距离实用化还有很长的路要走。

光化学转化作为太阳能利用的一个重要方式备受人们关注，其在有机合成和光降解、光催化、生物、医疗以及环境等诸多领域都有重要的应用。简单地说，太阳能光化学利用是指物质吸收太阳能，借助于特定的光化学反应，把太阳能转化为电能、化学能或者生物质能并储存的技术和装置。按利用机理的不同，分为基于光电化学作用、光分解反应、光合作用和光敏化学作用。尽管人类在太阳能光化学利用领域已经取得了巨大进展，但太阳能光谱利用效率始终不高，如光解水制氢在紫外区效率较高，但在可见区却效率极低；植物光合作用主要靠吸收紫光和红光来实现等。实现太阳光的全光谱利用是对于太阳能利用领域来说无疑是最具诱惑力的，但其面临的挑战也是巨大的。

当前，以 TiO_2 和 CdS 为代表的半导体材料被广泛用于光催化和太阳能电池等领域，然而将半导体材料作为光致发光材料在光化学领域的应用还鲜有人研究。半导体材料具有优异的光致发光性能，通过能带工程和缺陷工程，可以在更大范围实现光谱的光频转换。作为性能优异的光频转换材料，可以将太阳光谱中难以吸收的波段转换成可利用的光，进而提升在光伏、光催化、光合作用、光治疗等众多领域中太阳光的利用效率。

四、学科发展政策建议与措施

半导体荧光材料具有优异的吸收和发光特性，可以作为光频转换材料，将太阳光谱中难以吸收的波段转换成可利用的光，进而提升光化学领域中太阳光的利用效率，但目前该方面的研究还属于空白，因此应加强学科协同，共同攻关，具体建议如下。

（1）应用出口。以太阳能光化学的实际应用为导向，利用半导体荧光材料，在高效吸收宽光谱太阳光的基础上，使发射的荧光匹配光电池、光催化、植物光合作用中光吸收材料的最强吸收波段，大幅度提高太阳光的利用效率。

（2）材料和结构展望。目前稀土材料被广泛用作光频转化材料，其上、下转换的发光效率都非常出色，但大部分稀土材料吸收截面小、发光波长不能连续可调且价格昂贵。因此，发展 CdS、钙钛矿、ZnO、碳点等无机半导体作为太阳能光化学领域中的光频转换材料是一个非常可行的提高太阳能转换效率的途径，特别是通过半导体能带工程、缺陷调控、量子点尺寸调控来改变吸收和发光波段，为光化学材料提供二次光源。针对该领域的应用，需要解决的问题有：高效率的半导体荧光材料的水相制备、降低成本和提高兼容性等。

第五节　量子点发光材料

一、半导体发光材料概述

溶液量子点（colloidal quantum dots）是具有量子限域效应[130]（Brus，JPC 1984）、在溶液中生成加工的半导体纳米晶[131-133]。量子限域效应，是指当半导体纳米晶的尺寸小于该材料本征激子直径导致的一系列效应，包括尺寸相关的能隙、分立的（或者称为量子化的）能级等。溶液量子点的电子能级结构尺寸相关，进而决定了尺寸相关的光学性质和光电性质尺寸相关。如图 5-18

所示，简单改变 CdSe 量子点的尺寸从约 2 nm 到 8 nm，其发光颜色可以连续可调，覆盖可见光波段的关键颜色范围[134]。由于它们的量子化能级，图 5-18 中的吸收光谱具有多重吸收特征峰，荧光发射峰窄。同时，半导体的本征能带结构决定了图 5-18 中尺寸相关的吸收光谱具有一个连续的背景，使得单一光源激发多个颜色发光成为可能[135]。

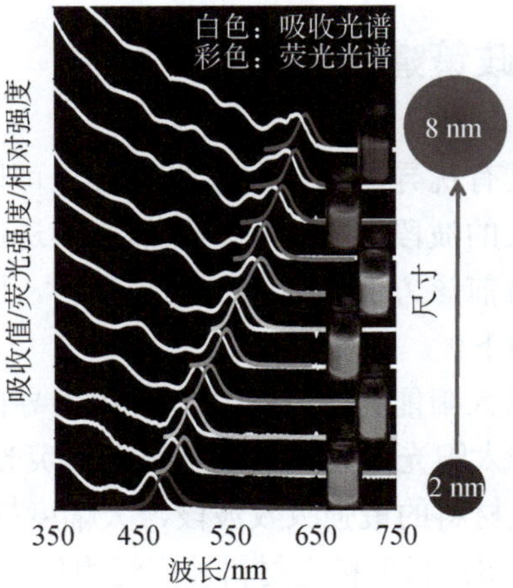

图 5-18　粒径在 2～8 nm 之间的 CdSe 量子点的吸收（白色曲线）和荧光光谱（彩色曲线）、6 个不同尺寸溶液样品的荧光照片

每个样品发射光谱的颜色与它的发射颜色基本一致

作为发光和光电材料，溶液量子点的发光中心为稳定的无机单晶，因而具有远好于有机染料、高分子发光材料和荧光蛋白的化学和光电稳定性[135-138]。相比于荧光粉等无机固体发光材料，半导体纳米晶尺寸在胶体粒子范畴，且其表面可由有机配体稳定配位，使得这一大类新型发光与光电材料可以在溶液中合成与加工[139-141]。溶液量子点的这些特点进一步使得量子点具有吸引力。基于此，溶液量子点已经成为国际基础研究和技术开发的持续热点与前沿。

在过去 35 年里，世界上发生了一件大事情，那就是中国的和平崛起。与此同时，伴随着其他人口大国（如印度和巴西）的快速发展。到了 21 世纪，已经没有人怀疑，中国成了世界上最大的工业制造国家。一方面，我们中国人以人类历史上从未有过的速度和产能，制造着大量的工业品（尤其是轻工业品）。我们不但制造的东西太多了，而且许许多多中国工厂集中在门槛不高的行业里，不可避免地出现了产品同质化、竞争低价化。另一方面，中国占世界人口 20%左右，她的崛起必然要求大量的资源和能源来作为基本生产资料和生活物资。也就是说，中国人口太多了。作为一个国家，如果我们求购什么，就可能意味着国际范围内超乎寻常的需求；如果我们输出什么，就可能意味着对世界从未出现过的供给。

中国要从这样的不利局面中脱身，需要从多方面入手，而且会是一个相对长期的过程。尽管答案是复杂的、多面的，但是，下面的事实会让我们看到，答案的一部分离不开高新材料化学的深入发展。

首先，中国的发展（甚至是维持今天的生存水平）受制于人均占有自然资源的短缺。而且，无论如何，中国人无法达到今天美国人占有自然资源的水平。这是因为，按照目前的数据，美国人口占世界的5%，而自然资源占有大致上为整个地球的 40%左右。这等于说，中国如果要达到美国目前的人均自然资源占有率，按照我们的人口估算，中国需要大约两个地球。显然，发现一个地球、实现星球搬家不是几代人可以实现的事情。

因此，我们只剩下一条路——寻找新的使用资源方法。

从科学的角度看，新的使用资源方法意味着“高新材料”的设计、合成、加工。因为受制于自然资源，所以，我们这里的“高新材料”，必须从易得原料出发，以高效原料利用率和低能耗的方式制成。并且，这些“高新材料”制成的产品用过以后，它们还必须在自然界中快速转变为无害自然物质。当然，这些高新材料必须性能优异、能够满足人类日新月异的生活需求。

其次，在国际上，高科技的主要决定因素，被认为是“高新材料”。这是因为，一旦一种全新的性能优异、价格低廉的材料被制造出来，那么，随之而来的产业链可能发生颠覆性的变换。原有的材料加工设备、加工工艺、产品成型方法到终端产品的设计和制造，都必须加以改造，以适应“高新材料”。

综合上面两点，可以看出，“高新材料”不但是因应资源短缺的唯一答案，而且是高科技中的核心。或者说，明天的中国化学家不但要为中国解决自然资源的问题，而且要准备好为“中国创造”奠定基础。进一步地，中国是如此之大，中国和平崛起功德圆满的那一天，极有可能也就意味着人类整体生活方式的大变革。这等于说，中国化学家的任务，在一定程度上是探索地球村文明的新生活方式。

应该指出的是，发达国家化学家的研究重点在大约 15 年前就开始了悄然的调整。在那之前，化学的主要重心是为制药业服务的有机合成，而现在的局面是有机合成化学与高新材料化学并重。也就是说，自然资源短缺的问题，并不只是中国人有所感觉，而是一个世界范围的问题。在今天的上百万化学家中，研究高新材料的化学家无疑是国际化学舞台上最活跃的一个群体。

上面陈述的高新材料化学对中国、对全人类将来的意义，并不只是纯粹推测，而是有一定历史根据的。

例如，随着文明的进步，20 世纪初人类对钢铁等金属的需求量快速膨胀。按照 20 世纪上半叶的趋势看，地球能够给人类提供的金属材料将很快无法满足要求。恰巧在这个时候，化学家发明了各式各样的高分子聚合物，从而把人类从金属材料的局限中解放了出来。放眼看来，我们今天的生活离开了这些人造高分子聚合物将是无法想象的。事实上，在欧美发达国家里，每个人平均每年聚合物的消耗量大约是人均体重的一半。由此可见化学家发明高分子聚合物的伟大意义。比较 20 世纪与 21 世纪的形势，化学家面对的挑战——也是大展身手的机会——有相同之处，也有不同之处。相同之处在于，20 世纪的和 21 世纪的伟大机遇都源于自然资源无法满足人类的需求。不同之处在于，21 世纪的化学家必须为自己的创造物在环境中的命运负责任。在今天拥挤不堪、负担沉重的地球村里，化学家正在创造、将要创造的“高新材料”必须是环境友好的，不能再像 20 世纪发明的塑料那样成为百年不化、超量存在的白色垃圾。

量子点发光材料是人类全面应对自然资源枯竭这个重大挑战的重要组成部分。虽然自然资源枯竭的挑战是全球性的，但对于中国这样人口密度大、人口众多的国家更加严峻。可以预见，在将来的一个世纪或者更长的时间内，人类将不得不挑战自然演化，用化学智慧创造出功能优异的、自然界不存在的化学结构作为高新材料。尽管高新材料门类众多，但发光材料现在是、将来还会是其中一个重要门类。这是因为，人类是在太阳下进化而来，我们的生活与身体已经习惯了利用光。经历了 30 多年的努力，人类已经越来越接近实际应用量子点发光材料、理解这一类神奇的材料。

二、半导体发光材料研究现状及发展动态分析

量子点领域发源于 20 世纪 70 年代末。由于石油危机，欧美科学家开始寻找价格低廉的太阳能电池制造方法。由于当时已知的太阳能电池为半导体，其制造方法基于高昂的真空技术，化学家们开始探索在溶液中制造半导体[142,143]。一个简单的思路，就是制造能够溶液加工的半导体，实现“化学版”太阳能电池。在溶液法合成能够溶于溶剂的半导体小粒子的过程中，人们观察到这些小粒子的颜色随尺寸变化而变化[144]。1980 年前后，这个现象得到了理论上的解释，量子限域效应和量子点概念从此奠定了基础[130,145]。尽管无机

纳米粒子（nanoparticles）在量子点之前就有人研究，但现代纳米粒子的研究主要是单晶态的纳米晶（nanocrystals），而纳米晶的核心则是量子点。

经过 20 世纪 20 年左右的积累，量子点领域在 21 世纪进入快车道。如图 5-19 所示，据不完全统计，该领域已经稳步成长为年发表约 20 000 篇研究论文的重大基础研究领域。同时，该领域积累的专利也达到了数以千计的规模。

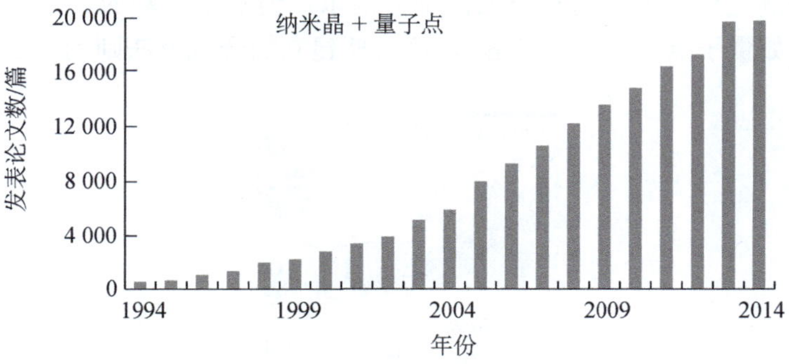

图 5-19 量子点以及纳米晶领域 20 年发表论文数不完全统计

图片来源：Web of Science

（一）量子点合成化学的发展现状

溶液量子点研究的决定因素，目前依然是合成化学。量子点合成化学的发展经历了几个关键阶段。1990 年之前，人们通过各种途径可以获得尺寸单分散的半导体纳米粒子，但还难以做到每个纳米粒子为单晶的现代意义上的纳米晶[143,146-148]。因此，人们尽管可以观察到尺寸相关的颜色变化，但无法获得图 5-18 所示的吸收特征明显、激子发射为主的量子点[149]。

1990～1993 年，Brus 和 Bawendi 实验室在配位有机溶剂中建立金属有机高温路线，人们终于能够获得 CdSe 等少数几种单晶量子点[134,147,150]。这种方法的建立，使得人们第一次能够观察到与图 5-18 光学性质接近的 CdSe 量子点。同时，人们也对量子点的尺寸和形貌控制有所理解，建立了尺寸聚焦模型[151,152]。

2001～2007 年，Peng 实验室在充分研究了 Brus-Bawendi 路线的基础上，发展了“绿色合成路线”，逐步把高危、剧毒、昂贵的金属有机化合物（如二甲基镉、二甲基锌等）用金属羧酸盐等既稳定又易得的金属源取代[153,154]，并确定了高毒性、昂贵的常用配位溶剂（如有机膦等）并不是合成高质量量子点的必要条件、简单的碳氢化合物（如十八烯等）实际上是更好的溶剂[155]。这个时期的工作，奠定了量子点合成化学的基本路线，并大大扩展了高质量量子点的成分范围。目前工业界使用的量子点生产方法，就是建立在“绿色合成路线”基础上的。由于真正能够用于工业应用的量子点，必然是核壳结构的高稳定性量子点[156,157]，此期间发展的离子吸附与反应路线（SILAR）（图 5-20）也是工业化大规模生长高质量量子点的必要基础[158]。总体说来，这个时期合成的量子点形貌和尺寸控制机理已经大致建立[159-163]，所得量子点已经可以满足作为发光材料方面的部分需求，但对于高端的、具有高附加值的应用（如量子点发光二极管等），这时期建立的合成方法则尚不足以满足。

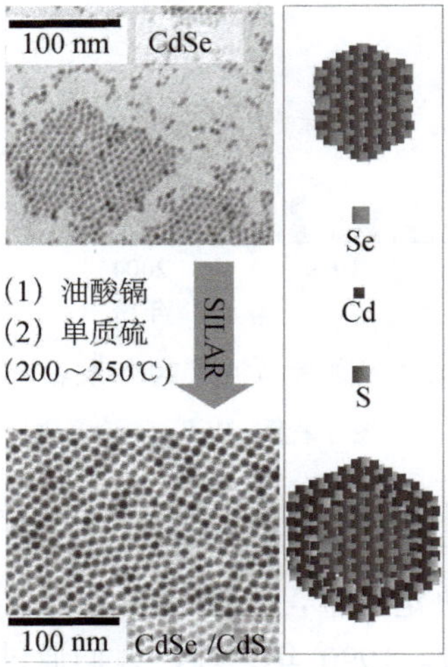

图 5-20　利用 SILAR 合成 CdSe-CdS 核-壳外延生长纳米晶左边电镜照片揭示生长前后纳米晶尺寸变化

右边为 CdSe 核纳米晶和 CdSe-CdS 核-壳纳米晶示意图

2012 年至今，Peng 实验室认识到对量子点基态性质的控制往往不足以保证激发态性质，提出了量子点激发态控制的概念，试图将量子点合成化学从尺寸与形貌控制为主转向到光学性质控制为主[164]。这是因为，不同于有机化合物（包括有机发光和光电材料），目前实验能够确定的量子点基态性质与其激发态没有对应性。实验事实反复证明，基态性质（成分、晶型、尺寸、形貌、配体等）不可分辨的量子点，其荧光性质可以决然不同，如从高荧光量子产率到完全观察不到荧光。在几年时间里，该合成概念已经取得初步进展。例如，即使是人们研究最多的 CdSe 量子点，其荧光衰变过程一直是复杂得多通道，且辐射和非辐射衰变关系无法理清[165,166]。2015 年，通过对 CdSe 量子点内部晶型和表面结构的精确控制，Peng 实验室第一次实现了激发态衰变过程的完全控制：约 100%荧光量子产率、荧光单通道衰变（图 5-21）[167]。

同时，Peng 实验室第一次确定了非辐射缺陷态对荧光衰变动力学的影响［图 5-21（c）］[168]。就具有实际应用价值的核壳量子点，Peng 实验室在 2012～2016 年通过一系列工作实现了 CdSe/CdS 核壳量子点的激发态控制，实现了荧光单通道衰变、约 100%荧光量子产率的不同壳层的量子点[168,169]，确定了各种常见缺陷态[170]，为量子点在高端应用（如量子点发光二极管）铺平了道路[171]。

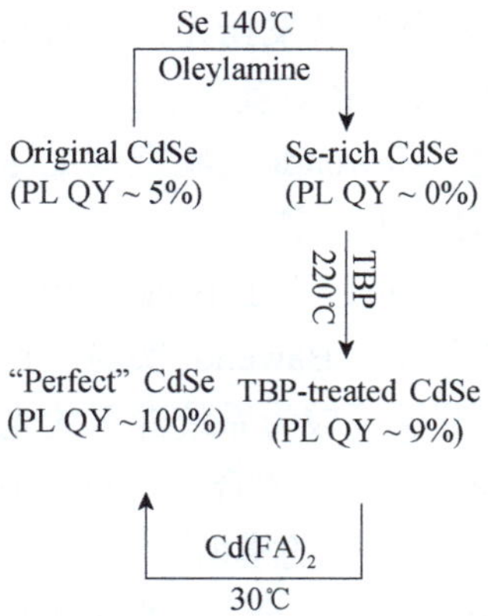

(a)"理想" CdSe量子点的表面合成控制过程

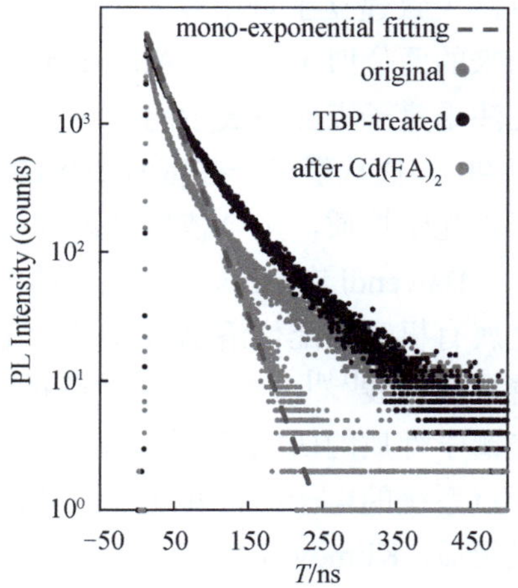

(b) 不同阶段CdSe量子点的荧光衰变动力学曲线

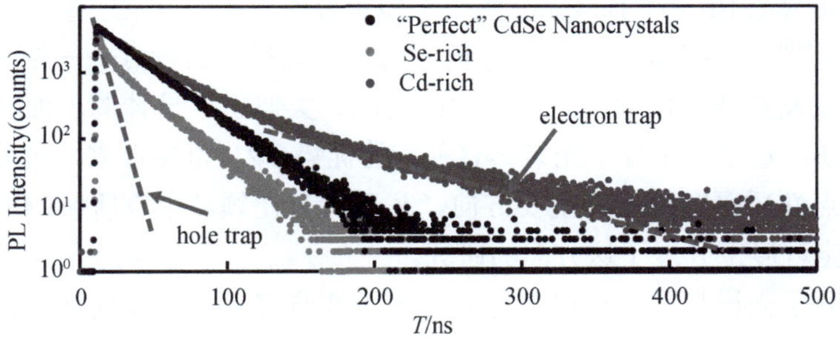

(c) 不同类型典型缺陷对CdSe量子点荧光衰变动力学的影响

图 5-21 量子点激发态与缺陷态

目前，"理想"量子点还局限于Ⅱ-Ⅵ，具体地，CdSe 和相关的核壳结构量子点。Ⅲ-Ⅴ族量子点的研究由来已久，但进展有限，需要重大突破[172-176]。Ⅳ-Ⅵ族研究较多，相对成熟，但由于其含铅问题，相比于Ⅱ-Ⅵ量子点至少没有优势[177-180]。三个或者更多组分量子点的合成化学今年有所发展，但由于其组成过于复杂、多变，要赶上Ⅱ-Ⅵ需要时日[181-184]。最近出现的钙钛矿量子点，部分光学性质表现出较大潜力，但其含铅、化学不稳定（尤其是对水和其他极性溶剂）的问题是必须首先解决的问题[185-187]。

（二）量子点发光和光电材料的性质研究

作为发光和光电材料，量子点的核心性质是光学相关的性质。Brus 实验室是研究量子点光学性质的奠基者。利用当时能够得到的质量不够高的量子点，大致建立了量子点光学性质的研究方法、手段、基本模型。从该实验室出来的两位博士后——Alivisatos 和 Bawendi，将其传统发扬光大。Alivisatos 在注重量子点应用展示的同时，利用后来发展出来的高质量量子点，在 20 世纪 90 年代从事了一些富有成效的光学性质研究。Bawendi 实验室则更注重量子点光学性质，至今依然是该方向的最有影响力的实验室。

Bawendi 在 Brus 实验室从事博士后研究期间，正赶上了 Brus 实验室发明金属有机高温配位溶剂路线[150]。在到 MIT 任教以后，Bawendi 实验室首先完善了该路线[134]。然后，利用新的高质量量子点开展了较为系统深入的光学和光谱学性质的研究[188-191]。通过与理论物理学家 Efors 组的合作，对 CdSe 量子点系统的电子结构和初步的光谱学性质形成了系统化的模型[192,193]。进入 21 世纪后，Klimov 实验室在量子点光学和光谱学方面开展了全面的探索工作，在该方向上产生了较为广泛的影响[194-199]。

1996 年，Brus 和 Bawendi 两个实验室合作，率先开展了量子点的单分子光谱研究[190]。由于量子点本身不同于有机发光材料的特点——超大分子量、基态与激发态结构接近、高光化学稳定性、类似于半导体的表面光物理与光化学性质，量子点单分子光谱具有独特的优势。21 世纪以来，单分子光谱成为量子点性质研究的一个主要方向，几乎所有在领域中有所影响的研究室，都在一定程度上开展了这方面的研究。

单分子光谱目前主要以荧光光谱为主要研究手段。在连续而恒定的激发条件下，单分子发光常常出现在不同亮暗水平的转换，成为光谱闪烁。闪烁现象显然对发光材料的所有应用都是一个负面因素。尤其是对发光二极管、激光、单光子源等高端应用，更是如此[200,201]。由于三线态与单线态之间的光物理转换，有机发光分子单分子光谱表现出闪烁现象并不奇怪。单个量子点的光谱闪烁很快被证实与单线态-三线态无关，最可能是光致电离-去电离过程[190]。尽管该现象已经被研究了 20 年，至今尚未形成定论[197,202]。在没有足够的理解的基础上发展非闪烁量子点，也就成了效率低下的盲人摸象的局面。至 2008 年，Dubertret 实验室[203]和 Klimov 实验室[204]分别发表了所谓的超大尺寸量子点，能够使得暗态不那么暗，算是朝非闪烁量子点迈进了一步。

Bawendi 实验室在 2013 报道了具有一定层厚的 CdSe/CdS 核壳纤锌矿量子点可以实现几乎无闪烁[205]。Peng 实验室利用激发态合成控制概念，于 2014 年报道了第一个全系列几乎无闪烁的 CdSe/CdS 闪锌矿量子点[206]。Peng 实验室的结果进一步证实，量子点闪烁的主要模型——俄歇电离与去电离——很有可能是错误的，为进一步发展非闪烁量子点开辟了一条新思路。

由于量子点领域较大、涉及材料系统和化学铺面较宽，量子点性质研究大体上主要由光谱学家、理论化学家、理论物理学家开展。但值得注意的是，每一次量子点合成化学的突破，往往要重新把相关的问题再研究一遍。因此，把合成化学与谱学结合起来进行研究应该是一条不错的出路。实际上，国际上量子点领域顶尖的实验室都在一定程度上或者合成-谱学能力兼备，或者与互补实验室形成紧密合作。

（三）量子点的应用探索

如上所述，经过 30 多年的发展，量子点作为发光和光电材料已经得到了一定的发展，足以满足某些重要应用。实际上，最近几年里，我们已经开始见证量子点在工业产业中形成较大影响。

量子点首先进入的是生物医学标记。1998 年，由 Alivisaots[135]和 Nie[136]实验室同时发表了量子点在该方向的应用。但是，经过了大约 20 年的努力，该应用方向依然进展不大[137]。尽管国际上有多家公司开展了相关产业化发展，但都没有能够解决量子点-生物（无机-生物）界面的问题。时至今日，量子点在生物-医药中的应用，依然停留在小规模、研发水平上。

量子点进入百姓视野，源于一个量子点学术界没有注意的产业——几乎没有相关的学术文章。该行业，就是液晶显示。显示器在今天的世界里，随处可见，是现代人类赖以生存的一个支柱产业。其基本原理是基于三基色组合，来还原五彩缤纷的自然世界。要做到这一点，需要三基色足够纯，也就是发光峰宽足够窄（半峰宽 20 nm 左右）、发光峰位稳定准确。在量子点应用之前，由于液晶显示的色彩不够明亮、不够丰富、画面质感弱，其统治地位似乎会让位于后起之秀有机发光二极管（OLED）。利用量子点突出的颜色纯度和准确度、优异的热和光稳定性、超大吸收截面且超宽的激发波长，液晶显示重整雄风，给出了优于 OLED 的画面质量［图 5-22（a)］。2015 年作为量子点背光电视的元年，全世界销售了数百万台大尺寸电视，形成了数百亿的产值。

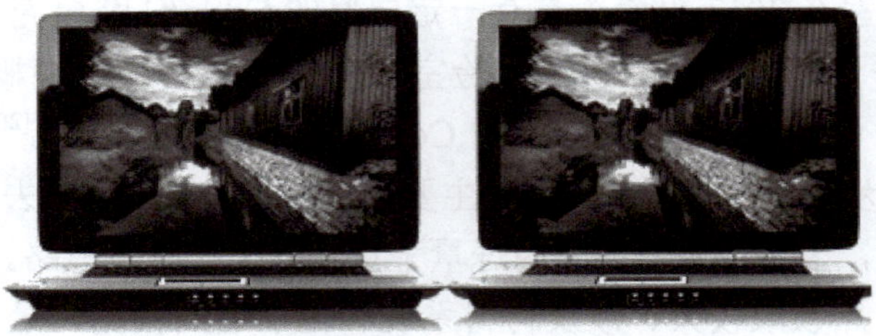

（a）纳晶科技发展的量子点背光显示器
（左）与普通液晶显示器（右）的对比

性能优异的溶液加工红色QLED

Dai. X, *et al*, *Nature* **2014**

Device[a]	Peak EQE (%)	EQE (%) @ 100 mA/cm^2	*Wall-plug E_{ff} @ 100 mA/cm^2	V_{th}/V	CIE coordinates	**T_{50} @ 100 Cd/m^2
Our QLED	20.5	15.1	5.5	1.7	0.71,0.29	100,000
QLED[Ref. 3]	18.4	12	4.8	1.5	N/A	4,000
PLED[Ref. 4]	18	15	2.5	6.0	0.64,0.35	N/A
PLED[b]	13	N/A	N/A	N/A	0.63,0.32	N/A
S-OLED[c]	20.59	N/A	N/A	6.0	0.67,0.33	N/A
Ph-OLED[Ref. 6]	20	<10	< 5.3	2.4	0.63,0.37	> 1000,000
Ph-OLED[d]	17.7	N/A	N/A	N/A	0.67,0.33	N/A
TADF-OLED[e&Ref. 7]	17.5	11	3.6	3.0	0.61,0.39	< 40,000

（b）浙江大学QLED性能与其他优秀LED对比

图 5-22　量子点背光源显示与量子点 LED

但是，图 5-22（a）的量子点显示器和市场上的量子点电视，依然基于液晶，量子点只是作为光致发光材料使用，还不成为产业颠覆技术。在提出激发态合成控制并取得阶段性成果后，Peng 实验室和同在浙江大学的 Jin 小组合作，终于实现了从性能、寿命、制造成本等各方面都接近实用的量子点二极管（QLED）[171]。其性能在各方面都领先于其他类型的优秀 LED，包括最近几年发展起来的 TADF-OLED［图 5-22（b）］。

图 5-22（b）给出的 QLED 性能，在显示产业形成了相当大的冲击。全球显示产业的龙头企业，也是 OLED 商业化领先企业三星电子宣布，在大屏方向上放弃投入巨资的 OLED 方向，改攻克 QLED 技术，作为下一代显示的核心。中国工业和信息化部、中国科学技术部先后宣布，量子点显示作为核心技术，进入国家核心支撑技术目标产业。

除了上述应用以外，量子点在光伏电池[207-209]、光催化[210,211]、光化学合成[212]等领域也得到了学界的重视。但由于对激发态理解不足、合成化学滞后，目前尚难以实现有价值的应用，还处于探索前期。

（四）中国在量子点研究领域的状况

2009 年之前，中国在量子点研究有所投入。一些研究组在这个领域开展了一些工作，其中吉林大学的解仁国课题组和张浩课题组、华东理工大学钟新华课题组、北京化学所高明远研究组、武汉大学庞代文课题组、河南大学李林松课题组等长期在量子点领域开展系列工作。但值得注意的是，相比于欧美等国家和地区的研究水准，中国在这个时期整体上投入物力和人力严重不足。

2009 年，Peng（彭笑刚）实验室从美国转移到浙江大学。经过几年的努力，目前已经恢复了在量子点领域的地位，尤其是在量子点合成化学领域具有国际领袖地位。他加盟浙江大学带动了该校一些年轻学者也积极投入该领域。目前在量子点发光二极管（QLED）的研究上，Peng 实验室和金一政实验室的合作研究处于国际领先水平。在谱学研究方面，浙江大学的团队也在国际上形成了一定的影响力。

2014 年，Peng 和 Jin 实验室合作发表 QLED 文章。之后，国家在该领域加大了投入，推动了更多的实验室加入量子点的研究中。希望在不久的将来，中国在该重要领域的各个方向上占据领袖地位。

三、研究总结与展望

如上所述，量子点的特性决定了其重要的科学与技术地位。其组成的多样性、功能的多样性决定了量子点领域还将面对许多挑战。只有解决这些挑战性问题（见上节内容），才可能回答量子点作为新兴学术领域的基础科学问题，进而全面实现其作为优异发光和光电材料、光催化、光合成等方面的前景。

量子点对人类社会可能带来的影响是多方位的。仅仅以量子点发光二极管为例，如果成功，量子点发光二极管有可能颠覆显示和照明两个产业。Peng 实验室在这方面的工作很快得到了国际工业界的关注。国际信息显示学会（The Society for Information Display，SID）的 2016 年和 2017 年年会，罕见地连续邀请彭笑刚教授做了 90 min 的“seminar”。而量子点在光伏器件和人工光合作用方面的潜力，同样不可小觑。

四、学科发展政策建议与措施

（1）加强商业化研发投入，鼓励企业加入该高度竞争、潜力巨大的行业中。争取中国在相对明确的商业化方向上攻占领袖地位。尤其重要的是，鼓励企业发展系统的知识产权系统。

（2）加强基础研究投入，进而拓宽、加深中国在该领域的基础研究，尤其注意给年轻学者加入该领域提供更多机会。争取在可以预见的将来，不只是 Peng 实验室能够进入国际顶级的量子点研究行列。

中国虽然起步晚，但目前的势头良好。如上所述，高新材料化学是中国这种大国的立足现今国家之列的根本。经过 30 多年的努力，量子点领域进入逐步开花结果的时期。以中国科研系统的体制优势为引领、强大的制造业为基础、目前在国际上已有地位为突破口，中国有机会在这样一个关系几个重大产业的领域获得足够的机会，为中国创新创业、产业升级的大政方针落地贡献力量。

第六节　长余辉发光材料

一、长余辉发光材料概述

长余辉发光现象是一种特殊的发光现象，俗称夜光现象。长余辉发光材料就是能够存储外界光辐照的能量，然后在室温下再以光辐射的形式把这些存储的能量释放出来的材料。长余辉发光的机理总的来说包含三个过程[213-216]：①能量存储，材料中的陷阱能级俘获由光辐射激发而产生的电荷，使辐照光能以被俘获电荷的形式存储起来；②能量传递，陷阱中的被俘获电荷通过热激励或隧穿等方式传递到发光中心；③能量释放，发光中心以发光的形式释放这些能量形成长余辉发光。

早期的长余辉材料一般为硫化物材料，但是硫化物长余辉材料存在明显的缺点，如余辉亮度低、余辉时间短、化学稳定性差、易潮解，极大地限制了其应用范围。通过添加放射性元素、材料包膜等手段可以克服这些缺点，但放射性元素的加入对人身健康和环境都造成危害，因此材料的应用受到极大的限制。随着稀土离子 Eu^{2+}和 Dy^{3+}共掺杂的 $SrAl_2O_4$ 长余辉材料被发明之后，长余辉材料获得了广泛的应用，也吸引了研究人员的关注[217]。随着长余辉材料发光性质和机理研究的不断深入，其应用领域也得到了极大的扩展，从传统的安全指示、弱光显示、装饰饰品等领域，到交流 LED 照明[218]、生物成像[219,220]、传感探测、太阳能电池[221]等先进材料领域，其应用范围可涵盖工农业生产、生物医学、新能源、军事安全及人们生活的许多方面。正因为长余辉材料独特的发光属性和诱人的应用前景，研究人员需要持续地进行深入的理论和应用研究。

二、长余辉发光材料研究现状及发展动态分析

长余辉材料的研究可分为两个方面：一方面是理论研究，包括其发光机理、发光性质和余辉形成的原理研究；一般从材料结构、晶体学特性、缺陷化学、固体物理的角度加以研究，结合热释光、红外光谱、拉曼光谱、电子顺磁共振、X 射线光电子能谱、透射电镜、固体核磁等表征手段探索其形成和发光机理[217,222-232]。另一方面是应用研究，包括材料的合成、性能优化、形貌和表面修饰、基于特征发光属性的应用研究等方面[233-235]。

在理论研究方面，目前对长余辉的形成学术界已有共识，即长余辉的形成一般包括三个物理过程：能量的存储、能量的传递和能量的释放。然而对每个过程的了解目前尚不清晰，这些过程的机理研究对探明长余辉的形成，设计和开发新型长余辉材料，提升长余辉材料品质具有重要的指导意义。长余辉发光材料是一种特殊的热释光材料，热释光谱是目前长余辉材料机理研究最重要的一种手段。在余辉发光过程中，能量的存储和释放与材料当中的缺陷密不可分。材料中的缺陷在禁带当中形成了定域能级，使得材料具备了载流子俘获能力，即能量存储能力。缺陷和定域能级的形成十分复杂，目前常用的手段有吸收光谱、顺磁共振、光电导和热释光谱等。其中，热释光谱是目前长余辉发光研究领域用于分析研究陷阱性质最多最常用的一种手段，通过热释光谱分析可以得到如陷阱深度（E）、频率因子 s、俘获面积以及陷阱与俘获中心得密度 n_0 等参数，得到这些参数有利于更好地理解长余辉发光的动力学过程和机理[236]。长余辉过程的复杂性和研究手段的匮乏使得不同研究者对余辉机理有不同的理解，例如，对于 $SrAl_2O_4$：Eu^{2+},Dy^{3+}，研究者对其余辉机理的形成就有不同的解释，如 Matuzawa 模型[237]、Clabau 模型[238, 239]、隧穿模型[240]和 Aitasalo[241-243]模型等。

稀土长余辉材料是长余辉材料研究的重点。到目前为止，Eu^{2+}是报道最多的稀土长余辉发光离子，在 Eu^{2+}激活的碱土铝酸盐长余辉材料中，共掺杂 Dy^{3+}、Nd^{3+}、Pr^{3+}、Ho^{3+}、Er^{3+}均能提高余辉的亮度和寿命，其中以同时具有四价和二价倾向的 Dy^{3+}、Nd^{3+}效果最佳。因此，以易变价的稀土离子作为激活离子，从其他稀土离子中选择共激活剂对开发新的稀土长余辉材料具有一定的指导作用；从稀土离子发光的量子效率来考虑，Ce^{3+}、Eu^{2+}、Eu^{3+}、Pr^{3+}、

Tb^{3+}较适合作为激活离子。理论上，当存在深度合适的陷阱，并且陷阱能与发光离子发生有效的能量传递时，任何一种发光材料都可成为长余辉材料；变价元素，特别是易变价镧系元素更适于作为长余辉发光离子。长余辉材料的核心问题是缺陷化学和能量传递，而变价化学（主要是镧系元素的变价化学）则是研究的重要方面。

长余辉材料的种类十分丰富，按组成成分包括氧化物、硫化物、硅酸盐、磷酸盐、铝酸盐、硼酸盐、镓酸盐、钛酸盐、钨酸盐、锡酸盐等[244-247]。按激活剂离子来分，最常见的为 Eu 激活、Ce 激活和 Tb 激活的长余辉材料，此外，还有 Pr、Sm、Nd、Dy、Mn、Bi、Cr 等离子激活的长余辉材料。按发光波长分，有紫光长余辉材料、蓝色长余辉材料、绿色长余辉材料、黄色和红色长余辉材料以及近红外长余辉材料[248]。但是从发光亮度和余辉时间看，仍然以绿色和黄绿色长余辉材料性能为最佳，红色长余辉材料种类相对较少，尤其能被可见光激发的红色长余辉材料种类较少，稳定性有待提高。按长余辉材料的用途可分为长余辉发光玻璃、长余辉发光陶瓷、长余辉发光塑料、长余辉发光涂料、长余辉发光薄膜、长余辉发光油墨、长余辉发光纤维、长余辉发光纸等。

长余辉材料制备方法以高温固相法为主，该方法的优势是工艺简单、操作简便、生产设备成熟易于维护等。但随着长余辉材料应用范围的扩展，需要对长余辉材料的形貌、粒径、表面形态等物化性质加以控制和优化，因此也探索了多种长余辉材料合成方法，如溶胶凝胶法、燃烧法、微波合成法、沉淀法、水热反应法、模板法和静电纺丝法等[249]。研究这些新方法的作用主要有两个目的：一是提高材料的发光性能；二是希望获得或赋予传统制备技术合成的长余辉材料不具备的性质，进一步拓宽其应用领域。

随着对长余辉发光材料的研究和探索，材料的应用领域从最初的安全指示、弱光照明、工艺美术等用途已经扩展到生物医学、光催化、传感材料、新能源等诸多先进领域。例如，在生物医学领域，利用近红外波段的光辐射进行生物组织的成像、诊断和检测成为研究热点，原因主要是近红外光在活体生物组织中吸收少、穿透深度大且对组织基本没有影响。而利用近红外长余辉材料制备生物标记物，可以实现体外激发，有效地避免一般荧光材料不易激发、有荧光干扰的缺点，有助于生物组织光学成像进而推动有机体病理学的研究[250]。在传感和探测领域，由于长余辉发光材料的余辉特性和温度密切相关，即环境温度变化时材料的发光性质会相应改变，因此可将长余辉发光材料与光纤一起构成荧光光纤温度传感器，通过光电探测器和对余辉信号进行分析处理，来检测被测量环境的温度[251]。在太阳能电池领域，由于某些

长余辉材料如 $SrAl_2O_4$：Eu^{2+},Dy^{3+}可以被紫光和近紫外光激发，转化成太阳能电池更敏感的绿光，因此把这种长余辉材料作为散射层用于 TiO_2 或 CdS 敏化的太阳能电池板，可以大幅度提高光电转化效率[252]。在光催化领域，一些半导体材料能够吸收太阳光把有毒有害的有机物分解为无害的化学物质，但是这些半导体材料往往只能吸收太阳光中的一小部分能量，当把长余辉材料和半导体材料相结合后可以大大增加其吸收效率，促进光催化反应过程[253]，尤其是在夜晚没有光照的时候，因其蓄光特性仍然可以具备一定的光催化能力。

我国在长余辉材料的研究和应用方面稍晚于国外，得益于稀土资源的优势，20 世纪 90 年代以来我国在长余辉材料的研究上发展较快。目前在长余辉研究领域比较的先进的国家和地区为日本和欧洲，我国总体研究和应用水平与国外一致或略有优势。苏锵先生曾参考位型坐标提出了自己的余辉模型；认为电子在光激励下由基态跃迁至激发态，并在激发态通过无辐射弛豫方式跃迁至陷阱低能级，当停止激发后在热激励下电子从陷阱低能级返回到激活离子 Eu^{2+}的激发态，最后以辐射跃迁的方式发出长余辉。利用长余辉材料储光蓄光的特点，通过调控余辉时间和余辉波长，中国科学院长春应用化学研究所发明了发光寿命可调并与交流供电频率匹配的稀土 LED 发光材料，以此为核心在国际上首创具有我国自主知识产权的新一代交流 LED 白光照明光源技术。此外，华南理工大学、中山大学、暨南大学和兰州大学等研究单位在长余辉发光材料领域开展了大量的工作，获得了丰硕的成果[214,254-257]。

三、研究总结与展望

目前长余辉发光材料的研究取得了丰硕的成果和较大的进步，对长余辉材料的发光性质和发光机理有了较为深刻的认识，长余辉材料的应用领域也得到了较大的扩展，成了一类较为重要的发光材料，影响着人们生产生活的方方面面。

当前对长余辉材料的性质和应用研究已经发展成为一门多学科交叉融合的学科，化学、物理学、材料学、电子学、生物医学等领域的研究人员均参与到长余辉材料的开发和研究中来，不断激发创新活力，提高创新能力。

未来长余辉材料的发展方向主要为：①发光机理研究，目前长余辉发光机理尚不明确，余辉机理的研究极其重要，将对研制新型长余辉材料提供重要的理论指导；②新型长余辉发光材料的制备，开发化学稳定性好、发光亮度高、余辉时间长的长余辉发光材料仍然是长余辉材料研发的重点；③新的应用领域的开拓，除了传统的指示、显示和艺术装饰等领域，在信息科学领域、生命科学与生物医学、能源科学与技术以及环保等领域的应用将是长余辉发光材料的主要开拓领域。

四、学科发展政策建议与措施

重视对长余辉材料研究的扶持，重视人才队伍建设和结构优化，促进科技成果转化。

第七节　LED 用荧光粉

一、LED 用荧光粉概述

白光 LED 是由发光二极管（light emitting diode）芯片和可以被 LED 芯片发光有效激发的发光材料组合而成的白光器件。自从日亚公司 Nakamura 等成功研制出蓝光发光二极管[258]，实现了利用不同波段 LED 芯片发光组合或芯片发光与发光材料组合的全固态白光器件，从而开启了由真空管照明向固态照明的新时代，使之成为继白炽灯、荧光灯、高强度气体放电灯之后的第四代绿色固态照明光源。近年来，随着科学技术的发展，白光 LED 的发光效率大幅提高，光效从 1998 年的 5 Lm/W 发展到 2014 年的 303 Lm/W。同时，白光 LED 的制造成本已大幅度降低到荧光灯的制造成本，开始大量取代白炽灯、荧光灯、高强度气体放电灯等照明与显示光源，广泛应用于不同的领域，并向高光效、低色温、高显色等不同方向发展，进而实现高品质光源在照明与显示等领域的应用。

实现白光的方式有芯片组合法或芯片与发光材料组合（发光转换）法。芯片组合法是通过蓝绿红三基色 LED 芯片、蓝与黄两基色 LED 芯片或多种不同颜色的芯片发光相加混色来实现白光，它不需要发光材料就可产生白光。由于多个 LED 组合存在使用成本较高、混色形成白光产生色差等缺点，不是实现白光的有效方法。发光转换法是指在 LED 半导体芯片上包覆发光材料，通过发光材料将半导体芯片发出的蓝光或紫外光转变成其他的可见光，进而实现白光。基于成本、工艺性、技术现状等因素考虑，发光转换法是实现白光 LED 的有效方法。根据半导体 LED 芯片的种类不同，该方法主要分为两种：

①蓝光 LED 芯片激发黄色发光材料或绿色与红色发光材料组合形成白光。采用蓝光 LED 芯片加上黄色发光材料产生白光是基于光的互补原理，通过蓝光 LED 芯片激发发光材料发射黄光，剩余的蓝光透射出与黄光互补混合产生白光，是一种冷白光，其优点是结构简单、发光效率高、技术成熟度高、成本相对低等，其缺点是红光成分不足、色温偏高、显色指数较低等，难以满足低色温与高显色的照明与显示的实际需要。为了提高显色指数，降低色温，制备暖白光 LED，人们基于三基色原理提出了蓝光 LED 芯片加上绿色和红色发光材料的方案。通过芯片发出的蓝光与发光材料发出的绿光和红光混色形成白光，合成白光时通过适当调整绿色与红色发光材料的比例，既可以获得显色指数高的白光 LED，又可以获得色温低的暖白光 LED，因此，它是目前产业界普遍使用的方法。②紫外光 LED 芯片激发蓝、绿、红三基色发光材料产生发光混色形成白光，其工作原理同三基色荧光灯类似，不同点是激发光源的紫外光来自于 LED 半导体芯片。相对于蓝光芯片激发，该法的优点是可供选择的高效发光材料较多，容易制备显色性指数较高和不同色温的白光 LED；但这种方案存在发光波长转换过程中能量损失较大、紫外光对材料的稳定性要求高、紫外光泄漏等问题，因此，不是目前白光 LED 发展的主流方向。由此可见，高效发光材料是 LED 器件的重要组成部分，相关研究具有重要的实际意义。

二、LED 用荧光粉研究现状及发展动态分析

发光材料在 LED 中起着重要作用，是决定 LED 的发光效率、色温、显色指数、颜色等重要参数不可或缺的材料。在 LED 发光材料二十多年的研究过程中，人们在铝酸盐、硅酸盐、磷酸盐、氮化物、氮氧化物、硫化物、氟化物等体系中开展了大量探索性研究，发现了多种具有潜在应用价值的新型发光材料[259-264]。在此基础上，通过研究它们封装成不同颜色的 LED 后的发光特性以及物理与化学性质，特别是发光效率、发射位置和热力学稳定性等特性，发现可以用于白光 LED 的材料体系相对有限，目前主要有铝酸盐、硅酸盐、氮化物、氮氧化物和氟化物五大发光材料体系，具体体现在以下几个方面。

（一）铝酸盐体系发光材料

人们在铝酸盐体系中开展了大量研究，从早期 YAG：Ce 发光到 $Tb_3Al_5O_{12}$：Ce、Sr_3AlO_4F：Ce、$LaSr_2AlO_5$：Ce 等体系的大量探索，发展了 Ce^{3+}掺杂的石榴石基铝酸盐高效发光材料，其中 $Y_3Al_5O_{12}$：Ce 发光材料由于

强吸收位于 460 nm，与 InGaN 蓝光芯片的发光匹配好，且发射在黄光区，是应用最早的高效黄色发光材料。但 $Y_3Al_5O_{12}$：Ce 发光材料尚存在一些不足，如发射光谱中红色成分不足，难以获得较低色温和高显色指数的白光器件。为此，人们在 YAG：Ce^{3+}的基础上通过 Gd^{3+}取代 Y^{3+}获得发射波长红移的（Y,Gd）Al_5O_{12}：Ce 系列发光材料，但 Gd^{3+}的引入会导致其发光材料效率明显下降，不是一个明智的解决方案。因此，人们发展了蓝绿红三元色混色法来实现低色温高显色性的白光 LED。为此，人们在石榴石基发光材料的基础上，利用 Ga^{3+}取代 Al^{3+}或 Lu^{3+}取代 Y^{3+}，使 Ce^{3+}的发射光谱蓝移，有效地增加绿色成分，形成$(Y,Ce)_3(Al,Ga)_5O_{12}$和 $Lu_3Al_5O_{12}$：Ce 系列高效绿色发光材料，它们与红色氮化物发光材料配合使用制备出低色温和高显色指数的白光 LED 广泛应用于照明领域。目前，石榴石基铝酸盐发光材料尚存在一些缺点，如它们随 LED 工作器件温度上升，出现色漂移和发光亮度下降等现象，并导致光强和光通量的损失，色温随着输出功率的变化而变化等问题；同时它们在制备全光谱高显色性白光 LED 时蓝绿色成分不足。这些问题的解决除了发展新型高效发光材料外，还需要深入开展石榴石基发光材料的制备工艺、老化机理、光谱调控机理的研究，进而开发出性能更加优良的高效发光材料。

（二）硅酸盐体系发光材料

在硅酸盐发光材料体系中，人们发展了 $Lu_2CaMg_2(Si,Ge)_3O_{12}$：Ce、$Ca_3Sc_2Si_3O_{12}$：Ce、$M_2SiO_4$：Eu（M=Ba,Sr）、$A_3MgSi_2O_8$：Eu（M=Ba,Sr,Ca）等多种发光材料。其中，$(Sr,Ba)_3SiO_5$ 偏硅酸盐体系在白光 LED 中获得了应用，它在蓝光区域有很强的吸收，与蓝光 LED 芯片组合实现白光，但显色指数不高。为进一步提高 LED 的显色指数，利用 Ba^{2+}取代部分 Sr^{2+}形成固溶体，其发射峰值由 570 nm 移动到 585 nm，增加了红光成分，使其与 LED 芯片组合产生的暖白光，显色指数进一步提高。利用 Ba^{2+}共掺杂的 Sr_3SiO_5：Eu^{2+}与 Sr_2SiO_4：Eu^{2+}与 LED 芯片组合获得发光的显色指数达到 85，色温范围为 2500～5000 K。在硅酸盐体系中，用于 LED 较多的发光材料是 Eu^{2+}掺杂的正硅酸盐 M_2SiO_4（M=Ba,Sr）。在该体系中，由于二价碱土金属子具有两种不同的格位，它们的晶场环境不同，导致不同格位的 Eu^{2+}发射峰位置不同。当 Eu^{2+}占据较弱晶场格位时发出蓝绿光，当 Eu^{2+}占据较强晶场格位时发出黄光。而且，随着 Ba、Sr 和 Ca 组分的变化，其发射峰值可以在 440～570 nm 区域内移动，实现蓝光到黄光的不同发射，特别在$(Ba,Sr)_2SiO_4$：Eu 中，随着 Sr^{2+}含量的增加，其发射光谱红移，形成一系列发光材料，应用于彩灯、景观照明、高色域背光等 LED 中。与石榴石基铝酸盐发光材料相比，硅酸盐体系发光材料的稳定性较差，制约了它们在白光 LED 中的广泛应用。

（三）氮化物发光材料

在氮化物发光材料中，人们发现了 $M_2Si_5N_8$：Eu（M=Ca，Sr）、$MAlSiN_3$：Eu（M=Ca，Sr）、$MSiN_2$：Eu（M=Ca，Sr）、$La_3Si_6N_{11}$：Ce 等新型发光材料，其中应用最早的是 $M_2Si_5N_8$：Eu（M=Ca，Sr，Ba），其发射光谱与碱土金属半径、占据格位以及晶体结构有关，随着碱土金属离子半径的增加，晶场强度逐渐减小，发射光谱蓝移。在 $Sr_2Si_5N_8$ 和 $Ba_2Si_5N_8$ 中，Eu^{2+}可以实现完全互溶，通过大量掺杂 Eu^{2+}，可以获得一系列发射峰值在 620～660 nm 范围内的高性能发光材料。在氮化物发光材料中，应用最多的是 $MAlSiN_3$：Eu（M=Ca，Sr）体系的红色发光材料，其中 $CaAlSiN_3$：Eu 在 400～550 nm 范围内有强的吸收，与紫外以及蓝光 LED 芯片匹配好，发射峰位于 650 nm，斯托克斯位移较小，量子效率高，热猝灭特性比 $M_2Si_5N_8$：Eu 更好。$SrAlSiN_3$：Eu 发射峰位于 610 nm，比 $CaAlSiN_3$：Eu 具有更好的发光亮度，而且 $SrAlSiN_3$ 与 $CaAlSiN_3$ 可以容易地形成固溶体，通过 Sr^{2+}取代 Ca^{2+}使得 Eu^{2+}周围的晶场强度减弱，其发射主峰从 650 nm 蓝移到 620 nm，进而获得更高效率的发光材料。氮化物系列红色发光材料与稀土石榴石基发光材料配合使用，可以获得低色温高显色指数的白光 LED，获得了广泛应用。尽管氮化物发光效率高，但由于其发射带宽，光的利用效率低，而且其耐候性差，长期使用出现色偏移，发光减弱，因此，改进与提升氮化物的发光材料的应用性能，研发稳定性更好的氮化物发光材料，是今后研究的重要课题。

（四）氮氧化物发光材料

在氮氧化物 $SrSi_2O_2N_2$：Eu、α-sialon：Eu、$Ba_3Si_6O_{12}N_2$：Eu、$Sr_3Si_{13}Al_3O_2N_{21}$：Eu 等发光材料中，已经应用的是 β-sialon：Eu 发光材料，它是由 $(Si,Al)(O,N)_4$ 四面体构成的三维网络结构，通过 Al—O 键对 Si—N 键的替换来实现结构连续变化，Al—O 键对 Si—N 键部分替换之后既保持了电荷的平衡，又不需要引入其他离子实现整体电荷平衡，没有外在缺陷的形成，这样形成的固溶体化学式为 $Si_{6-z}Al_zO_zN_{8-z}$（$0\leqslant z\leqslant 4.2$）。在该体系中，掺入 Eu^{2+}形成新型高效绿色发光材料在 280～490 nm 范围内有较强的吸收，发射峰位于 538 nm 附近，半高宽约为 55 nm，而且可以通过调节 z 值来调控发光颜色。此外，该材料优异的温度猝灭特性、合适的发射位置和较窄的发射半高宽，使其成为高色纯度绿色发光材料的佼佼者，应用于背光源的白光 LED 中。但因其制备工艺复杂、价格高，目前没有大量应用于背光源 LED 中。

（五）氟化物发光材料

氟化物发光材料主要涉及 Mn^{4+}掺杂的 K_2TiF_6、K_2SiF_6、K_2GeF_6、$BaSiF_6$ 等红光发光材料，Mn^{4+}在晶格中占据八面体阳离子格位，其在 460 nm 附近有强的宽带吸收，发射 630 nm 的尖锐谱线，与氮化物红色发光材料比，具有更高的辐射流明效率和更好的色纯度，其中 K_2TiF_6：Mn^{4+}和 K_2SiF_6：Mn^{4+}发光效率最高。由于该材料光衰大、热稳定性差、耐候性差等缺点限制了这些材料在普通照明中的应用。在显示中，由于 K_2SiF_6：Mn^{4+}发光效率高、色纯度高、稳定性较好而被开发应用于背光源 LED 中。

在 LED 发光材料的研究与应用过程中，日本、美国、欧洲等发达国家和地区早期投入大量的人力和财力开展基础研究和应用研发以及专利布局，特别是日亚凭借早在 1991～2001 年间取得的 70 多个专利技术在蓝光芯片、白光器件、发光材料等领域特别是以石榴石基铝酸盐发光材料的白光 LED 器件方面处于优势地位。在石榴石基铝酸盐发光材料产业化与应用方面，三菱化学、根本化学、江苏博睿、英特美、北京有研、希尔德等公司处于世界先进行列。在硅酸盐发光材料方面，德国默克、英特美、丰田合成、江苏博睿等公司处于世界先进行列。在氮化物发光材料方面，三菱化学、江苏博睿、英特美、北京有研等公司处于世界先进行列。在氮氧化物发光材料应用方面，日本电气化学和三菱化学处于世界先进水平。在氟化物发光材料的应用方面，美国通用电气、三菱化学、北京有研、江苏博睿等处于世界先进水平。由此可见，在 LED 发光材料的制备与应用方面，我国大部分材料已经达到世界先进水平，但与世界领先水平尚有差距，特别是氮氧化物 β-sialon：Eu 发光材料方面差距更大。尽管我们的制备技术经过近年来企业与科研单位的努力取得了飞速的发展，LED 发光材料市场占有份额也在逐年提高，但 LED 发光材料缺乏原创性知识产权，这造成我国制备发光材料的附加值不高，甚至低价为国际大公司代工，这就严重制约了我国稀土资源的高值化利用。

三、研究总结与展望

LED 发光材料经过近 5 年的快速发展初步形成了较完备的铝酸盐、硅酸盐、氮化物、氮氧化物和氟化物五大体系，尽管目前应用的材料体系不多，但通过组分设计与光谱调控已经发展出许多种不同用途的发光材料，它们被广泛地应用于照明与显示领域，并向着农业、生物医学、军工等领域拓展。目前，LED发光材料产业已经开始由发达国家向我国转移，可以预见，未来5年，通过发光材料企业与科研单位协作攻关，我国生产的大部分发光材料的性能将达到世界领先水平，我国也将成为LED发光材料研发、生产与应用的重要基地，五彩缤纷的发光材料将使LED变得更加绚丽多姿，世界将变得更加丰富多彩。

四、学科发展政策建议与措施

随着LED全球市场的不断增长与应用领域的不断拓展以及功率的不断提升，白光LED向着高显色、低色温、高色纯度、全光谱、高光密度等应用特性不同的方向发展以满足不同应用领域的实际需求，这就要求LED发光材料不仅具有高的发光效率和优良的稳定性，而且要多样化来满足专用性的实际需要。因此，研究光谱调控的机理，发展关键制备技术，提升发光材料的效率与稳定性，降低光衰，仍然是当前LED发光材料研究的重要课题，也是发光材料产业竞争的焦点。同时，目前所使用LED发光材料体系还不能完全满足不同领域的LED实际需要，探索新型高效发光材料，也是研究的重要内容。相关问题的解决需要科研单位与发光材料企业的协同攻关。因此，发展政策具体建议如下。

在LED新型发光材料方面，国家要加大投入力度，加强LED发光材料基础研究，着力探索新型高效发光材料，研究基质与激活离子之间的相关性规律与光谱调控规律，通过材料设计来发展具有自主知识产权的新材料及关键制备技术，进而实现从中国制造到中国创造的飞跃。

在LED发光材料应用方面，以应用为导向，国家与地方政府设立专项基金，鼓励发光材料产业界与科研院所合作，通过联合攻关，解决LED发光材料产业化过程中的关键科学与技术问题，提升发光材料的应用性能，进而使我国LED发光材料的应用性能达到世界领先水平。

第八节　有机–无机杂化发光材料

一、有机–无机杂化发光材料概述

1988年，Lintner等提出了有机–无机杂化的思想[263]，有机–无机杂化材料问世以来，立即引起了人们的极大关注。运用分子设计和分子工程思想进行功能复合、组装和杂化，通过将单一功能的两种或多种材料的功能复合，实现材料的性能互补和优化，已成为当前材料领域的研究热点之一，也是开发新型功能材料的重要手段之一。有机-无机杂化是一个涉及化学、物理、高分子和材料科学等多学科的交叉前沿领域。有机-无机杂化材料利用无机相和有机相之间的作用力，实现了有机材料和无机材料的分子水平或纳米水平复合，将有机材料和无机材料的优势集于一体，从而获得具有优异性能的新型功能材料。有机-无机杂化材料可以充分体现有机和无机各组分的优势，是继单一组分材料、复合材料（两种物质复合而成，有明显的界面，相区尺寸在微米级以上）、梯度材料（两种物质的组分呈梯度变化，没有明显的相界面）之后的第四代新材料。

法国 Sanchez 等根据有机-无机杂化材料的有机和无机组分间作用力的不同将有机-无机杂化材料分为Ⅰ型杂化材料和Ⅱ型杂化材料[264]。Ⅰ型杂化材料，有机组分和无机组分之间只是通过弱的相互作用（氢键、范德华力或离子间作用力）互相连接，这种弱相互作用对材料整体结构产生内聚作用，称为物理杂化；Ⅱ型杂化材料，有机组分和无机组分之间通过强的化学键（离子键-共价键、共价键）连接，称为化学杂化，这类杂化材料对于活性中心有很好的固定效果，而且各组分可以在分子水平或纳米尺寸上均匀分布，有效地避免活性中心的团聚和散失。

有机-无机杂化发光材料的特点是兼有有机组分和无机组分的性能，但不仅仅是有机组分和无机组分性能的简单叠加；有机组分与无机组分可实现纳米尺寸或分子水平的复合，形成结构成分均一、组分可调、发光性能稳定的新型材料；往往具有良好的机械稳定性、柔韧性、可加工性和热稳定性等。正是由于上述特点，有机-无机杂化发光材料在生物传感、固体染料激光器、平板显示等高科技领域均显示了重要的应用前景。

二、有机-无机杂化发光材料研究现状及发展动态分析

经过多年积累，有机-无机杂化材料领域逐步发展壮大，发表的学术论文逐年增多。据不完全统计，截止到 2016 年 10 月底，该领域已经发表学术论文 57 274 篇，如图 5-23 所示。其中，中国研究人员发表 13 027 篇，占总数的 22.75%；美国研究人员发表 11 291 篇，占 19.71%；德国、法国、日本和韩国发表的该领域论文所占比例分别为 7.71%、6.70%、6.60%和 5.20%。有机-无

机杂化材料领域发表的论文中，关于有机-无机杂化发光材料的学术论文超过一半以上，表明有机-无机杂化发光材料是一类非常重要的功能材料。

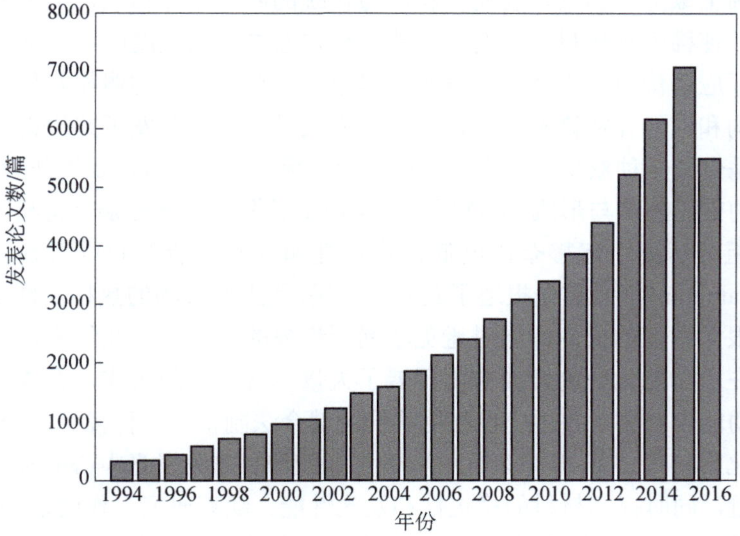

图 5-23 有机-无机杂化材料领域 1994～2016 年发表论文数不完全统计

数据来源：Web of Science

过去 20 多年来，关于有机-无机杂化发光材料的研究重点主要集中在稀土有机-无机杂化发光材料[265]和有机-无机杂化钙钛矿材料[266]方面。

（一）稀土有机-无机杂化发光材料

稀土有机-无机杂化发光材料是在溶胶-凝胶技术的基础上发展起来的。1993 年，Matthews 等首次采用溶胶-凝胶法将稀土配合物［$Eu(TTA)_3(H_2O)_2$］（TTA 代表噻吩甲酰三氟丙酮）引入 SiO_2 凝胶基质中，研究发现掺杂［$Eu(TTA)_3(H_2O)_2$］凝胶材料的发光强度比掺杂相同浓度 $EuCl_3$ 凝胶材料的发光强度提高了一个数量级[267]。研究人员从如何提高稀土配合物及相关化合物的光电等性能的角度出发，围绕结构和形态与发光性能的关系，结合能级匹配、能量传递、发光动力学等对分子结构和性能的要求，设计合成了众多发光性能优异的稀土有机-无机杂化发光材料。在稀土有机-无机杂化发光材料的发展初期，稀土配合物和基质材料之间仅存在弱的相互作用力，如范德华力和静电引力。浙江大学王民权小组详细研究了运用原位合成法制备稀土配合物 I 型杂化凝胶发光材料的关键条件[268]。2000 年，中国科学院长春应用化学研究所张洪杰课题组开发出两步水解原位合成法[269]，分别采用酸碱催化剂，加速水解和缩聚过程，大大缩短了工艺的制备周期，于凝胶基质中快速原位合成了稀土铽配合物杂化发光材料，与传统的制备方法相比，大大缩短了成胶时间，使稀土杂化材料的发光性能和稳定性得以大幅度改善，从而使其更具有实际应用价值。I 型杂化发光材料中，主客体之间的弱相互作用致使材料的结构和性能存在诸多缺欠，因此研究人员进一步开发了共价键嫁接法，其关键是合成一种双功能化合物，它既能与稀土离子配位，还能作为溶胶-凝胶反应的前驱体参与形成 Si-O 网络，解决了长期困扰稀土杂化材料因物理掺杂发光组分解离引起掺杂浓度低、稳定性和发光性能差的重大难题。法国 Daniel Zambon 等[270]首先报道了其研究成果，稀土配合物的热稳定性和掺杂浓度有了很大程度的提高，同时避免了漏析现象的发生。近几年来，国内外研究人员在双功能化合物合成方面开展了大量卓有成效的工作，合成了多种类型的双功能化合物，并进一步利用共价键键合法制备了多种稀土配合物有机-无机杂化材料[271-273]。II 型杂化材料优点是能增加作为发光中心的稀土配合物的掺杂量，同时提高材料的稳定性和发光性能。随着研究工作的进一步扩展，为了赋予杂化发光材料独特的结构和性质，满足更广泛实际应用的需求，有机-无机杂化发光材料的基质逐渐突破了凝胶材料范围，很多具有独特优良性质的材料不断成为合成新型稀土有机-无机杂化材料的新型基质材料，如介孔材料、大孔材料、二氧化钛、高分子材料（包括无机簇修饰的高分子材料）、沸石分子筛和离子液体等[274, 275]。不同类型基质材料与稀土配合物主客体间的作用力和空间关联不同，使得不同类型的稀土有机-无机杂化发光材料都具有其自身的特点和优势。例如，将铕配合物分别通过物理掺杂和共价键嫁接的方法引入以锡氧簇为构筑单元的聚甲基丙烯酸甲酯（PMMA）高分子材料（PMMA-co-Sn_{12} cluster）中，合成了一类新颖的稀土有机-无机杂化发光材料[276]。PMMA-co-Sn_{12} cluster 基质丰富的微观空隙结构及柔性骨架，使其适于铕配合物的物理掺杂和共价键嫁接，可避免发光中心的团聚而引起的荧光淬灭，该类杂化发光材料能够溶于一些有机溶剂，具有良好的可塑性，可以用作荧光薄膜。研究人员[277]还开发了稀土/L 型沸石主-客体杂化光功能材料，将稀土有机配合物通过“瓶中造船法”装载到 L 型沸石中一维平行的纳米孔道中，可以制备具有优异发光性能的新型主-客体发光功能材料。利用多功能分子连接体的控制和诱导，制备出 *c* 轴取向的具有多级有序结构的 L 型沸石单层发光薄膜，其中，稀土有机配合物可以组装到沸石薄膜中的纳米孔道中，也可以嵌入多功能分子连接体中，通过改变与分子连接体配位的稀土离子的种类和数量，改变 L 型沸石晶体孔道内客体分子的种类和改变激发波长，来调控和剪裁这种发光 *c* 轴取向 L 型沸石薄膜的荧光颜色，实现了发光沸石单层薄膜的彩色化。在该薄膜表面涂覆高分子可使其完全透明，可用于新型太阳能聚光器的研制。

回顾稀土配合物有机-无机杂化发光材料研究的发展历程，主要是以三个转变为主导，即物理杂化向化学杂化的转变、单一基质向多样化基质的转变和单一功能的杂化材料向多功能杂化材料的转变。经过 20 多年的发展，稀土有机-无机杂化发光材料的研究已经解决了以下科学问题：①提高活性组分稀土配合物的掺杂量；②活性组分与有机-无机网络形成稳定的共价键；③材料稳定性能和发光性能大幅度提高；④基质材料的多样化。这对于提升我国高技术水平具有重要的意义，在激光、传感、显示等领域显示出广泛的应用价值。

（二）有机-无机杂化钙钛矿材料

早在 1884 年，H. Topsoe 就合成了有机-无机杂化钙钛矿结构晶体材料，但在当时并没有引起重视。直到 1994 年和 1995 年，IBM Waston 实验室的科学家 D. B. Mitzi 在 *Nature*[278]和 *Science*[279]相继发表了两篇有机-无机杂化钙钛矿的文章，阐述了随着 *n* 的增加，$(C_4H_9NH_3)_2(CH_3NH_3)_{n-1}SnI_{3n+1}$ 表现出奇特的从半导体向金属特性转变的趋势，研究者们开始意识到有机-无机杂化钙钛矿材料在光电器件领域的巨大应用潜力，因此有机-无机杂化钙钛矿材料引起了国际科学界的广泛关注，成为近年来最受关注的“明星”半导体材料之一。

理想的立方钙钛矿晶体结构化学通式为 ABX_3，金属阳离子 B 与卤素阴离子 X 配位成八面体结构，A 一般为 RNH_3^+或 $NH_3RNH_3^{2+}$（R 为羟基），存在于八面体间隙平衡 BX_3 阴离子电荷。有机-无机杂化钙钛矿晶体结构是用有机胺取代无机钙钛矿中的 A，有机胺阳离子填充在八面体间隙中，通过胺上的氢与卤素离子形成氢键而伸入无机层空间，有机链之间通过范德华力相互作用，从而形成有机-无机交替排布的杂化结构。随着研究的深入，钙钛矿材料中简单的有机胺逐步扩展到了噻吩类、咔唑类、吡啶类、C_{60} 分子和能够聚合的有机胺阳离子等复杂有机胺。无机层也由二价金属离子（Cu^{2+}、Ni^{2+}、Fe^{2+}、Co^{2+}、Mn^{2+}、Cr^{2+}、Cd^{2+}、Sn^{2+}、Pb^{2+}、Pd^{2+}、Ge^{2+}、Eu^{2+}、Yb^{2+}等）扩展到了稀土、锑、铋等三价离子[280]。有机-无机杂化钙钛矿不仅显示出无机组分良好的热稳定性和机械性能以及有机组分的易加工等优点，其独特的无机层和有机胺交替堆积形成的量子阱结构使其在量子限域效应和介电限域作用下，具有较大的激子结合能，表现出良好的光电特性，如强的室温光致发光。

有机-无机杂化钙钛矿材料在可见光全波段范围（390～790 nm）内具备全光谱吸收能力，其吸光系数大、体积缺陷密度低、俄歇复合缓慢以及双极性传输平衡等特性使其在高发光效率方面有显著优势。通过精细调控有机-无机杂化钙钛矿的组成（包括组成成分、卤素原子比例、有机基团、厚度等）和温度等，可以获得不同带隙的钙钛矿材料，从而实现钙钛矿材料从近红外到可见光范围内的多色发光。例如，Papavassiliou 等[281]制备了有机层为不同有机胺的卤化铅、卤化锡杂化钙钛矿材料，发现通过调控其组成，可以使发光峰在 300～800 nm 之间连续调节。同时，钙钛矿不同的形貌和尺寸对发光性能同样具有显著影响。例如，利用正辛胺和油酸作为复合配体合成的 $CH_3NH_3PbBr_3$ 量子点（约 3.3 nm）激子束缚能较大，荧光发射主要来源于激子复合，通过表面钝化效应进一步减少表面缺陷，从而使其荧光量子效率提升至 70%[282]。碘化物钙钛矿纳米线的发光效率可高达 87%[283]。此外，还有纳米棒阵列、二维纳米片等钙钛矿材料均表现出了形貌、尺寸相关的光学特性。

几十年来，有机-无机杂化钙钛矿材料的制备方法不断发展，主要包括溶液冷却法、蒸发溶剂法、层状溶液法、凝胶法、旋转涂膜法、双源气相沉积法、两步浸液法、单源热熔融和低温熔融法。有关有机-无机杂化钙钛矿材料形貌控制和性能优化的相关制备工作还在不断开展，这为提高有机-无机杂化钙钛矿材料的发光强度和荧光量子产率等性质，优化器件质量以及研究有机-无机杂化钙钛矿材料的新特性发挥了巨大作用，也使该类材料在显示、照明和光通信等领域有广泛的应用前景。

三、研究总结与展望

稀土有机-无机杂化发光材料是光致发光材料的一个重要分支，稀土配合物通过物理掺杂或共价键嫁接的方式引入基质材料中，不但保持了其高的荧光量子效率、强的荧光发射，其发光性质甚至大幅提升，同时也改善了其光、热及化学稳定性。目前，研究者已经开发出了类型丰富的稀土有机-无机杂化发光材料，研究重点多在杂化材料的制备以及宏观发光性能的表征，对客体分子和基质之间的关联有一定的了解。然而，对于稀土有机-无机杂化发光材料中客体分子的化学微环境与杂化材料发光性能的构效关系尚不十分清楚，仍有许多科学问题值得进一步探索。这对进一步改善稀土有机-无机杂化发光材料的性质有重要的学术意义，也对提升我国高技术水平具有重要的意义。此外，稀土有机-无机杂化发光功能材料的应用研究还有待于进一步加强。

有机-无机杂化钙钛矿材料是近年来备受关注的一类半导体材料。目前，可以通过多种简单手段实现有机-无机钙钛矿材料发光性质的调节，然而对有机-无机杂化钙钛矿材料的自组装过程、有机-无机杂化钙钛矿材料粉末的制备方法和多种有机胺共存杂化钙钛矿还需进一步深入研究。此外，要实现钙钛矿材料在光电领域的应用，其稳定性、均匀性和安全性是务必要解决的关键科学问题。

四、学科发展政策建议与措施

（1）有机-无机杂化是开发新型功能材料和优化材料性能的有效手段，加强基础研究投入，重点研究尚未解决的关键科学问题，并将有机-无机杂化的概念融入更多类型的新型功能材料中。

（2）加强产业化研发投入，鼓励有机-无机杂化发光材料的科研成果转化，推动有机-无机杂化发光材料在显示、光通讯、传感、激光等领域的应用，使材料性质的优势转化为产业经济优势。

本章参考文献

[1] 黄春辉. 稀土配位化学. 北京：科学出版社，1997.

[2] Weissman S. Intramolecular energy transfer the fluorescence of complexes of europium. J Chem Phys，1942，10：214-217.

[3] Bunzli J，Piguet C. Taking advantage of luminescent lanthanide ions. Chem Soc Rev，2005，34：1048-1077.

[4] Ma Y，Wang Y. Recent advances in the sensitized luminescence of organic europium complexes. Coord Chem Rev，2010，254：972-990.

[5] Eliseevaa S，Bünzli J. Lanthanide luminescence for functional materials and bio-sciences. Chem Soc Rev，2010，39：189-227.

[6] Bunzli J，Eliseeva S. Lanthanide NIR luminescence for telecommunications，bioanalyses and solar energy conversion. J Rare Earths，2010，28：824-842.

[7] Freitas V，Fu L，Cojocariu A. Eu^{3+}-based bridged silsesquioxanes for transparent luminescent solar concentrators. ACS Appl Mater Interfaces，2015，7：8770-8778.

[8] Wei H，Zhao Z，Wei C，et al. Antiphotobleaching：A type of structurally rigid chromophore ready for constructing highly luminescent and highly photostable europium complexes. Adv Funct Mater，2016，26：2085-2096.

[9] Liu J，Wang K，Zheng W，et al. Improving spectral response of monocrystalline silicon photovoltaic modules using high efficient luminescent down-shifting Eu^{3+} complexes. Prog

Photovolt：Res Appl，2013，21：668-675.

[10] Dai Q，Foley M，Breshike C. Ligand-passivated Eu：Y_2O_3 nanocrystals as a phosphor for white light emitting diodes. J Am Chem Soc，2011，133：15475-15486.

[11] Zhang H，Shan X，Zhou L，et al. Full-colour fluorescent materials based on mixed-lanthanide（iii）metal-organic complexes with high-efficiency white light emission. J Mater Chem C，2013，1：888-891.

[12] Yang C，Fu L，Wang Y，et al. A highly luminescent europium complex showing visible-light-sensitized red emission：Direct observation of the singlet pathway. Angew Chem Int Ed，2004，43：5010-5013.

[13] Chen F，Bian Z，Liu Z，et al. Highly efficient sensitized red emission from Europium（Ⅲ）in Ir-Eu bimetallic complexes by 3MLCT energy transfer. Inorg Chem，2008，47：2507-2513.

[14] Jiang W，Lou B，Wang J，et al. The influence of triplet energy levels of bridging ligands on energy transfer processes in Ir（Ⅲ）/Eu（Ⅲ）dyads. Dalton T，2011，40：11410-11418.

[15] Lian P，Wei H，Zheng C，et al. Synthesis，characteristics and photoluminescent properties of novel Ir-Eu heteronuclear complexes containing 2-carboxyl-pyrimidine as a bridging ligand. Dalton T，2011，40：5476-5482.

[16] Chen F F，Wei H B，Bian Z Q，et al. Sensitized near-infrared emission from Ir-Ⅲ-Ln（Ⅲ）（Ln=Nd，Yb，Er）bimetallic complexes with a（(NO)-O-boolean AND)（(NO)-O-boolean AND）bridging ligand. Organometallics，2014，33（13）：3275-3282.

[17] Jeremiah D，Richard L，Cisneros G，et al. Concentration-independent pH detection with a luminescent dimetallic Eu（Ⅲ）-based probe. J Am Chem Soc，2012，134：17372-17375.

[18] Cui Y，Xu H，Yue Y，et al. A luminescent mixed-lanthanide metal-organic framework thermometer. J Am Chem Soc，2012，134：3979-3982.

[19] Hao J，Yan B. A water-stable lanthanide-functionalized MOF as a highly selective and sensitive fluorescent probe for Cd^{2+}. Chem Commun，2015，51：7737-7740.

[20] Wei C，Wei H，Yan W，et al. Water-soluble and highly luminescent europium（Ⅲ）complexes with favorable photostability and sensitive pH response behavior. Inorg Chem，2016，55：10645-10653.

[21] Ye H，Li Z，Peng Y，et al. Organo-erbium systems for optical amplification at telecommunications wavelengths. Nat Mater，2014，13：382-386.

[22] Demas J N，Adamson A W. A new photosensitizer tris（2，2′-bipyridine）ruthenium（Ⅱ）chloride. J Am Chem Soc，1971，93：1800-1801.

[23] Gray H B，Ballhausen C J. A molecular orbital theory for square planar metal complexes. J Am Chem Soc，1963，85：260-265.

[24] Ballhausen C J，Gray H B. Molecular Orbital Theory. New York：Benjamin，1964.

[25] Baldo M A，O'Brien D F，You Y，et al. Highly efficient phosphorescent emission from organic electroluminescent devices. Nature，1998，395：151-154.

[26] Adachi C, Baldo M A, Thompson M E, et al. Nearly 100% internal phosphorescence efficiency in an organic light-emitting device. J Appl Phys, 2001, 90: 5048-5051.
[27] Tao Y, Yuan K, Chen T, et al. Thermally activated delayed fluorescence materials towards the breakthrough of organoelectronics. Adv Mater, 2014, 26: 7931-7958.
[28] Uoyama H, Goushi K, Shizu K, et al. Highly efficient organic light-emitting diodes from delayed fluorescence. Nature, 2012, 492: 234-238.
[29] Osawa M, Kawata I, Ishii R, et al. Application of neutral d^{10} coinage metal complexes with an anionic bidentate ligand in delayed fluorescence-type organic light-emitting diodes. J Mater Chem C, 2013, 1: 4375-4379.
[30] Chen J, Teng T, Kang L, et al. Highly efficient thermally activated delayed fluorescence in dinuclear Ag(Ⅰ) complexes with a bis-bidentate tetraphosphane bridging ligand. Inorg Chem, 2016, 55: 9528-9536.
[31] Li W, Pan Y, Xiao R, et al. Employing～100% excitons in OLEDs by utilizing a fluorescent molecule with hybridized local and charge-transfer excited state. Adv Funct Mater, 2014, 24: 1609-1614.
[32] Balzani V, Sabbatini N, Scandola F. "Second-sphere" photochemistry and photophysics of coordination compounds. Chem Rev, 1986, 86: 319-337.
[33] Yam V W, Wong K. M. Luminescent metal complexes of d^6, d^8 and d^{10} transition metal centres. Chem Commun, 2011, 47: 11579-11592.
[34] Yam V W W, Au V K M, Leung S Y L. Light-emitting self-assembled materials based on d^8 and d^{10} transition metal complexes. Chem Rev, 2015, 115: 7589-7728.
[35] Wong H L, Yeung M C L, Yam V W W. Transition metal-based photofunctional materials: Recent advances and potential applications. Struct Bond, 2016, 172: 201-289.
[36] Chia Y Y, Tay M G. An insight into fluorescent transition metal complexes. Dalton T, 2014, 43: 13159.
[37] Sun W Y, Che C M. The anti-cancer properties of gold(Ⅲ) compounds with dianionic porphyrin and tetradentate ligands. Coord Chem Rev, 2009, 253: 1682-1691.
[38] Zou T, Lum C, Lok C, et al. Chemical biology of anticancer gold(Ⅲ) and gold(Ⅰ) complexes. Chem Soc Rev, 2015, 44: 8786-8801.
[39] Lo K, Tsang K, Sze K, et al. Non-covalent binding of luminescent transition metal polypyridine complexes to avidin, indole-binding proteins and estrogen receptors. Coord Chem Rev, 2007, 251: 2292-2310.
[40] Xu L J, Xu G T, Chen Z N. Recent advances in lanthanide luminescence with metalorganic chromophores as sensitizers. Coord Chem Rev, 2014, 273: 47-62.
[41] Förster T, Kasper K. Ein konzentrationsumschlag der fluoreszenz. Z Phys Chem, 1954, 1: 275-277.
[42] Luo J, Xie Z, Lam J W, et al. Aggregation-induced emission of 1-methyl-1, 2, 3, 4, 5-pentaphenylsilole. Chem Commun, 2001, 1740-1741.

[43] Mei J，Hong Y，Lam J W，et al. Aggregation-induced emission：The whole is more brilliant than the parts. Adv Mater，2014，26：5429-5479.

[44] Mei J，Leung N L，Kwok R T，et al. Aggregation-induced emission：Together we shine，united we soar! Chem Rev，2015，115：11718-11940.

[45] Hong Y，Lam J W，Tang B Z，et al. Aggregation-induced emission：Phenomenon，mechanism and applications. Chem Commun，2009，4332-4353.

[46] Hong Y，Lam J W，Tang B Z，et al. Aggregation-induced emission. Chem Soc Rev，2011，40：5361-5388.

[47] Wang M，Zhang G，Zhang D，et al. Fluorescent bio/chemosensors based on silole and tetraphenylethene luminogens with aggregation-induced emission feature. J Mater Chem，2010，20：1858-1867.

[48] Liu Y，Deng C，Tang L，et al. Specific detection of D-glucose by a tetraphenylethene-based fluorescent sensor. J Am Chem Soc，2011，133：660-663.

[49] Ding D，Li K，Liu B，et al. Bioprobes based on AIE fluorogens. ACC Chem Res，2013，46：2441-2453.

[50] Kwok R T K，Leung C W，Lam J W，et al. Biosensing by luminogens with aggregation-induced emission characteristics. Chem Soc Rev，2015，44：4228-4238.

[51] Hong Y，Chen S，Leung C W，et al. Water-soluble tetraphenylethene derivatives as fluorescent "light-up" probes for nucleic acid detection and their applications in cell imaging. Chem Asian J，2013，8：1806-1812.

[52] Hong Y，Meng L，Chen S，et al. Monitoring and inhibition of insulin fibrillation by a small organic fluorogen with aggregation-induced emission characteristics. J Am Chem Soc，2012，134：1680-1689.

[53] Zhao N，Li M，Yan Y，et al. A tetraphenylethene-substituted pyridinium salt with multiple functionalities：Synthesis，stimuli-responsive emission，optical waveguide and specific mitochondrion imaging. J Mater Chem C，2013，1：4640-4646.

[54] Leung C W T，Hong Y，Chen S，et al. A photostable AIE luminogen for specific mitochondrial imaging and tracking. J Am Chem Soc，2013，135：62-65.

[55] Zhang C，Jin S，Yang K，et al. Cell membrane tracker based on restriction of intramolecular rotation. ACS Appl Mater Interfaces，2014，6：8971-8975.

[56] Situ B，Chen S，Zhao E，et al. Real-time imaging of cell behaviors in living organisms by a mitochondria-targeting AIE fluorogen. Adv Funct Mater，2016，26：7132-7138.

[57] Zhang J，Zheng M，Zhang F，et al. Supramolecular hybrids of AIEgen with carbon dots for noninvasive long-term bioimaging. Chem Mater，2016，28：8825-8833.

[58] Zhao Y，Shi C，Yang X，et al. pH-and temperature-sensitive hydrogel nanoparticles with dual photoluminescence for bioprobes. ACS Nano，2016，10：5856-5863.

[59] Yuan Y, Xu S, Cheng X Z, et al. Bioorthogonal turn-on probe based on aggregation- induced emission characteristics for cancer cell imaging and ablation. Angew Chem Int Ed，2016，

55：6457-6461.

[60] Zhao E，Hong Y，Chen S，et al. Highly fluorescent and photostable probe for long-term bacterial viability assay based on aggregation-induced emission. Adv Healthcare Mater，2014，3：88-96.

[61] Song Z，Zhang W，Jiang M，et al. Synthesis of imidazole-based AIEgens with wide color tunability and exploration of their biological applications. Adv Funct Mater，2016，26：824-832.

[62] Ding D，Goh C C，Feng G，et al. Ultrabright organic dots with aggregation-induced emission characteristics for real-time two-photon intravital vasculature imaging. Adv Mater，2013，25：6083-6088.

[63] Li K，Liu B. Polymer-encapsulated organic nanoparticles for fluorescence and photoacoustic imaging. Chem Soc Rev，2014，43：6570-6597.

[64] Yuan Y，Feng G，Qin W，et al. Targeted and image-guided photodynamic cancer therapy based on organic nanoparticles with aggregation-induced emission characteristics. Chem Commun，2014，50：8757-8760.

[65] Song Z，Mao D，Sung S H，et al. Activatable fluorescent nanoprobe with aggregation-induced emission characteristics for selective in vivo imaging of elevated peroxynitrite generation. Adv Mater，2016，28：7249-7256.

[66] Lim X. The nanolight revolution is coming. Nature，2016，531：26-28.

[67] Zhao N，Lam J W，Sung H H，et al. Effect of the counterion on light emission：A displacement strategy to change the emission behaviour from aggregation-caused quenching to aggregation-induced emission and to construct sensitive fluorescent sensors for Hg^{2+} detection. Chem Eur J，2014，20：133-138.

[68] Guo Y，Feng X，Han T，et al. Tuning the luminescence of metal-organic frameworks for detection of energetic heterocyclic compounds. J Am Chem Soc，2014，136：15485-15488.

[69] Liu Y，Tang Y，Barashkov N N，et al. Fluorescent chemosensor for detection and quantitation of carbon dioxide gas. J Am Chem Soc，2010，132：13951-13953.

[70] Lu W，Xiao P，Gu J，et al. Aggregation-induced emission of tetraphenylethylene-modified polyethyleneimine for highly selective CO_2 detection. Sens. Actuators B：Chem，2016，228：551-556.

[71] Li Y，Xu L，Su B，et al. Aggregation induced emission for the recognition of latent fingerprints. Chem Commun，2012，48：4109-4111.

[72] Yu C Y Y，Kwok R T，Mei J，et al. A tetraphenylethene-based caged compound：Synthesis，properties and applications. Chem Commun，2014，50：8134-8136.

[73] Wang M，Zhang D，Zhang G，et al. Fluorescence enhancement upon gelation and thermally-driven fluorescence switches based on tetraphenylsilole-based organic gelators. Chem Phys Lett，2009，475：64-67.

[74] Wang Z，Nie J，Qin W，et al. Gelation process visualized by aggregation-induced emission

fluorogens. Nat Commun，2016，7：12033.

[75] Yuan W Z，Tan Y，Gong Y，et al. Synergy between twisted conformation and effective intermolecular interactions：Strategy for efficient mechanochromic luminogens with high contrast. Adv Mater，2013，25：2837-2843.

[76] Gu X，Yao J，Zhang G，et al. Polymorphism-dependent emission for di（p-methoxylphenyl）dibenzofulvene and analogues：Optical waveguide/amplified spontaneous emission behaviors. Adv Funct Mater，2012，22：4862-4872.

[77] Liu J，Su H，Meng L，et al. What makes efficient circularly polarised luminescence in the condensed phase：Aggregation-induced circular dichroism and light emission. Chem Sci，2012，3：2737-2747.

[78] Yuan W Z，Yu Z，Tang Y，et al. High solid-state efficiency fluorescent main chain liquid crystalline polytriazoles with aggregation-induced emission characteristics. Macromolecules，2011，44：9618-9628.

[79] Yuan W Z，Yu Z，Lu P，et al. High efficiency luminescent liquid crystal：Aggregation-induced emission strategy and biaxially oriented mesomorphic structure. J Mater Chem，2012，22：3323-3326.

[80] Zhao D，Fan F，Cheng J，et al. Light-emitting liquid crystal displays based on an aggregation-induced emission luminogen. Adv Opt Mater，2014，3：199-202.

[81] Zhang Z，Xu B，Su J，et al. Color-tunable solid-state emission of 2,2′-biindenyl-based fluorophores. Angew Chem Int Ed，2011，50：11654-11657.

[82] Ning Z J，Chen Z，Zhang Q，et al. Aggregation-induced emission（AIE）-active starburst triarylamine fluorophores as potential non-doped red emitters for organic light-emitting diodes and Cl_2 gas chemodosimeter. Adv Funct Mater，2007，17：3799-3807.

[83] Jiang Y H，Wang Y，Hua J，et al. Multibranched triarylamine end-capped triazines with aggregation-induced emission and large two-photon absorption cross-sections. Chem Commun，2010，46：4689-4691.

[84] Wang B，Wang Y，Hua J，et al. Starburst triarylamine donor-acceptor-donor quadrupolar derivatives based on cyano-substituted diphenylaminestyrylbenzene：Tunable aggregation-induced emission colors and large two-photon absorption cross sections. Chem Eur J，2011，17：2647-2655.

[85] Gao Y，Hao Z，Tao J，et al. Synthesis，two-photon absorption and AIE properties of multibranched thiophene-based triphenylamine derivatives with triazine core. Sci China Chem，2013，56：1204-1212.

[86] Huang W，Tang F，Li B，et al. Large cyano-and triazine-substituted D-π-A-π-D structures as efficient AIEE solid emitters with large two-photon absorption cross sections. J Mater Chem C，2014，2：1141-1148.

[87] Zhao Z，Chen S，Lam J W，et al. Creation of highly efficient solid emitter by decorating pyrene core with AIE-active tetraphenylethene peripheries. Chem Commun，2010，46：

2221-2223.

[88] Yuan W Z，Lu P，Chen S，et al. Changing the behavior of chromophores from aggregation-caused quenching to aggregation-induced emission：Development of highly efficient light emitters in the solid state. Adv Mater，2010，22：2159-2163.

[89] Zhao Q，Sun J Z. Red and near infrared emission materials with AIE characteristics. J Mater Chem C，2016，4：10588-10609.

[90] Shi C，Guo Z，Yan Y，et al. Self-assembly solid-state enhanced red emission of quinolinemalononitrile：Optical waveguides and stimuli response. ACS Appl Mater Interfaces，2013，5：192-198.

[91] Shao A，Guo Z，Zhu S，et al. Insight into aggregation-induced emission characteristics of red-emissive quinoline-malononitrile by cell tracking and real-time trypsin detection. Chem Sci，2014，5：1383-1389.

[92] Shao A，Xie Y，Zhu S，et al. Far-red and near-IR AIE-active fluorescent organic nanoprobes with enhanced tumor-targeting efficacy：Shape-specific effects. Angew Chem Int Ed，2015，54：7275-7280.

[93] Guo Z，Shao A，Zhu W，et al. Long wavelength AIEgen of quinolone-malononitrile. J Mater Chem C，2016，4：2640-2646.

[94] Wang B，He N，Li B，et al. Aggregation-induced emission and large two-photon absorption cross-sections of diketopyrrolopyrrole（DPP）derivatives. Aust J Chem，2012，65：387-394.

[95] Gao Y，Feng G，Jiang T，et al. Biocompatible nanoparticles based on diketo-pyrrolo-pyrrole（DPP）with aggregation-induced red/NIR emission for in vivo two-photon fluorescence imaging. Adv Funct Mater，2015，25：2857-2866.

[96] Yang J，Tan H，Li D，et al. Synthesis，two-photon absorption and aggregation-induced emission properties of multi-branched triphenylamine derivatives based on diketo-pyrrolopyrrole for bioimaging. RSC Adv，2016，6：58434-58442.

[97] Huang W，Sun L，Zheng Z，et al. Colour-tunable fluorescence of single molecules based on the vibration induced emission of phenazine. Chem Commun，2015，51：4462-4464.

[98] Zhang Z，Wu Y，Tang K，et al. Excited-state conformational/electronic responses of saddle-shaped *N,N'*-disubstituted-dihydrodibenzo[a，c]phenazines：Wide-tuning emission from red to deep blue and white light combination. J Am Chem Soc，2015，137：8509-8520.

[99] Chen W，Chen C L，Zhang Z Y，et al. Snapshotting the excited-state planarization of chemically locked *N,N'*-disubstituted dihydrodibenzo[a，c]phenazines. J Am Chem Soc，2017，139：1636-1644.

[100] Zhou H，Mei J，Chen Y，et al. Phenazine-based ratiometric Hg^{2+} probes with well-resolved dual emissions：A new sensing mechanism by vibration-induced emission（VIE）. Small，2016，12：6542-6546.

[101] Dou W T，Chen W，He X，et al. Vibration-induced-emission（VIE）for imaging amyloid β fibrils. Faraday Discuss，2017，196：395-402.

[102] Zhang H，Qu Y，Gao Y，et al. A red fluorescent 'turn-on' chemosensor for Hg^{2+} based on triphenylamine-triazines derivatives with aggregation-induced emission characteristics. Tetrahedron Lett，2013，54：909-912.

[103] Jiang T，Lu N N，Yang J. Dibenzo[a，c]phenazine-derived near-infrared fluorescence biosensor for detection of lysophosphatidic acid based on aggregation-induced emission. RSC Adv，2015，5：102863-102867.

[104] Hang Y，Wang J，Jiang T，et al. Diketopyrrolopyrrole-based ratiometric/turn-on fluorescent chemosensors for citrate detection in the near-infrared region by an aggregation-induced emission mechanism. Anal Chem，2016，88：1696-1703.

[105] Jiang T，Lu N，Hang Y，et al. Dimethoxy triarylamine-derived terpyridine-zinc complex：A fluorescence light-up sensor for citrate detection based on aggregation-induced emission. J Mater Chem C，2016，4：10040-10046.

[106] Hang Y，He X，Yang L，et al. Probing sugar-lectin recognitions in the near-infrared region using glyco-diketopyrrolopyrrole with aggregation-induced-emission. Biosens Bioelectron，2015，65：420-426.

[107] Zhang J D，Mei J，Hu X L，et al. Ratiometric detection of β-amyloid and discrimination from lectins by a supramolecular AIE glyconanoparticle. Small，2016，12：6562-6567.

[108] Li Y，Shao A，Wang Y，et al. Morphology-tailoring of a red AIEgen from microsized rods to nanospheres for tumor-targeted bioimaging. Adv Mater，2016，28：3187-3193.

[109] Gao Y，Qu Y，Jiang T，et al. Alkyl-triphenylamine end-capped triazines with AIE and large two-photon absorption cross-sections for bioimaging. J Mater Chem C，2014，2：6353-6361.

[110] Jiang T，Qu Y，Li B，et al. Tetraphenylethene end-capped[1,2,5]thiadiazolo[3,4-c] pyridine with aggregation-induced emission and large two-photon absorption cross-sections. RSC Adv，2015，5：1500-1506.

[111] Jiang T，Li D，Hang Y，et al. Tetraphenylethene end-capped diketopyrrolopyrrole fluorogens with AIE and large two-photon absorption cross-sections features and application in bioimaging. Dyes Pigments，2016，133：201-213.

[112] Yao X，Ma X，Tian H，et al. Aggregation-induced emission encoding supramolecular polymers based on controllable sulfonatocalixarene recognition in aqueous solution. J Mater Chem C，2014，2：5155-5160.

[113] Luo M，Wang S，Wang M，et al. Novel organogel harnessing excited-state intramolecular proton transfer process with aggregation induced emission and photochromism. Dyes Pigments，2016，132：48-57.

[114] Dong H，Luo M，Wang S，et al. Synthesis and properties of tetraphenylethylene derivatived diarylethene with photochromism and aggregation-induced emission. Dyes Pigments，2017，139：118-128.

[115] 张中太，张俊英. 无机光致发光材料及应用. 北京：化学工业出版社，2005.

[116] 徐叙瑢，苏勉曾. 发光学与发光材料. 北京：化学工业出版社，2004.
[117] Bruchez M，Moronne M，Gin P，et al. Semiconductor nanocrystals as fluorescent biological labels. Science，1998，281（5385）：2013-2016.
[118] Chan W C W，Nie S M. Quantum dot bioconjugates for ultrasensitive nonisotopic detection. Science，1998，281（5385）：2016-2018.
[119] Tonti D，van Mourik F，Chergui M. On the excitation wavelength dependence of the luminescence yield of colloidal CdSe quantum dots. Nano Lett，2004，4（12）：2483-2487.
[120] Grabolle M，Spieles M，Lesnyak V，et al. Determination of the fluorescence quantum yield of quantum dots：Suitable procedures and achievable uncertainties. Anal Chem，2009，81（15）：6285-6294.
[121] Pu C，Peng X. To battle surface traps on CdSe/CdS Core/Shell nanocrystals：Shell isolation versus surface treatment. J Am Chem Soc，2016，138（26）：8134-8142.
[122] Jiang C，Xu S K，Yang D Z，et al. Synthesis of glutathione-capped CdS quantum dots and preliminary studies on protein detection and cell fluorescence image. Luminescence，2007，22（5）：430-437.
[123] Yan Y X，Mu Y，Feng G D，et al. Novel strategy for synthesis of high quality CdTe nanocrystals in aqueous solution. Chem Res Chinese U，2008，24（1）：8-14.
[124] Niu Z C，Sun B Q，Dou X M，et al. Semiconductor InAs quantum dot single photon emission devices. Physics，2010，39：737-745.
[125] Zhang F，Zhong H，Chen C，et al. Brightly luminescent and color-tunable colloidal $CH_3NH_3PbX_3$（X= Br，I，Cl）quantum dots：Potential alternatives for display technology. ACS Nano，2015，9：4533-4542.
[126] Li X，Wu Y，Zhang S，et al. $CsPbX_3$ quantum dots for lighting and displays：Room temperature synthesis，photoluminescence superiorities，underlying origins and white light-emitting diodes. Adv Funct Mater，2016，26：2435-2445.
[127] Baker S N，Baker G A. Luminescent carbon nanodots：Emergent nanolights. Angew Chem Int Edit，2010，49：6726-6744.
[128] Mangolini L，Jurbergs D，Rogojina E，et al. Plasma synthesis and liquid-phase surface passivation of brightly luminescent Si nanocrystals. J Lumin，2006，121：327-334.
[129] Erogbogbo F，Yong K T，Roy I，et al. Biocompatible luminescent silicon quantum dots for imaging of cancer cells. ACS Nano，2008，2（5）：873-878.
[130] Brus L E. Electron-electron and electron-hole interactions in small semiconductor crystallites：The size dependence of the lowest excited electronic state. J Chem Phys，1984，80：4403-4409.
[131] Peng X G. An essay on synthetic chemistry of colloidal nanocrystals. Nano Res，2009，2：425-447.
[132] Alivisatos A P. Semiconductor clusters，nanocrystals，and quantum dots. Science，1996，271：933-937.

[133] Kagan C R，Lifshitz E，Sargent E H，et al. Building devices from colloidal quantum dots. Science，2016，353：885-894.

[134] Murray C B，Norris D J，Bawendi M G. Synthesis and characterization of nearly monodisperse CdE（E= sulfur，selenium，tellurium）semiconductor nanocrystallites. J Am Chem Soc，1993，115：8706-8715.

[135] Bruchez M，Moronne M，Gin P，et al. Semiconductor nanocrystals as fluorescent biological labels. Science，1998，281：2013-2016.

[136] Chan W C W，Nie S M. Quantum dot bioconjugates for ultrasensitive nonisotopic detection. Science，1998，281：2016-2018.

[137] Resch-Genger U，Grabolle M，Cavaliere-Jaricot S，et al. Quantum dots versus organic dyes as fluorescent labels. Nat Methods，2008，5：763-775.

[138] Shirasaki Y，Supran G J，Bawendi M G，et al. Emergence of colloidal quantum-dot light-emitting technologies. Nat Photonics，2013，7：13-23.

[139] Yang Y，Qin H Y，Jiang M W，et al. Entropic ligands for nanocrystals：From unexpected solution properties to outstanding processability. Nano Lett，2016，16：2133-2138.

[140] Yang Y，Qin H Y，Peng X G. Intramolecular entropy and size-dependent solution properties of nanocrystal-ligands complexes. Nano Lett，2016，16：2127-2132.

[141] Boles M A，Ling D，Hyeon T，et al. The surface science of nanocrystals. Nat Mater，2016，15：141-153.

[142] Rossetti R，Brus L. Electron-hole recombination emission as a probe of surface chemistry in aqueous cadmium sulfide colloids. J Phys Chem，1982，86：4470-4472.

[143] Henglein A. Small-particle research：Physicochemical properties of extremely small colloidal metal and semiconductor particles. Chem Rev，1989，89：1861-1873.

[144] Brus L E. A simple model for the ionization potential，electron affinity，and aqueous redox potentials of small semiconductor crystallites. J Chem Phys，1983，79：5566-5571.

[145] Brus L. Electronic wave functions in semiconductor clusters：Experiment and theory. J Phys Chem，1986，90：2555-2560.

[146] Herron N，Calabrese J C，Farneth W E，et al. Crystal structure and optical properties of $Cd_{32}S_{14}$（SC6H5）36，DMF4，a cluster with a 15 angstom CdS core. Science，1993，259：1426-1428.

[147] Steigerwald M L，Alivisatos A P，Gibson J M，et al. ChemInform abstract：Surface derivatization and isolation of semiconductor cluster molecules. J Am Chem Soc，1988，110：3046-3050.

[148] Herron N，Wang Y，Eckert，H. Synthesis and characterization of surface-capped，size-quantized cadmium sulfide clusters. Chemical control of cluster size. J Am Chem Soc，1990，112：1322-1326.

[149] Spanhel L，Haase M，Weller H，et al. Photochemistry of colloidal semiconductors. 20. Surface modification and stability of strong luminescing CdS particles. J Am Chem Soc，

1987，109：5649-5655.
[150] Steigerwald M L，Brus L E. Semiconductor crystallites：A class of large molecules. ACC Chem Res 1990，23：183-188.
[151] Peng X G，Wickham J，Alivisatos A P. Kinetics of Ⅱ-Ⅵ and Ⅲ-Ⅴ colloidal semiconductor nanocrystal growth：“Focusing” of size distributions. J Am Chem Soc，1998，120：5343-5344.
[152] Peng X G，Manna L，Yang W D，et al. Shape control of CdSe nanocrystals. Nature，2000，404：59-61.
[153] Peng Z A，Peng X G. Formation of high-quality CdTe，CdSe，and CdS nanocrystals using CdO as precursor. J Am Chem Soc，2001，123：183-184.
[154] Qu L H，Peng Z A，Peng X G. Alternative routes toward high quality CdSe nanocrystals. Nano Lett，2001，1：333-337.
[155] Yu W W，Peng X G. Formation of high-quality CdS and other Ⅱ-Ⅵ semiconductor nanocrystals in noncoordinating solvents：Tunable reactivity of monomers. Angew Chem Int Ed，2002，41：2368-2371.
[156] Hines M A，Guyot-Sionnest P. Synthesis and characterization of strongly luminescing ZnS-Capped CdSe nanocrystals. J Phys Chem，1996，100：468-471.
[157] Dabbousi B O，Rodriguez V J，Mikulec F V，et al. （CdSe）ZnS core-shell quantum dots：Synthesis and characterization of a size series of highly luminescent nanocrystallites. J Phys Chem B，1997，101：9463-9475.
[158] Li J J，Wang Y A，Guo W Z，et al. Large-scale synthesis of nearly monodisperse CdSe/ CdS core/shell nanocrystals using air-stable reagents via successive ion layer adsorption and reaction. J Am Chem Soc，2003，125：12567-12575.
[159] Pradhan N，Reifsnyder D，Xie R G，et al. Surface ligand dynamics in growth of nanocrystals. J Am Chem Soc，2007，129：9500-9509.
[160] Peng X G. Mechanisms for the shape-control and shape-evolution of colloidal semiconductor nanocrystals. Adv Mater，2003，15：459-463.
[161] Peng Z A，Peng X G. Mechanisms of the shape evolution of CdSe nanocrystals. J Am Chem Soc，2001，123：1389-1395.
[162] Thessing J，Qian J H，Chen H Y，et al. Interparticle influence on size/size distribution evolution of nanocrystals. J Am Chem Soc，2007，129：2736-2737.
[163] Yin Y，Alivisatos A P. Colloidal nanocrystal synthesis and the organic-inorganic interface. Nature，2005，437：664-670.
[164] 牛原. 核壳量子点激子态的合成控制. 杭州：浙江大学，2014.
[165] Omogo B，Aldana J F，Heyes C D. Radiative and nonradiative lifetime engineering of quantum dots in multiple solvents by surface atom stoichiometry and ligands. J Phys Chem C，2013，117：2317-2327.
[166] Kim W，Lim S J，Jung S，et al. Binary amine-phosphine passivation of surface traps on

CdSe nanocrystals. J Phys Chem C，2010，114：1539-1546.

[167] Gao Y，Peng X G. Photogenerated excitons in plain core CdSe nanocrystals with unity radiative decay in single channel：The effects of surface and ligands. J Am Chem Soc，2015，137：4230-4235.

[168] Nan W N，Niu Y A，Qin H Y，et al. Crystal structure control of zinc-blende CdSe/CdS Core/Shell nanocrystals：Synthesis and structure-dependent optical properties. J Am Chem Soc，2012，134：19685-19693.

[169] Niu Y，Pu C D，Lai R C，et al. Shell-thickness dependent optical properties of CdSe/CdS core/shell nanocrystals coated with thiol ligands. Nano Res，2016，9（1）：260-271.

[170] Pu C D，Peng X G. To battle surface traps on CdSe/CdS core/shell nanocrystals：Shell isolation versus surface treatment. J Am Chem Soc，2016，138：8134-8142.

[171] Dai X L，Zhang Z X，Jin Y Z，et al. Solution-processed，high-performance light-emitting diodes based on quantum dots. Nature，2014，515：96-99.

[172] Micic O I，Curtis C J，Jones K M，et al. Synthesis and characterization of InP quantum dots. J Phys Chem，1994，98：4966-4969.

[173] Guzelian A A，Banin U，Kadavanich A V，et al. Colloidal chemical synthesis and characterization of InAs nanocrystal quantum dots. Appl Phys Lett，1996，69：1432-1434.

[174] Cao Y W，Banin U. Synthesis and characterization of InAs/InP and InAs/CdSe core/shell nanocrystals. Angew Chem Int Ed，1999，38：3692-3694.

[175] Xie R，Battaglia D，Peng X. Colloidal InP nanocrystals as efficient emitters covering blue to near-infrared. J Am Chem Soc，2007，129：15432-15433.

[176] Tamang S，Lincheneau C，Hermans Y，et al. Chemistry of InP nanocrystal syntheses. Chem Mater，2016，28：2491-2506.

[177] Schliehe C，Juarez B H，Pelletier M，et al. Ultrathin PbS sheets by two-dimensional oriented attachment. Science，2010，329：550-553.

[178] Hines M A，Scholes G D. Colloidal PbS nanocrystals with size-tunable near-infrared emission：Observation of post-synthesis self-narrowing of the particle size distribution. Adv Mater，2003，15：1844-1849.

[179] Zherebetskyy D，Scheele M，Zhang Y J，et al. Hydroxylation of the surface of PbS nanocrystals passivated with oleic acid. Science，2014，344：1380-1384.

[180] Ellingson R. J，Beard M C，Johnson J C，et al. Highly efficient multiple exciton generation in colloidal PbSe and PbS quantum dots. Nano Lett，2005，5：865-871.

[181] Allen P M，Bawendi M G. Ternary Ⅰ-Ⅲ-Ⅵ quantum dots luminescent in the red to near-infrared. J Am Chem Soc，2008，130：9240-9241.

[182] Xie R G，Rutherford M，Peng X G. Formation of high-quality Ⅰ-Ⅲ-Ⅵ semiconductor nanocrystals by tuning relative reactivity of cationic precursors. J Am Chem Soc，2009，131：5691-5697.

[183] Li L A，Pandey A，Werder D J，et al. Efficient synthesis of highly luminescent copper

indium sulfide-based core/shell nanocrystals with surprisingly long-lived emission. J Am Chem Soc，2011，133：1176-1179.

[184] Zhang J, Xie R G, Yang W S. A simple route for highly luminescent quaternary Cu-Zn-In-S nanocrystal emitters. Chem Mater，2011，23：3357-3361.

[185] Veldhuis S A, Boix P P, Yantara N, et al. Perovskite materials for light-emitting diodes and lasers. Adv Mater，2016，28：6804-6834.

[186] Sutherland B R，Sargent E H. Perovskite photonic sources. Nat Photonics，2016，10：295-302.

[187] Zhang F，Zhong H Z，Chen C，et al. Brightly luminescent and color-tunable colloidal $CH_3NH_3PbX_3$（X = Br，I，Cl）quantum dots：Potential alternatives for display technology. ACS Nano，2015，9：4533-4542.

[188] Cui J，Beyler A P，Coropceanu I，et al. Evolution of the single-nanocrystal photoluminescence linewidth with size and shell：Implications for exciton-phonon coupling and the optimization of spectral linewidths. Nano Lett，2016，16：289-296.

[189] Empedocles S A，Norris D J，Bawendi M G. Photoluminescence spectroscopy of single CdSe nanocrystallite quantum dots. Phys Rev Lett，1996，77：3873-3876.

[190] Nirmal M，Dabbousi B O，Bawendi M G，et al. Fluorescence intermittency in single cadmium selenide nanocrystals. Nature，1996，383：802-804.

[191] Zhao J，Chen O，Strasfeld D B，et al. Biexciton quantum yield heterogeneities in single CdSe（CdS）core（shell）nanocrystals and its correlation to exciton blinking. Nano Lett，2012，12：4477-4483.

[192] Efros A L，Rosen M，Kuno M，et al. Band-edge exciton in quantum dots of semiconductors with a degenerate valence band：Dark and bright exciton states. Phys Rev B，1996，54：4843-4856.

[193] Efros A L，Rosen M. The electronic structure of semiconductor nanocrystals. Annu Rev Mater Sci，2000，30：475-521.

[194] Klimov V I，McBranch D W，Leatherdale C A，et al. Electron and hole relaxation pathways in semiconductor quantum dots. Phys Rev B，1999，60：13740-13749.

[195] Klimov V I，Mikhailovsky A A，McBranch D W，et al. Quantization of multiparticle Auger rates in semiconductor quantum dots. Science，2000，287：1011-1013.

[196] Klimov V I，Mikhailovsky A A，Xu S，et al. Optical gain and stimulated emission in nanocrystal quantum dots. Science，2000，290：314-317.

[197] Galland C，Ghosh Y，Steinbruck A，et al. Two types of photoluminescence blinking revealed by single quantum dot spectroelectrochemistry. Nature，2011，479：203-207.

[198] Klimov V I，Ivanov S A，Nanda J，et al. Single-exciton optical gain in semiconductor nanocrystals. Nature，2007，447：441-446.

[199] Klimov V I. Multicarrier interactions in semiconductor nanocrystals in relation to the phenomena of Auger recombination and carrier multiplication. Annu Rev Condens Matter

Phys，2014，5：285-316.

[200] Stevenson R M，Young R J，Atkinson P，et al. A semiconductor source of triggered entangled photon pairs. Nature，2006，439：179-182.

[201] Dousse A，Suffczynski J，Beveratos A，et al. Ultrabright source of entangled photon pairs. Nature，2010，466：217-220.

[202] Rabouw F T，Kamp M，van Dijk-Moes R J A，et al. Delayed exciton emission and its relation to blinking in CdSe quantum dots. Nano Lett，2015，15：7718-7725.

[203] Mahler B，Spinicelli P，Buil S，et al. Towards non-blinking colloidal quantum dots. Nat Mater，2008，7：659-664.

[204] Chen Y，Vela J，Htoon H，et al. "Giant" multishell CdSe nanocrystal quantum dots with suppressed blinking. J Am Chem Soc，2008，130：5026-5027.

[205] Chen O，Zhao J，Chauhan V P，et al. Compact high-quality CdSe/CdS core/shell nanocrystals with narrow emission linewidths and suppressed blinking. Nat Mater，2013，12：445-451.

[206] Qin H Y，Niu Y，Meng R Y，et al. Single-dot spectroscopy of zinc-blende CdSe/CdS Core/Shell nanocrystals：Nonblinking and correlation with ensemble measurements. J Am Chem Soc，2014，136：179-187.

[207] McDonald S A，Konstantatos G，Zhang S G，et al. Solution-processed PbS quantum dot infrared photodetectors and photovoltaics. Nat Mater，2005，4：138-142.

[208] Beard M C，Luther J M，Semonin O E，et al. Third generation photovoltaics based on multiple exciton generation in quantum confined semiconductors. ACC Chem Res，2013，46：1252-1260.

[209] Kamat P V. Quantum dot solar cells. Semiconductor nanocrystals as light harvesters. J Phys Chem C，2008，112：18737-18753.

[210] Han Z J，Qiu F，Eisenberg R，et al. Robust photogeneration of H_2 in water using semiconductor nanocrystals and a nickel catalyst. Science，2012，338：1321-1324.

[211] Dong Y T，Choi J，Jeong H K，et al. Hot electrons generated from doped quantum dots via upconversion of excitons to hot charge carriers for enhanced photocatalysis. J Am Chem Soc，2015，137：5549-5554.

[212] Li X B，Li Z J，Gao Y J，et al. Mechanistic insights into the interface-directed transformation of thiols into disulfides and molecular hydrogen by visible-light irradiation of quantum dots. Angew Chem Int Ed，2014，53：2085-2089.

[213] 刘应亮，雷炳富，邝金勇，等. 长余辉发光材料研究进展. 无机化学学报，2009，25：1323-1329.

[214] Li Y，Gecevicius M，Qiu J. Long persistent phosphors-from fundamentals to applications. Chem Soc Rev，2016，45：2090-2136.

[215] 李成宇，苏锵，邱建荣. 稀土元素掺杂长余辉发光材料研究的最新进展. 发光学报，2003，24：19-27.

[216] 张粟. 长余辉材料中的缺陷和能量传递及特殊发光性质研究. 北京：中国科学院研究生院，2010.

[217] 肖志国，罗昔贤. 蓄光型发光材料及其制品. 北京：化学工业出版社，2005.

[218] Li B，Xie Q，Qin H，et al. Optical properties of $SrAl_{2-x}Si_xO_{4-x}N_x$：Eu^{2+}，Dy^{3+} phosphors for AC-LEDs. J Alloy Compd，2016，679：436-441.

[219] Ueda J，Dorenbos P，Bos A，et al. Control of electron transfer between Ce^{3+} and Cr^{3+} in $Y_3Al_{5-x}Ga_xO_{12}$ host by conduction band engineering. J Mater Chem C，2015，3：5642-5651.

[220] Zhuang，Y，Katayama Y，Ueda J，et al. A brief review on red to near-infrared persistent luminescence in transition-metal-activated phosphors. Opt Mater，2014，36：1907-1912.

[221] Lee Y M，Kim D I，Hwang K H，et al. Enhanced power conversion efficiency of dye-sensitized solar cells assisted with phosphor materials. Electron Mater Lett，2016，12：512-516.

[222] Thomas M，Daniel S，Cyrille R. Persistent luminescence nanoparticles for diagnostics and imaging//Functional Nanoparticles for Bioanalysis，Nanomedicine，and Bioelectronic Devices Volume 2. American Chemical Society，2012，1113：1-25.

[223] 张万鑫. 红色和近红外长余辉材料的探索. 广州：广东工业大学，2013.

[224] Ju G，Hu Y，Chen L，et al. Persistent luminescence properties of $SrMg_2(PO_4)_2$：Eu^{2+}，Tb^{3+}. Appl Phys A，2014，114：867-874.

[225] Shi X，Shi L，Li M，et al. Efficient luminescence of long persistent phosphor combined with photonic crystal. ACS Appl Mater Inter，2014，6（9）：6317-6321.

[226] Ueda J，Kuroishi K，Tanabe S. Yellow persistent luminescence in Ce^{3+}-Cr^{3+}-Codoped gadolinium aluminum gallium garnet transparent ceramics after blue-light excitation. Appl Phys Express，2014，7（6）：062201.

[227] Zhang S，Li C，Su Q. Long lasting phosphorescence of Eu^{2+}-Activated MO-B_2O_3 glasses. Chin Opt Lett，2011，9：071602.

[228] Zhang S，Li C，Pang R，et al. Energy transfer and excitation wavelength dependent long-lasting phosphorescence in Pr^{3+} activated $Y_3Al_5O_{12}$. J Lumin，2011，131：2730-2734.

[229] Zhang S，Li C，Pang R，et al. Long-lasting phosphorescence study on $Y_3Al_5O_{12}$ doped with different concentrations of Ce^{3+}. J Rare Earth，2011，29：426-430.

[230] Liu L，Pang R，Li C，et al. Effects of distorted lattice and nonequal-valvence substitution on the long lasting phosphorescence of Eu^{2+} and Gd^{3+} doped $RMg_2(PO_4)_2$（R=Sr，Ba）phosphors. J Appl Phys，2010，108：043101.

[231] Li C，Yu Y，Wang S，et al. Photo-stimulated long-lasting phosphorescence in Mn^{2+}-doped zinc borosilicate glasses. J Non-Cryst Solids，2003，321：191-196.

[232] Li C，Su Q，Wang S. Multi-color long-lasting phosphorescence in Mn^{2+}-doped ZnO-B_2O_3-SiO_2 glass-ceramics. Mater Res Bull，2002，37：1443-1449.

[233] 缪春燕，李东平，罗昔贤，等. 燃烧法快速合成新型蓝色硅酸盐长余辉材料. 中国陶瓷，2003，39：27-29.

[234] 姜洪义，万红峰，陈伟. 溶胶-凝胶法合成 $Sr_2MgSi_2O_7$：Eu^{2+}，Dy^{3+}长余辉发光材料. 武汉理工大学学报，2005，27：17-19.

[235] 翟永清，刘元红，孟媛，等. 微波法合成红色长余辉发光材料 Gd_2O_2S：Eu，Mg，Ti 及其发光特性. 光谱学与光谱分析，2007，27：634-638.

[236] 庞然. 焦磷酸盐体系长余辉材料的合成及发光性质研究. 长春：中国科学院长春应用化学研究所，2008.

[237] Matsuzawa T，Aoki Y，Takeuchi N，et al. A new long phosphorescent phosphor with high brightness，$SrAl_2O_4$：Eu^{2+}，Dy^{3+}. J Electrochem Soc，1996，143：2670-2673.

[238] Clabau F，Rocquefelte X，Jobic S，et al. Mechanism of phosphorescence appropriate for the long-lasting phosphors Eu^{2+}-doped $SrAl_2O_4$ with codopants Dy^{3+} and B^{3+}. Chem Mater，2005，17：3904-3912.

[239] Clabau F，Rocquefelte X，Le Mercier T，et al. Formulation of phosphorescence mechanisms in inorganic solids based on a new model of defect conglomeration. Chem Mater，2006，18：3212-3220.

[240] Li C，Wang J，Liang H，et al. Near infrared long lasting emission of Yb^{3+} and its influence on the optical storage ability of Mn^{2+}-activated zinc borosilicate glasses. J Appl Phys，2007，101：113304.

[241] Aitasalo T，Deren P，Holsa J，et al. Annihilation of the persistent luminescence of MAl_2O_4：Eu^{2+} by Sm^{3+} Co-Doping. Radiat Meas，2004，38：515-518.

[242] Aitasalo T，Holsa J，Jungner H，et al. Mechanisms of persistent luminescence in Eu^{2+}，Re^{3+} doped alkaline earth aluminates. J Lumin，2001，94（01）：59-63.

[243] Aitasalo T，Hreniak D，Hölsä J，et al. Persistent luminescence of $Ba_2MgSi_2O_7$：Eu^{2+}. J Lumin，2007，122-123：110-112.

[244] Li H，Sun W，Jia Y，et al. Investigation on luminescence properties of a novel long afterglow phosphor Ca_2SnO_4：Tm^{3+}. Chem—Asian J，2015，10：2361-2367.

[245] Zhao R，Pang R，Li H，et al. Luminescent properties of blue long-lasting phosphorescence phosphors $Sr_6Al_{18}Si_2O_{37}$：Eu^{2+}，Re^{3+}. J Rare Earth，2014，32：797-801.

[246] Sun W，Jia Y，Zhao R，et al. A novel green long-lasting phosphorescence phosphor $Ca_{14}Mg_2(SiO_4)_8$：Eu^{2+}，Dy^{3+}. Opt Mater，2014，36：1841-1845.

[247] Pang R，Jia Y，Zhao R，et al. Tunable long lasting phosphorescence due to the selective energy transfer from defects to luminescent centres via tunnelling in Mn^{2+} and Tm^{3+} Co-doped zinc pyrophosphate. Dalton T，2014，43：9661-9668.

[248] Yan W，Liu F，Lu Y Y，et al. Near infrared long-persistent phosphorescence in $La_3Ga_5Geo_{14}$：Cr^{3+} phosphor. Opt Express，2010，18：20215-20221.

[249] 肖琴，肖丽媛，刘应亮. 纳米 $SrAl_2O_4$：Eu^{2+}，Dy^{3+}长余辉发光材料的制备与性能. 无机化学学报，2010，26：1240-1244.

[250] Wu B Y，Wang H F，Chen J T，et al. Fluorescence resonance energy transfer inhibition assay for a-fetoprotein excreted during cancer cell growth using functionalized persistent

luminescence nanoparticles. J Am Chem Soc，2011，133：686-688.

[251] 昝昕武，冯斌，符欲梅，等. 长余辉发光材料在传感方面的应用. 传感器与微系统，2009，28：8-10，14.

[252] Sun H，Pan L，Piao X，et al. Enhanced performance of cadmium selenide quantum dot-sensitized solar cells by incorporating long afterglow europium，dysprosium Co-doped strontium aluminate phosphors. J Colloid Inter Sci，2014，416：81-85.

[253] Li H，Yin S，Wang Y，et al. Blue fluorescence-assisted srti1-xcryo3 for efficient persistent photocatalysis. RSC Adv，2012，2：3234-3236.

[254] 罗昔贤，于晶杰，林广旭，等. 长余辉发光材料研究进展. 发光学报，2002，23：497-502.

[255] 阳区，刘应亮，余彩霞，等. $SrAl_2O_4$：Eu^{2+}，Dy^{3+}长余辉材料发光性能与温度依赖研究. 无机化学学报，2011，27：1715-1720.

[256] 龚宇，陈柏桦，熊亮萍，等. 氧空位对 Eu^{2+}，Dy^{3+}掺杂的 $Ca_5MgSi_3O_{12}$ 发光及余辉性能的影响. 物理学报，2013，15：128-134.

[257] Wang Y，Gong Y，Xu X，et al. Recent progress in multicolor long persistent phosphors. J Lumin，2013，133：25-29.

[258] Nakamura S，Mukai T，Senoh M. Candela-class High-brightness InGaN/AlGaN double-heterostructure blue-light-emitting diodes. Appl Phys Lett，1994，64（13）：1687-1689.

[259] Chun C L，Ru S L. Advances in phosphors for light-emitting diodes. J Phys Chem Lett，2011，2：1268-1277.

[260] McKittrick J，Hannah M E，Piquette A，et al. Mishra，phosphor selection considerations for Near-UV LED solid，state lighting. ECS J Solid State Sc，2013，2（2）：3119-3131.

[261] Rong J X，Naoto H. Silicon-based oxynitride and nitride phosphors for white LEDs—A review. Sci Technol Adv Mat，2007，8：588-600.

[262] Ye S，Xiao F，Pan Y X，et al. Phosphors in phosphor-converted white light-emitting diodes：Recent advances in materials，techniques and properties. Mater Sci Eng R，2010，71：1-34.

[263] Lintner B，Arsften N. A first look at the optical properties of ORMOSIL. J Non-Cryst Solids，1988，100：378-382.

[264] Sanchez C，Ribot F. Design of hybrid organic-inorganic materials synthesized via sol-gel chemistry. New J Chem，1994，18：1007-1047.

[265] 张洪杰，牛春吉，冯婧. 稀土有机-无机杂化发光材料. 北京：科学出版社，2014.

[266] 郑莹莹. 有机-无机杂化钙钛矿结构光电功能材料的研究. 杭州：浙江大学，2007.

[267] Matthews L R，Knobbe E T. Luminescenc behavior of europium complexes in sol-gel derived host materials. Chem Mater，1993，5：1697-1700.

[268] 钱国栋，王民权. 原位合成配合物 $Eu(DBM)_3 \cdot 2H_2O$ 在凝胶玻璃基质中的发光性能. 硅酸盐学报，2003，31：47-51.

[269] Fu L S，Zhang H J，Wang S B，et al. Preparation and luminescence properties of terbium-sal complex in-situ synthesized in silica matrix by a two-step sol-gel process. J Mater Sci

Technol，1999，15：187-189.

[270] Franville A C，Zambon D，Mahiou R. Luminescence behavior of sol-gel-derived hybrid materials resulting from covalent grafting of a chromophore unit to different organically modified alkoxysilane. Chem Mater，2000，12：428-435.

[271] Bünzli J C G，Piguet C. Taking advantage of luminescent lanthanide ions. Chem Soc Rev，2005，34：1048-1077.

[272] Binnemans K. Lanthanide-based luminescent hybrid materials. Chem Rev，2009，109：4283-4374.

[273] Carlos L D，Ferreira R A S，de Zea Bermudez V，et al. Lanthanide-containing light-emitting organic-inorganic hybrids：A bet on the future. Adv Mater，2009，21：509-534.

[274] Feng J，Zhang H J. Hybrid materials based on lanthanide organic complexes：A review. Chem Soc Rev，2013，42：387-410.

[275] Sanchez C，Belleville P，Popalld M，et al. Applications of advanced hybrid organic-inorganic nanomaterials：From laboratory to market. Chem Soc Rev，2011，40：696-753.

[276] Fan W Q，Feng J，Song S Y，et al. Synthesis and optical properties of europium- complex-doped inorganic/organic hybrid materials built from oxo-hydroxo organotin nano building blocks. Chem Eur J，2010，16：1903-1910.

[277] Wang Y，Li H R，Feng Y，et al. Orienting zeolite L microcrystals with a functional linker. Angew Chem Int Edit，2010，49：1434-1438.

[278] Mitzi D B，Field C A，Harrison W T A，et al. Conducting tin halides with a layered organic-based perovskite structure. Nature，1994，369：467-469.

[279] Mitzi D B，Wang S，Field C A，et al. Conducting layered organic-inorganic halides containing <110>-oriented perovskite sheet. Science，1995，267：1473-1476.

[280] 肖娟，张浩力. 新型有机-无机杂化钙钛矿发光材料的研究进展. 物理化学学报，2016，32（8）：1894-1912.

[281] Papavassiliou G C，Koutselas I. Structural，optical and related properties of some natural three-and-lower-dimensional semiconductor system. Synthetic Metals，1995，71：1713-1714.

[282] Zhang F，Zhong H Z，Chen C，et al. Brightly luminescent and color-tunable colloidal $CH_3NH_3PbX_3$（X=Br，I，Cl）quantum dots：Potential alternatives for display technology. ACS Nano，2015，9：4533-4542.

[283] Zhu H M，Fu Y P，Meng F，et al. Lead halide perovskite nanowire lasers with low lasing thresholds and high quality factors. Nat Mater，2015，14：636-643.

第六章 光致变色材料

第一节　光致变色概述

一、光致变色原理

光致变色是指在光诱导下相应化合物进行可逆分子异构的一类光化学反应。能够发生光致变色反应的化合物被称为光致变色化合物[1]。在光致异构反应前后，生成的两种不同光致异构体之间在各种物理性质方面，如吸收光谱、荧光光谱、共轭体系、导电性能、电化学性质、磁性性质、络合性能、偶极作用、折光率、介电性能以及空间构型等，均能通过外界的光信号实施可逆性调控[2]。光致变色是一种可逆的光化学反应，这是一个重要的判断标准。在光作用下发生的不可逆反应，也可导致颜色的变化，只属于一般的光化学范畴，而不属于光致变色范畴。另外，狭义的光致变色概念中，变色是指人眼能够观察到的颜色变化；而在广义的光致变色概念中，变色即是指化合物的吸收光谱发生了明显的位移变化。如图 6-1 所示，从 A 构型到 B 构型的光致转化使得化合物的吸收光谱发生了位移变化，A 与 B 两种构型的吸收光谱可以位于可见光区以内，也可以位于非可见光区，如紫外/红外区。

鉴于其优良的光诱导变色/褪色性能，在实际工业应用中，光致变色类化合物被广泛应用于变色眼镜、变色印记、防伪材料、纺织服装以及化妆品等各种日常生活用品中。近年来，随着光致变色化合物体系的不断创新，光致变色的研究领域被逐渐拓宽。数据时代的来临，使得“光刻录”成为研究热

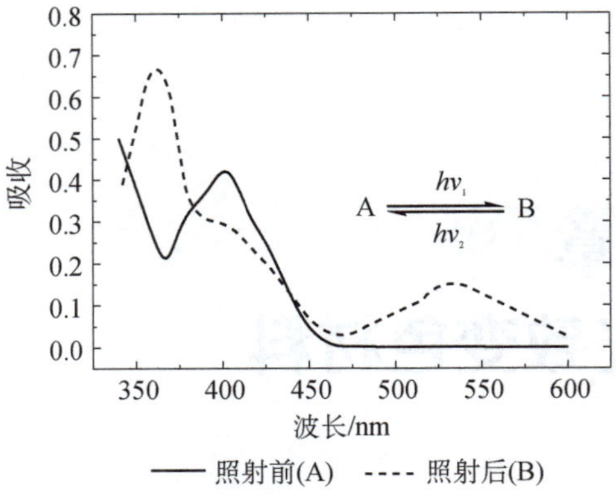

图 6-1　光致变色反应及其吸收光谱示意图

点之一，光致变色材料在光诱导下的光物理性能可逆变化很好地契合了可擦/读写记录数据存储器（CD-RW、DVD-RW 等）的需求，特别是热稳定的光致变色化合物（如二芳基乙烯）的推出，更是让光致变色一跃成为未来高通量存储材料的明星分子之一。如果一个光致变色分子对应一个字节（bit），鉴于一个分子仅占 1 nm^3 的空间，理论上基于光致变色分子的分子存储器可以达到 10^{18} bit/mm^3 的存储密度。因此，光致变色分子的功能被进一步推广到分子开关领域，即一类由光驱动的分子开关材料。分子开关是一类在光电元件中作为开关单元的功能性材料。通常在外界信号（如光、电以及化学试剂等）激发下，它们的物理性质在两种状态间发生特异可逆性转化，从而生成被定义为“开/关”（1/0）的两种工作状态[3]。迄今，光致变色化合物已经在分子逻辑门[4]、分子存储[5]、多光子器件[6]、表面/纳米器件[7]、光电分子器件[8]以及光电分子导线[9]等领域获得了广泛的关注。除此以外，光致变色化合物同样在其他领域，如化学传感器[10]、分子自组装[11]以及光控生物材料[12]方面扮演着新兴而又重要的角色。

二、光致变色化合物的种类

光致变色化合物有多种类型，按其变色机理不同，一般可分为七类：键的均裂、光环化反应、顺反互变异构、氢键转移互变异构、价键互变异构、氢化还原反应、三线态-三线态吸收。从热稳定性上分类，光致变色有机化合物可分为热不稳定的化合物（T-type），如偶氮苯、螺噁嗪、螺吡喃、萘并吡喃等，此类化合物在发生变色后，在暗处即能发生热致变色回到最初的热稳定状态；另外一类化合物是热稳定的化合物（P-type），如二芳乙烯和俘精酸酐。目前，对有机光致变色化合物的研究主要集中在偶氮苯、俘精酸酐、螺吡喃、螺噁嗪、二芳基乙烯以及相关的杂环化合物上，同时也在探索和发现新的光致变色体系。例如，华东理工大学朱为宏课题组设计开发了一系列基于新型吸电子烯桥的二芳基乙烯化合物[13]，其中二苯并噻二唑烯桥二芳基乙烯化合物以其极高的闭环体稳定性和光抗疲劳性成了这一系列新型烯桥二芳基乙烯化合物中的翘楚（图 6-2）[14]。更有意思的是，当芳基具有一定位阻时（如苯并噻吩），首次实现了二芳基乙烯的开闭环体以及开环体所对应的不同手性异构体都能够通过柱层析/手性柱分离进行分离纯化[15,16]。

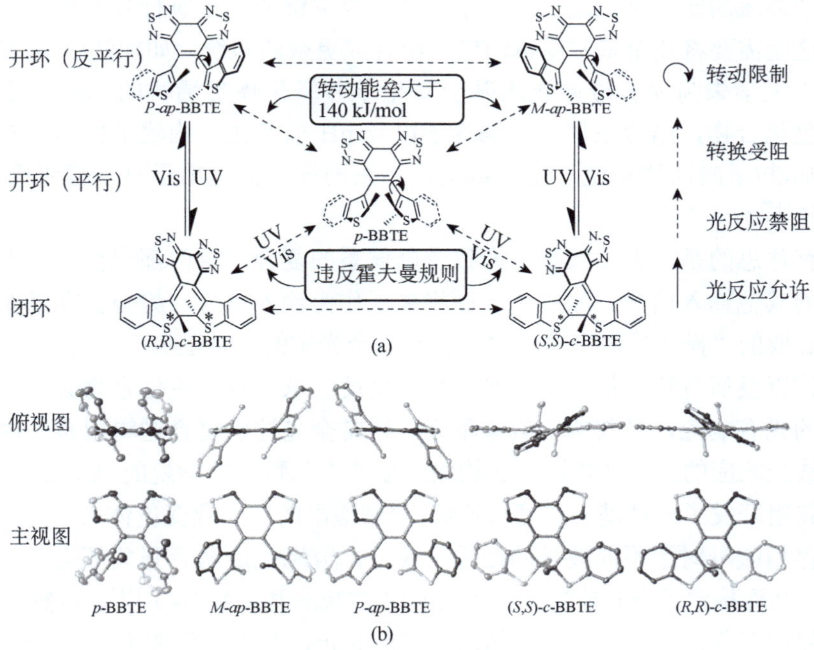

图 6-2 基于二苯并噻二唑烯桥的二芳基乙烯

第二节 光致变色材料的应用与发展

一、光致变色分子计算

（一）光致变色分子逻辑门

简单的分子逻辑门主要为双输入单输出系统，如 AND、OR、INHIBIT 逻辑门等。基于光致变色的双输入单输出分子逻辑门研究较早，且大多数基于光致变色的单一逻辑门体系以“光致变色基团+荧光团”形式构建。复合逻辑门即多输入多输出体系，包括半加法/减法器、全加法/减法器、编码/解码器以及分子键盘锁等。

1. 加法/减法器

简单的逻辑门只执行基本的逻辑操作，考虑到光致变色化合物潜在的多寻址功能，基于光致变色的复杂逻辑操作体系及简单分子电路近来成为分子电子学领域的研究重点之一。分子级的计算关键要求是执行算术加减法的操作，这就需要将几个基本逻辑门单元组合成更杂的系统，如加法/减法器。华东理工大学朱为宏教授课题组基于新型苯并氧化噻吩烯桥的二噻吩乙烯光致变色化合物，结合汞离子、铜离子以及 pH 值变化，构建了如图 6-3 所示的半加法/半减法器系统。此光致变色体系同样可被运用于分子编码/解码器的构筑[17]。

有意思的是，大多数基于光致变色体系的复合逻辑门都存在除了光信号以外的其他输入信号，如离子。而将离子作为输入信号，势必会在操作中引入不必要的“操作垃圾”，如盐类。因此，全光控的复合逻辑门变得尤为重要。全光控以及所有输入信号都为光信号，这就要求光致变色化合物必须对多种波长的光有响应，且其响应效果不同。通常全光控的复合逻辑门系统由多个不同波长响应的光致变色团组建构成。瑞典查尔默斯工学院的 Andreasson 教授课题组开发了一种基于二噻吩乙烯-俘精酸酐的双光致变色体系。二噻吩乙烯与俘精酸酐对于不同波长的激发光响应，分别生成两者开关环交替的四种状态，从而构建了全光控的光致变色半加法/减法器（图 6-4）[18]。虽然半加法/减法器的工作已经层出不穷，然而到目前为止，基于光致变色体系的全加法/减法器的工作仍未有报道。

2. 分子键盘锁

分子键盘锁能够授权密码输入，从而保护分子计算/存储的输入信息。分子键盘锁的特性是，只有当以正确的顺序给出正确的输入时，它才给出输出信号。即只有依照一定顺序对分子体系施加信号时，才能得到所需的输出信号。在这方面，国内华东理工大学田禾院士课题组与朱为宏教授课题组做了一系列相关的工作。在二噻吩乙烯-席夫碱（图 6-5）以及苯并氧化噻吩烯桥二噻吩乙烯-二苯基咪唑体系光调控基础上，利用其与不同金属离子及 pH 值

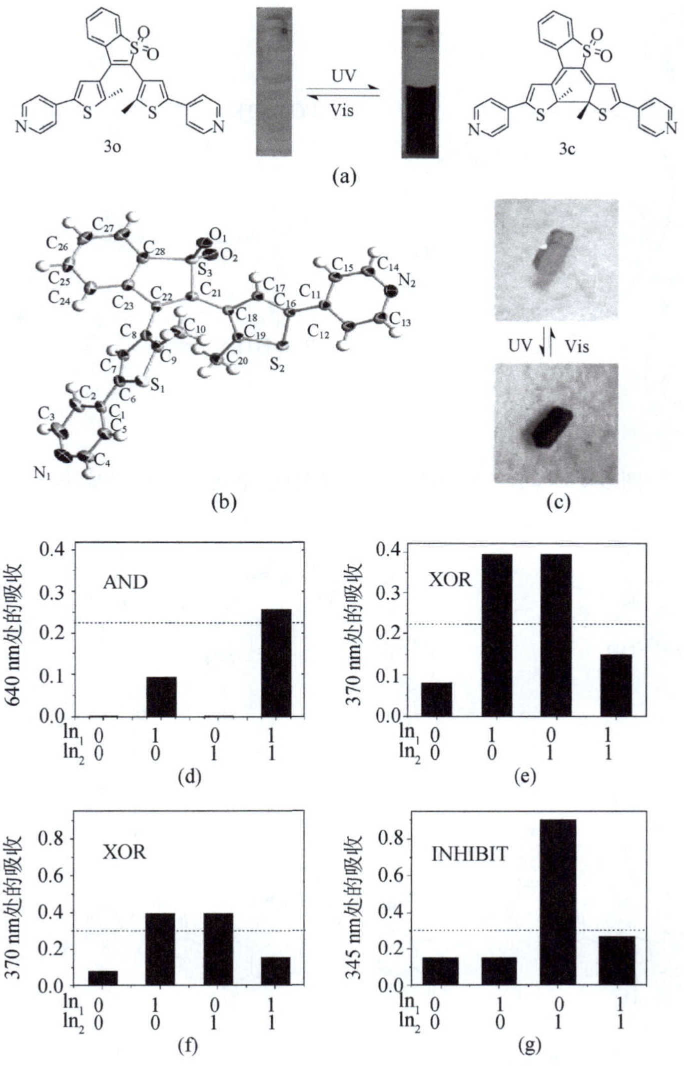

图 6-3 基于二噻吩乙烯的光/离子多响应半加法/减法器

影响性能，构建了三字母输入的分子键盘锁系统[19]。

国际上，瑞典查尔默斯工学院的 Andreasson 教授基于二噻吩乙烯-俘精酸酐-卟啉的三元体系（双光致变色-荧光团），报道了首个全光控分子键盘锁体系，有效避免了分子计算操作过程中的“废弃物”问题（图 6-6）[20]。

（二）光致变色分子存储与记忆

用于分子存储与记忆的光致变色分子显然需要具备异构体热稳定的性

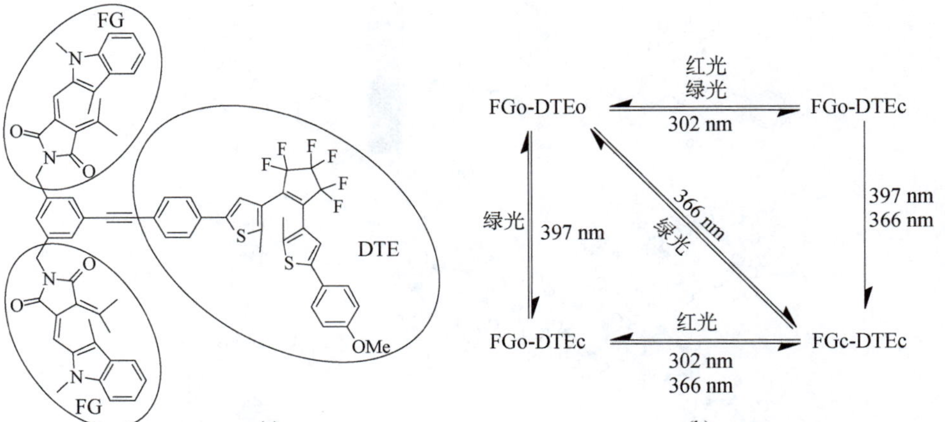

(a) (b)

图 6-4 基于二噻吩乙烯-俘精酸酐的全光控半加法/减法器

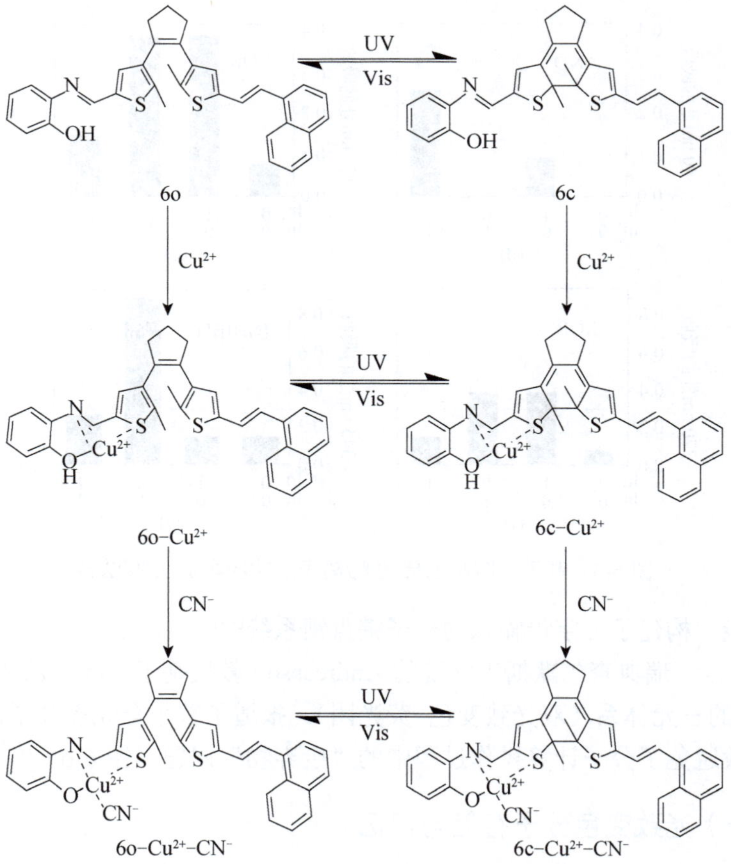

图 6-5 二噻吩乙烯-席夫碱分子密码锁

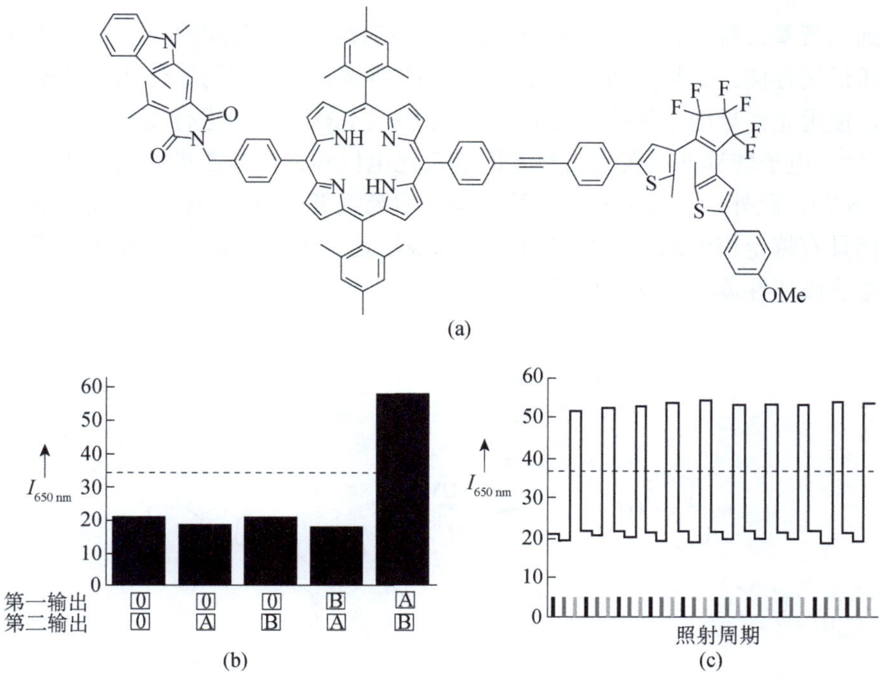

图 6-6 基于二噻吩乙烯-俘精酸酐-卟啉的三元全光控键盘锁体系

能，换句话说只有热稳定的光致变色化合物（P-type）才适合构建分子存储和记忆体系。俘精酸酐与二芳基乙烯化合物是典型的 P-type 光致变色体系，特别是二噻吩乙烯体系，其光抗疲劳度达到了 10^4 次循环，突显出其性能的优越。除了热稳定性外，非破坏性读数也是构建分子存储器中极为重要的一环。通常对于光致变色记忆材料，通过紫外-可见分光光度计的常见读取信息不可避免地诱导分子光激发，导致在一定时间积累后的数据损失或报错。这意味着读取进程具有潜在的破坏性，因此我们应该寻求其他检测方法以避免对存储状态的干扰。

1. 荧光光谱法

荧光信号可以容易和灵敏地被识别，而弱的以及颜色调谐的激发光在荧光读出过程中几乎不擦除记录的信号。因此，具有荧光性能的二芳基乙烯光致变色化合物有希望实现具有高对比度荧光记录和信号的非破坏性读出的可擦除光学存储器。由于二芳基乙烯在结构上是非荧光的，早期的工作主要集中在向系统引入荧光团。荧光可以通过 Föster 共振能量转移（FRET）从荧光团调节到封闭形式。虽然可以使用 FRET 实现高对比度荧光调制，但是能量转移到二芳基乙烯的闭环体，将潜在地导致在读出步骤期间的光环化，并因此破坏记忆存储。如果光致变色部分的开/闭环体具有不同的氧化还原性质，则可以使用光诱导电子转移（PET）效应来替代 FRET 效应进行高对比度荧光调控[21,22]。电子转移涉及荧光染料基团的氧化电位和二芳基乙烯单元的还原电位（图 6-7）。此外，二芳基乙烯两种异构体的吸收带应短于染料的荧光光谱。当选择具有特定极性的某些溶液时，可以根据这种机制控制开/闭环体的荧光，构建非破坏性读出光学存储器。

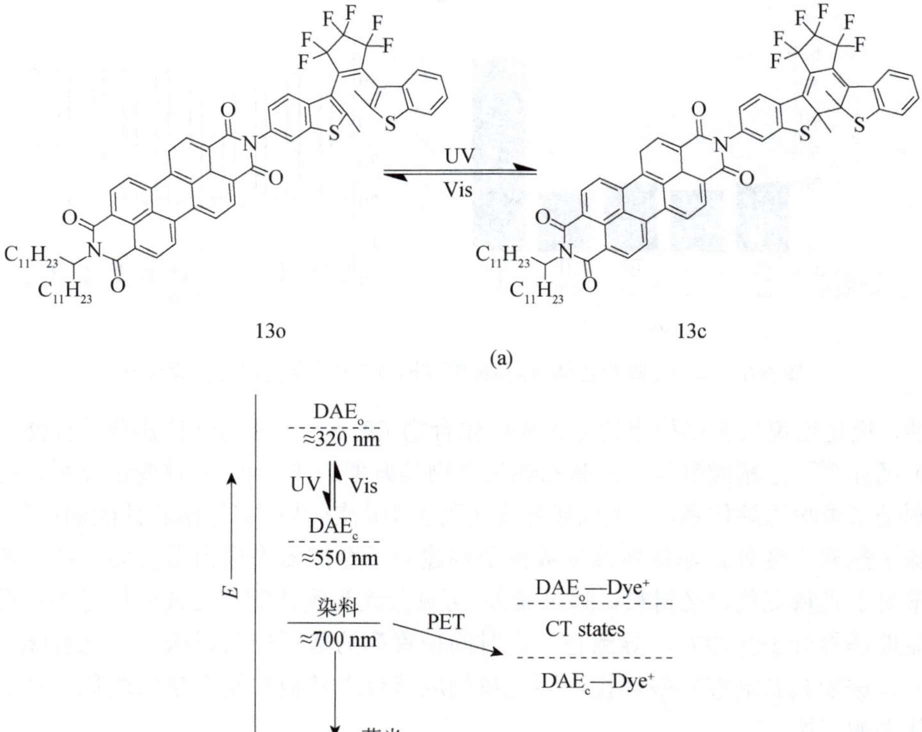

图 6-7　基于 PET 的非破坏性光致变色分子存储

Andréasson 等[23]组建了基于二噻吩乙烯-锌卟啉的超分子化合物。如图 6-8 所示，紫外/可见光照前后，化合物的两个异构体与锌卟啉形成结构不同的两个络合物。由于两者之间主要的特征吸收峰变化在近红外区，与光致变色反应的吸收波带没有交叠，异构化产生的作为输出信号的波长变化与荧光发射变化可以在近红外区被检测到，从而不会影响光致变色反应的发生。也就是说，在读取存储的数据时，检测光不会破坏已存储的数据。

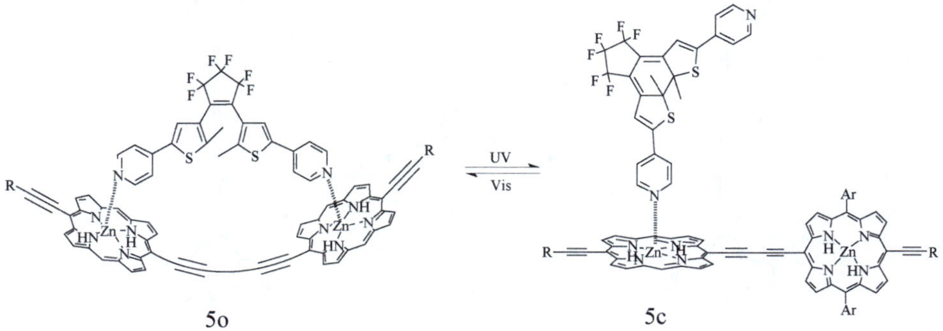

5o 5c

图 6-8 基于近红外荧光的非破环性光致变色分子存储

非破坏性读出的另一个实现方式便是双光子技术。此外，运用荧光光谱实现非破坏性读写还可以通过引入镧系锕系过渡金属离子络合的方式。在络合物中，二芳基乙烯的吸收与过渡金属离子中心的吸收完全分离。这意味着在其自身的吸收区域激发复合物将不影响二芳基乙烯核。这有助于使用三种不同波长的光源进行写入、擦除和读取数据而无破坏性读出。

2. 红外光谱法

红外光谱利用分子吸收其结构特征的特定频率。这些吸收是谐振频率，即吸收的辐射的频率应该与振动的键或基团的跃迁能相匹配。实际上，激发这样的振动能量不会引起电子的重新排列，因此限制了在读取过程中的结构变化。

3. 旋光度法

检测旋光度不影响电子跃迁的吸收带，从而在信号读出的过程中消除了分子的光激发。因此，它是实现非破环性读出的可靠方法之一。为了实现该目的，必须向系统诱导不对称（手性）结构以引起光偏振（图 6-9）。而二芳基乙烯化合物正具备了这一优势。

（三）门控光致变色

虽然在二芳基乙烯体系中已经取得了很大的进展，但具有门控性质的二芳基乙烯在非破坏性读出中作为重要的发展，在文献中报道较少。在门控光致变色中，由于一些物理/化学因素，光不引发光致变色反应，直到有外界信

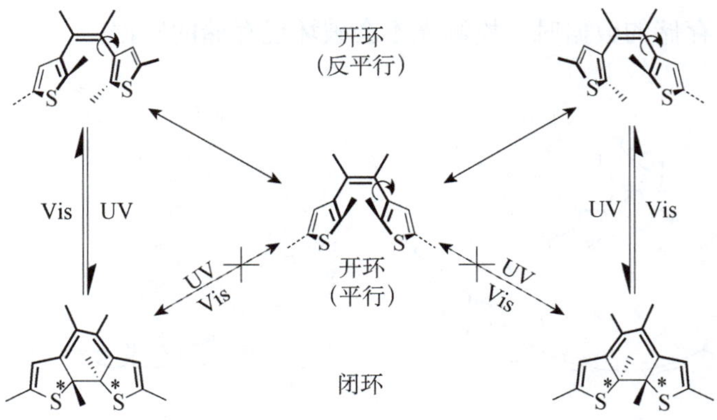

图 6-9　二噻吩乙烯光致变色过程中的手性构象变化

号去除门控效应。到目前为止，有两个原则来实现门控光致变色。第一个是构象受限的光致变色。众所周知，具有五元杂环的二芳基乙烯在溶液中具有两种构象，其中两个环呈镜面对称平行构象或 C_2 对称反平行构象。然而，仅 C_2 对称是光活性的，并且光致变色环化仅可以从这种构象进行。因此，获得门控性质的第一种方式是将杂环固定为平行构象。实际上，已经基于该策略通过引入一些外部刺激如分子内氢键[24]、配位[25]和特异性反应[26]构建了几种新的门控光致变色。不同于诱导门控光致变色的第一种方式，抑制光致变色活性的第二种方式是猝灭开放异构体的激发态。实际上，尽管必须提供一些特殊条件（如相当低的温度），但激发态可以被抑制或更容易被其他特定方法而不是光环化反应猝灭。

香港大学任咏华教授课题组提供了一种通过产生具有电荷转移特性的高发射激发态来设计门控光致变色材料的新方法[27]。为了构建高荧光化合物，将具有高荧光量子产率的二基硼烷-二噻吩核心引入框架的光致变色二噻吩乙烯体系，产生两种三配位的硼化合物。这两种化合物在用 UV 光照射时在不同的溶液中不显示光致变色行为，而它们在 465 nm 和 520 nm 下显示具有高荧光量子产率的发射光谱。密度泛函理论（DFT）和时间依赖 DFT（TD-DFT）密度泛函理论计算表明高发射状态是由硼 p-π 轨道和二噻吩 π 系统之间的良好共轭导致的，导致 HOMO-LUMO 分离的减少。因此，光致变色被来自激发态的自发发射抑制。通过添加氟离子观察到光致变色体系的发射强度的显著降低，作为通过形成相应的氟硼酸盐而延伸通过硼 p 轨道的 π 共轭的破坏的结果（图 6-10）。此外，在 UV 照射下观察到两种化合物的典型光致变色反应。在氟离子结合时剧烈的光物理变化可以归因于 π-π 共轭的破坏，并因此阻断在激发态的电荷转移特性。通过加入过量的甲醇或更强的路易斯酸［如$B(C_6F_5)_3$］来解离氟离子可以再次锁定光致变色体系。

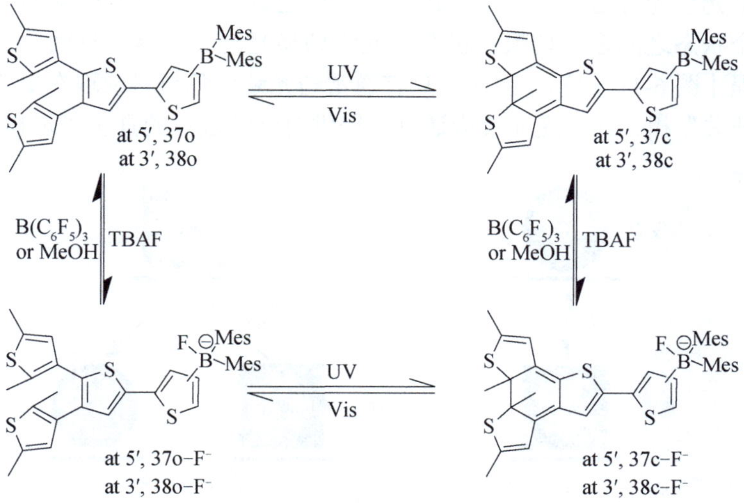

图 6-10 基于氟离子反应型门控光致变色体系

二、光致变色探针

作为功能分子领域中的最为活跃的研究方向之一，分子探针由其在环境科学、光电材料以及生物医药领域的广泛应用而受到越来越多的关注。修饰有离子识别基团的光致变色材料则是近年来分子探针领域中冉冉升起的一颗新星。在离子识别的一次作用下引入光信号刺激，以达到二次检测（double check）的目的，提高了离子检测的准确度。由此，具有离子识别能力的光致变色化合物为超分子光控开关材料的设计开创了新思维。

三、光致变色催化反应

光控化学反应可以以多种方式进行，其中最直接的是通过吸收光子并随后将相应化学实体转变为反应性激发态［图 6-11（a）］来诱导激发态反应性。尽管独特的化学转化，最明显的电子转移诱导的氧化还原反应和催化以及环加成反应可以发生在上势能表面上，但是所涉及的激发态的反应性和寿命通常难以预测。另一种可能性“光笼”体系，在光激发时被称为“解笼锁”［图 6-11(b)］。

尽管与激发态光反应性相比，所得到的未封端物质的反应性更容易预测和分析，但是该概念类似于保险丝，因此仅允许单独的激活或失活事件，换句话说，整个光控光程是不可逆的。由此，光可逆调控化学反应概念的引入提供了在两个状态之间多次切换的机会，允许切换光控异构体并且因此切换整个化学过程［图 6-11（c）］。因此，只有通常与光致变色材料或现在更普遍称为“光敏开关”相关的可逆光反应通过光提供对化学过程的真正“远程控制”。

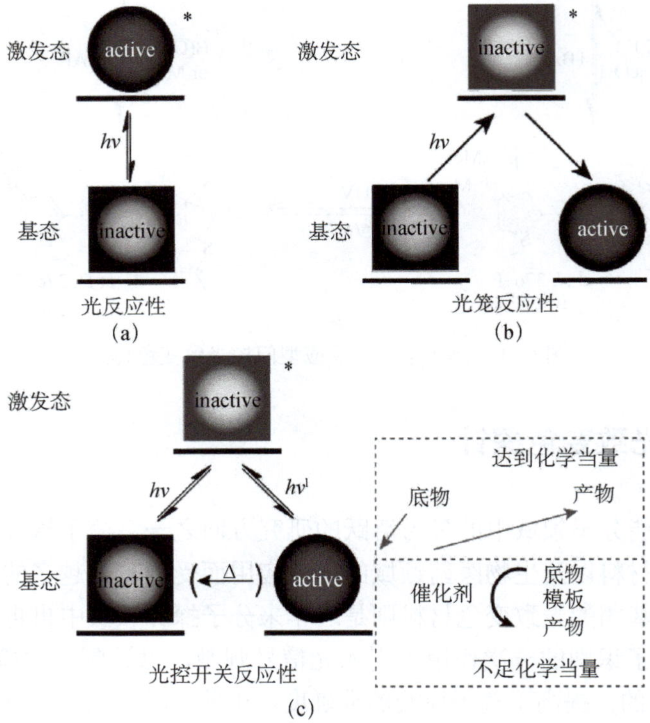

图 6-11　光控催化反应的种类

（一）空间效应

空间效应可影响反应的催化剂活性以及选择性。光致变色诱导的几何变化可以造成对催化剂活性中心的屏蔽或去屏蔽作用。德国洪堡大学的 Hecht 教授课题组成功使用该概念实现了光控可逆催化反应。通过刚性连接的偶氮苯顺/反异构化（图 6-12）可以可逆地屏蔽 *N*-烷基化哌啶碱上带有催化活性的孤对电子。通过滴定实验显示哌啶碱在反式状态下具有较低的碱性。将偶氮苯部分转换成顺式构象去屏蔽哌啶电子孤对，这导致碱性增加。不同的碱度用于光催化碱催化硝基醛醇（Henry）反应的转化[28]。

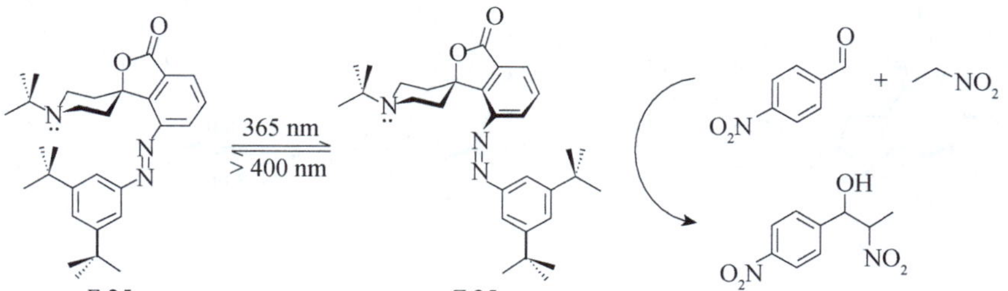

E-25　*Z*-25

图 6-12　基于偶氮苯顺反异构空间效应的光控催化反应

（二）共轭/电子效应

不同于偶氮苯，二芳基乙烯体系光致异构前后其空间/几何变化并不明显。但是，光环化反应后整个分子的共轭体系发生了极大的变化。这一变化不仅体现在吸收光谱的位移上（变色），同时展现出了光异构前后异构体之间截然不同的电子效应，整个分子由此“导通”。

以光控 Diels-Alder 反应为例。加拿大的 Branda 教授以及德国的 Hecht 教授课题组近期在这一方面做了很多原创性的工作[29-31]。Diels-Alder 反应是热驱动的[4+2]反应，以二芳基乙烯为反应基底的 D-A 反应主要以烯桥为双烯反应物（图 6-13）或以芳环为单烯反应物（图 6-14）。在以烯桥为反应物的工作中，初始态的呋喃与环戊二烯皆不能发生光致变色反应。在与相应单烯发生 D-A 反应后，反应生成二芳基乙烯所需“烯桥”，从而“解锁”了光致变色反应。在以芳基为反应物的工作中，开环态二芳基乙烯由于其呋喃芳基可以提供 D-A 反应所需二烯结构，从而具备 D-A 反应活性。光致闭环后，呋喃芳基的双键发生了异构，从而失去了 D-A 反应活性。与以烯桥为反应物的光控 D-A 反应不同，前者是靠 D-A 反应解锁光致变色，而后者则是通过光致变色调控 D-A 反应活性。

最近，美国得克萨斯大学奥斯汀分校的 Bielawski 和 Neilson 将 *N*-杂环卡宾（NHC）官能团结合到二噻吩乙烯的烯桥中（图 6-15）。共轭 π-系统的长度调节 NHC-官能团的电子性质。在可见光和碱的存在下，NHC 催化酯交换和酰胺化反应可以正常进行。当用 UV 光照射闭环衍生物时，酯交换和酰胺化反应的速率显著降低。该过程在慢速和快速反应速率之间可逆地转换数次。基于在 C_2“卡宾”碳上具有同位素标记的 NMR 实验，作者可以通过显示开环形式作为咪唑鎓物质存在而闭环体则易形成活性较低的醇加合物[32]。

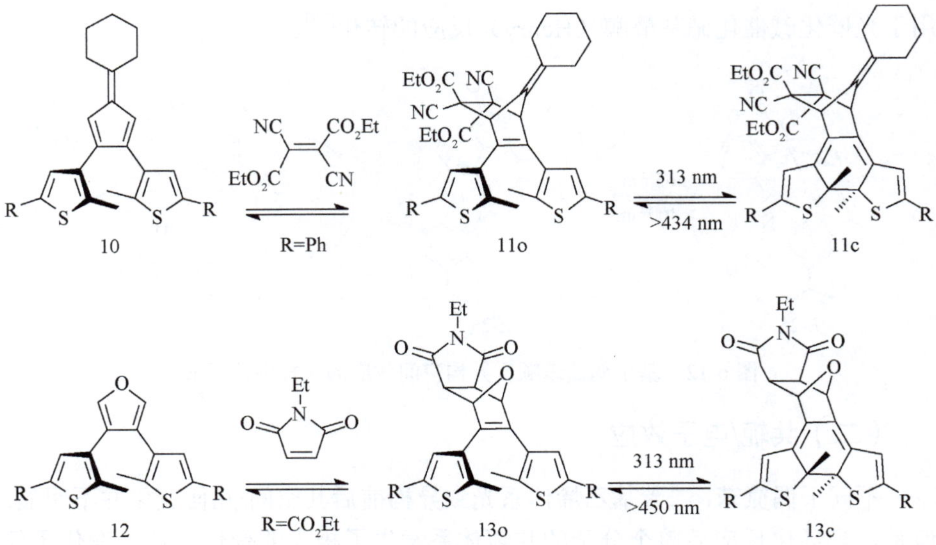

图 6-13　基于烯桥的 Diels-Alder 反应

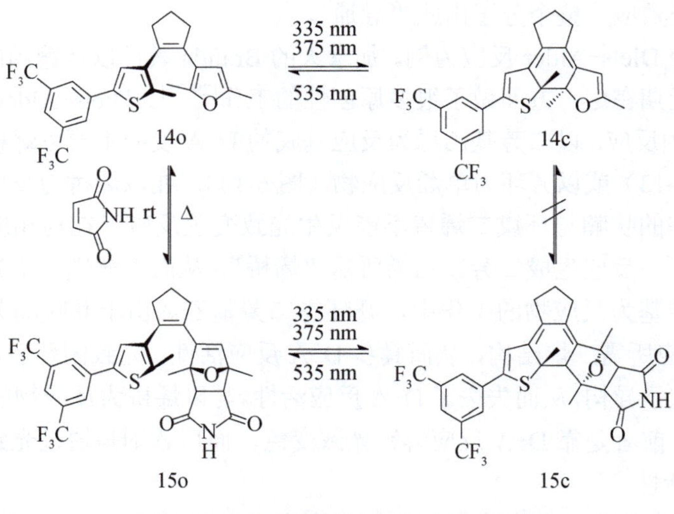

图 6-14　基于芳基的 Diels-Alder 反应

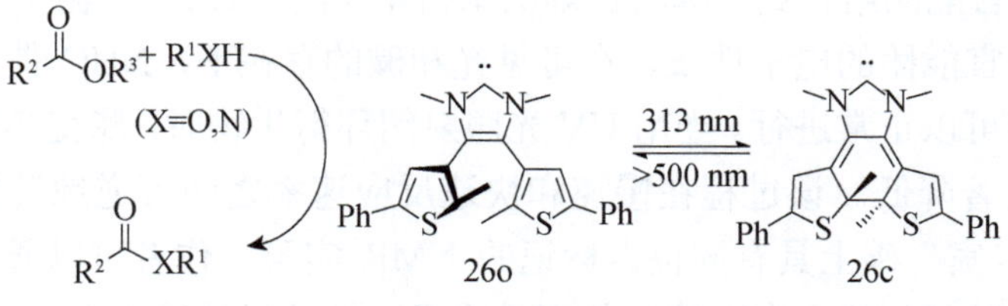

图 6-15　基于二噻吩乙烯的卡宾

（三）手性中心

荷兰格罗宁根大学的 Feringa 教授课题组则结合了光触动活性和选择性的两个概念。为此，通过连接 Brönsted 碱和硫脲氢键供体基团的旋转分子马达转化为可光开关的双功能有机催化剂，并调控在 Michael 加成中的手性选择性（图 6-16）。热力学稳定的(P,P)–E–29 异构体在 Michael 加成中没有立体选择性（*e.r.*，S：R=49：51）。然而，当照射光时，螺旋反转发生并且形成(M,M)–Z–29 异构体，其在 Michael 加成中显示更高的活性，并形成相当大的对映异构体过量的产物（*e.r.*，S：R=75：25）。将(M,M)–Z–29 异构体加热至 70℃引发形成(P,P)–Z–29 异构体的热异构化步骤，其也能催化 Michael 加成，但产生相反的立体异构体（*e.r.*，S：R=23：77）。随后的光化学和热异构化通过(M,M)–E–29 引起原始(P,P)–E–29 异构体的重构[33]。

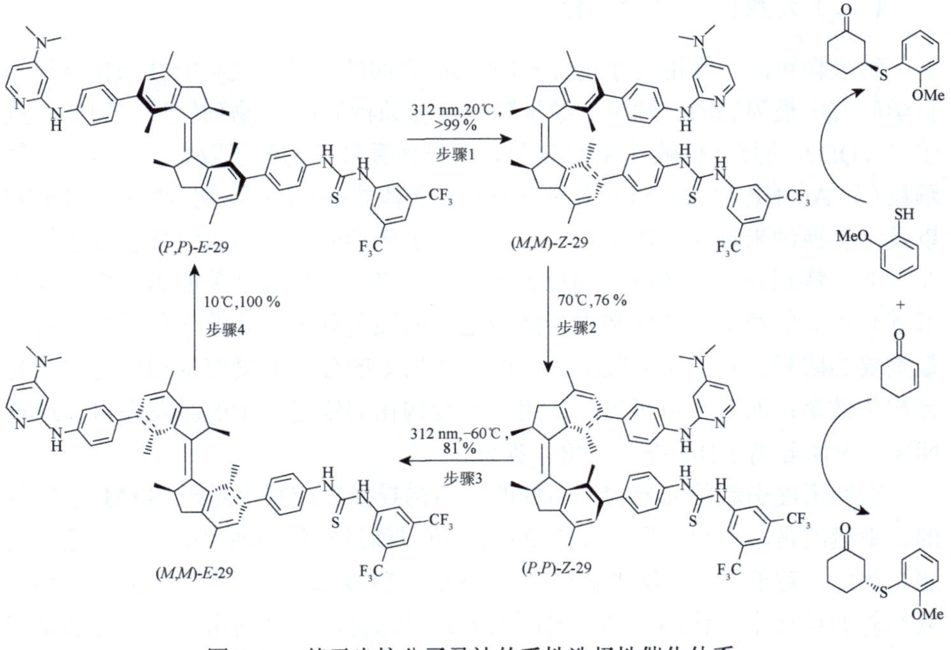

图 6-16　基于光控分子马达的手性选择性催化体系

四、光控表界面体系

到目前为止，大多数光致变色分子开关的研究都局限在溶液中进行。这些分子随机分布在溶液中，没有特定的位置和定向。光致变色材料真正的应用必须实现器件化，功能分子需要具有一定的排布和阵列，从而实现其宏观层面的功能化。这就提示我们开发光响应“智能表面”，将分子规整地排列在表界面上，以进行特定的任务。光响应的“智能表面”被认为是光致变色分子和光电子器件之间的桥梁。因此，在过去的十年中越来越多的注意力转向设计和制备光响应表面材料。

（一）宏观界面上的光致变色体系

由于导电玻璃/金属表面的易修饰性（如通过硫醇-金亲和力和吡啶基吸收）以及光电信号快速、灵敏的特点，导电玻璃/金属表面（如金、铂、ITO）成为宏观界面光致变色体系的最佳选择。界面光电化学则成为最常用的信号表征手段。

（二）光致变色纳米颗粒

纳米颗粒，一般指尺寸在 1～100 nm 之间的颗粒，是功能性杂化材料的科学研究中最闪亮的一颗星。纳米颗粒具有独特的化学/物理性质，例如，量子点（QD）的尺寸依赖性吸收/发射，半导体颗粒中的量子限制，一些贵金属颗粒（如 Au-NP 和 Ag-NP）中的表面等离子体共振（SPR），纳米颗粒（MNPs）以及上转换纳米颗粒（UCNPs）中的光学上转换效应。当光致变色分子锚定在表面，特别是贵金属纳米颗粒表面上时，将发生光致开关能力的增强或降低甚至丧失的情况。空间和电子效应是影响锚定分子的光致变色活性的两个最重要的因素。对于空间效应，装配在单层上的分子的紧密堆积可能影响光异构化效率；而对于电子效应，用于光异构化的锚定分子的激发态可以通过 NPs 的表面等离子体共振（SPR）猝灭。

空间密度引起的光异构化活性的空间诱导损失或减少对于 SAM 是常见的。幸运的是，小纳米颗粒（约 2 nm）可以通过它们的曲率效应避免这种问题。然而，对于更大的纳米颗粒（>5 nm），就没那么走运了。因此，必须采取额外的设计来优化纳米颗粒表面上的光异构化。一种通常使用的方法是修饰其他“辅助”配体，并创建“混合”单层表面，从而“稀释”光致变色团的表面密度以恢复其光活性。这种常规方法的问题是难以控制光致发光体配体和辅助配体的比例，阻碍了实验的重复性。因此，提出了两种替代策略：一种用于产生更多“自由”空间的有效方法是使用具有“多支”锚定基团的光致发色团配体，如二硫化物或更复杂的三脚架［图 6-17（a）］。另一种方法是利用大体积的间隔物来制备用于异构化的足够的“空间”。其典型的例子是引入环糊精与偶氮苯配体，在纳米颗粒上形成主客体可光异构化分子穿梭［图6-17（b）］。由于它们的体积庞大，偶氮苯配体之间的距离已经延长，促进它们有效的反式顺式光异构化。

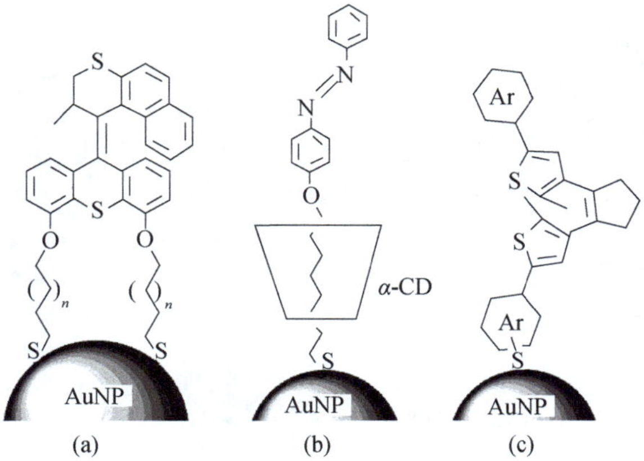

图 6-17　光致变色功能化纳米颗粒以及提高其光致变色效率的方法

表面等离子体共振（SPR）是由入射光激发的固体或液体中的电子的集体振荡。当光子的频率与抵抗正核的恢复力振荡的表面电子的自然频率匹配时，谐振条件成立。通过 SPR 的光致变色激发态淬灭的机理归因于共振能量转移，其由两个因素决定：①光致发色团吸收与纳米颗粒 SPR 带之间的重叠；②光致发色团和 NPs 之间的距离。由于常规光致发光团的吸收带或多或少不可避免地与纳米颗粒 SPR 带重叠，因此用于解决猝灭效应的最有效的解决方案是通过长间隔物将荧光团与纳米颗粒表面分离。Feringa 课题组研究了通过不同的芳族间隔基（对-/间-亚苯基和噻吩）与 AuNP 表面直接相连的二噻吩乙烯的光致变色行为［图 6-17（c）］。闭环和开放过程的量子产率根据不同的间隔基（对于间-/对-亚苯基桥连的二噻吩乙烯约为 0.07，而对于噻吩桥连的二噻吩乙烯为完全淬灭的激发态）降低程度不同。猝灭现象的这些差异可能在于二噻吩乙烯和 AuNP 表面之间的共轭程度。随后，在 Feringa 组进行进一步研究。他们发现从噻吩桥接的二噻吩乙烯的激发开环异构体到 AuNP 表面的有效能量转移归因于二噻吩乙烯开环体的最高占据分子轨道（HOMO）与 Au Fermi 附近的状态的金属密度带之间的更大重叠程度。

光致变色修饰的纳米颗粒被广泛应用于光控催化[34]、印记[35]、逻辑操作[36]以及荧光调控[37-39]的工作中（图 6-18～图 6-21）。除了传统的金属纳米颗粒、量子点外，光致变色分子近年来还与其他功能性的纳米颗粒结合，发挥

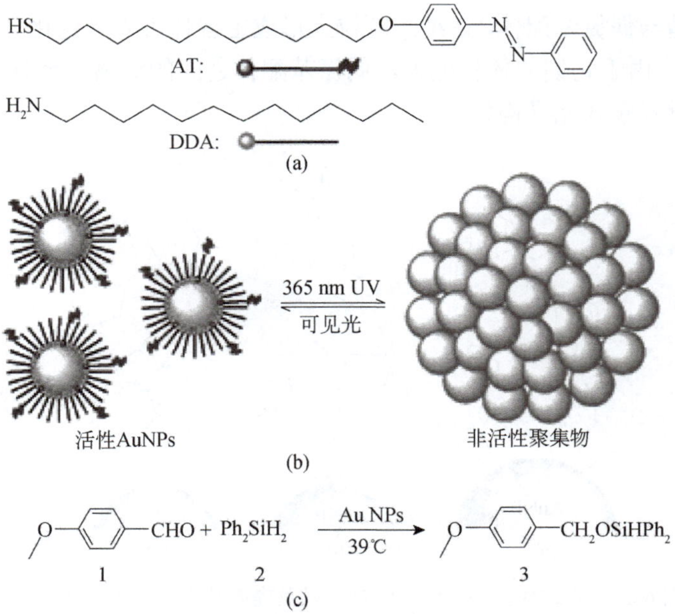

图 6-18　基于偶氮苯-金纳米颗粒的光控催化体系

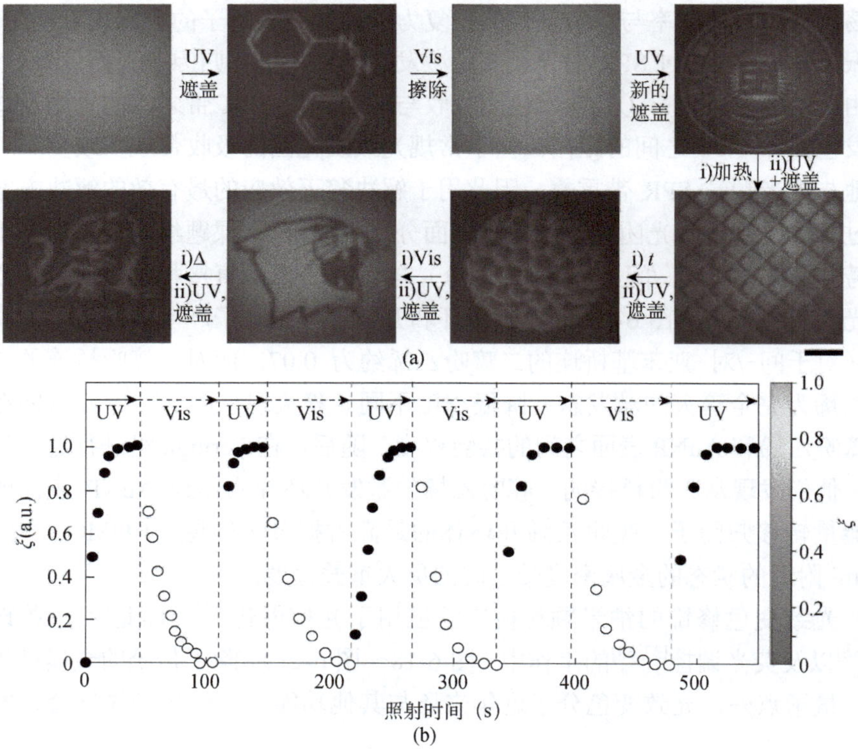

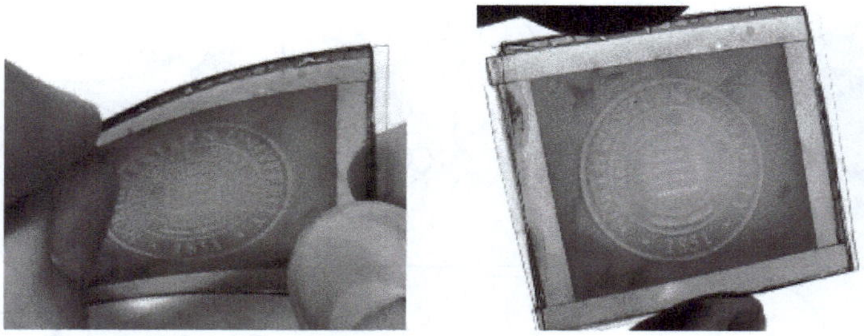

(c)

图 6-19 基于偶氮苯-金纳米颗粒的光控“印记”

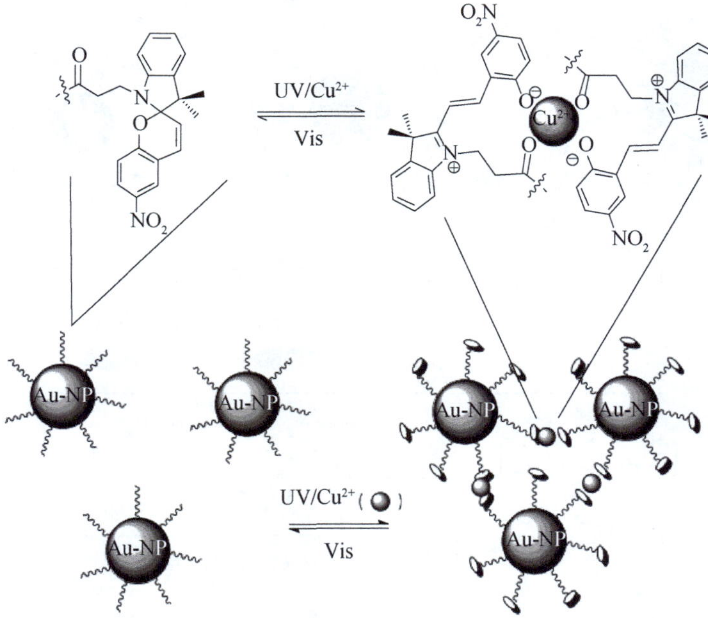

图 6-20 基于螺吡喃-金纳米颗粒的逻辑门体系

了与众不同的作用。上转换纳米粒子（UCNP）具有在连续红外光（NIR）激发下产生可见光或紫外光发射的能力。利用这种特殊的光致发光性能，UCNPs可以用作复杂纳米复合材料的关键组分，应用广泛。结合光致变色与UCNPs的第一个实例由复旦大学易涛教授课题组和李富友教授课题组[40]报道，其中二噻吩乙烯作为光致发色团以可逆地转换 UCNP 的上转换发光。在这项工作中，仍然使用紫外光来激发二噻吩乙烯的光致变色反应。2010 年，Branda 课题组成功地使用UCNP实现红外光在980 nm处单波长可逆调控二噻吩乙烯的光致变色[41]。这项工作的亮点是上变换机制的非线性，实现在不同功率强度下选择性地产生 UV 和可见光。UCNP 的高功率红外辐射产生 λ=365 nm 的 UV

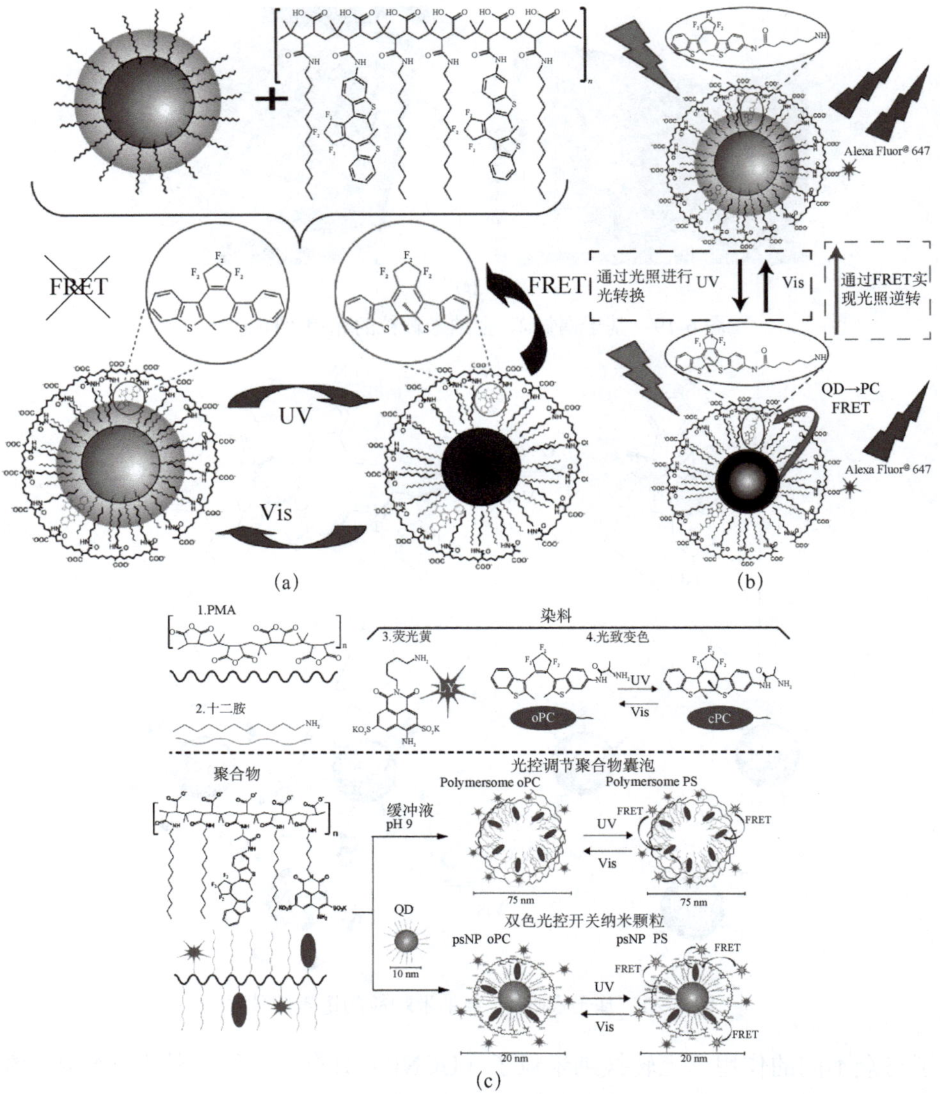

图 6-21　基于二噻吩乙烯-量子点的荧光调控体系

光，其触发二噻吩乙烯的闭环反应。相反，当产生可见光时，可简单地通过降低激发红外光对 UCNP 的功率密度触发二噻吩乙烯的开环反应（图 6-22）。

与上述纳米颗粒不同，介孔二氧化硅纳米颗粒（MSN）则要大得多（100～800 nm）。与此同时，它们还包含纳米孔的有序阵列。这些独特的纳米孔阵列为介孔二氧化硅纳米颗粒提供了潜在的生物相容性载体（如药物递送）具有前景的载体能力。光致变色官能化 MSN 通常分为两类：①光控“纳米阀”；

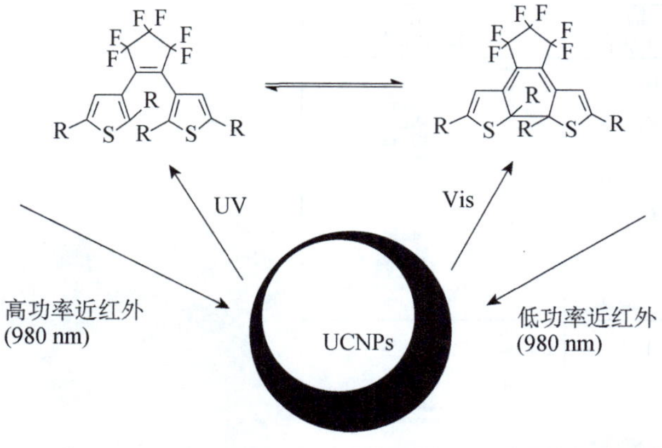

图 6-22 上转换纳米颗粒单波长实现红外光可控光致变色

②光调节“纳米叶轮”。在光纳米阀的情况下，通过仅在一种异构体的最大波长处的辐射实现光转换，确保最大程度地增加所需光异构体的总量。而在“纳米叶轮”的情况下，系统在两种异构体具有相同消光系数的波长下照射，如等吸光点。因此，改性的光致变色化合物经历连续的动态摇摆，从而对捕获在纳米孔内的分子施加动量，并且最终迫使它们从孔中排出。美国西北大学的 Zink 教授[42]和上海硅酸盐研究所的施剑林教授[43]分别构筑了基于偶氮苯体系的光控介孔二氧化硅纳米颗粒材料，用于研究光控载药的释放模型（图 6-23）。

（三）光致变色单分子导线/电极材料

作为开发光电子器件的前体，光致变色功能表面的研究引起了许多材料科学家和化学家的兴趣。尽管如此，在这个新兴领域仍然存在许多挑战。主要挑战之一是观察电导的光调节开关，特别是在类似于那些实际分子器件的工作条件下，作为分子中的电荷传输，随机构象变化与电导变化，单层或单分子桥在工作电位下的稳定性的重要问题，在纳米电极（单分子结）之间形成单分子桥作为从表面获得光切换行为的数据的方法。目前最常用的测量这些单分子纳米电极的技术是 STM、c-AFM、机械控制断点结（MCBJ）等。

北京大学郭雪峰课题组在单分子光电子器件研究领域，在国内处于领先地位[44-47]。2007 年，郭雪峰课题组利用碳纳米管电极与二噻吩乙烯分子构建出了具有从关态到开态单向开关功能的单分子光开关器件[44]。2012 年，为进一步完善单分子器件的制备方法，发展了利用石墨烯为电极的第二代碳基单分子器件的突破性制备方法[45,46]。然而，以上这些工作仍然只实现了从关态

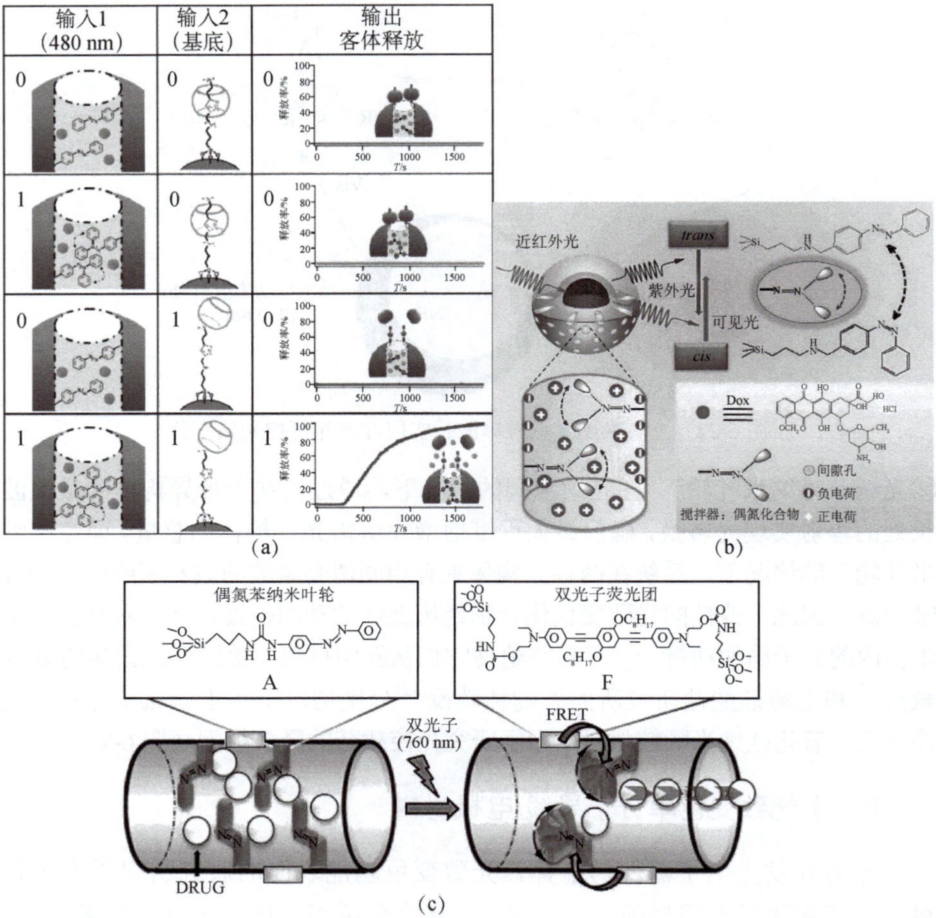

图 6-23　光控介孔二氧化硅纳米颗粒材料

到开态单向光开关功能。理论分析揭示，在这些前期的体系中，分子和电极之间存在着强的耦合，从而导致分子激发态的猝灭将功能分子锁在了闭环构象。通过理论模拟预测和分子工程设计在二芳基乙烯功能中心和石墨烯电极之间进一步引入关键性的亚甲基基团，所得实验和理论研究结果一致表明新体系成功地实现了分子和电极间优化的界面耦合作用，突破性地构建了一类全可逆的光诱导和电场诱导的双模式单分子光电子器件（图 6-24）[47]。石墨烯电极和二芳烯分子稳定的碳骨架以及牢固的分子/电极间共价键链接方式使这些单分子开关器件具有空前的开关精度、稳定性和可重现性，在未来高度集成的信息处理器、分子计算机和精准分子诊断技术等方面具有巨大的应用前景。

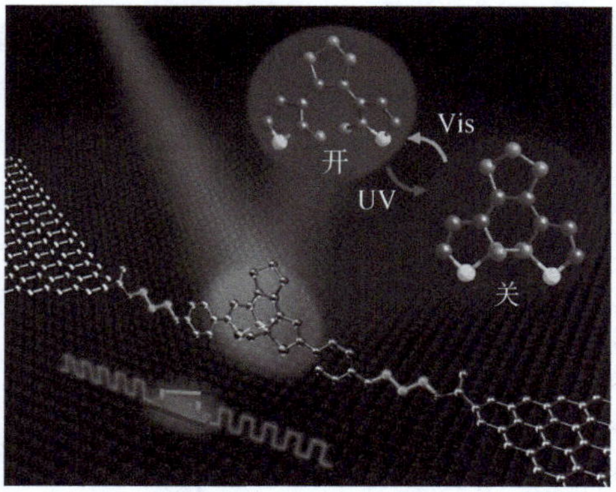

图 6-24　二噻吩乙烯-石墨烯单分子光电子开关器件

五、光致变色的生物应用

使用光响应材料可逆地操控生物事件具有非侵入性以及高空间和时间精度的特点。光可以精确地调谐和聚焦，能够以高的效率和对环境的最小扰动改变“指挥”的特定过程。这些优良的性能激发了研究人员通过开发新的仪器和技术来使用光去研究复杂的生物学功能。光控生物体行为检测调控在过去几十年中引起了广泛的科研兴趣，光响应分子也已广泛用于生物化学中进行一系列的任务，包括光控神经递质、DNA 杂交、组织成像和蛋白质结构和动力学。我们在此主要评述光致变色化合物在生物化学领域的研究与应用，光遗传学或光笼方面的研究讨论将不被包括，虽然这些技术也提供了优于生物功能的光控制的方法。

（一）光控 DNA 杂交

光致变色与 DNA 的结合主要包括共价相连与非共价结合两种方式。

DNA 共价相连的光致变色化合物

最为常见的与 DNA 共价相连的光致变色化合物为偶氮苯，分别通过修饰 L/D-苏氨醇与五碳糖的方式形成光控的“类碱基”（图 6-25），进一步通过 DNA 合成将偶氮苯插入 DNA 链中成为具有光调控性能的“碱基”。平面的反式偶氮苯可以有效地插入双链体的相邻碱基对之间，从而通过 π-π 堆叠作用稳定 DNA 双链结构；而顺式偶氮苯异构体则会产生一定的空间位阻和扭曲，使得 DNA 双链结构的稳定性减弱甚至解链。基于这种光控解链行为，一系列关于 DNA 酶催化、DNA 逻辑操作、分子机器以及基因编辑的工作都相继报道。日本的 Asanuma 课题组，国内湖南大学谭蔚泓院士课题组在这方面都有很大的贡献。

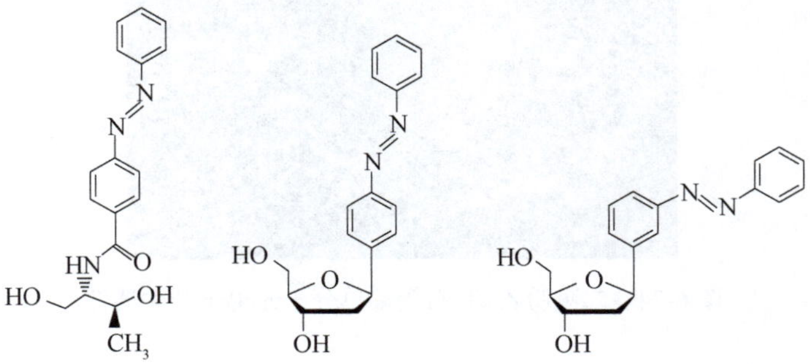

图 6-25　偶氮苯“类碱基”

最近，德国的 Jäschke 和 Cahová 将二芳基乙烯结合到了碱基中，并合成了以二芳基乙烯为碱基的 DNA 链（图 6-26）。此外，基于螺吡喃连接的 DNA 也有合成报道。尽管此类工作目前并没有实际应用，但是依然为光控 DNA 家族提供了更多的合成方法及潜在应用的可能性。

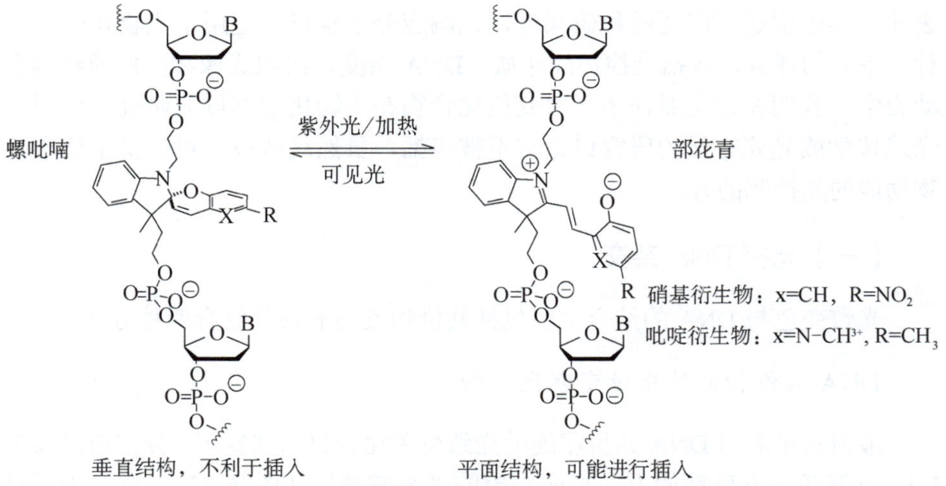

图 6-26　含有螺吡喃连接的 DNA 光致变色化合物

一类非共价相连的方式是静电相互作用，主要基于 DNA 带负电的磷酸骨架。其中最常见的便是光致异构后呈现电荷分离状态的螺吡喃分子。另一类非共价相连的方式为嵌入或 π-π 堆叠作用，瑞典的 Andreasson 教授在这两方面都做了一些代表性的工作。第三类则是通过光致变色基团与能特异结合DNA链的小分子相连，从而与DNA进行特异性结合的方法，复旦大学的易涛教授近期报道了一系列相关工作（图6-27）。

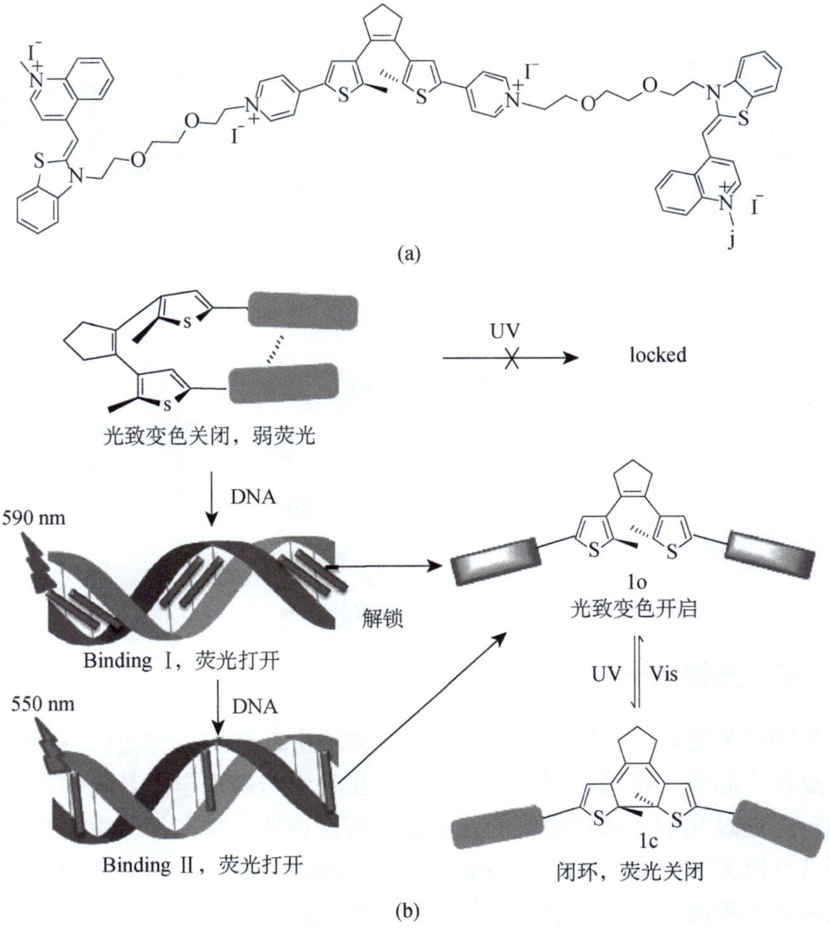

图6-27　二噻吩乙烯-核酸嵌入体

（二）光控蛋白质/多肽

光致变色与蛋白/多肽结合的工作主要基于共价结合，通过突变蛋白中氨基酸残基的位点，使其能与光致变色基团共价连接，通过光调控多肽的构型以及蛋白的活性。光控蛋白/多肽的工作主要基于偶氮苯光致变色基团，同样是利用其光致异构前后大幅的空间变化。加拿大多伦多大学的Woolley教授在这方面做了很多相关工作（图6-28）。近期，更具生物相容性的可见光/红外激发的偶氮苯多肽修饰的工作也有报道，进一步拓宽了光致变色在生物领域的研究前景。而基于偶氮苯、二噻吩乙烯的环肽及其在生物医药中的应用也在近期被报道。

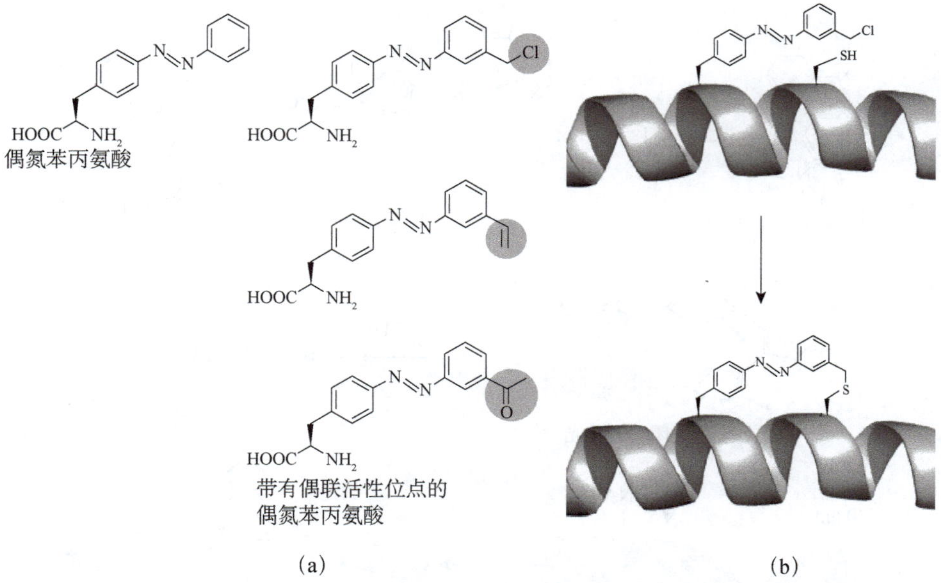

图 6-28　偶氮苯多肽修饰

（三）光控离子通道

生物纳米通道，包括离子通道和水通道，在离子/分子穿过细胞膜进行转运的过程中起到关键的作用。因此，其在生理学与病理学中是人们研究的重点之一。通过光信号来对通道的状态进行可逆调控，将在神经生物学和治疗领域具有巨大的价值。德国的 Trauner 与 Kramer 课题组合成并研究了大量基于偶氮苯光控离子通道功能行为的工作，为光致变色材料在离子通道中的应用研究打下了坚实的基础（图 6-29）。将与离子通道特异作用的受体分子修饰于偶氮苯一端或双端，偶氮苯将与离子通道特异作用，而在光的作用下，偶氮苯的异构将直接影响受体分子与通道蛋白的作用，从而影响离子通道的关开行为。

华东理工大学的田禾院士与龙亿涛教授课题组将光致变色主体-客体超分子体系引入溶血素（HL）纳米通道中，光可逆调节 HL 纳米孔的打开/关闭状态（图 6-30）。

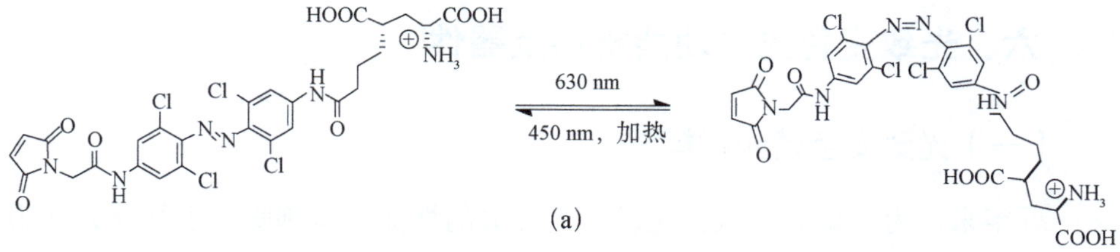

(a)

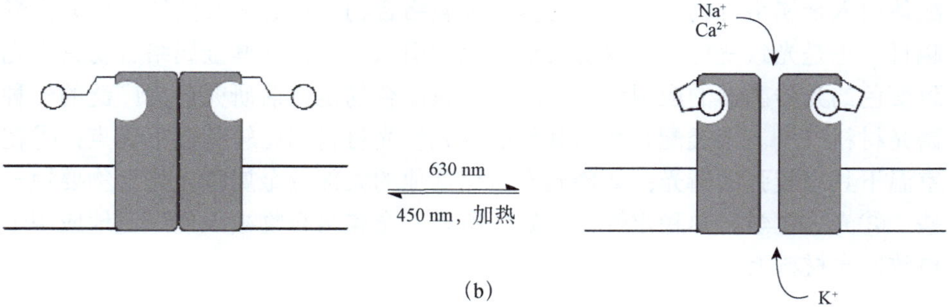

(b)

图 6-29　偶氮苯光控离子通道

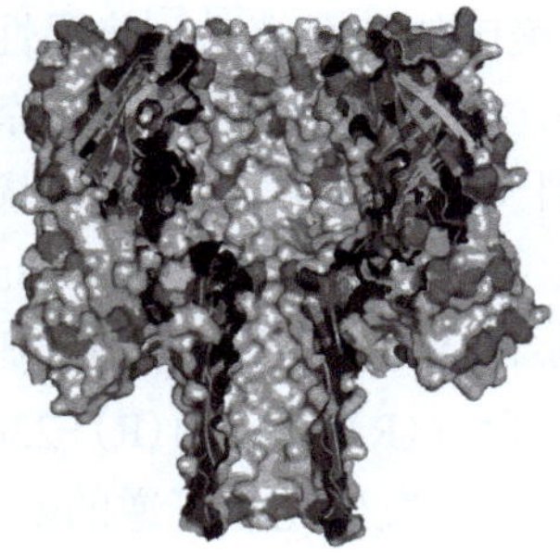

(a)

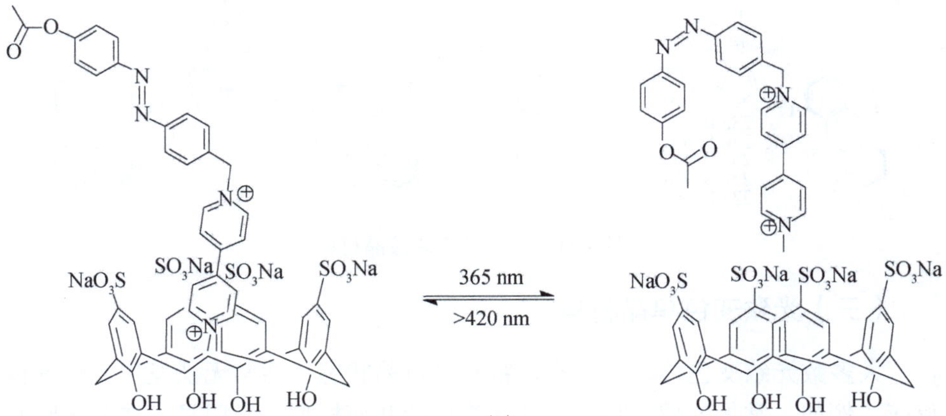

(b)

图 6-30　偶氮苯-紫精/磺化杯芳烃光调控 α-溶血素纳米通道

六、光致变色光电功能材料及器件

（一）光致变色磷光材料

近年来，为了提高光致变色及其光开关的性能，将噻吩芳乙烯单元作为配体引入金属络合物中，尤其是基于金属络合物三线态激发的磷光研究大受瞩目。正是光致变色的二噻吩乙烯单元的引入，使得这些金属络合物具有光致变色的光传感器的应用价值。过渡金属配合物是目前研究最为广泛的一种磷光材料[48-50]。该类配合物与其他的磷光发光材料相比较有以下优点：①在室温下具有较强的磷光；②磷光寿命比其他的大部分金属磷光化合物要短一些；③光、化学、热稳定性比较好。所以，金属络合物被人们广泛地应用于电致发光材料上。

（二）光致变色晶体材料

日本的 Akagi 以及美国的李全等[51,52]将手性分子联萘酚修饰到二噻吩乙烯分子的两端（图 6-31），使其作为手性分子掺杂到液晶材料中，通过光控来调节手性向列型液晶材料（N*-LCs）。二噻吩乙烯基团的光致变色反应可逆地改变了联萘胺的二面角，含有(R)-23a 和(S)-23a 的 N*-LCs 显现出可逆的螺旋形变化。含有(R)-23b 和(R)-23c 的 N*-LCs 则在 N*-LCs 与 N-LC 形式之间进行光控可逆变化。而含有(R)-23d 和(R)-23e 的 N*-LCs 则在螺旋形形貌的螺距上伴随着光致变色反应发生光控可逆的变化。

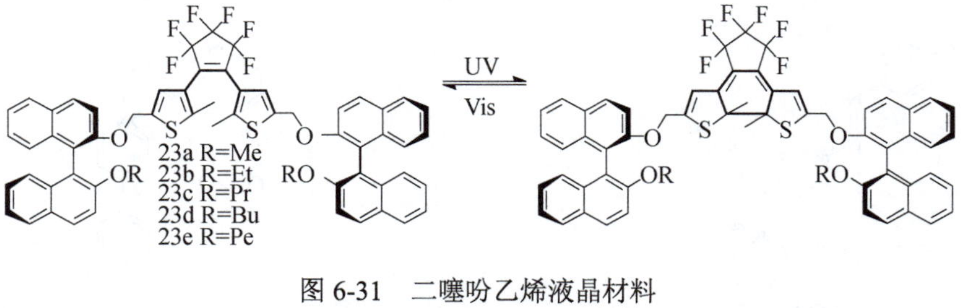

图 6-31　二噻吩乙烯液晶材料

（三）光致变色单晶材料

大多数光致变色体系在固态，特别是单晶状态，通常无法发生光致变色反应。例如，常见的螺吡喃开闭环异构体的几何构型差异明显，在分子紧密堆积的晶格中，二者的转换通常是不可能的（或极低转化率）。而二芳基乙烯正是少数可以发生单晶的光致变色体系，目前已报道的二芳基乙烯中，有很大一部分的单晶（开环态）在紫外光下都可发生明显的颜色改变（生成闭环体），并且在可见光照下可以可逆地恢复到初始无色（或浅色）状态。通常二芳基乙烯的单晶的变色后的颜色根据结构的不同而异，仅仅表现为一种类型的颜色，而将多种二芳基乙烯混合后培养得到混晶可以在不同波长的光激发下生成多种颜色。二芳基乙烯的光致变色反应不仅能改变晶体的颜色，还可以引起晶体形态上的变化。二芳基乙烯的单晶变色过程可以将微观的分子结构改变放大到宏观层面上的机械运动，从而构建现实生活中的晶体执行器。执行器，指的是一种将能源转换成机械动能并输出的装置，通过执行器可以控制、驱使物体进行各类预期动作。Irie 课题组近十年在此领域取得突破性的进展（图 6-32）：*o*–R1.39 的单晶可以在光照下可逆地改变其晶体的形状（从长方形到平行四边形）；*o*–R1.40 的单晶可以在光照下可逆地扭曲（左旋和右旋扭曲的单晶数目均等）；*o*–R1.41 和全氟代萘的片状混晶（1∶2）[53]可以在紫外光照下发生弯曲，可以举起自身重量 275 倍的铅球，在此光照过程中共做了 0.43 μJ 的功。这些过程皆源于光致变色反应后生成的闭环体改变了原有晶格中的堆积方式，引起分子间相互作用，进而放大到宏观层面上的机械运动。总体而言这类晶体执行器具有以下显著的特点：快速响应（<5 μs）、工作温度较广（可低至 4.6 K）、机械抗疲劳度高（对于某些混晶可达 1000 次）、移除光源后可以稳定保持形态。

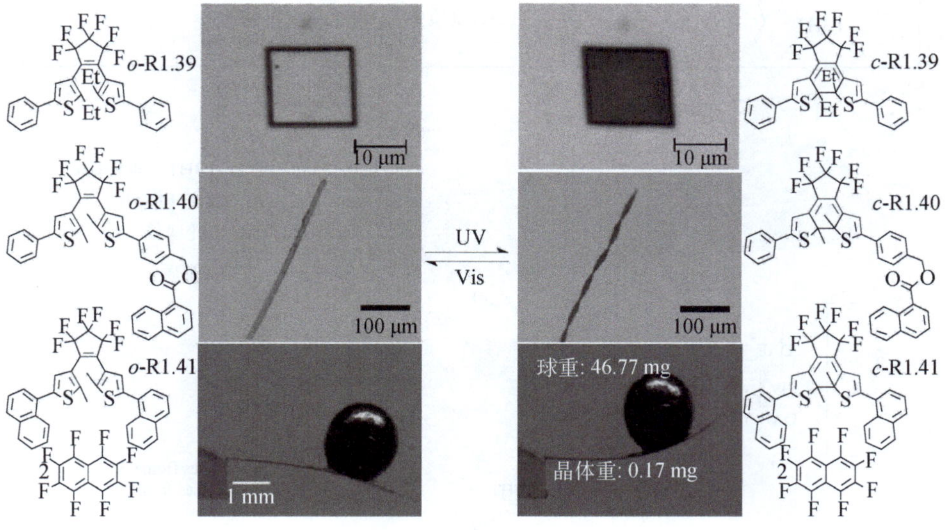

图 6-32　*o*–R1.39～*o*–R1.41 的单晶光致变色过程中的形态的改变

（四）光致变色固体器件

有机半导体得益于可印刷、柔性、大面积电子（large-area electronics），具有非常广阔的应用前景。除了提高器件性能，加入有机分子逻辑门赋予材料更多的功能也是非常重要的发展方向。2012年，Norbert Koch、Stefan Hecht、Paolo Samori 等合作在 *Nature Chemistry* 上报道了两种有机分子混合制成半导体薄膜[54]，其中一种是可光致变色的二芳基乙烯，另外一种则是聚（3-己基噻吩）[poly（3-hexylthiophene），P3HT]，成功实现了可光调谐和双稳态的P3HT空穴传输。在特定波长下，利用二芳基乙烯可逆的两种电子状态，成功实现对输出电流的调谐，器件的光响应可以达到毫米级。这种分子混合的方法为各种分子器件合并为一个器件提供了方便，开创了多功能器件和电流逻辑门的新方向。由图6-33可知，金作为输入和输出电极，光致变色DAE和聚（3-己基噻吩）混合物作为传输薄膜。其中聚（3-己基噻吩）是很好的电子传输介质，当二芳基乙烯处于闭环状态时，电荷能得到很好地传输；反之，当二芳基乙烯处于开环状态时，电荷无法很好地传输。

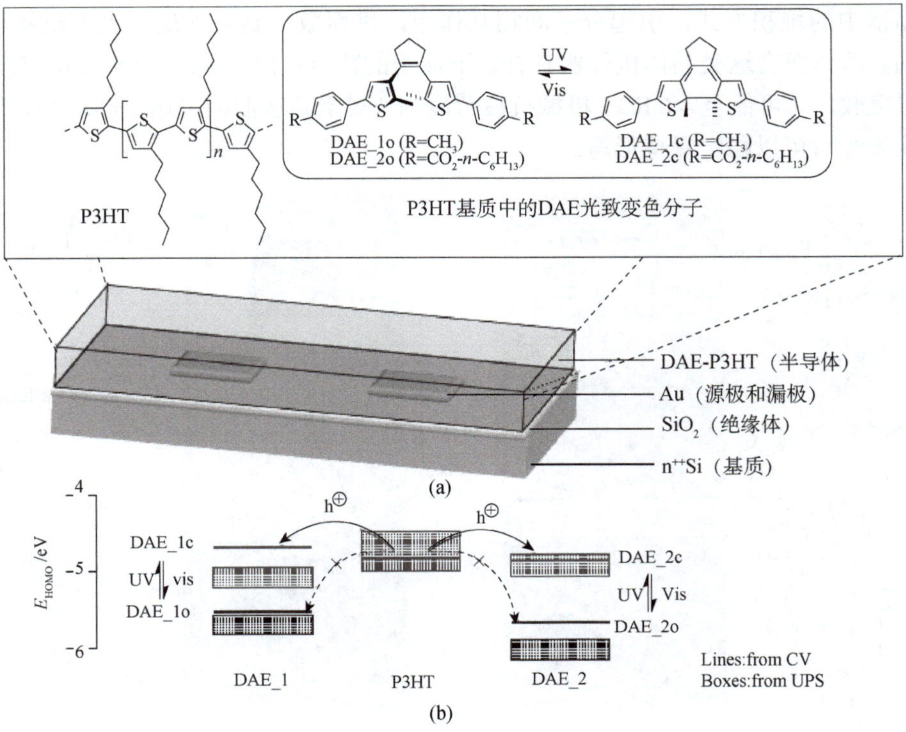

图6-33　光致变色薄膜场效应晶体管

北京大学郭雪峰课题组最近采用光触发的半导体聚合物基质中螺吡喃的构象变化来调节 OFET 中的通道电导[55]。在这种情况下，在两种不同的异构体形式中呈现极大偶极矩变化的螺吡喃，预期导致在聚（3-已基噻吩）（P3HT）层内传输的电荷的能量景观中的显著变化。如图 6-34 所示，在 UV 照射约 3 min 时，当记录输出电流的增加时，FET 沟道的低电导状态逐渐改变为更高的电导状态。逆反应在白光下进行，并且器件需要约 8 min 以恢复初始漏极电流值。重要的是，所述装置显示出长期稳定性，并且它们可在空气中测试达 3 h 而没有明显的降解。作者提出 P3HT 骨架和螺吡喃的酚盐单元之间可能存在电荷转移，螺吡喃开环体的光生酚氧基团可以充当能产生迁移率降低的电荷陷阱。

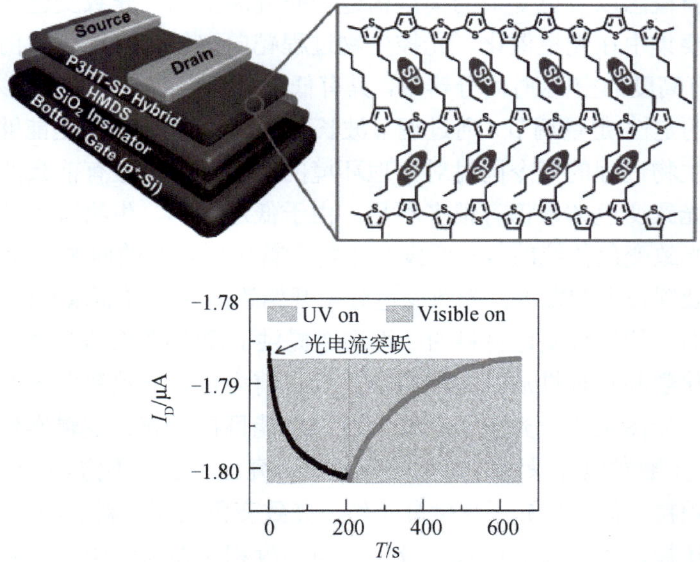

图 6-34 螺吡喃掺杂的 P3HT 场效应晶体管及其光调控作用

第三节 研究总结与展望

在 Hirshberg 先生 20 世纪 50 年代提出“光致变色”一词后的 60 多年的发展过程中，光致变色材料已经从传统染料工业领域拓展到前沿学术研究和新型先进功能材料等广泛的领域之中。除了不断有新型光致变色的分子问世外，光致变色的应用、研究领域也随着科学技术的发展不断“扩军”，成了光化学材料、光化学研究领域不可或缺的一支中坚力量。经典的偶氮苯、螺吡喃、二芳基乙烯、俘精酸酐以及“过拥挤烯烃”（即分子马达）虽然已经广泛应用于各个研究领域，但其自身仍存在着一定的局限，虽然近期通过更多化学/物理的方法不断在改进、提升性能，新型光致变色分子仍然亟待进一步开发。此外，新的光致变色机制研究同样是提升和开发新型光致变色材料的基础。

传统的光致变色聚合物可能是最为工业化的光致变色材料，如光致变色玻璃、光凝胶、涂层、光波导、全息记录介质、UV 传感器、非线性光学等。这些光致变色产品已经成为我们日常生活中的“常客”。对于仍处于基础研究阶段的应用，近十年来得到了飞速的发展。就如生命始于海洋，光致变色分子的最初研究也是始于溶液相。溶液相为游离分子提供均匀的环境，这是提出和证明新概念以及更复杂的模型构建和研究的基础。光致变色体系在溶液中应用主要集中在光控催化、光控生物过程靶向定位、光控逻辑门等研究领域。光具有高度的空间/时间分辨率，具有低或可忽略的污染的非侵入性方法，以及可控的定性/定量调节（通过调节波长和强度），光被认为是能够精确地调节和控制生物过程的指令同时对生理环境的影响最小的最有前景的激发源。但目前的光致变色体系仍有很多不足。由于低透过率、生物有害性和背景荧光激发，光致变色传统的紫外激发是生物学首先要解决的问题。随着表面/界面科学和装置技术的发展，光致变色分子开始逐渐向表界面以及器件化发展。表面和界面上的光致变色材料的二维构造提供了操纵纳米/微米甚至宏观尺度表面上的化学和物理性质开关的机会。到目前为止，光致变色表面材料在润湿性控制、光图案化、光电子布线、可逆功能目标捕获、逻辑操作、货物装载和释放、光触发电导操纵等方面的应用及研究已经层出不穷。从大规模 SAM 到微尺度颗粒，甚至单分子尺度分子结，光致变色表面材料已经向多个尺度、多个维度拓展。由于表面约束，分子的自由度相比在溶液中大大减少，因此分子在表面上的组装程度和质量决定了表面材料的效率。具有低密度分子的表面肯定是低效的，而过度密集的组装也会由于每个分子之间的空间位阻而损害分子的性能。因此，如何控制改性过程以获得最佳的表面密度是主要的先决条件之一。光致变色表面材料的另一个基本问题是光致变色分子和支持表面之间的相互作用以及光触发界面传质/传能的机理。当附着到表面时，光致变色分子和表面之间的相互作用将对受限分子具有不同的影响（增强或减弱）。为了避免负面影响，已经设计了不同的连接基团（柔性非共轭锚、刚性共轭锚、多荚锚等）。然而，系统设计和分子-表面相互作用和机制的研究仍然很少。将光致变色化合物集成到三维结构就产生了另一种新型的光致变色材料——光致变色晶体材料。这是一种在光激发下发生晶体-晶体化学转化从而改变其形状的有序晶体（单晶、液晶等）。晶体材料的有序组装提供了用于扩大微/纳米级单个分子诱导大规模机械性能的行为的策略。到目前为止，光致变色晶体已经用于光触发的分子致动器、表面润湿性等多个领域。

由于微制造工艺与互补金属的兼容性氧化物半导体（CMOS）技术的发展，为光致变色材料应用于未来的电子信息处理和集成电路提供了良好的契机。尽管如此，在光致变色器件实现真正的工业化之前，仍然需要解决几个关键挑战。第一，被认为是有机电子器件的基本和核心的电子/电荷分离和转移过程需要进一步研究其机制。在光致变色电子器件中，光电转换赋予不同的光异构体不同的电子状态。因此，分子如何转换电荷/电子转移过程以及注入的电荷或电子是否会影响异构化仍然是不明确的。反之，光电开关所需的光激发也可能干扰半导体器件。第二，由于有机电子器件的性能显著依赖于分子对接的表面和界面，光致变色分子与表面/界面的组装和相互作用以及表面材料的固有性质应该是另一个研究重点。此外，对于一些金属表面，由光致变色激发光激发的等离子体激元共振将是不可忽略的副作用（无论有害或有帮助）。第三，在器件制造过程中分子组装对性能的影响仍需要深入研究。在光致变色有机电子器件研究中，特别是在光开关晶体管中，有序的分子间组装被认为是器件效率、可逆性和稳定性的决定性因素之一。精细的分子设计和器件制作将提供最优化的器件。因此，精细设计与合成的光致变色分子不仅将改善分子固有性能，同时也要优化分子在器件制作时的组装性能。

第四节　学科发展政策建议与措施

在过去二十年中，光致变色材料从一维（溶液相）到二维（表面/界面）、三维（块状晶体、聚合物、凝胶）发展到更为复杂的电子器件。使用清洁能源光作为驱动力，光致变色材料具有环境友好性、高空间和时间分辨率、可逆调节、遥控、无废物等优点。为了进一步改善光致变色材料并拓展其在日常生活中的应用，我们需要共同努力，也希望得到国家正在实施的创新发展战略的支持，为全社会的可持续发展做出应有的贡献。

着眼世界科技发展前沿，立足解决国民经济发展面临的瓶颈问题，建议光致变色领域在今后的十年时间里，更加注重如下几个方面的探索。

（1）开发具有新颖的结构和特性的新型光致变色分子，进一步丰富光致变色家族。

（2）研究新的光致变色机制，从最基础的光化学原理层面突破现有的瓶颈，提升光致变色材料的性能。

（3）研究光致变色分子的表界面特性。光控器件设计开发的过程中，界面作用是非常重要的一环，光致变色分子在表面的行为、排布以及与表面介质之间的作用（能量传递、电荷转移等）对器件性能有着决定性的作用。从单分子界面到微纳界面以及宏观界面的光控分子研究需要得到足够的重视。

（4）随着理论和计算化学的快速发展，建立更准确和通用的计算方法和模型，对光致变色分子设计与性能预判提供更有力的保障。

（5）最大限度地发挥现有光致变色分子的潜力，并将其真正应用于实际国民经济生产中。

本章参考文献

[1] Zhang J，Zou Q，Tian H. Photochromic materials：More than meets the eye. Adv Mater，2013，25：378-399.

[2] Irie M，Fukaminato T，Matsuda K，et al. Photochromism of diarylethene molecules and crystals：Memories，switches，and actuators. Chem Rev，2014，114：12174-12277.

[3] Tian H，Wang S. Photochromic bisthienylethene as multi-function switches. Chem Commun，2007，8：781-792.

[4] Credi A. Molecules that make decisions. Angew Chem Int Ed，2007，46：5472-5475.

[5] Tian H. Data processing on a unimolecular platform. Angew Chem Int Ed，2010，49：4710-4712.

[6] Carling C J，Boyer J C，Branda N R. Remote-control photoswitching using NIR light. J Am Chem Soc，2009，131：10838-10839.

[7] Takahashi I，Honda Y，Hirota S. Regulating copper-binding affinity with photoisomerizable azobenzene ligand by construction of a self-assembled monolayer. Angew Chem Int Ed，2009，48：6065-6068.

[8] Zacharias P，Gather M C，Köhnen A，et al. Photoprogrammable organic light-emitting diodes. Angew Chem Int Ed，2009，48：4038-4041.

[9] Whalley A C，Steigerwald M L，Guo X，et al. Reversible switching in molecular electronic devices J Am Chem Soc，2007，129：12590-12591.

[10] Shao N，Jin J Y，Wang H，et al. Design of bis-spiropyran ligands as dipolar molecule receptors and application to in vivo glutathione fluorescent probes. J Am Chem Soc，2010，132：725-736.

[11] Muraoka T，Kinbara K，Aida T. A self-locking molecule operative with a photoresponsive

key. J Am Chem Soc，2006，128：11600-11605.
[12] Singer M，Jäschke A. Reversibly photoswitchable nucleosides：Synthesis and photochromic properties of diarylethene-functionalized 7-deazaadenosine derivatives. J Am Chem Soc，2010，132：8372-8377.
[13] Yang Y H，Xie Y S，Zhang Q，et al. Aromaticity-controlled thermal stability of photochromic systems based on a six-membered ring as ethene bridges：Photochemical and kinetic studies. Chem Eur J，2012，18：116850-11694.
[14] Zhu W H，Yang Y H，Metivier R，et al. Unprecedented stability of a photochromic bisthienylethene based on benzobisthiadiazole as an ethene bridge. Angew Chem Int Ed，2011，50：10986-10990.
[15] Li W L，Jiao C H，Li X，et al. Separation of photoactive conformers based on hindered diarylethenes：Efficient modulation in photocyclization quantum yields. Angew Chem Int Ed，2014，53：4603-4607.
[16] Li W L，Li X，Xie Y S，et al. Enantiospecific photoresponse of sterically hindered diarylethenes for chiroptical switches and photomemories. Sci Rep，2015，5：9186.
[17] Chen S，Yang Y，Wu Y，et al. Multi-addressable photochromic terarylene containing benzo[b]thiophene-1，1-dioxide unit as ethene bridge：Multifunctional molecular logic gates on unimolecular platform. J Mater Chem，2012，22：5486-5494.
[18] Andréasson J，Pischel U，Straight S D，et al. All-photonic multifunctional molecular logic device. J Am Chem Soc，2011，133：11641-11648.
[19] Zou Q，Li X，Zhang J J，et al. Unsymmetrical diarylethenes as molecular keypad locks with tunable photochromism and fluorescence via Cu^{2+} and CN^{-} coordinations. Chem Commun，2012，48：2095-2097.
[20] Balter M，Li S M，Nilsson J R，et al. An all-photonic molecule-based parity generator/checker for error detection in data transmission. J Am Chem Soc，2013，135：10230-10233.
[21] Lim S J，Seo J，Park S. Y. Photochromic switching of excited-state intramolecular proton-transfer（esipt）fluorescence：A unique route to high-contrast memory switching and nondestructive readout. J Am Chem Soc，2006，128：14542-14547.
[22] Berberich M，Krause A M，Orlandi M，et al. Toward fluorescent memories with nondestructive readout：Photoswitching of fluorescence by intramolecular electron transfer in a diarylethene-perylenebisimide photochromic system. Angew Chem Int Ed，2008，120：6718-6721.
[23] Kärnbratt J，Hammarson M，Li S，et al. Photochromic supramolecular memory with nondestructive readout. Angew Chem Int Ed，2010，122：1898-1901.
[24] Li X，Ma Y，Wang B，et al. “Lock and key control” of photochromic reactivity by controlling the oxidation/reduction state. Org Lett，2008，10：3639-3642.
[25] Zhang J J，Tan W J，Meng X L，et al. Soft mimic gear-shift with a multi-stimulus modified diarylethene. J Mater Chem，2009，19：5726-5729.

[26] Murakami M，Miyasaka H，Okada T，et al. Dynamics and mechanisms of the multiphoton gated photochromic reaction of diarylethene derivatives. J Am Chem Soc，2004，126：14764-14772.

[27] Poon C T，Lam W H，Yam V W W. Gated photochromism in triarylborane-containing dithienylethenes：A new approach to a “lock-unlock” system. J Am Chem Soc，2011，133：19622-19625.

[28] Peters MV，Stoll R S，Kühn A，et al. Photoswitching of basicity. Angew Chem Int Ed，2008，47：5968-5972.

[29] Lemieux V，Gauthier S，Branda N R. Selective and sequential photorelease using molecular switches. Angew Chem Int Ed，2006，45：6820-6824.

[30] Asadirad A M，Boutault S，Erno Z，et al. Controlling a polymer adhesive using light and a molecular switch. J Am Chem Soc，2014，136：3024-3027.

[31] Göstl R，Hecht S. Controlling covalent connection and disconnection with light. Angew Chem Int Ed，2014，53：8784-8787.

[32] Neilson B M，Bielawski C W. Photoswitchable organocatalysis：Using light to modulate the catalytic activities of N-heterocyclic carbenes. J Am Chem Soc，2012，134：12693-12699.

[33] Wang J，Feringa B L. Dynamic control of chiral space in a catalytic asymmetric reaction using a molecular motor. Science，2011，331：1429-1432.

[34] Wei Y，Han S，Kim J，et al. Photoswitchable catalysis mediated by dynamic aggregation of nanoparticles. J Am Chem Soc，2010，132：11018-11020.

[35] Klajn R，Wesson P J，Bishop K J M，et al. Writing self-erasing images using metastable nanoparticle “Inks”. Angew Chem Int Ed，2009，48：7035-7039.

[36] Liu D，Chen W，Sun K，et al. Resettable，multi-readout logic gates based on controllably reversible aggregation of gold nanoparticles. Angew Chem Int Ed，2011，50：4103-4107.

[37] Díaz S A，Menéndez G O，Etchehon M H，et al. Photoswitchable water-soluble quantum dots：pcFRET based on amphiphilic photochromic polymer coating. ACS Nano，2011，5：2795-2805.

[38] Díaz S A，Giordano L，Jovin T M，et al. Modulation of a photoswitchable dual-color quantum dot containing a photochromic FRET acceptor and an internal standard. Nano Lett，2012，12：3537-3544.

[39] Díaz S A，Azcárate J C，Giordano L，et al. Quantum dots as templates for self-assembly of photoswitchable polymers：Small，dual-color nanoparticles capable of facile photomodulation. J Am Chem Soc，2013，135：3208-3217.

[40] Zhou Z，Hu H，Yang H，et al. Up-conversion luminescent switch based on photochromic diarylethene and rare-earth nanophosphors. Chem Commun，2008，39：4786-4788.

[41] Boyer J C，Carling C J，Gates B D，et al. Two-way photoswitching using one type of near-infrared light，upconverting nanoparticles，and changing only the light intensity. J Am

Chem Soc，2010，132：15766-15772.

[42] Angelos S，Yang Y W，Khashab N M，et al. Dual-controlled nanoparticles exhibiting AND logic. J Am Chem Soc，2009，131：11344-11346.

[43] Liu J，Bu W，Pan L，et al. NIR-triggered anticancer drug delivery by upconverting nanoparticles with integrated azobenzene-modified mesoporous silica. Angew Chem Int Ed，2013，52：4375-4379.

[44] Whalley A C，Steigerwald M L，Guo X，et al. Reversible switching in molecular electronic devices. J Am Chem Soc，2007，129：12590-12591.

[45] Jia C，Ma B，Xin N，et al. Carbon electrode-molecule junctions：A reliable platform for molecular electronics. ACC Chem Res，2015，48：2565-2575.

[46] Jia C，Wang J，Yao C，et al. Conductance switching and mechanisms in single-molecule junctions. Angew Chem Int Ed，2013，52：8666-8670.

[47] Jia C, Migliore A, Xin N, et al. Covalently bonded single-molecule junctions with stable and reversible photoswitched conductivity. Science，2016，352：1443-1445.

[48] Lee P H M，Ko C C，Zhu N，et al. Metal coordination-assisted near-infrared photochromic behavior：A large perturbation on absorption wavelength properties of *N,N*-donor ligands containing diarylethene derivatives by coordination to the Rhenium（Ⅰ）metal center. J Am Chem Soc，2007，129：6058-6059.

[49] Tan W，Zhang Q，Zhang J，et al. Near-infrared photochromic diarylethene iridium（Ⅲ）complex. Org Lett，2009，11：161-164.

[50] Tan W，Zhou J，Li F，et al. Visible light-triggered photoswitchable diarylethene-based Iridium（Ⅲ）complexes for imaging living cells. Chem Asian J，2011，6：1263-1268.

[51] Hayasaka H，Miyashita T，Nakayama M，et al. Dynamic photoswitching of helical inversion in liquid crystals containing photoresponsive axially chiral dopants. J Am Chem Soc，2012，134：3758-3765.

[52] Wang Y，Urbas A，Li Q. Reversible visible-light tuning of self-organized helical superstructures enabled by unprecedented light-driven axially chiral molecular switches. J Am Chem Soc，2012，134：3342-3345.

[53] Morimoto M, Irie M. A diarylethenecocrystal that converts light into mechanical work. J Am Chem Soc，2010，132：14172-14178.

[54] Orgiu E，Crivillers N，Herder M，et al. Optically switchable transistor via energy-level phototuning in a bicomponent organic semiconductor. Nature Chem，2012，4：675-679.

[55] Li Y R，Zhang H T，Qi C M，et al. Light-driven photochromism-induced reversible switching in P3HT-spiropyran hybrid transistors. J Mater Chem，2012，22：4261-4265.

第七章 太阳能电池

第一节　染料敏化太阳能电池

一、染料敏化太阳能电池概述

染料敏化太阳能电池（dye-sensitized solar cell，DSSC）技术起源于 20 世纪 60 年代 Tributsch 等提出的染料敏化半导体产生电流的机理[1]。早期电池结构设计基于异质结薄膜电池，使用平板电极，效率一直较低。1991 年瑞士洛桑高等工业学院（EPFL）Grätzel 教授领导的小组以纳米多孔电极代替平板电极制作 DSSC，电池的光电转换效率取得了 7.1%的突破性进展[2]，以此为起点，DSSC 逐渐受到研究者的广泛关注。

典型的 DSSC 为三明治结构——电池两边分别为由宽带隙半导体纳米多孔薄膜、染料分子组成的光阳极和对电极，中间夹心层为连接光阳极和对电极的电解液。DSSC 的工作原理与传统的 p-n 结太阳能电池有所不同，首先染料分子吸收光能并被激发至激发态；处于激发态的染料分子将电子注入纳米晶宽禁带半导体的导带；电子进一步由宽禁带半导体的导带传输至导电基底上，后经外电路做功传输到对电极。同时，失去电子处于氧化态的染料分子被电解质中的氧化还原电对还原，而被氧化的氧化还原电对与经外电路传递至对电极的电子复合，从而完成一个电池循环。

DSSC 的优点主要包括：①工艺相对简单，基本不需要高温、高真空等精确控制步骤，要求的加工精度显著低于晶硅电池和薄膜电池，原材料纯度要求也更低；②产业化设备相对简单，不需要高温、高真空的特殊设备；③柔性化应用，DSSC 的主要材料均可实现柔性化，从而可以将应用领域拓宽至光伏衣物等晶硅电池难以涉足的领域。

二、染料敏化太阳能电池研究现状及发展动态分析

自 Grätzel 教授在染料敏化太阳能领域取得突破性进展以来，该技术一度引起了企业界人士的极大关注，通过全球各科研机构、公司和大学的努力，DSSC 研究取得了较大的进展。

（一）国外在 DSSC 方面取得的研究成果

尽管染料敏化太阳能电池技术的兴起源于欧美，但是作为一项新兴技术，其更加受到亚太地区国家的重视。日本、韩国、中国、澳大利亚等国家研究人员均在这个领域做出了卓越的贡献，其中日本在 DSSC 的基础研究和应用研究方面处于世界领先地位。基础研究方面，目前经认证的染料敏化太阳能电池的最高效率就是由日本 Sharp 公司于 2012 年取得的[3]。现在非常热门的钙钛矿太阳能电池最早也是由日本的 Miyasaka 教授研究组基于 DSSC 设计并发展而来的[4]。应用研究方面，日本有超过 100 家公司参与其中，申请专利数量超过 2000 项，位列世界第一。日本的研究人员[5]制作了面积为 120 mm^2 和 255 mm^2 的 DSSC 组件，发现在 85℃下，面积为 120 mm^2 的大面积 DSSC 的稳定性能保持 1000 h，并且光电转换效率保持在初始效率的 95%以上。韩国的科研工作者在 DSSC 领域也有许多成果，如对 TiO_2 膜改良加入散射层就是其中之一[6]。在欧美，DSSC 研究领域最有影响力的学者 Grätzel 教授的课题组也有诸多新的成果，在 2011 年和 2014 年，其两次宣布刷新染料敏化太阳能电池的实验室最高效率，使之达到 13%[7,8]。而 2015 年，日本研究者 Yano 等通过染料、电解质和对电极的协同改进，进一步使得 DSSC 电池的效率达到了 14.3%[9]。

（二）国内在 DSSC 方面取得的研究成果

我国在 DSSC 的科学研究和产业化研究上都与世界研究水平相接近。目前国内许多研究机构都在开展 DSSC 的研究工作，在基础研究和产业化研究方面均取得了富有成效的结果。

基础研究方面，近十余年来，国内很多学者开展了染料和电解质材料的设计合成以及电池结构的研究，并创新性地提出各种结构和思想，如北京大学邹德春教授提出的可编织纤维状电池结构等均对 DSSC 各项关键技术和材料提出了新的思路和方法[10]；华中科技大学的韩宏伟教授在基于印刷技术的单基板固体 DSSC 方面做出了一些有特色的研究成果[11]。中国科学院物理研究所孟庆波研究员提出了环境友好的复合电解质并开展了系列廉价高活性非铂对电极研究[12-14]；北京航空航天大学翟锦教授团队在固态/准固态 DSSC 方面取得一定突破[15]。中国科学院长春应用化学研究所在新型染料分子设计和离子液体电解质上取得突破，王鹏研究员课题组实现自主研发染料 C101，效率达到 11%，离子液体电解质电池效率达到 8.2%，最新的实验室效率达到 12.5%，在该领域有较大影响[16,17]；大连理工大学的孙立成教授团队在新型染料分子和新型氧化还原电对设计方面做出了一些创新性的研究成果[18,19]；华东理工大学的田禾教授、花建丽教授团队也在新型染料研究方面取得较多成果，自主设计合成单一有机染料的电池效率达到 10.65%[20]。此外，北京大学的黄春辉团队，清华大学的王立铎团队、林红团队，厦门大学的林昌建团队，中国科学院化学所的林原团队，香港科技大学的杨世和团队和大连理工大学的马廷丽团队等诸多研究者在光阳极、对电极、电解质材料和柔性器件领域也取得了国际领先的研究成果[21-27]。

产业应用方面，大连理工大学的马廷丽课题组在对小面积 DSSC 进行系统性研究的基础上，通过喷雾热解等方法开展了大面积 DSSC 的研究工作。中国科学院等离子体物理研究所戴松元团队在大面积 DSSC 方面开展了大量的工作，并于 2004 年建成了 500 W 染料敏化太阳能电池示范电站[28]。而在 2016 年 8 月，中国科学院上海硅酸盐研究所更是以 1 亿元人民币转让费[29]，实现了向商业企业转让其染料敏化太阳能电池关键材料及器件技术。

综合来看，我国在 DSSC 领域的研究是值得瞩目的，从图 7-1 可以看出，截至 2016 年年底，发表的相关论文数量已达到世界第一，相关专利申请量也位居世界第三，仅次于日本和韩国。

（三）DSSC 发展动态分析

图 7-2 给出了基于 DSSC 相关专利的技术生命周期信息。从图上可以看出从 2000 年起 DSSC 经历了“黄金的十年”，在此期间整个领域取得了高速的发展。但是 2010 年以后该领域走向衰退，同时出现了专利申请人数量和专利申请数量的减少。结合 DSSC 最高效率的发展，第三方认证最高效率自 2012

年夏普公司达到 11.9%以来，已经超过三年处于停滞状态。因此可以认为目前染料敏化太阳能电池正处于瓶颈期，需谨慎引导其未来的发展。

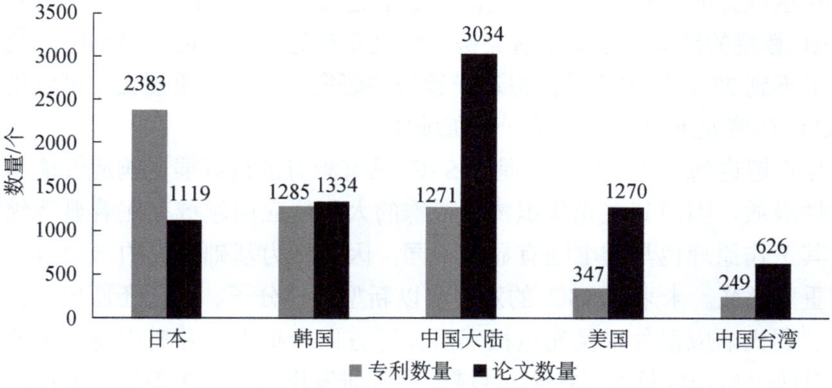

图 7-1　不同国家和地区染料敏化太阳能电池相关专利和论文的申请发表情况

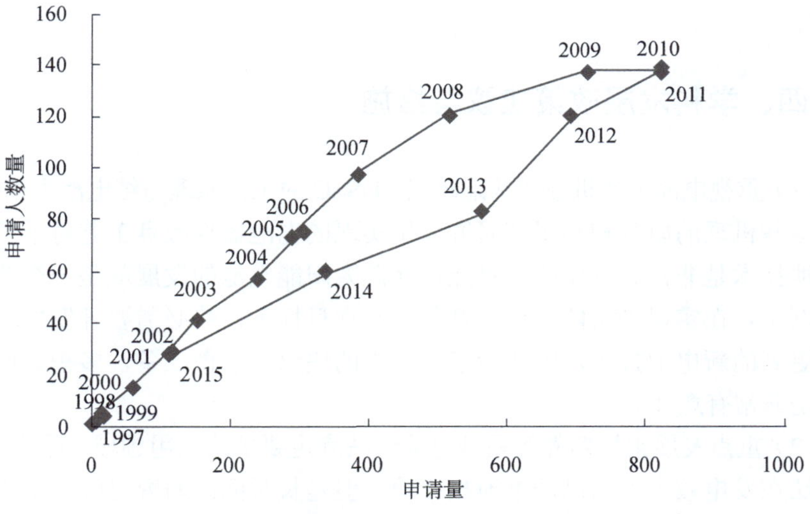

图 7-2　染料敏化太阳能电池相关专利技术生命周期图

三、研究总结与展望

至今 DSSC 的最高认证效率达到了 11.9%，并能在封装情况下取得可观的使用寿命，因而已有小规模的试验性生产。但是可以看到这一电池性能相比晶硅电池仍有着较大差距，而且电池使用寿命也远不能达到二十年以上（晶硅标准），因此若以单位发电功率来计算，其远不足以与晶硅电池竞争。制约

DSSC 性能的关键一般认为是光生电子在界面转移过程中与电解质的复合和多孔 TiO_2 纳米薄膜中晶界对电子传输的阻碍。综上所述，尽管近二十年来研究者在这些方面不断努力，也取得了诸多进展，但是电池效率相比 1991 年 Grätzel 教授的结果并没有显著突破，特别是最近十年认证的最高电池效率仅提升了不到 2%，这些困难使得这一领域的研究热度已有所褪去。可以说当前 DSSC 的研究发展已经进入了一个瓶颈期。

尽管遭遇到上述困境，但是 DSSC 具有独有的良好弱光响应性能和良好的柔性潜质，因而其在光伏织物等特殊的太阳能应用领域存在着显著优势，而且其工作原理也与结电池有显著不同，因而作为基础研究的一个方向仍然具有重要意义。未来 DSSC 的发展将以新型染料分子、氧化还原电对、柔性材料、弱光响应器件以及光电机理研究等方向为重点，并期望能在电池效率方面有所突破。保持在 DSSC 领域的基础研发投入可以为新型太阳能电池的发展夯实理论基础，为未来的太阳能电池技术革命保驾护航，这是非常有价值的。

四、学科发展政策建议与措施

（1）重视电池工作机理的基础研究。DSSC 的工作原理与结电池大相径庭，针对这些机理的研究和利用其研究成果实现的电池器件改良工艺对于发展新的电池技术是非常有价值的，对此钙钛矿太阳能电池的发展就是一个非常鲜活的例子。在实现光伏能与火电竞争的长远目标下，势必需要开发成本更低效率更高的新电池技术，因此为了新技术的快速发展做准备，多积累原理和方法是非常有意义的。

（2）重点发展柔性器件等晶硅电池无法满足要求的应用领域。尽管 DSSC 还无法在发电效率上与晶硅电池相比较，但是长时间的研究已经证明其可以应用于晶硅电池难以应用的光伏衣物等特殊场景中。因此，对于 DSSC 的发展引导也应该扬长避短，着重鼓励高效率的柔性器件及其相关制备工艺的研究工作。

（3）加大对新电池材料（染料种类、电极材料、电解质材料等）和新电池结构的创新性研究。前期研究结果表明在现有材料结构框架内通过微小改良实现 DSSC 效率的重大突破是非常困难的。而只有利用新材料、新结构，才有可能成功突围，突破目前的效率瓶颈，对此钙钛矿太阳能电池的产生就是一个值得借鉴的例子，只要加大这样的创新投入，未来很可能会出现性能更加卓越、成本更加低廉的新电池技术，从而真正实现光伏平价上网的终极目标。

第二节　有机太阳能电池

一、有机太阳能电池概述

有机太阳能电池（包括聚合物太阳能电池）由给体和受体共混活性层夹在一个透明电极和一个金属顶电极之间所组成，与已商品化的无机硅晶太阳能电池相比，具有器件结构简单、重量轻、成本低（可通过溶液法大面积制备）、可制成柔性和半透明器件，以及能更好地与建筑一体化等突出优点，近年来成为研究的前沿和热点领域之一。

有机/聚合物太阳能电池的透明电极一般使用氧化铟锡（ITO）透明导电玻璃，再使用高功函数透明导电聚合物聚（3,4−乙撑二氧噻吩）：聚苯乙烯磺酸盐（PEDOT：PSS）修饰 ITO 使之用作正极，低功函数金属 Ca/Al 等用作负极，活性层一般由共轭聚合物给体和富勒烯衍生物（如 PCBM）受体的共混薄膜（本体异质结结构[30]）所构成。图 7-3 给出了有机/聚合物太阳能电池的典型器件结构（一种三明治夹心结构）。活性层中的给体光伏材料常用的有 p−型共轭聚合物（如 P3HT、PTB7，图 7-3）或者是可溶液加工的有机小分子材料［如 p−DTS(FBTTh2)2，图 7-3］，受体材料可以使用富勒烯衍生物（如 PCBM，图 7-3）或者是 n−型有机半导体（如 n−型共轭聚合物 N2200 和可溶液加工有机分子 ITIC，图 7-3）等。

有机太阳电池的光电转换过程涉及以下 5 个步骤：①活性层中的给体和受体光伏材料吸收通过透明电极照射进来的太阳光的光子产生激子；②激子扩散到给体/受体光伏材料的界面处；③在给体/受体能级差（给体的 HOMO 和 LUMO 能级都必须分别高于受体的对应能级，并且它们的 HOMO 能级之差和 LUMO 能级之差都需要高于激子束缚能）的驱动下、扩散到给体/受体界面处的激子发生电荷分离，给体中激子的电子转移到受体的 LUMO 能级上、受体中激子的空穴转移到给体的 HOMO 能级上，从而在给体和受体上分别产生电荷载流子空穴和电子；④在由正极和负极功函数之差提供的内建电场驱动下，空穴和电子分别沿给体和受体光伏材料网略向正、负极移动；⑤移动到活性层与电极界面处的空穴和电子分别被正极和负极收集产生光电流和光电压。

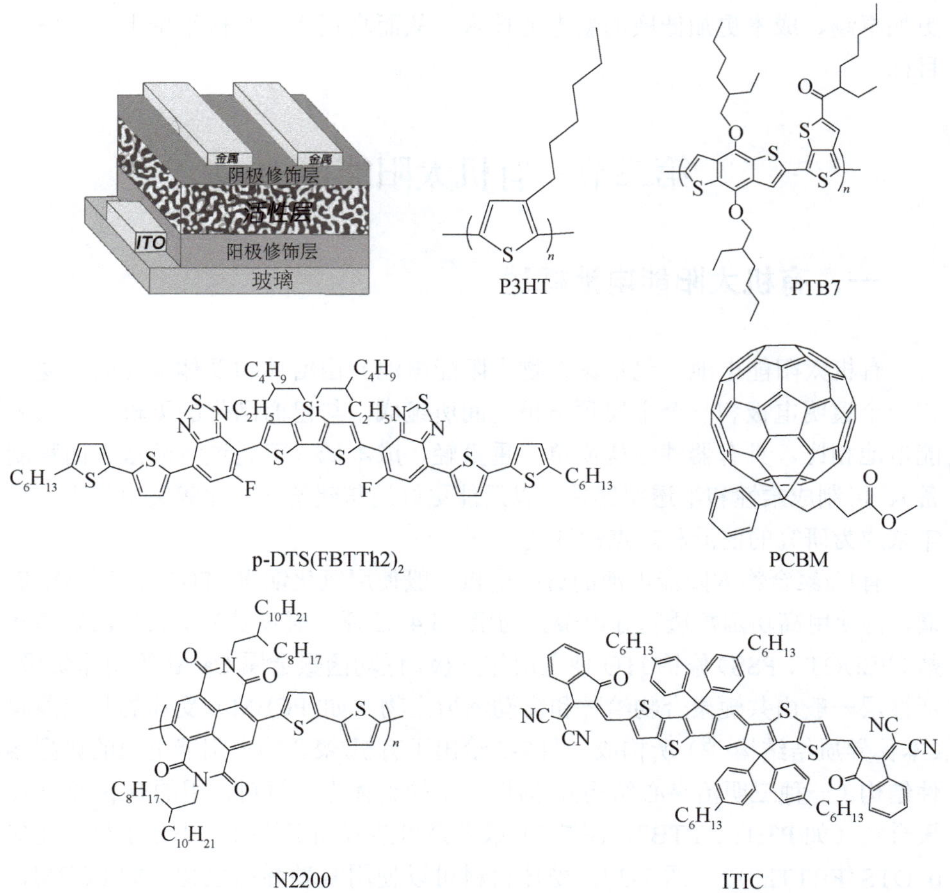

图 7-3 有机/聚合物太阳能电池器件结构图以及典型的给体和受体光伏材料分子结构

图 7-4 给出有机太阳能电池中典型的电流密度-电压曲线，与无机太阳能电池一样，评价聚合物太阳能电池能量转化效率（PCE）的主要性能参数也是开路电压（V_{oc}）、短路电流（J_{sc}）及填充因子（FF），并且 PCE=（J_{sc}·V_{oc}·FF）/P_{in}，其中 P_{in} 代表太阳光入射强度。V_{oc} 与受体的 LUMO 和给体的 HOMO 能级之差密切相关，一般情况下，受体 LUMO 和给体 HOMO 能级之差越大，开路电压越高，因此适当降低给体的 HOMO 能级和适当抬高受体的 LUMO 能级可以提高开路电压。J_{sc} 则由上面提到的光电转换过程的 5 个步骤的效率所决定，要想得到高的短路电流，首先需要活性层在可见-近红外区具有宽和强的吸收，也就是说需要有高的太阳光利用率；其次是活性层需要形成给体和受体纳米（10～20 nm）尺度相分离的互穿网络结构，因为给体和受体这类有机半

导体中的激子扩散长度只有 10 nm 左右，而激子只有扩散到给体/受体界面才能发生电荷分离。如果聚集尺寸太大（超过 20 nm），就会有一部分激子扩散不到界面处而发生复合发光，对光伏没有贡献。但是如果聚集尺寸过小，给受体界面处电荷载流子复合严重。电极界面修饰层材料对于获得高的短路电流也非常重要，因为电荷在电极上的收集效率与电极界面修饰层的性质密切相关，要提高电荷收集效率，正极修饰层需要有高的功函数，负极修饰层需要有低的功函数，并且电极修饰层与活性层和电极之间要能形成欧姆接触。填充因子则与活性层的电子和空穴迁移率以及器件的串联电阻等密切相关，高的电荷载流子迁移率和低的串联电阻往往会得到高的填充因子。因此，有机/聚合物太阳能电池的主要研究方向是设计和合成具有宽和强吸收、合适的 LUMO 和 HOMO 能级、高的电荷载流子迁移率（给体要有高的空穴迁移率、受体需要有高的电子迁移率）、可适度聚集和可溶的给体受体光伏材料，以及具有合适功函数和较高电荷载流子迁移率的电极界面修饰层材料；同时优化活性层形貌和器件结构。

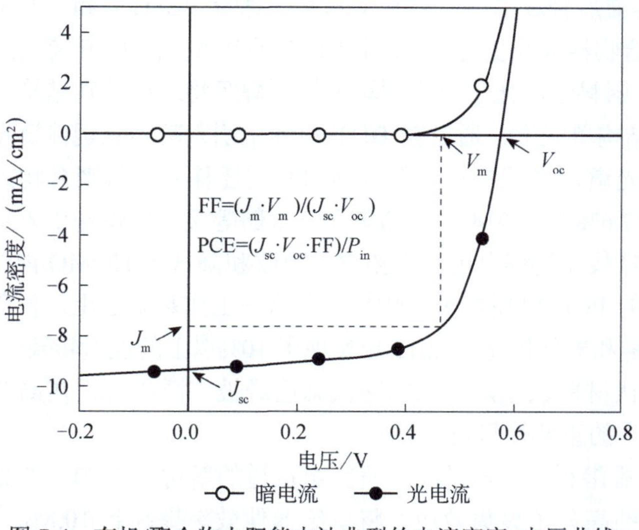

图 7-4 有机/聚合物太阳能电池典型的电流密度–电压曲线

二、有机太阳能电池研究现状及发展动态分析

有机/聚合物太阳能电池的发展很大程度上依赖于新型材料，特别是活性层材料的研发。我国多家研究单位，在给体和受体光伏材料和界面修饰层材

料等方面做出了一系列世界先进水平的工作，促进了该领域的发展。

（一）共轭聚合物给体光伏材料

在早期有机光伏研究中，最具代表性的给体材料是区域规整的 3-己基取代聚噻吩（P3HT），但是 P3HT 的吸收边只有 650 nm，吸收光谱也不够宽。为了拓宽 P3HT 的吸收，中国科学院化学所李永舫研究组于 2004 年提出通过共轭侧链拓展聚噻吩衍生物的共轭程度、拓宽聚合物吸收光谱和提高聚合物空穴迁移率的分子设计思想，通过在聚噻吩侧链上引入共轭侧链合成了一系列二维共轭聚噻吩衍生物[31]。此类二维聚噻吩展示出较宽的吸收和较高的空穴迁移率，其中以二维共轭聚噻吩 P3（分子结构见图 7-5）为给体、PCBM 为受体的聚合物太阳能电池能量转换效率（PCE）达到 3.18%，比同等条件下以 P3HT 为给体的器件效率提高了 38%[31]。2008 年，华南理工大学曹镛研究组合成了 D-A 共聚物 PsiFDBT，以其为给体、$PC_{71}BM$ 为受体的聚合物太阳能电池 PCE 提高到 5.4%，达到当时国际最好水平[32]；美国芝加哥大学 Luping Yu 等在 2010 年前后合成了一系列基于苯并二噻吩（BDT）和二并噻吩共聚物窄带系共轭聚合物给体光伏材料，其中 PTB7 的光伏性能 PCE 提高到超过 7%[33]。2011 年，中国科学院化学所霍利军和侯剑辉等将二维共轭结构引入这类聚合物的 BDT 结构单元上，通过在 BDT 单元上引入噻吩共轭侧链拓宽了这类聚合物的吸收光谱，显著提高了聚合物的空穴迁移率，将聚合物太阳能电池的 PCE 提升到 7.6%[34]。2014 年崔超华和李永舫等又将硫烷基引入这类二维共轭聚合物的噻吩共轭侧链上进一步拓宽了吸收和降低了 HOMO 能级，使聚合物太阳能电池的 PCE 提高到 8.64%[35]。在这一工作基础之上，侯剑辉等通过使用线性烷基链和器件优化于 2015 年实现了 10%以上的能量转换效率[36]。目前，在聚合物光伏材料领域，二维共轭概念已经被广泛接受，在高效共轭聚合物的设计合成上的重要性日益凸显。

2014 年香港科技大学的颜河研究组报道的新材料 PffBT4T-2OD，利用其随温度控制的高分子聚集效应，将单结器件效率提高到 10.8%[37]，在此基础之上，2016 年年初他们又通过调控烷基链合成了 PffBT4TC9C13（分子结构见图 7-5），又将效率提升到 11.7%[38]，该效率值为基于富勒烯受体的有机/聚合物太阳能电池的最高值。与此同时华南理工大学陈军武教授也开发了基于噻吩与苯并噻二唑单元的共轭聚合物 FBT-Th4（1,4）（分子结构见图 7-5）[39]，后继优化实现了接近 11.0%的能量转换效率[40]。值得关注的是，陈军武所发展的体系在厚膜（300 nm）条件下也能获得高能量转换效率，这有利于将来大面积印刷制备。另外一个厚度不敏感的窄带隙聚合物是黄飞教授发展的基于萘并噻二唑为受体单元的 D-A 共聚物 PBDT-DTNT（分子结构见图 7-5）。以 $PC_{70}BM$ 为受体的反向器件，在活性层厚度 280 nm 时效率可以达到 8.62%，1000 nm 时还可以保持 7.24%[41]。这些厚度不敏感给体光伏材料对于聚合物太阳能电池将来的大面积制备和应用非常重要。

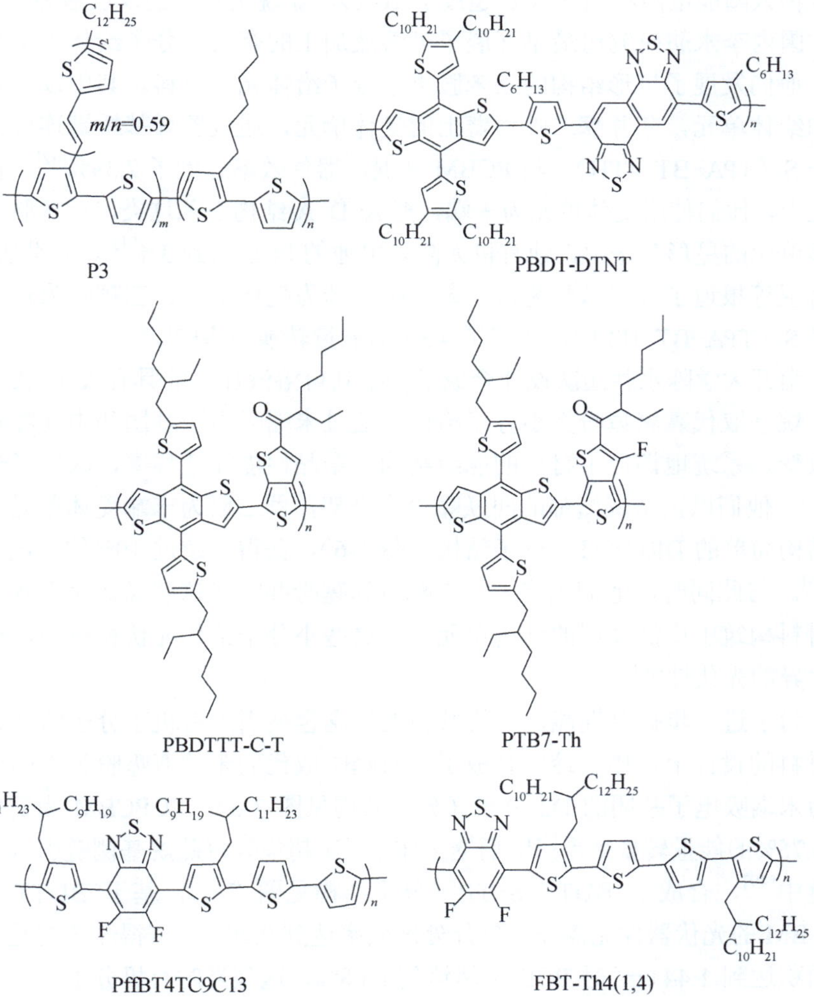

图 7-5　典型的共轭聚合物给体光伏材料的分子结构

（二）可溶液加工有机小分子给体光伏材料

与共轭聚合物给体光伏材料相比，有机小分子给体光伏材料有许多重要优势：如分子结构明确、容易提纯、材料批次差异性小等，因此可以克服聚合物因合成批次不同、器件结果重现性难以保证的缺点，也更有利于研究结构与性能的关系；更容易通过控制分子的化学结构，调整能级；基于有机小分子给体光伏材料的有机太阳能电池一般具有更高的开路电压（V_{oc}）。通过分子设计和器件优化，目前基于可溶液加工的小分子太阳能电池的效率已经与聚合物太阳能电池相当（PCE 超过了 10%），显现出重要的发展潜力。

国内李永舫研究组最早开展了可溶液加工的有机小分子给体光伏材料研究，他们发展了星形结构的三苯胺类小分子给体光伏材料。其中以三苯胺为核和给体单元，苯并噻二唑为臂上的受体单元，通过乙烯基桥键连接的星形分子 S（TPA-BT-4TH），与 PCBM 共混，器件效率达到了 2.39%[42]。在此基础之上，他们使用受体单元为末端，把 A-D-A 结构引入这类以三苯胺为核和给体单元的星形分子中，使有机太阳能电池的 PCE 达到 3%[43]。后继研究中，占肖卫等报道了以三苯胺为核、苯并噻二唑为受体单元、三噻吩为臂的星形分子 S（TPA-BT-HTT），实现了 4.3%的能量转换效率[44]。

南开大学陈永胜团队设计合成了一系列可溶液加工的具有 A-D-A 结构的基于烷基取代寡聚噻吩类小分子给体，通过末端吸电子基团和中间噻吩基团的改变，系统地调控了材料的能级结构、结晶性能和迁移率，改善了光伏性能[45]。他们以正辛烷修饰的四联噻吩为骨架，罗二氰为末端受体单元，合成了结构简单的 DRCN5T（分子结构见图 7-6），获得了超过 10%的光电转换效率[46]。与此同时，他们也将苯并二噻吩和噻吩并噻咯这些高效聚合物光伏给体材料构筑中广泛使用的结构单元引入这些小分子给体光伏材料中，也获得了优异的光伏性能[47]。

为了进一步提升性能，二维共轭的概念也被引入有机小分子给体光伏给体材料的设计上。申素玲等合成了以双噻吩取代的苯并双噻吩为中间核，茚酮为末端吸电子基团的 D2 分子（分子结构见图 7-6），以 PCBM 为受体获取了 6.75%的能量转换效率[48]。后继工作中，崔超华等将硫烷基侧链引入了共轭侧链中[49]，合成了 BDTT-S-TR（分子结构见图 7-6），基于 BDTT-S-TR/$PC_{70}BM$ 的光伏器件无需任何额外处理效率达到 9.20%。值得注意的是，在器件面积达到 1.44 cm^2 时 PCE 仍然达到 6.68%，这是当时有机分子给体光伏材料超过 1 cm^2 器件光伏效率文献报道的最高值。与此同时，陈永胜课题组也将噻吩共轭侧链引入了他们发展的寡聚噻吩小分子光伏材料侧链，改善了光伏性能，获得了 9.0%以上的能量转换效率。基于二维共轭结构，最近国家纳米科学中心魏志翔课题组通过使用并噻吩为桥连基团，在茚酮末端引入氟原子

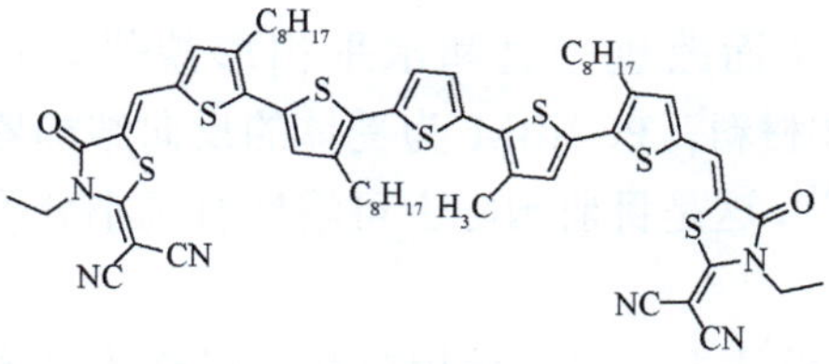

DRCN5T

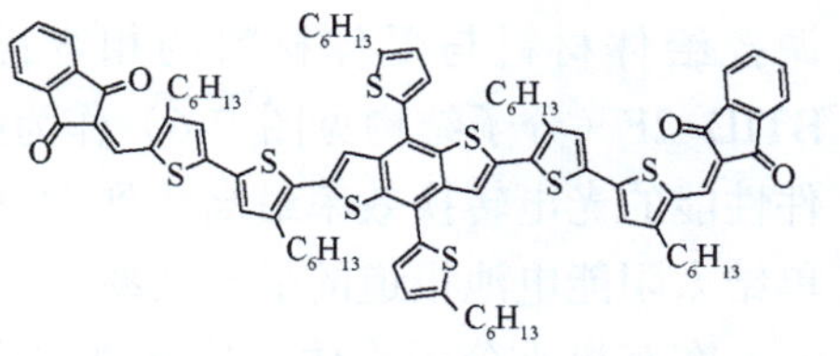

D2

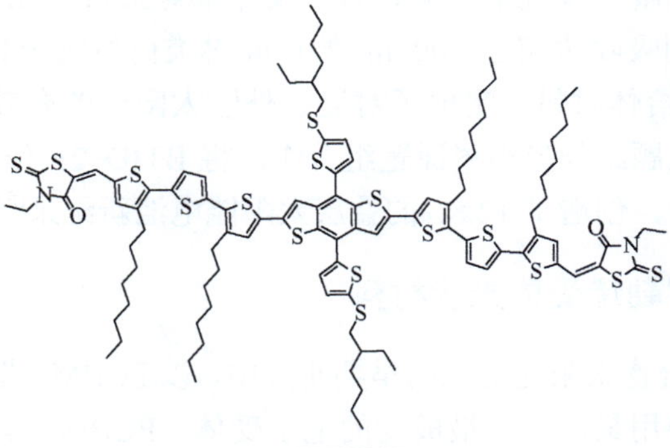

BDTT-S-TR

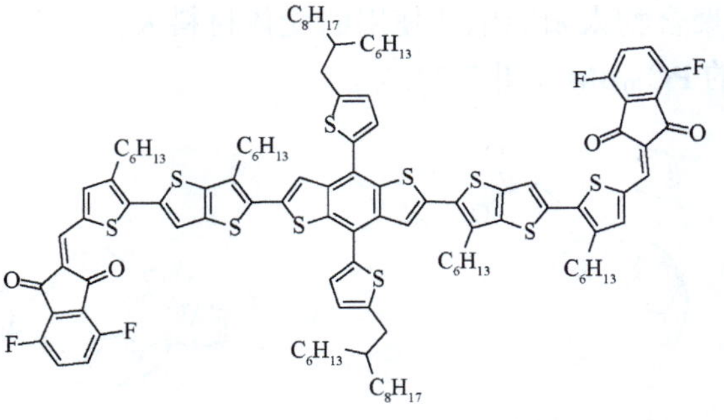

BTID-2F

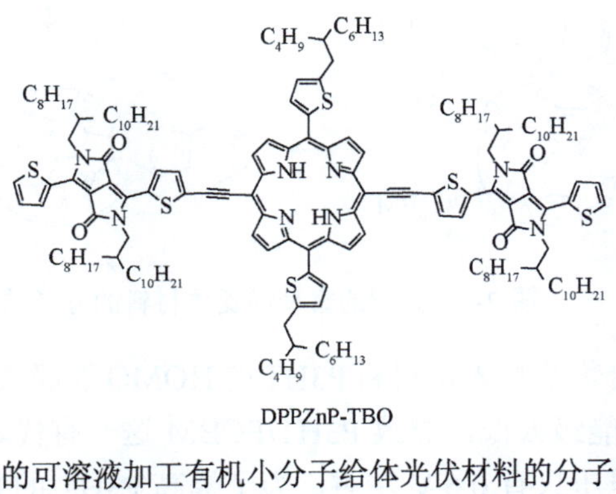

DPPZnP-TBO

图 7-6 典型的可溶液加工有机小分子给体光伏材料的分子结构

调控给体材料与受体材料的相容性，从而改进垂直和水平相形貌[50]。以BTID-2F（分子结构见图 7-6）作为给体材料，$PC_{70}BM$ 为受体的反向结构器件性能的光电转换效率最高达到 11.3%[51]，这是目前国际上可溶性有机小分子单结太阳能电池报道的最高效率。

在有机小分子给体光伏材料的分子设计中，也可使用染料分子作为基本构筑单元，如吡咯并吡咯二酮、芳酸及卟啉等染料单元。彭小彬课题组设计合成了一系列吸收边超过 900 nm 的锌卟啉类衍生物 BTID-2F（分子结构见图 7-6）作为给体材料，实现了对近红外区太阳光的有效利用[52a]。最近南开大学陈永胜课题组与彭小彬课题组合作，将 BTID-2F 作为后电池给体材料用在叠层器件中，创造了 12.8%的叠层太阳能电池新纪录[52b]。

（三）富勒烯受体光伏材料

有机/聚合物太阳能电池的早期研究中，以 PCBM（图 7-7）为代表的富勒烯衍生物是使用最广泛、最成功的电子受体。PCBM 具有低的 LUMO 能级（−3.9 eV）及高的电子迁移率。但是 C_{60} 衍生物 PCBM 在可见区吸收较弱，2008 年之后高效聚合物太阳能电池使用的受体材料大多是在可见区具有较强吸收的基于 C_{70} 的 $PC_{70}BM$（图 7-7）。

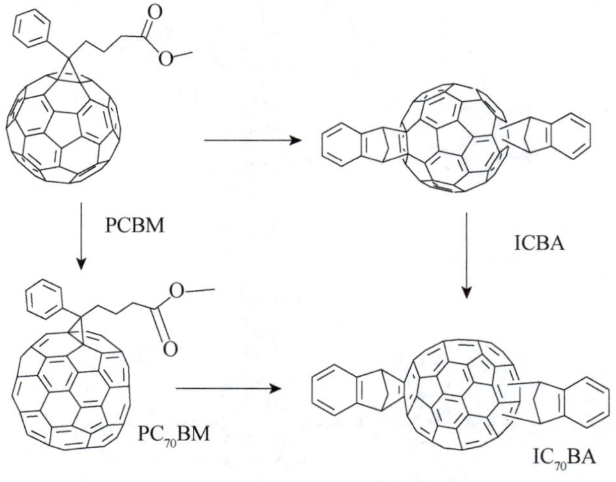

图 7-7　典型的富勒烯受体材料的分子结构

典型的聚合物给体光伏材料 P3HT 的 HOMO 能级较高，与其匹配的 PCBM 受体的 LUMO 能级太低，导致 P3HT/PCBM 这一有代表性光伏体系的能量损失太大、开路电压只有 0.6 V 左右。为了提高 P3HT 的光伏性能，李永舫课题组选取富电子的茚作为富勒烯的修饰基团并通过双加成来抬高其 LUMO 能级，合成了茚双加成 C_{60} 衍生物 ICBA[53]（图 7-7）。将 ICBA 用于以 P3HT 为给体的光伏器件，开路电压达到了 0.84 V，比对照的以 PCBM 为受体的器件的开路电压 0.58 V 有显著提高，效率也提升到了 5.4%[53]，后继经热退火等对器件性能进行优化将效率提升到了 6.48%[50]。为了克服 C_{60} 吸光弱的问题，他们又合成了基于 C_{70} 的茚双加成衍生物 $IC_{70}BA$（图 7-7），基于 P3HT/$IC_{70}BA$ 的聚合物太阳能电池的能量转换效率进一步提升到了 7.4%[54]。

（四）非富勒烯体系

富勒烯受体材料对有机/聚合物太阳能电池的发展起到了重要的作用，近年来基于富勒烯受体的有机/聚合物太阳能电池的能量转换效率也超过了 11%。但是富勒烯受体存在可见-近红外区吸收较弱、LUMO 能级的调制困难和形貌稳定性差等缺陷，妨碍了有机/聚合物太阳能电池的进一步发展和将来的大面积实际应用。因此，近年来非富勒烯 n-型有机半导体受体以及基于非富勒烯受体的有机/聚合物太阳能电池引起了研究者的关注。尤其值得一提的是，中国科学家引领了非富勒烯受体光伏材料和非富勒烯有机/聚合物太阳能电池研究领域的发展。

早在 2007 年，占肖卫基于光化学稳定、电负性强的苝酰亚胺单元合成了高电子迁移率 n-型聚合物 PDI-DTT（分子结构见图 7-8），为 n-型聚合物的设计打开了新的思路[55]，以 PDI-DTT 为受体与李永舫组发展的支链共轭聚噻吩给体匹配，获得了超过 1.0%的能量转换效率。最近，中国科学院长春应用化学研究所刘俊等开发了基于 B←N 键的新型缺电子单元：双硼氮桥联的联吡啶，基于该单元构筑了具有低 LUMO/HOMO 能级和高电子迁移率的 n-型聚合物 P-BNBP-fBT（分子结构见图 7-8）[56]。这为 n-型共轭聚合物的分子设计提供了新思路。

在 n-型有机半导体受体方面，中国科学院化学所詹传郎课题组通过分子内扭转抑制了苝二酰亚胺单元的聚集，合成了一系列苝二酰亚胺类 n-型小分子受体材料[57]。王朝辉课题组合成了螺旋桨型的苝二酰亚胺类受体材料 TPH（分子结构见图 7-8），通过与北京航空航天大学孙艳明合作，使用霍利军发展的宽带隙材料为给体，实现了 9.28%的能量转换效率[58]。浙江大学陈红征等发展了基于吡咯并[3,4-c]吡咯-1,4-二酮类受体[59]，与 P3HT 匹配获得了 1.14 V 的高开路电压和 5.16%的能量转换效率。值得关注的是，占肖卫等设计合成了一系列基于拓展噻吩稠环的 A-D-A 型有机半导体窄带隙受体[60,61]，取得了优

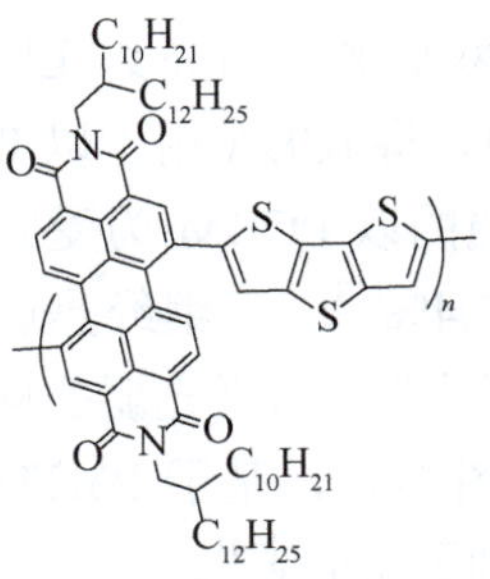

PDI-DTT

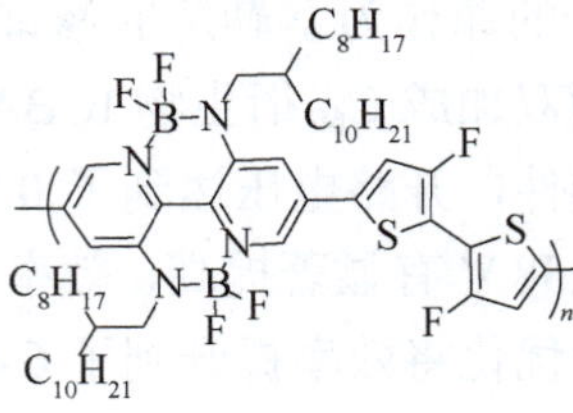

P-BNBP-fBT

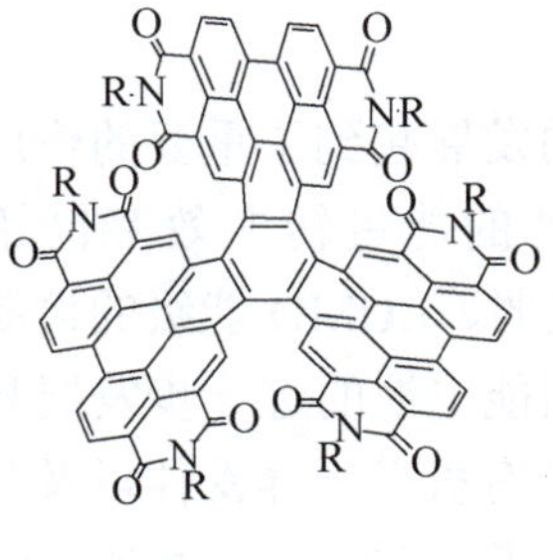

TPH

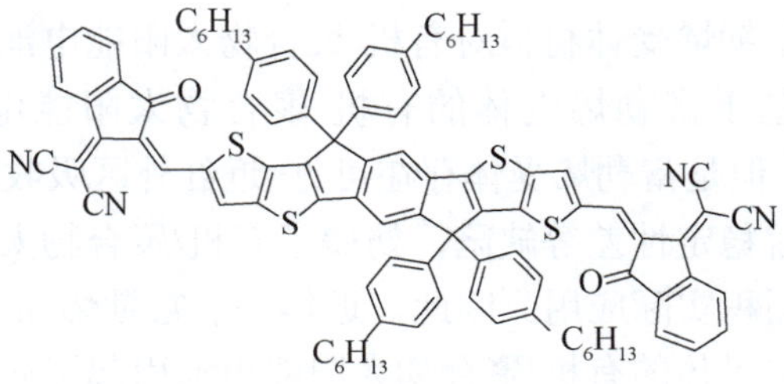

ITIC

图 7-8　典型的非富勒烯 n-型有机半导体受体光伏材料的分子结构

异的光伏性能。例如，以印达省并二噻吩为核，通过缩合反应在分子两端引入强拉电子单元，合成了窄带隙 n-型有机半导体受体材料 ITIC（分子结构见图 7-8）[60]。印达省单元的七并稠环共轭平面结构致使 ITIC 受体拥有很强的分子间 π-π 相互作用，因而 ITIC 具有较高的摩尔吸收系数和高的电子迁移率；同时，这类 A-D-A 结构分子内强的推拉电子相互作用，拓宽了材料的吸收光谱范围，薄膜吸收边际接近 800 nm，增强了对太阳光的捕获；另外，由于印达省单元桥联原子上的四个取代基位于共轭平面之外，能够有效地调制受体分子间的聚集；更为重要的是此类分子拥有较多的可裁剪位点（中心稠环、末端吸电子基团、桥连原子），因而其能级、吸收、聚集态可调空间较大。针对 ITIC 结晶性比较弱的问题，李永舫课题组通过侧链工程将烷基侧链从对位移动到间位，得到了支链异构化受体 *m*-ITIC，有效地改善了受体的堆积和结晶性能[62]。同时，侯剑辉课题组通过在 ITIC 两端引入弱给电子基团实现了对于受体材料 LUMO 能级的精准调控。他们在 ITIC 末端引入甲基，合成了 IT-M，有效提升了给体的 LUMO 能级[63]。上述新型受体的开发为制备高效率非富勒烯聚合物太阳电池提供了可能。

长时间内非富勒烯有机/聚合物太阳能电池的效率大大低于富勒烯电池，发展高性能的非富勒烯受体以及开发与这些非富勒烯受体相匹配的给体是有机太阳能电池领域的挑战性难题。在非富勒烯太阳电池体系，给受体的匹配很重要，而对给体材料的筛选，不能“墨守成规”，完全照搬富勒烯体系中遵守的原则，而需要重新探索新的匹配原则。对于全聚合物太阳能电池，尽管这一概念早在 1995 年就已经提出，然而由于 p−型和 n−型聚合物共混活性层形貌调控上的困难，往往难以形成纳米尺度相分离的给体/受体互穿网络结构，导致电子传输性能和器件效率较低。最近，中国科学院化学研究所李永舫课题组使用吸收光谱互补的概念，也就是使用基于氟取代苯并三氮唑的中间带隙二维共轭 D−A 共聚物 J51（分子结构见图 7-9）为给体、n−型窄带隙聚合物 N2200（分子结构见图 7-3）为受体制备了全聚合物太阳能电池（J51 和 N2200 的吸收光谱图见图 7-9），通过器件优化实现了 8.27%的能量转换效率，为全聚合物太阳能电池迄今文献报道的最高值[64]。为了增强受体对太阳光的捕获能力，他们用吸光能力强的 ITIC 替代吸光弱的 N2200，获取了 9.26%的能量转换效率和 0.82 V 的开路电压。考虑到开路电压还比较低，他们又通过引入硫烷基侧链，合成了 HOMO 能级更低的 J61[65]，以 ITIC 为受体获得了 9.6%的能量转换效率和 0.89 V 的开路电压（后继工作中，他们使用所发展的 *m*−ITIC 为受体，又将这一体系的能量转换效率提升到了 11.7%[62]）。考虑到硅烷基侧链独特的电子效应，最近他们又将其引入共轭侧链聚合物 J71，进一步降低了给体聚合物的 HOMO 能级，减少了体系的能量损失，获得了 11.4%的能量转换效率[66]。值得注意的是，这一体系在给受体 HOMO 能级差只有 0.11 eV 的情况下仍然获得了高效的受体激子电荷分离，从而获得了兼具高的开路电压（0.94 V）和高的短路电流（17.32 mA/cm^2）的光伏器件，这对于重新认识聚合物太阳能电池中的激子电荷分离的驱动力具有重要意义，也为将来的高效共轭聚合物给体光伏材料的分子设计提供了一种新思路和新途径，将对有机光伏领域的发展起到促进作用。与此同时，侯剑辉课题组基于 BDT 单元和 BDD 单元二维共轭聚合物 PBDB−T（分子结构见图 7-9）与 ITIC 共混构建了高效的非富勒烯型聚合物太阳能电池，在小面积器件（13 mm^2）中取得了创纪录的 11.2%的能量转换效率[67]。后继工作中，他们使用自己发展的高 LUMO 能级的 IT−M，基于 PBDB−T：IT−M 的体系实现了 12%的能量转换效率[62]。这些成果也充分说明了非富勒烯型聚合物太阳能电池效率具有超越富勒烯受体体系的巨大潜力，展示了非富勒烯体系的美好未来。

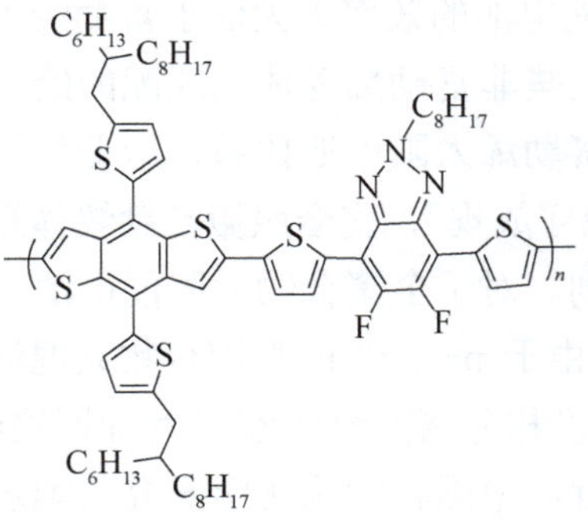

J51

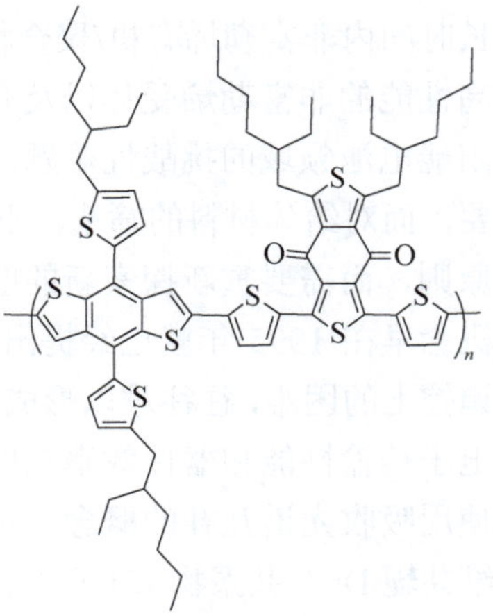

PBDB-T

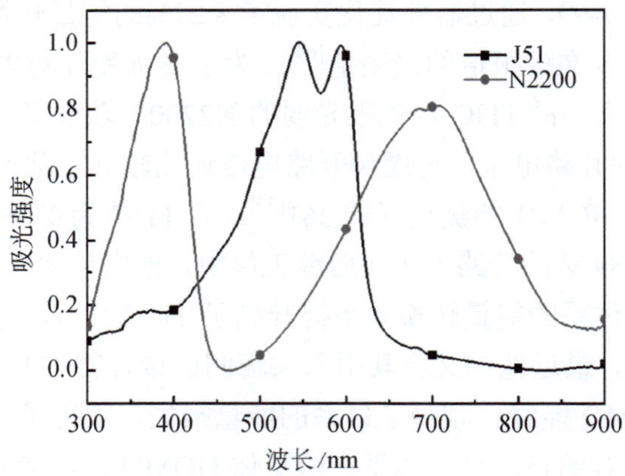

图 7-9 典型的非富勒烯体系给体材料 J51 和 PBDB-T 的分子结构以及具有吸收光谱互补特征的 J51 给体和 N2200 受体聚合物的吸收光谱图

（五）阴极界面修饰层材料

有机/聚合物太阳能电池传统器件结构顶电极使用活泼金属（Ca、Mg）或者无机化合物（LiF）作负极修饰层。这些材料除空气稳定性差外，还需通过蒸镀、溅射方法成膜，能耗高，不利于有机太阳电池的低成本、大面积制备。使用可溶液加工有机材料作为负极修饰层不仅可以克服以上缺点，还可以调节其光场分布，而且还能够调节电极的电荷收集势垒，实现光生载流子的有效传输，是提高有机太阳电池效率和稳定性的关键核心技术之一。

华南理工大学研究团队在国际上率先开发了一系列水/醇可溶的有机共轭聚合物，如聚芴类材料，发现这些材料对有机/聚合物太阳电池的阴极修饰效果十分明显[68]。吴宏滨等利用醇溶性共轭聚合物 PFN（分子结构见图 7-10）对活性层/阴极界面进行修饰，实现了效率为 8.4%的聚合物太阳电池器件[69]。在此工作的基础上，他们进一步成功制备了能量转换效率达到 9.2%的倒置结构聚合物太阳电池[70]。这一工作开辟了界面修饰提高电池效率的新途径。中国科学院化学所张志国等合成了含有胺基或者氧化胺基修饰的苝二酰亚胺衍生物 n-型有机半导体用于阴极修饰层（分子结构见图 7-10），这类材料环境友好，可溶液加工，厚度不敏感，并且具有较高的导电性能，允许使用高功函金属作上电极，在有机/聚合物太阳能电池和钙钛矿太阳能电池中都展示优良的光伏性能[71]。考虑到有机太阳电池的商业化应用对低成本大面积化的迫切需求，中国科学院宁波材料所葛子义开发了一种制备工艺简单、价格低廉的有机非共轭小分子作为有机太阳电池的阴极界面修饰层[72]。为了解决 PFN 修饰层材料厚度敏感性问题，华南理工大学黄飞等又研发了厚度不敏感的主链含有金属和萘酰亚胺类聚合物 PNDIT-F3N（分子结构见图 7-10）[73]。另外，

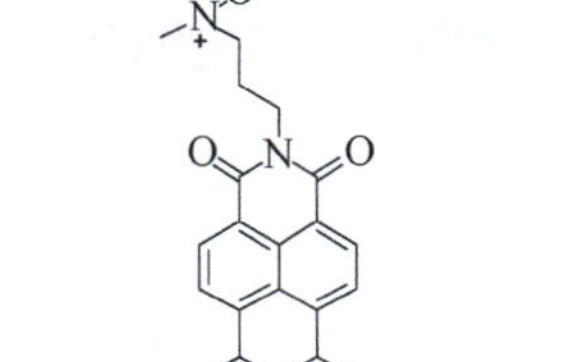
PFN

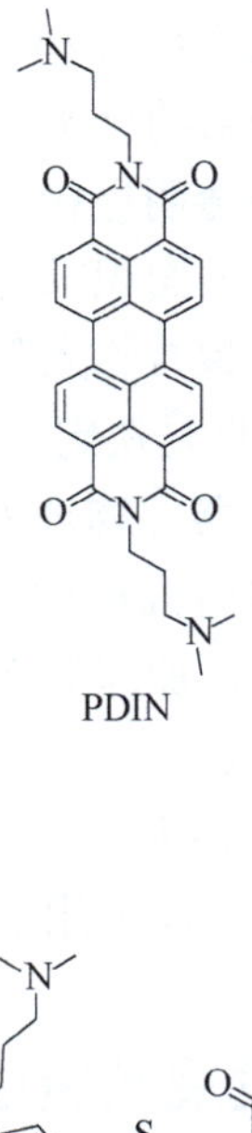
PDIN

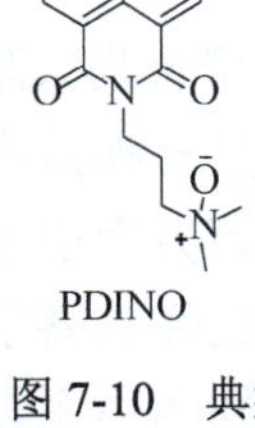
PDINO

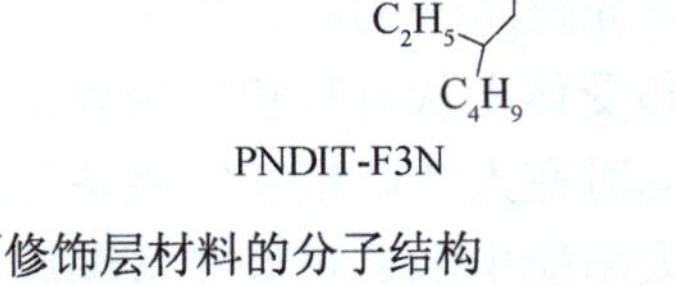
PNDIT-F3N

图 7-10　典型的阴极界面修饰层材料的分子结构

谢增旗发展了基于 ZnO 的水溶液加工光电导的厚膜阴极界面修饰层（ZnO：PBI-Py）[74]，利用光照下染料分子 PBI-Py 向 ZnO 的电子转移填充 ZnO 中的缺陷结构，有效提高了 ZnO 的电子迁移率与电导率，减少了器件对修饰层的厚度依赖性。这些成果有望促进有机太阳电池的低成本、大面积化制备，加快推进有机太阳电池的商业化进程。

三、研究总结与展望

有机/聚合物太阳能电池近年来取得了快速发展，单层器件的能量转换效率已经超过 12%，这主要得益于新型光伏材料和电极界面修饰层材料的开发和发展。效率 10%是有机/聚合物太阳能电池迈向应用的门槛，现在到了向大面积器件制备和实际应用发展的阶段。要实现有机/聚合物太阳能电池的实际应用，需要在以下几个方面做出努力。

（1）需要继续在给体和受体光伏材料研发上创新，发掘一些新的分子设计理念，开发一些新的分子。新型光伏材料是进一步提高效率的关键。

（2）进行柔性透明电极的研究和大面积柔性有机/聚合物太阳能电池的制备工艺研究，提高大面积柔性器件的能量转换效率。

（3）开展有机/聚合物太阳能电池稳定性研究，阐明影响器件稳定性的机理和解决途径。稳定性是决定有机/聚合物太阳能电池能否实现实际应用的关键。

（4）深入开展器件物理方面的研究。器件物理研究方面国外研究机构占据明显优势，国内研究机构需要协同攻关，特别是吸引具有物理背景的研究者加入研究队伍中，加深对光电转换物理过程，如激子的形成、CT 态分离和载流子的复合的理解。

相信在不远的将来，高效率低成本的聚合物太阳能电池真正进入家家户户的生活，开启新能源应用的变革之门。

四、学科发展政策建议与措施

经过十多年的积累，我国科研工作者在有机/聚合物太阳能电池领域取得了系列国际先进水平的研究成果，不断刷新着能量转换效率的世界纪录，在新型给体和受体光伏材料和电极界面修饰层材料等方面引领着这一研究领域的发展。同时在人才队伍和实验条件建设等方面已经具备了一定的基础。目前聚合物太阳能电池又正处在富勒烯体系向非富勒烯体系转型的黄金时期，而非富勒烯体系最有希望实现 15%能量转换效率目标，最后实现有机/聚合物太阳能电池的实际应用。基于此，如果能够把握有利时机，再接再厉，进一步加强国内具有研究基础和实力的主要科研团队之间的协同创新，发展具有自主知识产权的高能量转换效率有机/聚合物关键光伏材料体系和关键器件技术，将进一步提升我国在这一领域的国际地位和竞争力，为我国有机/聚合物光伏产业的自主发展奠定基础。建议采取的具体措施如下。

（1）增加支持力度。有机/聚合物太阳电池无论是基础研究还是应用基础研究上还存在很多挑战，这些难题在短时间内还无法解决，需要政府科研基金的持续支持。

（2）利用政策导向，吸引企业参与进来，在应用研究上协同研发，促进有机/聚合物太阳能电池的早日商业化。国外企业在应用研究上较为积极，经过多年积累，已经能拿出展示性产品，而国内企业对有机/聚合物太阳能电池上关注度相对较低。

（3）加强研发队伍、技术平台建设。在研发活动开展的同时，注重人才队伍的建设，特别是兼具化学和半导体物理知识背景的人才培养，另外注重相关工程技术人员的培养，注重技术积累。

（4）加强国际合作。加强国际人员交流、信息交流。针对我国在器件物理和大面积湿法制备相对薄弱的环节，通过交流，扬长避短，使我国有机/聚合物太阳能电池的研究不仅在基础研究方面，而且在产品开发和应用方面都走在世界前列。

第三节　钙钛矿太阳能电池

一、钙钛矿太阳能电池概述

钙钛矿材料是由 Gustav Rose 于 1839 年在乌拉尔山脉发现的，以俄罗斯矿物学家 Lev Perovski 的名字来命名。在当时，它具体是指钛酸钙（$CaTiO_3$）。如今，钙钛矿一词是用来描述所有与 $CaTiO_3$ 具有相同晶体结构的材料，通用化学表达式为 ABX_3。相对较大的阳离子 A 占据立方八面体顶点，周围围绕 12 个 X 阴离子。相对较小的 B 阳离子与 6 个 X 阴离子配位。

有机-无机金属卤化物钙钛矿 ABX_3（$A = CH_3NH_3^+$，$B=Pb^{2+}$或 Sn^{2+}，$X=Cl^-$、Br^-或 I^-）的研究可以追溯到 1978 年。但直到 2009 年，Miyasaka[75]和他的同事

才将有机-无机金属卤化物钙钛矿应用于光伏器件。他们首次将 $CH_3NH_3PbX_3$（X=Br^-、I^-）引入染料敏化太阳能电池替换染料分子作光吸收材料，以 $CH_3NH_3PbI_3$ 为光吸收材料的器件光电转换效率达到 3.1%，以 $CH_3NH_3PbBr_3$ 为光吸收材料，效率达到 3.8%。随后，在 2011 年，Park[76]和他的同事使用 $CH_3NH_3PbI_3$ 纳米晶体作为敏化剂，通过优化钙钛矿晶粒的大小，将效率提高到 6.5%。然而，这些电池的稳定性非常差，钙钛矿在几分钟内便会被电解液腐蚀掉。在 2012 年，Park 等[77]首先报道基于 $CH_3NH_3PbI_3$ 的长期稳定的太阳能电池，他们用固态空穴传输材料 2,2,7,7,-tetrakis-（*N*,*N*-dimethoxyphenyl-amine）-9,9’-spirobi-fluorine（spiro-MeOTAD）替代电解液，并获得了 9.7% 的效率。从那时起，基于钙钛矿的固态太阳能电池被称为钙钛矿太阳能电池。不久之后，Etgar[78]和他的同事首先报道了无空穴传输层钙钛矿太阳能电池，钙钛矿同时作为光吸收层和空穴传输层。他们获得了 5.5%的效率，证明了钙钛矿可以传导空穴。同一时期，Snaith[79]与 Miyasaka 合作提出了非敏化介观超结构钙钛矿太阳能电池。他们用惰性氧化铝取代了 n 型介孔二氧化钛，氧化铝的导带位置要高于 $CH_3NH_3PbI_{3-x}Cl_x$，在氧化铝上旋涂了钙钛矿层和 spiro-MeoTAD。他们获得了 10.9%的效率和 1.13 V 的开路电压（V_{oc}）。2013 年，Graetzel 等[80]介绍了顺序沉积法形成钙钛矿薄膜，减轻了一步法中存在的形貌不均的问题，提高了器件的重现性。这一方法制备的器件获得了大约 15%的效率和 14.1%的认证效率，这在当时是最高的效率之一。接下来，Snaith[81]和他的同事提出了移除二氧化钛介孔层的平面异质结钙钛矿太阳能电池。他们采用双源共蒸发的方法成功制备了这一简单结构的太阳能电池，获得了超过 15%的效率，能够媲美最好的介孔结构钙钛矿太阳能电池，证明平面异质结钙钛矿太阳能电池是可行的。还是在 2013 年，Guo[82]和他的同事报道了反式的平面异质结太阳能电池钙钛矿。他们沉积一层薄薄的 C_{60} 或富勒烯衍生物作为受体与钙钛矿（供体）形成异质结，经过优化，他们获得了 3.9%的效率。之后，电池转换效率得到快速提高，目前最高效率达到 22.1%[83]。这一领域的快速进步引发了国际科学界的广泛兴趣，在新材料开发、机理阐明、钙钛矿薄膜制备、器件结构、大面积模块、稳定性和毒性的等方面不断取得突破，这也反过来促进了这一新型薄膜太阳能电池的发展。国内相关科学研究虽然在起始阶段的发展相对国外稍晚，但是后来在稳定性和大面积模块等关键问题上取得很多令人瞩目的原创性成果，刊登在《科学》《自然》等国际学术期刊上[84,85]。

二、钙钛矿太阳能电池研究现状

（一）钛矿结构太阳能电池器件结构

钛矿结构太阳能电池器件结构大致可以分为两种类型：正式和反式结构。正式结构即 n-i-p 结构，一般组成为透明电极/电子传输层/钙钛矿光吸收层/空穴传输层/金属电极；光透过电子传输层到达钙钛矿光吸收层。反式结构即 p-i-n 结构，一般组成为透明电极/空穴传输层/钙钛矿光吸收层/电子传输层/金属电极，光透过空穴传输层达到钙钛矿光吸收层。

1. 正式结构

正式结构又可以分为介孔结构和平面异质结结构。目前，基于介孔结构的高效率钙钛矿太阳能电池研究取得一系列突破，其最高认证效率达到22.1%。而平面异质结结构也有其独特的优势，具有更为简化的电池制备过程。围绕这一结构，科学家们做了大量的工作并见证了里程碑式的效率发展，目前认证效率达到 20%。

1）正式介孔结构

最初，钙钛矿太阳能电池的结构是借用了染料敏化太阳能电池。这种结构中，介孔二氧化钛层是染料的支架，同时起到电子传输的作用。当时，钙钛矿纳米点分布在二氧化钛表面作为敏化剂，空穴传输材料需要完全渗透介孔层形成异质结分离光生载流子。基于这一敏化概念，获得了 17.6 mA/cm^2 的短路电流、0.888 V 的开路电压、9.7%的效率[77]。随着时间的流逝，二氧化钛电子注入层的必要性受到质疑，因为二氧化钛与惰性氧化铝的飞秒瞬态吸收光谱无显著差异，这表明即使没有这个电子注入层，电荷分离仍然是有效的。因此，Snaith 等[81]成功制备了一个基于惰性介孔氧化铝的介观超结构有机金属卤化物钙钛矿太阳能电池，他们取得了 10.9%的效率和高达 1.13 V 的开路电压，证明了钙钛矿本身可以运输电子。Seok 等[84]报道了钙钛矿填满介孔层的孔洞并形成一个封盖层的结构。采用这种结构以及 poly-triarylamine（PTAA）作为空穴运输材料，他们取得了 12.0%的效率，短路电流达到 16.5 mA/cm^2，开路电压达到 0.997 V。目前，介孔结构仍被大量用于钙钛矿太阳能电池，被认为是实现未来产业化的典型结构之一。

2）正式平面异质结

自从 Snaith 和他的同事发现多孔结构电子注入层并不是必要的组成结构的之后，他们便进一步去除介孔层制备具有新颖结构的电池称为平面异质结钙钛矿太阳能电池。在此结构中，n 型二氧化钛致密层，钙钛矿薄膜和 p 型空穴运输层形成了 n–i–p 结。通过共蒸发沉积 $CH_3NH_3PbI_{3-x}Cl_x$ 作为光吸收层，他们获得了超过 15%的效率。一方面，介孔层的去除很大程度上简化了制造钙钛矿太阳能电池的过程。另一方面，Snaith 等得到了可以媲美最高效的基于介孔结构钙钛矿太阳能电池的器件。这两点引起了科学界的极大兴趣，使平面异质结结构成为最流行的钙钛矿太阳能电池的结构之一。虽然这种平面结构具有很多优势，但这种结构的电流-电压迟滞现象比介孔结构更严重。介孔二氧化钛层的存在被认为能够减轻这种现象，被归因于较高的表面积提供了钙钛矿中电子转移通道与较低的接触电阻。

2. *反式结构*

反式结构细分为平面异质结、体异质结、渐变异质结三种结构。反式平面异质结钙钛矿太阳能电池源于有机太阳能电池。郭和他的同事首次报道了这一结构的钙钛矿太阳能电池。这种结构的最初效率仅 3.9%，但随着工艺和材料的进步与发展，基于这种结构的钙钛矿太阳能电池效率不断攀升，近来，Han 等[86]使用重掺杂 p 型 $Ni_xMg_{1-x}O$ 和 n 型 TiO_x 分离光生载流子，获得了大面积（>1 cm^2）上 15%的效率认证并具有长期稳定性。2015 年，Gong 等[87]首先制备了反式体异质结钙钛矿太阳能电池，效率达到 13.97%。Wu 等[88]首次将 PCBM 混合到钙钛矿中制备反式体异质结钙钛矿太阳能电池，效率达到 16.0%。尽管体异质结具有上述优点，但其一大劣势是富勒烯在钙钛矿层中的分布不可控，可能导致电子传输层和空穴传输层接触，而且效率停留在 15%、16%。因此，Han 等[89]首先提出了反式渐变异质结的概念，在这种结构中，电子受体材料是以一定的梯度分布于钙钛矿层中的，他们在 1.022 cm^2 的面积上获得了 18.21%的认证效率。

1）反式平面异质结

反式平面异质结结构只是将平面异质结中电子传输材料和空穴传输材料的相对位置交换了一下。相比介孔结构，除了简化制造工艺，这种结构的最大优势之一是其低温（150℃）溶液制备的特点，因为使用了 PEDOT：PSS 和富勒烯衍生物作为空穴传输层材料和电子传输层材料。Guo 等将一层薄薄的 C_{60} 或富勒烯衍生物（受体）沉积在钙钛矿薄膜上（供体）形成异质结，经过优化，他们取得了 3.9%的效率。随着反式平面异质结钙钛矿太阳能电池工作的开展，一系列钙钛矿薄膜沉积方法和接触材料涌现出来，效率得到极大改善。通过调制钙钛矿薄膜的厚度，Lam 等获得 7.4%的效率，在当时是效率最高的低温溶液制备的钙钛矿太阳能电池，这个高效率被认为是来自接近100%内部量子效率。后来，Huang等发明了一种新型钙钛矿沉积方法称为相互扩散的方法，他们取得了15.4%的效率并具有高的重现性。随后，Huang等[90]提出溶剂退火的方法，增加了钙钛矿薄膜的晶粒尺寸和结晶度。结果是，钙钛矿的薄膜的平均晶粒尺寸增加到1 μm，最好器件的效率达到15.6%。为了进一步增加晶粒尺寸，Mohite等报道了一种溶液热涂布的方法。他们得到了毫米级的晶粒，有利于消除电流电压曲线测量中的迟滞现象，并获得了接近18%的效率。

2）体异质结

制约钙钛矿太阳能电池效率进一步提高的一大因素在于电子扩散长度要小于空穴，为了提高电子传输效率，达到与空穴传输效率相当的水平，Gong等将醇溶性富勒烯衍生物与钙钛矿材料混合制备了反式体异质结钙钛矿太阳能电池。由于平衡了载流子传输效率，增大了钙钛矿材料和富勒烯衍生物的接触面积，所得器件的短路电流和填充因子都得到大幅提升，填充因子甚至达到86.7%，是钙钛矿混合太阳能电池填充因子的最高值，器件效率也因此提升了22%，达到13.97%。Wu等首次将［6,6］-苯基-C61-丁酸甲酯（PCBM）混到钙钛矿中制备了反式体异质结钙钛矿太阳能电池，在此之前没有过这种尝试，因为很难找到一种溶剂可以同时溶解PbI_2、MAI和PCBM，而他们新近开发的一种低温两步旋涂的方法，可以实现在钙钛矿中混合一定量的PCBM。PCBM在其中的作用除了提高钙钛矿薄膜导电性，改善迁移率和载流子扩散长度外还可以填充针孔，增大晶粒，减少晶界，从而提高钙钛矿薄膜整体质量。最终，混合了质量分数为0.1% PCBM的体异质结钙钛矿太阳能电池获得了12.1%的效率，如果在混合层上再添加一层PCBM，可以将效率提高到16.0%，填充因子高达82%并无明显迟滞现象。

3）渐变异质结

为了解决钙钛矿光吸收层中因电子扩散长度低于吸收层厚度而导致电荷收集效率低的问题，Han等提出了渐变异质结的概念。他们将PCBM溶于反溶剂甲苯中，在旋涂过程中，随甲苯一起滴加到钙钛矿前驱液上，溶剂将会混合，主溶剂二甲基亚砜（DMSO）将被除去。由于富勒烯和铅卤化物之间存在强烈的相互作用，PCBM 将被保存在钙钛矿层中。对这样得到的钙钛矿层做二次离子质谱分析可得，PCBM的确是呈一定的梯度分布在钙钛矿层中的。他们认为，此种结构能够改善光电子收集效率并降低复合损失。此外，经实验发现，此种结构只需很薄的一层约50 nm厚的PCBM即可完成全部覆盖，而传统的反式平面异质结则需要80～100 nm厚的PCBM才能实现对钙钛矿层的完全覆盖。PCBM 层变薄将在大面积器件上大大降低电阻损失。因为以上原因，Han 等在 1.022 cm^2 的面积上获得了 18.21%的认证效率，在光照下 1000 h，效率仍有初始值的 90%，具有良好的稳定性。此外，此种结构电池的迟滞效应被基本消除，电池性能具有很高的重现性。

3. 无空穴传输层/电子传输层结构

在上面讨论的正式和反式两种主要结构基础上，科学家们还研究了无空穴传输层/电子传输层结构钙钛矿太阳能电池。Etgar 等首次报道了无空穴传输层结构，获得了 5.5%的效率。在这个结构中，钙钛矿的同时作为光吸收层和空穴传输层并与二氧化钛之间形成异质结分离光生载流子。Han 等[84]成功制备了一个完全可印刷的无空穴传输层钙钛矿太阳能电池，用双层的介孔二氧化钛和氧化锆作为支架，$(5\text{-}AVA)_x(MA)_{1-x}PbI_3$ 作为光吸收层。他们获得了 12.8%的认证效率并论证了此电池在空气中完全光照下的长期稳定性。最近，Han 等报道了一种混合阴离子钙钛矿 $CH_3NH_3PbI_{3-x}(BF4)_x$ 用于无空穴传输层钙钛矿太阳能电池中，效率增加至 13.24%。至于无电子传输层材料结构，Kelly 等[91]首次报道一个无致密层的双层钙钛矿太阳能电池，得到了 13.5%的效率，证明电子传输层材料并不是制造高效太阳能电池的必备条件。尽管移除电子传输层材料增加了接触电阻，但表面复合大幅减少在一定程度上抵消了这一劣势。Ke 等采用 Au/Spiro-OMeTAD/$CH_3NH_3PbI_{3-x}Cl_x$/透明电极的结构，获得了超过 14%的效率和 1.06 V 的开路电压。致密层的关键作用之一是防止空穴传输层材料直接接触透明电极，因此，此结构中的钙钛矿薄膜应该尽可能致密，以避免空穴传输层材料和透明电极之间形成分流路径。尽管这一结构可以得到较高的效率，但由于此结构电池的稳定输出电流很差，其工作原理仍然需要进一步研究。

（二）钙钛矿光吸收层

因为钙钛矿太阳能电池的性能很大程度上取决于钙钛矿薄膜的质量，开发新的钙钛矿材料和制膜方法以制得无孔洞、均匀和连续的钙钛矿薄膜是必要的。在这里，我们总结了自钙钛矿太阳能电池出现以来的主要钙钛矿材料和制膜方法。

1. 主要钙钛矿薄膜材料

钙钛矿材料组成为 ABX_3，其中 A 是一价阳离子，常见的为 $CH_3NH_3^+$ (MA^+)、

$CH(NH_2)_2^+$ (FA^+)、Cs^+、Rb^+。B 为二价阳离子，通常为 Pb^{2+}、Sn^{2+}。X 为一价阴离子，通常为卤族元素 I^-、Br^-、Cl^-。这些元素决定了钙钛矿光吸收层的主要性质。

1）卤族元素

关于钙钛矿材料中的阴离子，常用的元素为卤族元素 I、Br、Cl。2009 年，Miyasaka 等用 $MAPbI_3$ 和 $MAPbBr_3$ 钙钛矿材料作光吸收层，分别获得了 3.1% 和 3.8%的光电转换效率。由于 Br^-半径较小，掺溴会增大带隙，进而提高开路电压。虽然带隙的增大会导致吸光范围变窄，但只要优化掺入的量，便会有利于器件性能的提升。此外，掺溴对制得器件的稳定性有一定的影响。Seok 等向 $MAPbI_3$ 钙钛矿中掺 Br，提高了器件的水稳定性。Graetzel 等在研究 Cs 对器件稳定性影响的时候还研究了 Br 对器件热稳定的影响，他们认为 Br 对薄膜热稳定性是具有积极作用的。向纯 $MAPbI_3$ 钙钛矿中掺 Cl[92]，可将载流子扩散长度从 100 nm 提升到 1 μm。然而，Yang 等通过 XRD 和 XPS 表征发现，Cl 元素并没有进入钙钛矿的晶格结构中，不是钙钛矿的组成成分之一，因此对钙钛矿带隙、吸收光谱、容忍因子不会产生显著影响。此外，他们发现，Cl 元素对钙钛矿内部载流子输运特性没有影响，主要影响的是钙钛矿和电荷传输材料的界面和钙钛矿薄膜形貌。Suarez 等的研究表明，掺 Br 和 Cl 能够降低载流子复合速率，进而提高开路电压。

2）一价阳离子

钙钛矿材料中的一价阳离子，最常见的是 $CH_3NH_3^+$ (MA^+)，因其具有合适的离子尺寸，形成的钙钛矿相在室温下即可稳定存在。此外，$MAPbI_3$ 的带隙为 1.55 eV，具有较合适的吸光范围。Baikie 等[93]首先将 $CH(NH_2)_2^+$ (FA^+) 作为一价阳离子引入钙钛矿吸光材料中，由于 FA 尺寸略大于 MA，因此容忍因子较大，带隙较窄，也因此具有更宽的光吸收范围，能够有效提高钙钛矿太阳能电池的光电流。此外，研究表明，FA 型钙钛矿材料的热稳定性要好于 MA 型钙钛矿。然而，FA 型的钙钛矿相仅存在于 150℃以上的温度，在常温下会形成黄色的 δ 相。研究发现，较小尺寸 MA^+、Cs^+、Rb^+的掺杂均可对 FA 型的钙钛矿相起到稳定的作用，使其在室温下也可以钙钛矿相稳定存在。目前最高效率的钙钛矿太阳能电池即是基于 MA^+掺杂 FA^+的钙钛矿材料。Cs^+作为一价阳离子很难单独形成合适的钙钛矿材料，通常是作为一种掺杂元素，除了刚刚提到的它可以稳定 $FAPbX_3$ 的钙钛矿相以外，Park 等还发现，其对于器件的水稳定性和光稳定性具有一定的积极作用。Graetzel 等则认为 Cs^+还能够提高钙钛矿材料的热稳定性，他们将含 Cs 与不含 Cs 的钙钛矿薄膜在 130℃

下加热 3 h，不含 Cs 的薄膜发生了褪色，而含 Cs 的薄膜仍保持深色。近来，也有关于 GA^+掺杂 MA^+形成钙钛矿材料的报告，研究表明，GA^+的掺杂能够延长载流子寿命，提高器件的开路电压。但 GA^+的掺杂是有上限的，当 GA^+与 MA^+摩尔比超过 1∶2 时，将无法形成钙钛矿相。最近，Graetzel 等研究了 Rb^+对钙钛矿太阳能电池的影响。因为 Rb^+半径过小，$RbPbX_3$ 的容忍因子小于 0.8，因此在任何温度下都无法形成稳定的钙钛矿相。但研究表明，Rb^+的掺杂能够加快载流子的输运速率，减少缺陷，从而提高开路电压和填充因子。制得的器件在 85℃的氮气环境下经全光照 500 h，保有初始效率的 95%。

3）二价阳离子

因离子半径合适、稳定性好，Pb^{2+}成为钙钛矿吸光材料中最常用的二价阳离子。然而，Pb^{2+}对人体有害，属于非环境友好材料，其大规模应用必将受到限制。开发非铅或少铅的钙钛矿材料势在必行。Sn^{2+}是目前研究最多的替代离子，由于 Sn^{2+}半径较小，基于 Sn^{2+}的钙钛矿材料容忍因子较大，带隙较小，具有较宽的光吸收范围。Ogomi 等[94]研究了 $CH_3NH_3Sn_xPb_{1-x}I_3$ 钙钛矿太阳能电池的性能，发现光电性能最好的组成为 $CH_3NH_3Sn_{0.5}Pb_{0.5}I_3$，效率达到 4.18%，吸收边从 $MAPbI_3$ 的 800 nm 红移至 1060 nm。含 Sn^{2+}钙钛矿太阳能电池效率较低的主要原因可能是 Sn^{2+}很不稳定，容易被氧化成 Sn^{4+}，此外，含有 Sn^{2+}的钙钛矿成膜性较差。其他关于无铅少铅钙钛矿太阳能电池的研究现状将在毒性一节中具体阐述。

2. 制备方法

1）溶剂的控制

钙钛矿前驱体最初是选用纯二甲基甲酰胺（DMF）或纯 γ-丁内酯（GBL）作溶剂的，然而在溶剂蒸发时，前驱体之间会发生剧烈反应，导致形成的薄膜残留有前驱体的杂质，十分不均匀且覆盖率差。若使用纯二甲基亚砜（DMSO）作溶剂，由于中间相 PbI_2-MAI-DMSO 的形成，可以得到十分均匀的薄膜。此外，纯 DMSO 也被用于两步法之中。当传统的顺序沉积法被引入平面异质结钙钛矿的太阳能电池中时，便会因为 PbI_2 快速结晶存在粒子大小不受控制和不完全转化的问题。为了延缓 PbI_2 的结晶，Han 等[95]使用强配位的 DMSO 替代 DMF 作为 PbI_2 的溶剂。他们最终得到了一个非晶态和均一 PbI_2 薄膜，它将完全转换为钙钛矿薄膜。采用此种方法制备的器件实现了 12.5%的平均效率并具有高的重现性。然而，纯 DMSO 具有高黏度和低的挥发速度，因此不太适合用作旋涂溶剂。研究表明，采用混合溶剂将能够兼顾两者的优点。Seok[96]和他的同事提出了溶剂工程的方法。采用混合溶剂二甲基亚砜（DMSO）和 γ-丁内酯（GBL），结合甲苯冲洗的方法，通过 $CH_3NH_3I-PbI_2-DMSO$ 这一中间相，制备得到致密和均一的钙钛矿薄膜。在这一体系中，GBL 是纯粹作为溶剂的，在旋转过程中，其蒸发速率相对高于 DMSO。DMSO 是用来形成 $CH_3NH_3I-PbI_2-DMSO$ 中间相从而延缓 CH_3NH_3I 和 PbI_2 之间的反应。甲苯的作用是迅速去除多余的 DMSO 和加速中间相的形成。通过这种方法，他们获得了 16.2%的认证效率，迟滞现象也减弱了很多。最近，Snaith 等提出了一种新的溶剂体系，他们将甲胺气体溶于乙腈中，形成一种新的溶剂，可以很好地溶解钙钛矿前驱体，且制备得到的钙钛矿溶液具有低黏度、室温下即可结晶的特点，制备出粗糙度很低、载流子寿命长的钙钛矿薄膜。此外，此溶剂由于具有低黏度、低毒性等特点，非常适合于制备大面积的薄膜。基于此种溶剂体系，他们成功制备了面积达 125 cm^2 的均匀钙钛矿薄膜。

2）前驱体材料的控制

根据钙钛矿前驱体材料添加步骤，可将制备钙钛矿薄膜的方法分为一步法和两步法，前驱体材料一步添加的称为一步法，分两步添加的称为两步法。

（1）一步法。在一步法中，一开始常用的前驱体为 PbI_2 和 MAI。近来，Snaith 等发现 $Pb(Ac)_2$ 可以取代 PbI_2 作为前驱体，且具有更快的结晶速度的优点，制得的薄膜十分平整且无针孔，热退火所需时间更短。科学家们还尝试了 $Pb(NO_3)_2$、$PbCO_3$、$Pb(AcAc)_2$、$Pb(OAc)_2$，他们发现使用 $Pb(OAc)_2$ 作为前驱体可以获得与 $PbCl_2$ 相当的效率，其他铅源的效果则不太理想。为了制备高质量 $FAPbI_3$ 薄膜，Snaith 等添加少量的碘化氢(HI)到 FAI 和 PbI_2 的 DMF 溶液中。碘化氢水溶液被认为有助于无机成分的溶解，以延缓 $FAPbI_3$ 的结晶，有利于形成更平整的薄膜。基于这一简单工艺，他们获得了 14.2%的效率，在当时是效率最高的溶液制备的平面异质结钙钛矿太阳能电池。尽管这一工艺具有十分简便的优势，但碘化氢水溶液的使用将会向整个体系中引入水，这将不利于电池的性能。因此，Zhao 等开发了一种新型的前驱体 $HPbI_3$ 取代常用的 PbI_2。$HPbI_3$ 粉末是将氢碘酸与 PbI_2 的 DMF 溶液混合搅拌制得的。将 $HPbI_3$ 与 FAI 混合溶解在 DMF 中，通过一步旋涂法制得钙钛矿薄膜。一方面，使用 $HPbI_3$ 前驱体能够通过 H^+的和 FA^+的交换，减慢 $FAPbI_3$ 的结晶。另一方面，它消除了水的存在。这一方法制备出了高度均一的 $FAPbI_3$ 薄膜，基于此薄膜制得的器件获得了平均 15.4%的效率。Zhao 等发现，添加一定化学计量的 33%（质量分数）的盐酸到 PbI_2 和 MAI 的前驱体溶液中能够加速 $MAPbI_3$ 的形成并能够耐高湿度。此外，除了一步旋涂法，这个方法同样可以应用于一个连续沉积两步法。33%（质量分数）盐酸加入 PbI_2 的 DMF 前驱体溶液中，这一新的 HCl·PbI_2 前驱体旋涂到衬底上后浸泡在 MAI 的异丙醇（IPA）溶液中 10 s 即可获得 $MAPbI_3$。一步旋转涂布和连续沉积法分别获得 14.28%和 14.76%的效率。

（2）二步法。Graetzel 和他的同事首次报道了两步的方法制作钙钛矿薄膜。在这一方法中，PbI_2 的 DMF 溶液旋涂在介孔二氧化钛层上，干燥后将基底放入 MAI 的异丙醇溶液中浸泡。两种组分一接触，钙钛矿薄膜立即形成。与传统的一步法相比，这种顺序沉积技术可以更好地控制钙钛矿薄膜的形态，因此具有较高的重现性，对于实际应用具有重要意义。Meng 等提出了一种经过优化的两步法。在这一方法中，PbI_2 的 DMF 溶液将被旋涂两次到基底上以获得较厚且更平滑的 PbI_2 薄膜，然后浸入 MAI 的异丙醇溶液中形成钙钛矿薄膜。他们获得了 10.47%的效率，在当时是效率最高的无空穴传输层的钙钛矿太阳能电池。Huang 等报道了基于叠层前驱体溶液的相互扩散的方法又称为两步旋涂的方法来制备无孔洞钙钛矿的薄膜。为了得到快干后的无孔 PbI_2 层，热 PbI_2 过饱和溶液旋涂到基底上，然后将 MAI 的异丙醇溶液旋涂到 PbI_2 层上，退火温度 100℃。这一方法制备的电池获得了 15.4%的效率，填充因子高达 80%。为了制造高质量混合阳离子 $MA_xFA_{1-x}PbI_3$ 钙钛矿薄膜，Han[97]和他的同事将非化学计量比中间相 FA_{1-x}–PbI_2 引入这个过程。在这个过程中，非化学计量比 FAI 和 PbI_2 前驱体的 DMF 溶液被旋涂到基底上，经过退火，形成中间相。干燥后，MAI 的异丙醇溶液旋涂到 $FA_{1-x}PbI_2$ 中间相上，叠层薄膜在 100℃下退火 2 h 形成 $MA_xFA_{1-x}PbI_3$ 薄膜。$FA_{1-x}PbI_2$ 纯相被认为有利于调节生长动力学和 $MA_xFA_{1-x}PbI_3$ 均质形核。Seok 等[98]通过 FAI 和 DMSO 分子内交换的方法，成功制备高性能钙钛矿层。为了制备 PbI_2(DMSO)前驱体，他们将甲苯滴入 PbI_2 的 DMSO 溶液，收集沉淀，并将沉淀在真空中 60℃下加热 24 h 获得 PbI_2(DMSO)。将 PbI_2(DMSO)溶解在 DMF 中，旋涂到基底上来获得透明 PbI_2(DMSO)薄膜。随后，FAI 的异丙醇溶液旋涂到 PbI_2(DMSO)薄膜上，薄膜颜色从透明变为深棕色。基于这种方法制备的器件效率超过 20%。

3）后处理

钙钛矿成膜后，通常要进行一些后处理以增强钙钛矿结晶性能，使钙钛矿结晶完全，得到高质量的钙钛矿薄膜，从而提高器件效率，增强器件稳定性。最常用的后处理手段是加热退火，对于 MA 型钙钛矿，退火温度通常在 80～100℃，对于 FA 型钙钛矿，退火温度通常在 150～170℃。在加热过程中，溶剂迅速挥发，钙钛矿前驱体相互接触，迅速结晶析出，形成结晶良好的钙钛矿薄膜。为了简化薄膜制备过程又或是为了进一步提高钙钛矿薄膜质量，科学家们提出了很多无需退火又或是结合了退火处理的后处理工艺。Mohite 等[99]提出了一种基于溶液的热涂布技术来制备均一无孔洞的毫米级晶粒尺寸的钙钛矿薄膜。简单来说，热涂布的过程是将热（70℃）的钙钛矿前驱体溶液直接滴在热（180℃）基底上，旋涂 15 s。这种方法与传统热处理退火的主要区别在于溶剂的存在。在热涂布中，多余的溶剂能够允许钙钛矿晶体的进一步增长。他们获得了接近 18%的效率并具有高重现性，且由于电荷迁移率提高，体缺陷减少，迟滞现象基本消除。最近，Graetzel 等[100]报道了真空辅助的方法制备钙钛矿薄膜，他们在大于 1 cm^2 的面积上取得了 19.6%的认证效率。在这种方法中，一步旋转涂布后，薄膜被立即转移到压力为 20 Pa 的真空室中 10 s 以通过迅速除去 GBL 和 DMF 来加速钙钛矿中间相的形成，随后经 30 min 热退火，光滑、高结晶度的钙钛矿薄膜便形成了。Seok 等通过在旋涂过程中滴加反溶剂甲苯来迅速除去多余溶剂，形成中间相，获得了致密均一的钙钛矿薄膜。类似地，氯苯、乙酸乙酯等反溶剂也被开发出来以诱导快速结晶并获得平整均匀的薄膜。基于两步旋涂法，Huang 等提出了溶剂退火后处理来增加结晶度和晶粒大小。简而言之，这项技术就是在退火过程中提供一个 DMF 蒸气氛围，相比于传统全固态退火过程，这将提供一个环境供分子和离子扩散更长的距离。基于这种溶剂退火工艺制备的薄膜，平均晶粒尺寸达到 1 μm，平面结构电池最高效率达到 15.6%。Cui 等提出了一种称为 MA 气体诱导缺陷愈合的方法来对 $MAPbI_3$ 钙钛矿薄膜进行后处理，他们将经热处理的 $MAPbI_3$ 钙钛矿薄膜置于 MA 气体中 2～3 s，$MAPbI_3$ 钙钛矿会与 MA 气体形成 $MAPbI_{3-x}MA$ 液态中间相，移除 MA 气体之后，液态中间相中的 MA 气体会迅速逸出，钙钛矿会在很短的时间内完成结晶，形成十分平整致密的钙钛矿薄膜。Zhao 等在旋涂 $MAPbI_3$ 钙钛矿溶液过程中滴加一定量的 MABr 的异丙醇溶液，得到高质量的 $MAPbI_{3-x}Br_x$ 薄膜，且具有很高的重现性。

4）薄膜涂布方法

Miyasaka 等在第一个使用钙钛矿 $CH_3NH_3PbI_3$ 或 $CH_3NH_3PbBr_3$ 作吸光层的太阳能电池中使用了旋涂法。Snaith 等采用一步双源气相沉积方法制备了十分均一的长程钙钛矿薄膜，制得的器件获得了超过 15%的效率。在这种方法中，CH_3NH_3I 和 $PbCl_2$ 分别为有机和无机源，他们在 10～5 mbar 同时蒸发。气相沉积相比于旋转涂布的明显优势是，它可以实现均一的大面积成膜。Lin 和他的同事报道了一种比双源共蒸发法简单的顺序真空气相沉积法。在这种方法中，一层光滑的 $PbCl_2$ 热蒸发到基底上，晶粒尺寸为 100～200 nm 不等且基底被完全覆盖。MAI 升华到 $PbCl_2$ 层表面原位形成钙钛矿薄膜，颜色从透明变为深棕色。经过退火，钙钛矿薄膜结晶完成，在经过优化 MAI 沉积温度之后，基于这些薄膜的器件实现了 14%的平均效率并具有高重现性。由于气相沉积法能源消耗较高，不适合大规模生产，而溶液法常常导致针孔的形成和表面覆盖率低等问题，Yang 等提出了一种蒸气辅助的溶液法。该方法的关键步骤是预沉积的 PbI_2 薄膜与 MAI 蒸气之间的原位反应。该方法合成的钙钛矿薄膜有较小的表面粗糙度和完全的表面覆盖率，晶粒尺寸达到微米级别，获得了 12.1%的效率，这在当时是基于 $CH_3NH_3PbI_3$ 平面异质结钙钛矿太阳能电池的最高效率。Lidzey 等报道了一种超声喷涂技术，在大气环境中沉积钙钛矿薄膜。他们研究了衬底的温度，溶剂的选择，退火温度、时间和钙钛矿的厚度对器件性能的影响。经过条件的优化，电池最高效率达到 11%。这些结果证实，这种喷涂方法可以有效地应用于制造大面积、高效率和低成本的钙钛矿太阳能电池。Huang 等将刮刀涂布工艺引入高效钙钛矿太阳能电池的制备中，它的优势是低成本、简单、高吞吐量和兼容卷对卷技术。在这种方法中，前驱体溶液是滴在衬底上并保持一定的温度，随后，玻璃刀以一定的速度刮过基底。钙钛矿薄膜的厚度还可以通过改变前驱溶液的浓度和刮刀通道的深度来控制。值得注意的是，通过这种方法，晶粒大小可以长到 80～250 μm，因此载流子扩散长度将达到 3.5 μm，效率达到 15.1%。Yang 等开发了一种新型喷墨印刷的方法同时制备钙钛矿薄膜和空穴抽离电极。在这一方法中，一层薄薄的 PbI_2 被旋涂到基底上，随后，由 MAI 和炭黑混合而成的异丙醇溶液被印刷到 PbI_2 层上，最后进行退火处理。相应的器件效率达到 11.60%，这是第一个碳电极采用喷墨打印方式沉积的平面碳基钙钛矿太阳能电池。Vak 等成功制备了除了热蒸发金属电极外，全狭缝型挤压式涂布（slot-die）制备的钙钛矿太阳能电池。在这一方法中，PbI_2 薄膜狭缝型挤压式涂布（slot-die）于基底上并用氮气处理。然而，通过这种方法制备的 PbI_2 薄膜太致密而无法与 MAI 反应，导致批次与批次之间甚至批次内部太阳能电池的性能偏差很大。因此，涂好的 PbI_2 薄膜立即转移到一个封闭的充满溶剂蒸气的空间，形成雾蒙蒙的有微裂纹的表面，有利于 PbI_2 和 MAI 之间的反应。在 70℃下，狭缝型挤压式涂布（slot-die）MAI 完成钙钛矿薄膜的沉积，完全狭缝型挤压式涂布（slot-die）的钙钛矿太阳能电池实现了 11.96%的效率。最近，Han 等[101]提出了一种软膜沉积钙钛矿薄膜的方法，具有很高的性价比。在这种方法中，前驱体溶液被添加到软膜边缘处或基底中心处，基底预热至 150～270℃，前驱体溶液会在软膜下铺开。他们用机械手将软膜揭开，钙钛矿会随着溶剂蒸发开始结晶。使用这种方法，他们在 51 cm^2 大面积上制备了无孔洞、均一、大晶粒的钙钛矿薄膜。相应的 1 cm^2 电池达到 17.6%的效率，且具有高重现性和很弱的迟滞现象。

（三）电荷传输材料

钙钛矿太阳能电池中的电荷传输材料将极大地影响最终钙钛矿太阳能电池的性能。好的电荷传输材料应具备电荷迁移率高、能级匹配度高、稳定性好、价格低廉等优点。下面将总结目前钙钛矿太阳能电池中常用的一些电荷传输材料。

1. 电子传输层材料

电子传输层材料可以分为无机和有机两大类，常见的无机电子传输层材料为二氧化钛、氧化锌等，有机电子传输层材料为[6,6]-苯基-C61-丁酸甲酯（PCBM）等富勒烯衍生物。电子传输层材料在钙钛矿太阳能电池中主要起到两个作用，一方面降低电子传输势垒；另一方面阻隔空穴，减少电子与钙钛矿中空穴的复合。

1）无机电子传输层材料

由于钙钛矿太阳能电池的初期研究是基于染料敏化太阳能电池，因此最初的电子传输层材料沿用了染料敏化太阳能电池中的二氧化钛。二氧化钛可以制备成多种形貌，常见的有纳米晶二氧化钛多孔层，二氧化钛纳米线阵列。除了二氧化钛介孔层，通常还会有一层二氧化钛致密层，同时起到电子传输层和空穴阻隔层的作用。然而，用二氧化钛作电子传输层的一大劣势在于，若要获得较高的电子迁移率［0.1 $cm^2/(V \cdot s)$］，需要对二氧化钛进行高温烧结。Mathews 等采用了无需高温烧结且电子迁移率更高的氧化锌［0.17 $cm^2/(V \cdot s)$］致密层和氧化锌纳米棒作电子传输材料，在玻璃基底上获得了 8.9%的光电转换效率，在柔性基底上获得了 2.62%的光电转换效率。然而，目前仍然以烧结后的二氧化钛为电子传输层材料的钙钛矿太阳能电池效率最高。

2）有机电子传输层材料

反式平面异质结钙钛矿太阳能电池的结构来源于有机太阳能电池，有机太阳能电池中常用的有机电子传输层材料［6,6］-苯基-C61-丁酸甲酯（PCBM）［电子迁移率 1 $cm^2/(V \cdot s)$］也被借用到钙钛矿太阳能电池中并获得了可观的器件性能。Guo 等首次将 PCBM 电子传输层运用到钙钛矿太阳能电池中，获得了 3.9%的光电转换效率。随着钙钛矿薄膜制备方法的不断涌现，PCBM 厚度等条件不断优化，以 PCBM 为电子传输层的电池效率也不断攀升。Huang 等采用两步旋涂的方法，取得了 15.4%的效率并具有高的重现性。尽管 PCBM 具备作为电子传输层材料的各项优势，但其昂贵的价格使其未来的广泛应用受到限制。因此，开发新型价格低廉的电子传输层材料势在必行。

2. 空穴传输层材料

空穴传输层材料也可以分为无机和有机两大类。无机空穴传输层材料主要有 NiO、CuI、CuSCN。有机空穴传输层材料主要包括 PEDOT：PSS、Spiro-OMeTAD、TTF-1、PTAA、P3HT 等。空穴传输层材料应起到两方面作用：一方面降低空穴传输势垒；另一方面阻隔电子传输。

1）无机空穴传输层材料

Wen 等首次将 NiO 作为空穴传输层材料引入钙钛矿太阳能电池中，光致瞬态吸收谱结果表明，电池结构是有效的 p 型敏化结结构，NiO 也是钙钛矿太阳能电池中首个金属氧化物空穴传输材料。在 AM1.5 光照下，他们获得了 9.51%的效率。这为未来全无机钙钛矿太阳能电池和叠层电池的发展提供了坚实的结构基础。近来，Han 等报道，在 NiO 中掺 Li、Mg 可以将其空穴传输能力提高 10 倍，以此为空穴传输材料的钙钛矿太阳能电池，在大于 1 cm^2 的面积上获得了超过 15%的认证效率。除了 NiO，Kamat 等发现 CuI 也可以作空穴传输层材料，且电导率是常用的 Spiro-OMeTAD 的 2 倍。然而，以 CuI 为空穴传输层材料的钙钛矿太阳能电池仅获得了 6%的光电转换效率，其电化学阻抗谱分析表明主要原因是 CuI 器件中载流子复合严重。如果能够有效抑制 CuI 器件中的载流子复合，CuI 将会成为十分有前景的空穴传输层材料。Graetzel 等报道了 CuSCN 作空穴传输层材料的钙钛矿太阳能电池，CuSCN 具有很高的空穴迁移率 0.01～0.1 $cm^2/(V\cdot s)$，制得的器件也因此获得了 12.4%的可观的光电转换效率，标志着一种新型廉价的空穴传输材料的诞生。然而，目前最好的无机空穴传输材料仍然是经掺杂的 NiO，基于此材料的电池在大于 1 cm^2 的面积上获得了 19.2%的认证效率。

2）有机空穴传输层材料

Spiro-OMeTAD 是最常用的有机空穴传输层材料，2012 年，Park 等首先用固态空穴传输材料 Spiro-OMeTAD 替代液态电解质，解决了液态电解质侵蚀钙钛矿的问题，极大地提高了器件的稳定性。然而，Spiro-OMeTAD 本身空穴迁移率较低，通常需要对其进行掺杂，常用的添加剂为锂盐（LiTFSI）和钴盐（FK209）等。虽然掺杂可以显著提高其空穴迁移率，但添加剂锂盐极易吸潮，这将对钙钛矿太阳能电池的稳定性产生不利影响。因此，需要开发无需掺杂的空穴传输层材料。Han 等[102]提出了一种无需掺杂的空穴传输层材料 TTF-1，他们获得了 11.03%的光电转换效率。TTF-1 作空穴传输层材料的器件在湿度约 40%的条件下，稳定性大约是 Spiro-OMeTAD 的两倍。Guo 等将有机太阳能电池中常用的有机空穴传输层材料 PEDOT：PSS 借用到钙钛矿太阳能电池中，获得了 3.9%的光电转换效率。Mohite 等报道了一种溶液热涂布的方法，他们得到了毫米级的晶粒，以 PEDOT：PSS 为空穴传输层材料的器件获得了接近 18%的光电转换效率。然而，PEDOT：PSS 价格昂贵，稳定性较差的缺点限制了其大规模应用。Seok 等研究了 P3HT、PCPDTBT、PCDTBT 和 PTAA 作空穴传输层材料时器件的性能。其中，只有基于 PTAA 的器件获得了可观的性能，光电转换效率达到 12%。尽管目前报道了很多新型的有机空穴传输层材料，但仍然是以掺杂的 Spiro-OMeTAD 为空穴传输层材料的电池效率最高。

三、钙钛矿太阳能电池未来展望

钙钛矿太阳能电池在小面积器件上的认证效率已经达到 22.1%，未来可能成为硅太阳能电池的有力竞争对手，甚至取而代之。《科学》和《自然》期刊都发布评论对钙钛矿太阳能电池的大规模应用寄予厚望，但是还要解决以下问题。首先是在大面积光伏模块上实现高效率，再者是钙钛矿太阳能电池的稳定性，最后是由于铅元素的使用导致的毒性问题。如果最终这些问题得以解决，在大面积模块上实现能够稳定使用 15 年，光电转换效率达到 15%的钙钛矿太阳能电池，则其商业化应用指日可待。

（一）模块

尽管小面积钙钛矿太阳能电池被广泛研究，很少有报道钙钛矿大面积光伏模块的研究。表 7-1 列出钙钛矿的光伏模块的能量转换效率（光照面积为器件测试光电性能时的总受光面积，有效工作面积为器件金属电极的面积，基于后者的效率计算方法可能因缺乏避免散射光而导致效率高估）。

表 7-1 钙钛矿的光伏模块能量转换效率

钙钛矿	光照面积/cm^2	光照面积下的效率/%	有效工作面积/cm^2	有效工作面积下的效率/%
$MAPbI_{3-x}Cl_x$	4	11.9[103]	—	—

续表

钙钛矿	光照面积/cm^2	光照面积下的效率/%	有效工作面积/cm^2	有效工作面积下的效率/%
$MAPbI_{3-x}Cl_x$	4	13.6[104]	3.64	14.95
$MAPbI_3$	14.4	9.1	10.08	13.0[105]
$MAPbI_{3-x}Cl_x$	25	3.43	16.8	5.1[106]
$MAPbI_{3-x}Cl_x$	—	—	7.92	3.1[107]
$MAPbI_3$	—	—	8.4	6.22[108]
$MAPbI_{3-x}Cl_x$	—	—	10.1	7.3[109]
$MAPbI_3$	—	—	10.1	10.3[110]
$MAPbI_3$	36.1	12.1%[85,111]	—	—
$MAPbI_3$	—	—	60	8.7[112]
$MAPbI_3$	—	—	100	4.3[110]

Carlo 和他的同事制备了第一个基于钙钛矿的固态模块，他们使用 P3HT 或 Spiro-OMeTAD 作为空穴传输层材料，在 16.8 cm^2 的反应面积上获得最高 5.1%的效率。然而，基于 Spiro-OMeTAD 的模块长期稳定性比使用 P3HT 作空穴传输材料的模块要好，335 h 维持其初始效率的 60%。随后，为了进一步提高模块的效率，他们优化了钙钛矿沉积环境，控制了气氛，采用了整体之间的单元电池互连和激光切割。他们在 10.1 cm^2 的反应面积上获得了 7.3%的效率。Seok[96]等优化 PCBM 的厚度并在 PCBM 和金属电极之间插入 LiF 夹层作为缓冲层，同时改善了填充因子和短路电流密度。他们在面积为 0.09 cm^2 的电池上得到 14.1%的效率，甚至更重要的是，他们运用这些优化条件的制造模块并在 60 cm^2 的反应面积上得到 8.7%的效率，这是当时钙钛矿模块的最高效率。第一个柔性的钙钛矿模块是由 Brown 和他的同事制备而成的，这一模块包括 4 个串联电池，测试面积为 8 cm^2。他们独自开发了切割工艺和印刷方法，整个过程兼容塑料基板并获得了 3.1%的效率。Carlo 等证明了刮刀涂布可以很容易地应用于制造大型模块，他们制备了反应面积为 10.1 cm^2、效率为 10.4%以及反应面积为 100 cm^2、效率为 4.3%的钙钛矿模块。有限的效率主要源于钙钛矿薄膜沉积的不均匀。为了提高大面积钙钛矿薄膜质量，Snaith 等组合使用 MAI、$Pb(Ac)_2\cdot 3H_2O$ 和 $PbCl_2$ 为前驱体，MAI 和 Pb 的比例是 3∶1 保持不变。$Pb(Ac)_2\cdot 3H_2O$ 被用来使光滑的钙钛矿层的快速结晶，而 Cl 的引入被认为可以增大晶粒，他们在测试面积 4 cm^2 上获得了 13.6%的效率。Tait 等为一步旋涂钙钛矿层开发了一系列无毒溶剂。基于这些溶剂的模块在测试面

积 4 cm^2 上实现了 11.9%的效率。这项工作极大地促进了一步钙钛矿沉积过程未来的商业化发展。Chen 等开发了一种新型钙钛矿薄膜沉积方法称为低压混合化学汽相淀积、具有大面积、高原料利用率的优势，最后他们在 8.4 cm^2 的反应面积上得到 6.22%的效率。目前基于钙钛矿的大面积模块效率较低的主要原因有以下两点。首先，制备大面积均匀、致密、结晶性能好的钙钛矿薄膜比较困难，需要开发新的薄膜沉积工艺。其次，模块中各小电池的连接存在串联电阻。最后，需要开发新的模块电池结构和更合适的制备工艺。目前，国际上认证的最大面积（36 cm^2）钙钛矿光伏模块的效率为 12.1%，该记录为上海交通大学创造[85]，并仍有很大的提升空间，需要进一步深入的研究。

（二）稳定性

除了高效率和低成本问题，钙钛矿太阳能电池的长期稳定性也应该被视为一个同样重要的因素。相比于提高效率方面的快速进展，关于钙钛矿太阳能电池稳定性的进展不大。然而，稳定性对于实现钙钛矿太阳能电池的商业化起着关键作用，仍需加大研究力度。

1. 结构稳定性

钙钛矿晶体结构会因本身成分甚至环境的温度和压力的改变而改变，这将直接影响钙钛矿太阳能电池的稳定性。为了描述 ABX_3 钙钛矿的结构稳定性，Goldschmidt 在 1927 年提出了容忍因子（t）的概念，它被定义为 $t=+\dfrac{r_A+r_X}{\sqrt{2}(r_B+r_X)}$，其中，$r_A$ 为一价阳离子的有效离子半径，r_B 为二价金属离子的有效离子半径，r_X 为一价阴离子的有效离子半径。只有 t 的值是在一定范围内，晶体才会呈现钙钛矿结构，而只有在 0.8～1 之间，才会得到稳定的钙钛矿结构。

被研究最多的 $CH_3NH_3PbI_3$，t 的值是 0.834。t 值可以通过更换或混合不同大小的离子来调节以获得更稳定的钙钛矿结构。Park 等用尺寸较大的 FA 取代了 MA 获得 $FAPbI_3$，t 值更大，这意味着较小的带隙和更广泛的光吸收范围。他们发现 FA 型钙钛矿太阳能电池光稳定性要好于 MA 型钙钛矿太阳能电池，并具有较小的迟滞现象。Seok 等报道 $MAPb(I_{0.8}Br_{0.2})_3$ 在湿度 35%的情况下能够保持初始效率 20 天。此外，$MAPbBr_3$ 被纳入 $FAPbI_3$ 中来稳定 $FAPbI_3$ 的钙钛矿相并提高太阳能电池的能量转换效率[113]。后来，Park 等报道的组分 $Cs_{0.1}FA_{0.9}PbI_3$，相比于纯 $FAPbI_3$ 具有更好的光和水稳定性，制成的平面结构电池获得了平均 16.5%的效率。随后，Graetzel 等采用 $Cs_{0.2}FA_{0.8}PbI_{2.84}Br_{0.16}$ 组分制备钙钛矿太阳能电池，平均效率超过 17%，在空气中表现出出色的稳定性。除此之外，他们首次用熵稳定的概念解释了结构稳定性提高的原因，表明 Cs 在协助 $FAPbI_3$ 形成钙钛矿相上是有效的。最近，Snaith 等[114]采用 $FA_{0.83}Cs_{0.17}Pb(I_{0.6}Br_{0.4})_3$ 组分，消除 $FAPb(I_{1-x}Br_x)_3$ 的相不稳定区域，相比 $MAPb(I_{0.6}Br_{0.4})_3$ 改善了热稳定性。为了进一步消除 $FA_xMA_{1-x}PbX_3$ 的 δ 相，Graetzel 等使用三元 Cs/MA/FA 阳离子混合的方法，获得稳定的超过 21%的效率，正常运行 250 h 后，效率仍有 18%。多种离子掺杂是目前提高钙钛矿结构稳定性中一个重要的方法，但是结构稳定性不高仍然是制约该类太阳能电池发展的关键问题，仍需要进一步的深入探索。

2. 环境影响

环境对电池稳定性的影响意味着在某些环境条件下，钙钛矿的太阳能电池薄膜将会发生变化，最终导致钙钛矿太阳能电池的稳定性问题。环境的影响因素包括水分、氧气、热量和紫外线等，基本的具有代表性的化学反应方程式如下：

$$PbI_2\text{（s）}+CH_3NH_3I\text{（aq）}\rightleftharpoons CH_3NH_3PbI_3\text{（s）} \tag{7-1}$$

$$CH_3NH_3I\text{（aq）}\rightleftharpoons CH_3NH_2\text{（aq）}+HI\text{（aq）} \tag{7-2}$$

$$4HI\text{（aq）}+O_2\text{（g）}\rightleftharpoons 2I_2\text{（s）}+2H_2O\text{（l）} \tag{7-3}$$

$$2HI\text{（aq）}\xrightarrow{UV} H_2\text{（g）}+I_2\text{（s）} \tag{7-4}$$

$MAPbI_3$ 易于水解正如式（7-1）的逆反应，因此式（7-2）会向右移动。此外，在氧气或紫外线下，HI 会被消耗，导致式（7-2）向右移动，式（7-1）向左移动。水分和氧气的共同作用将会带来不可逆转的钙钛矿材料的降解。更糟的是，常用的 spiro-MeOTAD 空穴传输材料载流子迁移率较差，需要掺杂 Li 盐来提高载流子迁移率。然而，Li 盐容易吸附水分，不利于钙钛矿太阳能电池的稳定性。

为了改善水稳定性，Wang 等引入了一种后修饰技术，在钙钛矿薄膜和空穴传输层材料之间插入一层薄薄的氧化铝，起到阻碍水分侵入和在某种程度上抑制电子复合的作用。钙钛矿薄膜有和没有氧化铝层均暴露在湿度 60%的环境中 18 h，前者保持了钙钛矿的主要吸收，而后者出现了 PbI_2 的吸收峰，这证实了该技术的有效性。Seok 等发现，Br 的引入将显著提高水分稳定性，基于 $MAPb(I_{1-x}Br_x)_3$（x=0.2，0.29）的器件在 55%湿度条件下保持了效率，而基于 $MAPb(I_{1-x}Br_x)_3$（x=0，0.06）的电池性能严重退化。此外，为了消除 Li

盐造成的负面影响，很多无需掺杂 Li 盐的空穴传输层材料被开发出来，如 P3HT、DR3TBDTT、TTF-1、PCBTDPP。以 PDPPDBTE 作空穴传输层材料的钙钛矿太阳能电池在没有封装的条件下暴露于空气 1000 h，几乎可以保持最初的效率。Snaith 和他的同事用 P3HT/SWNT-PMMA 取代了 spiro-MeoTAD 作空穴传输层材料，在用水冲洗前后效率几乎不变（前为 12.9%，后为 12.7%）。除了有机空穴传输层材料，无机化合物（如 CuI 和 CuSCN）也被用作空穴传输层材料，提高器件的稳定性。最近，You 等报道 p-i-n 结构钙钛矿太阳能电池，提高了对水分和氧气的稳定性。器件使用 n 型氧化锌和 p 型 NiO_x 作为电子和空穴传输材料，室温环境空气中存储 60 天，效率仅退化 10%，而使用传统有机运输层的器件经历了 5 天后完全退化。

虽然水分子被证实会降解钙钛矿晶体，但 Zhao 等发现在适当的时候喷水蒸气可以改善薄膜质量。这是因为水分子和碘离子之间形成氢键有益于钝化过程。这表明水分对钙钛矿的太阳能电池是一把双刃剑。

二氧化钛是钙钛矿太阳能电池中一种常用的材料，承担着传导电子，阻隔空穴的作用。然而，它也是一种典型的光催化材料，吸收边在 300 nm 左右属于紫外线区域。在这种情况下，一旦基于二氧化钛的钙钛矿太阳能电池暴露在含有紫外线的阳光中，电子将进入导带，在价带留下光生空穴。光生空穴具有强氧化性，将捕获 I^- 中的电子触发如下反应：

$$2I^- \rightleftharpoons I_2+2e^- \quad (7\text{-}5)$$

$$3CH_3NH_3^+ \rightleftharpoons 3CH_3NH_2\uparrow+3H^+ \quad (7\text{-}6)$$

$$I^-+I_2+3H^++2e^- \rightleftharpoons 3HI\uparrow \quad (7\text{-}7)$$

式（7-5）的向右运动将导致 HI 的生成，正如式（7-7）所示。式（7-7）中 H^+ 的消耗和 CH_3NH_2 气体的逸出将使式（7-6）正向运动，最终会导致钙钛矿材料的降解。

为了提高钙钛矿太阳能电池在紫外线照射下的稳定性，Snaith 等用介孔氧化铝替换二氧化钛制备介观超结构钙钛矿太阳能电池（MSSCs）。介孔氧化铝由于其带隙较宽，不会被紫外线激发，在全谱阳光下，MSSCs 产生稳定光电流达 1000 h。除了氧化铝，氧化锌也可以起到这样的作用，以氧化锌纳米棒为电子传输层的钙钛矿太阳能电池在空气中存储 500 h 后，效率仅从 5.0%降到 4.35%。Ito 等采用化学浴沉积的方法在钙钛矿和纳米晶二氧化钛之间插入 1～2 nm 厚的 Sb_2S_3，防止钙钛矿和二氧化钛的直接接触，使光生空穴很难从 I^- 中捕获电子。结果是，没有 Sb_2S_3 这一层的钙钛矿太阳能电池效率经 12 h 光照后下降到零，颜色从黑色变为黄色。相反，在同等条件下，具有 Sb_2S_3 这一层的器件的吸收边，晶体结构和I效率均没有变化，意味着这些器件具有较好的光稳定性。Chander 等用喷涂的方法在透明电极玻璃背面沉积一层均匀的DS YVO4：Eu^{3+}。经长时间光照，具有DS YVO4：Eu^{3+}层的器件保留50%的初始效率，而没有这一层的器件，只保留35%的初始效率。此外，这一层能把紫外线转化为可见光，这将增强8.5%的光电流。最近，Snaith 等在钙钛矿和二氧化钛之间插入一层CsBr，改善钙钛矿的紫外线稳定性。他们把有无CsBr层的器件放在365 nm 523 mW·cm^2光照下50 min，发现经CsBr修饰的器件紫外线稳定性明显改善。因为在20 min照明后，他们保留了70%的初始效率，而没有经过修饰的器件，效率降为零。

目前，通过封装的方法可以缓解水、氧、紫外线等对电池稳定性的不利影响，但是还未曾有完全解决该类问题的报道。因此，作为解决钙钛矿太阳能电池长期稳定性问题中的重要一环，该方向的研究仍有待加强。

（三）毒性

除了稳定性问题，由于使用铅而引发的毒性问题是另一个关键问题，阻碍了钙钛矿太阳能电池的大规模应用。大量的国家和地区颁布了法律来限制铅元素的使用。例如，自2006年以来，欧盟执行“电气和电子器件中某些有害物质的使用限制”（RoHS），RoHS 规定，在电子电气设备中铅元素的浓度应不超过1000×10^{-6}。缓解这一问题的一个方法是去寻找其他环保元素部分或完全取代铅元素。部分相关工作列于表7-2。

表7-2 非铅或少铅钙钛矿太阳能电池性能表

钙钛矿	短路电流/（mA·cm^2）	开路电压/V	填充因子	效率/%	带隙/eV	稳定性
$MASnI_3$	16.8	0.88	0.42	6.4	1.23	封装后的器件经4个月的光照几乎保持原有的吸收[115]
$CH_3NH_3Sr_{0.1}Pb_{0.9}I_3$	4.32	0.87	0.53	1.97	1.52	稳定性很差[116]
$MASnI_3$	16.3	0.68	0.48	5.23	1.3	氮气环境下，封装后的器件12 h后保有初始效率的80%[117]
$MASnIBr_2$	12.30	0.82	0.57	5.73	1.75	—
$MASn_{0.5}Pb_{0.5}I_3$	20.04	0.42	0.5	4.18	1.18	大气环境中，经过50 min，保有初始吸收的90%
$MASnI_3$	—	—	—	—	—	大气环境中，经过1 min，保有初始吸收的90%

续表

钙钛矿	短路电流/（mA·cm^2）	开路电压/V	填充因子	效率/%	带隙/eV	稳定性
$MASn_{0.25}Pb_{0.75}I_3$	15.82	0.728	0.64	7.37	1.24	—[118]
$CsSnI_3$	0.19	0.01	0.21	3×10^{-4}	—	—[119]
$20\%SnF_2$–$CsSnI_3$	22.70	0.24	0.37	2.02	—	—
$CsSnI_3$	8.5	0.19	0.47	0.75	—	氮气环境中 10 天，保有 30%初始效率[120]
$5\%SnI_2$–$CsSnI_3$	11	0.25	0.48	1.3	—	氮气环境中 10 天，保有 40%初始效率
$10\%SnI_2$–$CsSnI_3$	12.5	0.28	0.43	1.5	—	氮气环境中 10 天，保有 90%初始效率
$CsSnI_3$	0.22	2.3×10^{-3}	0.57	3×10^{-4}	1.27	—[121]
$CsSnI_{1.5}Br_{1.5}$	3.69	1.35	0.26	0.13	—	—
$20\%SnF_2$–$CsSnI_2Br$	15.06	2.89	0.38	1.67	1.37	—
$MASn_{0.5}Pb_{0.5}I_3$	22.61	0.21	0.37	1.77	1.21	—[122]
$MASn_{0.15}Pb_{0.85}I_3$	19.1	0.76	0.66	9.77	—	—[123]
$MASn_{0.1}Pb_{0.9}I_3$	19.0	0.78	0.67	10.25	—	—[124]

从表 7-2 可以看出，研究最广泛的替代元素是锡。然而，相比于基于 Pb，基于 Sn 的钙钛矿太阳能电池效率很低，稳定性很差。虽然稳定性问题也许可以通过恰当的封装来解决，效率也可以通过开发新的薄膜沉积方法来提高，但实际上 Sn 也被列为有害化学物质，这与人们日常的认知相反。最近的一项研究表明，SnI_2 能够造成强烈的酸化，比 Pb 对环境的影响更大。他们得出结论，Sn 可能不是理想的替代元素。在这种情况下，解决这个问题的一个方法是去寻找其他元素，形成有合适带隙的钙钛矿结构，并要具有吸收系数高、容易加工等特点。另一种方法是开发强大的封装技术，一方面可以提高器件的长期稳定，另一方面防止有毒化学物质泄漏。

四、学科发展政策建议与措施

我们总结了常用的器件结构、钙钛矿薄膜沉积方法和钙钛矿光伏模块制备的最新进展以及电池在不同情况下的稳定性和由铅或锡引发的毒性问题。本书建议如下。

（1）加大新结构钙钛矿太阳能电池的研究，从结构入手实现效率的进一步提升。

（2）未来一个可能的发展方向是制造无空穴传输层同时无电子传输层的高效钙钛矿太阳能电池，这将在很大程度上简化制造工艺，降低成本；然而，在没有其他层保护的情况下，这种钙钛矿太阳能电池的稳定性问题以及如何抑制严重的载流子复合问题将是巨大的挑战。

（3）关于钙钛矿薄膜的沉积方法，目前大多数研究选择了旋涂方法，而且是实现高效率的方法，但旋涂法不适合大规模工业生产；其他方法如刮片涂布法，狭缝型挤压式涂布（slot-die）和软膜法适合大规模生产，但是效率有待提高到旋涂法的水平；因此开发新方法，进一步优化成膜质量，对于实现未来大规模生产至关重要。

（4）目前高效率器件的面积过小，集中在 1 cm^2 以下，远低于大规模生产的要求，因此，制造大面积高效率的钙钛矿光伏模块将是其未来产业化的重要一步，这也将成为科学界关注的焦点。

（5）关于钙钛矿太阳能电池的稳定性，尽管已经做了很多工作来提高它的稳定性，但由于影响稳定性的因素很多，其退化的基本机制还没有完全理解，稳定性仍然是这一技术实际应用的瓶颈；未来的科学家的工作重心应该从提高效率转移到研究钙钛矿太阳能电池的退化机制上来，最终改善稳定性至 15 年以上，这将使它最终成为硅太阳能电池的替代品。

（6）Pb 引起的毒性问题是制约钙钛矿材料实际应用的另一个关键因素。人们研究了无铅或少钙钛矿材料。然而，最有前途的候选材料 Sn，据最近的报道比铅对环境更有害。因此，寻找新的合适的和环境友好的元素来代替 Pb、Sn 的工作将会继续下去。此外，发展强大的封装技术的同时，提高稳定性和防止有毒化学物质泄漏将是一个研究重点。

第四节　薄膜硅太阳电池

一、薄膜硅太阳电池概述

（一）薄膜硅材料介绍

薄膜硅太阳电池的吸收层主要包括非晶硅（a-Si：H）、纳米晶硅（nc-Si：H）以及非晶硅锗（a-$SiGe_x$：H）材料。薄膜硅材料主要是通过等离子体化学气相沉积（PECVD）工艺分解 SiH_4、H_2 等气体制备。

1. 非晶硅材料

20 世纪 60 年代，非晶硅首先是由辉光放电获得。1975 年，Spear 实现非晶硅材料的掺杂，制备了非晶硅 p-n 结[125]；1976 年，Carlson 制备了 p-i-n 结构的非晶硅电池，获得了 2.4%的转化效率[126]。1977 年，Staeblerhe 和 Wronski 发现非晶硅薄膜在光照后，材料的光暗电导都发生下降，但是经过 150℃退火后，材料的性能又能恢复，此效应称为 S-W 效应[127]。导致 S-W 效应可能的原因是光照使材料里产生亚稳态的缺陷。由于 S-W 效应使非晶硅电池的衰退可以达到 20%以上，严重影响非晶硅电池的使用。在沉积工艺上，通过在工艺中引入氢气可以显著改善非晶硅材料的稳定性[128]，主要是因为 H 原子可以钝化 Si 的悬挂键，进而降低非晶硅材料的缺陷态。另外，通过引入三极管式的电极板结构，可以降低等离子体内的高能离子，减少对非晶硅膜层的轰击，非晶硅电池的衰退可以降低到 11%（非晶硅吸收层厚度为 250 nm），而用通常的设备沉积的非晶硅电池衰退达到 19%以上[129]。非晶硅材料是一种无序的结构，由于这种结构产生 Si—Si 扭曲或断裂，使非晶硅材料产生局域态（tail states 与 defects states），局域态是复合中心，会降低材料的性能。同时由于非晶硅材料是无序结构，不需要遵守动量守恒，所以非晶硅材料类似于直接带隙材料，比间接带隙的单晶硅材料有更强的吸收。具有器件质量的非晶硅材料，一般含有 8%～12%原子含量的氢，光学带隙宽度为 1.7～1.8 eV，深带隙态密度在 10^{15}～10^{16} cm^{-3}。

2. 纳米晶硅材料

氢化纳米晶硅是一种混合相的材料，在非晶硅的无序网格里存在一定体积比例的单晶硅晶粒，硅晶粒的尺寸一般为几纳米到几百纳米不等。在 1968 年，氢化纳米晶硅薄膜材料首次通过化学转移技术制备[130]；到 1980 年，首次通过 PECVD 辉光放电电离硅烷获得[131,132]。起初主要是用在非晶硅 p-i-n 电池上作为高导电、低吸收的 p 层使用[133,134]。1994 年，Meier 等首次使用甚高频 PECVD 沉积技术制备效率超过 7%的纳米晶硅电池[135,136]。由于在非晶硅的无序网格里引入有序的晶粒，使纳米晶硅材料的性能明显不同于非晶硅材料。纳米晶硅材料的性质与单晶硅类似，材料带隙约 1.12 eV，为间接带隙材料，其短波吸收系数低于非晶硅，但是纳米晶硅材料的掺杂效率高。纳米晶硅材料在晶界的区域由于容易引入 O、N 等掺杂，所以纳米晶硅材料的质量与沉积的气源纯度、设备漏气率以及沉积工艺都有关系。一般认为处于非晶与纳米晶相变区域的纳米晶硅材料具有优良的性能，其晶体硅晶粒占有 50%～70%

的体积比。器件质量的纳米晶一般是（220）择优取相，暗电导小于 1.5×10^{-7} S/cm，光电导大于 1×10^{-5} S/cm，暗电导激活能在 0.53～0.57 eV。此时纳米晶硅材料具有较好的光照稳定性，可以用作电池的吸收层。纳米晶硅与单晶硅材料具有类似的吸收系数，其长波吸收系数低，所以一般纳米晶硅电池的厚度要控制在 1～3 μm，并且要求电池具有良好的陷光性能，才能保证电池对光的充分吸收。由于纳米晶硅材料对光谱的响应可达到 1100 nm，所以通常把纳米晶硅与非晶硅结合成叠层电池结构，以提高非晶硅电池的光谱响应范围，进而提高电池的效率。由于纳米晶硅在电池里的厚度需要 1～3 μm，所以利用高速沉积制备器件质量的纳米晶硅材料在实际生产中变得尤为重要。有两种技术可以提高纳米晶硅材料的沉积速度，一是采用甚高频技术（VHF 30～300 MHz）代替通常的射频（13.56 MHz）技术，以提高反应气体的分解速率及降低高能离子的轰击。甚高频技术首次由瑞士 IMT 提出，并应用于纳米晶硅的沉积上[137]。二是采用高压耗尽方式高速沉积纳米晶硅材料[138,139]。目前结合甚高频及高压耗尽技术，可以实现高速沉积（>1 nm/s）器件质量的纳米晶硅材料[140-142]。

3. 非晶硅锗材料

非晶硅锗材料是在非晶硅工艺里引入锗烷气体（GeH_4）分解获得，该材料为无序结构。1977 年，Chevallier 等首先用 PECVD 工艺制备出 a-$SiGe_x$：H 薄膜，锗元素的引入可以调节 a-$SiGe_x$：H 材料的带隙，一般调节的范围在 1.7～1.0 eV。随着 Ge 含量的增加，a-$SiGe_x$：H 的带隙逐渐减小[143]。a-$SiGe_x$：H 适合作为多结 a-Si：H/a-$SiGe_x$：H/a-$SiGe_x$：H 电池的中间和底电池。但是 Ge—Ge 键比 Si—Si 键更容易断裂，因此 a-$SiGe_x$：H 材料比 a-Si：H 材料有更多的缺陷，随着膜层里锗含量的增加，a-$SiGe_x$：H 材料的质量变得更差，因此锗含量需要控制在一定的范围[144]。器件质量的 a-$SiGe_x$：H 薄膜，其带隙一般不低于 1.4 eV。与 a-Si：H 材料一样，a-SiGe：H 材料类似于直接带隙半导体，存在高的吸收系数，因此一般在电池中只需要几百纳米就可以充分吸收太阳光。在 PECVD 工艺中，沉积温度对 a-$SiGe_x$：H 膜层有着重要的影响，过低的沉积温度，对重的 GeH_3 激元迁移不利，过高的温度容易使 Ge—H 键断裂，导致低的材料质量，最佳的沉积温度控制在 230～280℃[145]。但是通过增加反应的氢稀释度，也可以提高 a-$SiGe_x$：H 材料的质量，经过优化可以在 180℃下制备高质量的窄带隙 a-$SiGe_x$：H 材料。另外由于 SiH_4 与 GeH_4 的分解速率不同，容易导致膜层 Ge 含量组分的不均匀，而 Si_2H_6 气体与 GeH_4 的分解速率相同，所以工艺上也常用 Si_2H_6 代替 SiH_4 制备 a-$SiGe_x$：H 材料[146]。

（二）薄膜硅电池器件设计原理

由于掺杂的 a-Si：H 与 nc-Si：H 薄膜材料具有高的缺陷态密度，低的载流子迁移率，采用类似晶硅 p-n 结设计的薄膜硅电池没有功率输出。1976 年，Carlson 设计了 p-i-n 结构的非晶硅电池，获得了 2.4%的转化效率[126]。这种结构的电池是把未掺杂的本征层（i）放在 p 与 n 非晶掺杂层中间，这样 p 与 n 层之间形成内建电场。本征层主要是用来吸收光，由于本征材料具有相对低的缺陷态密度，产生的光生载流子可以在内建电场的驱动下运动到电极上被收集，这就说明硅基薄膜电池是典型的漂移型器件。由于 p 与 n 层主要是提供内建电场，它们本身也会吸收太阳光，但是由于材料本身具有高的缺陷，吸收的光并不能转化为电能输出，所以在器件设计上应尽量降低 p 与 n 膜层的厚度及光吸收，通常膜层的厚度范围控制在 10～20 nm 范围。为了降低 p 与 n 膜层的寄生吸收，通常采用宽带隙及低吸收的材料，如硅碳合金材料（SiC_x）、硅氧合金材料（SiO_x）以及纳米晶硅材料（nc-Si）。图 7-11 为单晶硅 p-n 结与非晶硅 p-i-n 能带平衡的对比图。可以看到单晶硅能带在结的区域发生弯曲，在体内能带水平，载流子在体内产生后经过扩散到达结区后再进行分离，说明晶体硅是典型的扩散型器件结构。而非晶硅整个本征 i 层在内建电场的作用下能带发生弯曲，说明内建电场穿过整个 i 层。

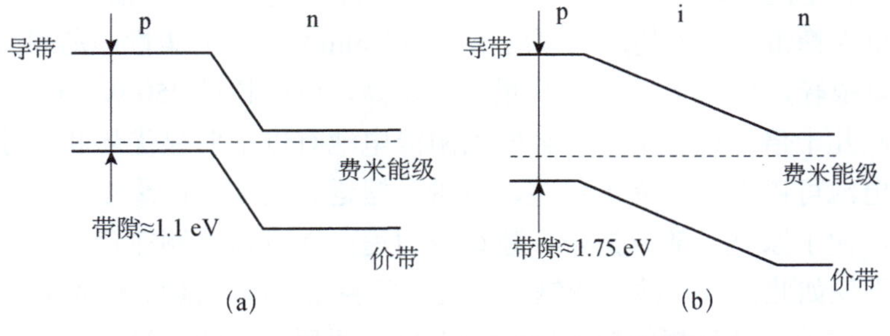

图 7-11　c-Si 与 a-Si：H 的能带平衡结构示意图

从沉积工艺的顺序来说，硅基薄膜太阳电池有两种构型，p-i-n 与 n-i-p 构型。图 7-12 是两种类型的电池结构示意图。其中 p-i-n 构型（又称为 superstrate type），p 层首先沉积在前透明导电电极（TCO）层上，依次是 i、n 层的沉积。另外在不透明的柔性衬底上（如柔性不锈钢衬底）先沉积 n 层然后依次沉积 i、p 层称为 n-i-p 构型（又称为 substrate type）。

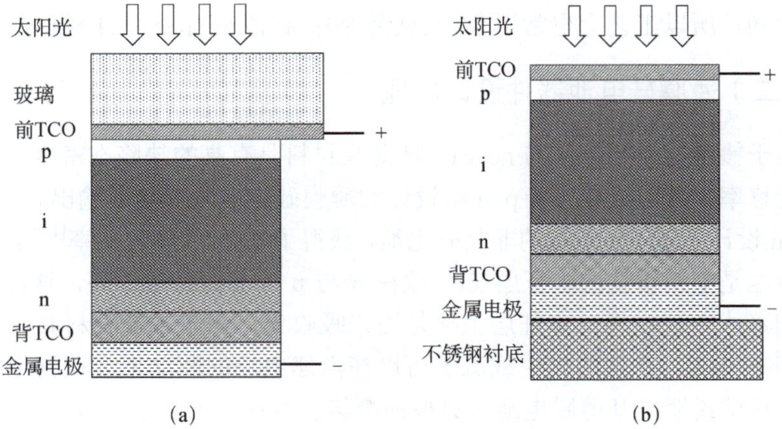

图 7-12　硅基薄膜电池的 p-i-n 与 n-i-p 平面结构示意图

TCO 为透明氧化物薄膜

（三）薄膜硅电池的优缺点

硅基薄膜电池的主要的优势有以下几点：①原材料丰富，如衬底可以使用玻璃、塑料、不锈钢等；吸收层是 Si 合金材料，原材料丰富无毒；TCO 可以用 SnO_2：F、ZnO：Al、ZnO：B 等；②工艺温度低，能量回收期短，硅薄膜层的温度通常可以控制在 200℃以内；③大面积生产工艺成熟稳定；④弱光性能及高温环境下的性能优于晶硅电池；⑤可以在柔性衬底上进行生产，这是优于晶硅电池的地方。通常一块 290 W 的晶硅电池组件，质量达 20 kg，不太可能单人携带。基于超薄（厚度小于 0.1 mm）衬底的柔性硅薄膜太阳能电池，质量很轻，功质比（功率/质量）非常高，可以超过 250 W/kg，比传统晶硅电池高几十倍。该类柔性、轻便太阳能电池有以下明显优势和用途：①因为柔性电池可以卷曲，易于包装、携带、搬运、安装等；②没有镉、铅等有毒元素，便于家庭、随身携带、建筑等用途；③可以缝制在背包、衣服、帐篷上。不仅如此，以超薄不锈钢箔衬底的薄膜太阳能电池机械强度高，防水、防火、防腐蚀，是理想的船、舰、无人机、屋顶本体的建筑材料。这样，既发电又可以替代其他建筑材料，特别是野外、船、舰、机顶棚等的结构材料，有效降低了整体成本。如将不锈钢基底改为更轻的高分子材料，可进一步减轻质量，其功质比可以达到 1000 W/kg 以上，可以满足空间和近空间飞行器的能源需求，大大提高飞行器的在天飞行时间。与超薄柔性陶瓷锂电池结合的一体化的太阳能电池，则可以实现全天候的用电需求。

以上是薄膜硅电池相比晶硅电池有优势的地方，但是硅基薄膜电池也有明显的缺陷，主要有以下两点：①电池的效率普遍低于晶硅电池，电站成本高于晶硅电池；②设备的前期投入成本高。因此提高薄膜硅电池效率以及降低成本是硅基薄膜电池研究的重点方向。

二、薄膜硅电池研究现状及发展动态分析

目前薄膜硅电池的研究主要集中在以下两个方向：①发展新型的陷光衬底提高电池的吸收及效率；②研究多结电池技术，引入新的功能材料（如 SiO_x），降低电池的寄生吸收，提高电池的性能。

（一）薄膜硅电池的陷光研究

对于硅基薄膜太阳电池，陷光是提高电池性能的一个关键因素。由于薄膜硅材料在近带隙附近具有低的吸收系数，这就需要足够厚的材料才能保证近带隙能量的光被充分吸收，但是厚的材料吸收层意味着材料质量更难控制，以及后续带来生产成本的上升。对于非晶硅太阳电池，为了降低电池的光致衰退效应，通常的吸收层厚度只有 250 nm，在电池没有陷光的情况下，电池只能吸收小部分的 600 nm 以上的光。对于纳米晶硅电池也是类似的，为了保证纳米晶材料的质量，通常本征纳米晶层的厚度小于 3 μm，但是当电池没有陷光的条件下，纳米晶层对 700 nm 后光子只有弱的吸收。实际上对于单晶硅电池，200 μm 的厚度依然不能保证充分吸收太阳红外区域的光，因此为了提高一定厚度下电池的吸收，采用陷光是至关重要的。陷光的目的是提高光在电池里的光程，提高电池对光的吸收概率，如图 7-13 所示，红光进入纳米晶硅电池里在无陷光结构与随机陷光结构里光程示意图。在平面无陷光结构的电池中，垂直进入电池一部分红光到达背反处然后又垂直反射回电池，光程只有吸收层厚度的 2 倍，没有被电池吸收的光反射出电池。但是当电池在随机粗糙的衬底上，光到达在 TCO/Si 与 Si/背反界面上发生散射，因此提高了光在吸收层里的光程，即提高了光电流。目前已经开发的陷光材料主要包括以下几种：①在 p-i-n 结构的电池中，随机纳米织构的 TCO 用作电池的陷光衬底，典型的 TCO 材料包括使用低压化学沉积的具有金字塔织构的 SnO_2：F、ZnO：B 材料[147,148]，使用盐酸刻蚀 ZnO：Al 形成的弹坑结构[149]。另外，通过刻蚀玻璃形成粗糙的表面也被用于电池的陷光研究[150,151]。在 n-i-p 型电池中，典型的陷光基底主要是使用高温 Ag 织构产生的粗糙表面[152,153]。低压化学沉积的具有金字塔织构的 ZnO：B；随着微加工技术的发展，采用周期性粗

糙结构的衬底也被用来进行电池陷光的研究，最典型的是通过掩膜刻蚀形成的蜂窝状的衬底。a-Si/nc-Si/nc-Si 三结电池在此陷光结构上实现了 13.6%的稳定效率[142]。而单结 nc-Si：H 电池则实现了 11.8%的效率[140]，说明周期可控的陷光衬底可以获得更优的电池效率。最近几年金属纳米颗粒由于具有等离激元共振效应及良好的散射性能，也被应用于硅基薄膜电池的陷光[154,155]。

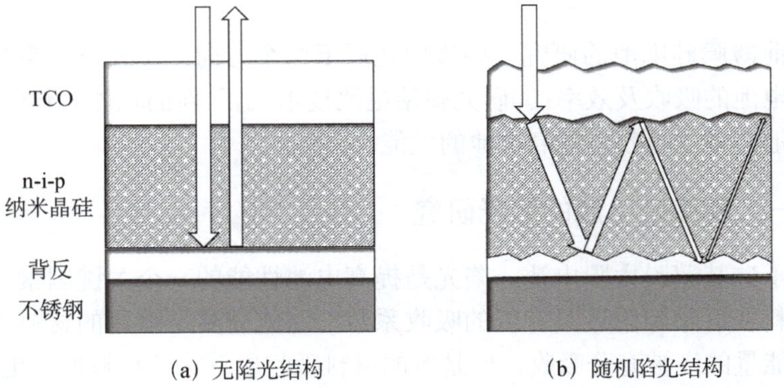

图 7-13　红光进入 nc-Si 电池里在无陷光结构与随机陷光结构里光程示意图

TCO 为透明氧化物薄膜

（二）薄膜硅电池的多结技术

为了提高电池对太阳光谱的利用范围及降低热载流子损耗，提高电池的效率，采用叠层电池结构是硅基薄膜电池的发展趋势。常用的叠层电池主要包括 a-Si/a-SiGe/a-SiGe、a-Si/nc-Si、a-Si/a-SiGe/nc-Si、a-Si/nc-Si/nc-Si 等。表 7-3 列出薄膜硅电池在刚性衬底上的最高稳定效率，表 7-4 列出了在柔性衬底上的薄膜硅电池的最高稳定效率。从表中可以看出，日本 AIST 利用光刻技术在硅片上获得周期性蜂窝状结构的陷光衬底，在小面积（1.0 cm^2）硅衬底上，a-Si/nc-Si/nc-Si 三结电池实现 13.6%的稳定效率，其中纳米晶硅材料利用高速沉积实现（1.0 nm/s）[134]。美国的 USO 公司主要是研究柔性薄膜硅太阳电池，该公司通过在柔性不锈钢柔性衬底上研究优化 a-Si/nc-Si/nc-Si 三结电池，在小面积（1.0 cm^2）上实现 13.61%的稳定电池效率[156]，而在大面积（400 cm^2）上实现了 11.24%稳定效率[157]。a-Si/nc-Si/nc-Si 三结电池在刚性衬底与柔性衬底上都能获得相同的最高电池效率，另外 a-Si/nc-Si/nc-Si 电池具有小的衰退（电池性能衰退<5%）[157]，因此 a-Si/nc-Si/nc-Si 三结电池是未来薄膜硅电池发展的方向。在大面积电池组件方面，日本 TEL 公司通过工艺优化，在大面积（1.4 m^2）玻璃衬底上，a-Si：H/nc-Si：H 叠层电池实现了 12.34%

的稳定效率[158]。

表 7-3 刚性衬底上薄膜硅电池的最高稳定效率

电池结构	面积/cm^2	衬底	效率/%	V_{oc}/V	J_{sc}/（mA/cm^2）	FF/%	单位
a-Si（p-i-n）	1	Glass/SnO_2：F	10.20	0.896	16.36	69.8	AIST
nc-Si（n-i-p）	1	Si/HC/Ag	11.8	0.548	29.38	73.1	AIST
a-Si/nc-Si（p-i-n）	1	Si/ZnO：B	12.7	1.342	13.45	70.2	AIST
a-Si/nc-Si（p-i-n）	14 300	Glass/ZnO：B	12.3	1.429	12.36	69.9	TEL Solar
a-Si/a-SiGe/nc-Si（p-i-n）	14 300	Glass/ZnO：B	10.5	NO	NO	67.9	LG
a-Si/nc-Si/nc-Si	1	Si/HC/Ag	13.6	1.901	9.92	72.1	AIST
a-Si/nc-Si/nc-Si	1	Glass/ZnO：Al	13.4	1.963	9.52	71.9	LG

表 7-4 柔性硅基薄膜电池最高稳定效率统计

电池结构	面积/cm^2	衬底	效率/%	V_{oc}/V	J_{sc}/（mA/cm^2）	FF/%	单位
a-Si/nc-Si/nc-Si	400	SS/textured Ag	11.24	1.908	8.89	66.3	USO
a-Si/nc-Si/nc-Si	1	SS/textured Ag	13.61	1.918	9.46	75.1	USO
a-Si/a-SiGe/a-SiGe	1	SS/textured Ag	13.0	2.294	8.27	68.4	USO

国内硅基薄膜电池的研究主要进展如下：南开大学采用 MOCVD 技术，在玻璃衬底上制备绒面掺硼 ZnO（BZO），通过控制隧穿结特性，获得了初始效率达到 13.65%的 a-Si/nc-Si 叠层电池[159]。通过优化三结 a-Si/a-SiGe/nc-Si 电池里的隧穿结工艺，在小面积上获得 15.06%的初始电池效率[160]；上海交通大学采用周期性衬底提高了 a-Si/nc-Si 叠层电池的效率，进一步研究了 TiO_2 减反射层和 SiO_x 中间层对非晶硅/微晶硅叠层电池光谱匹配的影响，获得了 12.35%的初始电池效率[161]。汉能薄膜通过优化 a-Si/nc-Si 叠层电池的沉积工艺，在 0.79 m^2 面积玻璃衬底上，a-Si/nc-Si 叠层电池实现 12.9%的初始电池效率及 11.1%的稳定电池效率。中国科学院大连化学物理研究所着重在超薄柔性不锈钢衬底上优化 a-Si/nc-Si 叠层电池的工艺，通过调节自织构衬底陷光及工艺，在 200 cm^2 的柔性不锈钢上实现 11%的初始电池效率。

在产业化方面，全球范围内硅基薄膜电池产能达到 10 GW 以上，基本都是刚性衬底的组件。国内以汉能为代表的公司，主要是生产 a-Si/a-SiGe/a-SiGe 三结电池，其普遍效率在 8%左右，远低于国际上主流的 a-Si/nc-Si 叠层电池 10%～11%的效率。由于刚性组件无法与晶硅电池开展差异化的竞争，所以硅基薄膜太阳电池的实际产能很低，目前几乎所有的薄膜硅电池厂都处于关闭状态，因此硅基薄膜电池需要重新回到实验室进行研究提升。

三、研究总结与展望

（一）研究总结

（1）薄膜硅材料的吸收层主要是硅元素，其在地球上丰富并且无毒，是太阳电池生产应用的理想材料选择，但是与目前市场上的晶硅电池相比，效率偏低，因此需要持续地进行研发，提高电池的效率。主要的研究方法是采用多结电池技术以及提高衬底陷光等措施来提高电池的效率。

（2）薄膜硅电池的实验室研发总结：在刚性衬底上，日本 AIST 研究小组进行了大量的研发工作，他们通过优化周期性蜂窝状陷光结构，使衬底陷光结构可控，提高了三结 a-Si/nc-Si/nc-Si 电池的长波吸收并降低了 nc-Si∶H 材料里的缺陷，最终在 1.0 cm^2 面积上，三结电池实现 13.6%的最高稳定效率。在柔性不锈钢衬底上，美国 USO 公司通过优化自织构 Ag 陷光结构，使 a-Si/nc-Si/nc-Si 硅基薄膜电池的最高稳定效率达到 13.61%。

（3）在大面积组件生产方面，日本 TEL Solar 在 Glass/BZO 衬底上成功获得 12.34%稳定的 a-Si/nc-Si 叠层电池组件效率。在全球范围内薄膜硅电池生产线已经达到 10 GW 级的生产规模，但是受制于该产品的效率低而导致市场竞争力不足，目前全球薄膜硅电池的产线都已经关闭，因此急需要研究更高效率的薄膜硅组件。

（4）我国目前的水平与国际领先水平差距较大，关键设备及技术被国外垄断，导致我国的薄膜硅电池生产线几乎全部是进口，因此急需摆脱目前的状况。

（二）研究展望

（1）通过持续地研究衬底的陷光机理，优化陷光结构，提高电池材料的性能，优化多结电池工艺，降低电池的寄生吸收，采用新的功能材料，未来小面积薄膜硅电池的稳定效率可以突破到 18%以上，大面积效率达到 16%以上。

（2）通过研究大面积产业化设备，使关键生产设备国产化，可以大幅降低生产线成本，从而提高薄膜硅电池的市场竞争力。

（3）集中研究柔性硅基薄膜电池技术，弥补晶硅电池应用不足之处，持续地提高电池的效率，未来小面积薄膜硅电池的稳定效率突破 18%以上，大面积效率达到 16%以上，并且不断培养扩展柔性电池的应用领域，提高市场认知度，可以大幅提高薄膜硅电池的市场竞争力。

四、学科发展政策建议与措施

（1）我国的光伏市场产品单一，几乎全部是晶硅电池，大量资金用于晶硅电池的研发，而在欧洲、日本等光伏技术发达的地区和国家，都在持续地进行薄膜硅电池的基础研究，进行技术储备与探索，这样一旦技术有突破可以很快占领技术制高点。因此建议对薄膜硅太阳电池方向开展持续的研发投入，并把重点放在晶硅电池不能应用的柔性电池领域进行突破，扩展柔性电池在军事领域及特殊民用领域的用途。研究的重点内容放在优化陷光衬底、高效 a-Si/nc-Si/nc-Si 三结电池开发、纳米晶硅的高速沉积工艺、关键设备研发、成本控制以及新的功能材料上面，不断提高电池的效率，使柔性电池小面积稳定效率突破 18%，大面积稳定效率突破 16%。

（2）硅基薄膜电池的核心设备是等离子增强化学气相沉积（PECVD）设备，PECVD 设备不仅是硅薄膜电池生产的核心设备，也是晶硅电池作减反膜层及晶体硅异质结电池的核心设备，同时也是平板显示器、半导体行业的核心设备，建议给予大力支持投入国产 PECVD 设备研发，联合不同的应用行业领域共同进行研究突破，掌握不同领域 PECVD 的关键技术以适应不同的应用领域。

本章参考文献

[1] Tributsch H. Reaction of excited chlorophyll molecules at electrodes and in photosynthesis. Photochemistry & Photobiology，1972，16（4）：261-269.

[2] Oregan B，Grätzel M. A low-cost，high-efficiency solar-cell based on dye-sensitized colloidal TiO_2 films. Nature，1991，353（6346）：737-740.

[3] Green M A，Emery K，Hishikawa Y，et al. Solar cell efficiency tables（version 49）. Prog Photovoltaics，2017，25：3-13.

[4] Kojima A，Teshima K，Shirai Y，et al. Organometal halide perovskites as visible-light sensitizers for photovoltaic cells. J Am Chem Soc，2009，131：6050-6051.

[5] Noda S，Nagano K，Inoue E，et al. Development of large size dye-sensitized solar cell modules with high temperature durability. Symthetic Met，2009，159（21-22）：2355-2357.

[6] Jun Y，Son J H，Sohn D，et al. A module of a TiO_2 nanocrystalline dye-sensitized solar cell

with effective dimensions. J Photoch Photobio A，2008，200（2-3）：314-317.

[7] Yella A，Lee H W，Tsao H N，et al. Porphyrin-sensitized solar cells with cobalt（ii/iii）-based redox electrolyte exceed 12 percent efficiency. Science，2011，334（6056）：629-634.

[8] Mathew S，Yella A，Gao P，et al. Dye-sensitized solar cells with 13% efficiency achieved through the molecular engineering of porphyrin sensitizers. Nat Chem，2014，6（3）：242-247.

[9] Kakiage K，Aoyama Y，Yano T，et al. Highly-efficient dye-sensitized solar cells with collaborative sensitization by silyl-anchor and carboxy-anchor dyes. Chem Commun，2015，51（88）：15894-15897.

[10] Fan X，Chu Z Z，Wang F Z，et al. Wire-shaped flexible dye-sensitized solar cells. Adv Mater，2008，20（3）：592-595.

[11] Rong Y G，Li X，Ku Z L，et al. Monolithic all-solid-state dye-sensitized solar module based on mesoscopic carbon counter electrodes. Sol Energ Mat Sol C，2012，105：148-152.

[12] Xue B F，Fu Z W，Li H，et al. Cheap and environmentally benign electrochemical energy storage and conversion devices based on AlI_3 electrolytes. J Am Chem Soc，2006，128（27）：8720-8721.

[13] Huang Z，Liu X H，Li K X，et al. Application of carbon materials as counter electrodes of dye-sensitized solar cells. Electrochem Commun，2007，9（4）：596-598.

[14] Sun H C，Qin D，Huang S Q，et al. Dye-sensitized solar cells with NiS counter electrodes electrodeposited by a potential reversal technique. Energ Environ Sci，2011，4（8）：2630-2637.

[15] Tan S X，Zhai J，Wan M X，et al. Influence of small molecules in conducting polyaniline on the photovoltaic properties of solid-state dye-sensitized solar cells. J Phys Chem B，2004，108（48）：18693-18697.

[16] Gao F，Wang Y，Shi D，et al. Enhance the optical absorptivity of nanocrystalline TiO_2 film with high molar extinction coefficient ruthenium sensitizers for high performance dye-sensitized solar cells. J Am Chem Soc，2008，32：10720-10728.

[17] Yao Z，Wang P，et al. Donor/acceptor indenoperylene dye for highly efficient organic dye-sensitized solar cells. J Am Chem Soc，2015，137：3799-3802.

[18] Tian H N，Yang X C，Chen R K，et al. Phenothiazine derivatives for efficient organic dye-sensitized solar cells. Chem Commun，2007，（36）：3741-3743.

[19] Cong J Y，Yang X C，Kloo L，et al. Iodine/iodide-free redox shuttles for liquid electrolyte-based dye-sensitized solar cells. Energ Environ Sci，2012，5（11）：9180-9194.

[20] Yang J B，Ganesan P，Teuscher J，et al. Influence of the donor size in D-π-A organic dyes for dye-sensitized solar cells. J Am Chem Soc，2014，136（15）：5722-5730.

[21] Wang Z S，Li F Y，Huang C H，et al. Photoelectric conversion properties of nanocrystalline TiO_2 electrodes sensitized with hemicyanine derivatives. J Phys Chem B，2000，104（41）：9676-9682.

[22] Shi Y T，Zhan C，Wang L D，et al. The electrically conductive function of high-molecular

weight poly（ethylene oxide）in polymer gel electrolytes used for dye-sensitized solar cells. Phys Chem Chem Phys，2009，11（21）：4230-4235.

[23] Li X，Lin H，Li J B，et al. Chemical sintering of graded TiO_2 film at low-temperature for flexible dye-sensitized solar cells. J Photoch Photobio A，2008，195（2-3）：247-253.

[24] Ye M D，Xin X K，Lin C J，et al. High efficiency dye-sensitized solar cells based on hierarchically structured nanotubes. Nano Lett，2011，11（8）：3214-3220.

[25] Yang L，Lin Y，Jia J G，et al. Light harvesting enhancement for dye-sensitized solar cells by novel anode containing cauliflower-like TiO_2 spheres. J Power Sources，2008，182（1）：370-376.

[26] Anandan S，Wen X G，Yang S H. Room temperature growth of CuO nanorod arrays on copper and their application as a cathode in dye-sensitized solar cells. Mater Chem Phys，2005，93（1）：35-40.

[27] Wu M X，Lin X，Wang Y D，et al. Economical Pt-free catalysts for counter electrodes of dye-sensitized solar cells. J Am Chem Soc，2012，134（7）：3419-3428.

[28] Weng J，Xiao S F，Chen S H，et al. Research on the dye-sensitized solar cell module. Acta Physica Sinica，2007，56（6）：3602-3606.

[29] 中国科学院上海硅酸盐所. 中科院上海硅酸盐所染料敏化太阳能电池技术成果实现转移. http://www. sic. ac. cn/xwzx/tpxw/201608/t20160819_4653258. html[2016-09-18].

[30] Yu G，Gao J，Hummelen J C，et al. Polymer photovoltaic cells：Enhanced efficiencies via a network of internal donor-acceptor heterojunctions. Science，1995，270：1789.

[31] Hou J，Tan Z，Yan Y，et al. Synthesis and photovoltaic properties of two-dimensional conjugated polythiophenes with Bi（thienylenevinylene）side chains. J Am Chem Soc，2006，128：4911.

[32] Wang E，Wang L，Lan L，et al. High-performance polymer heterojunction solar cells of a polysilafluorene derivative. Appl Phys Lett，2008，92：033307.

[33] Liang Y，Xu Z，Xia J，et al. For the bright future-bulk heterojunction polymer solar cells with power conversion efficiency of 7.4%. Adv Mater，2010，22：135.

[34] Huo L，Zhang S，Guo X，et al. Replacing alkoxy groups with alkylthienyl groups：A feasible approach to improve the properties of photovoltaic polymers. Angew Chem Int Edit，2011，50：9697.

[35]（a）Cui C，Wong W Y，Li Y F. Improvement of open-circuit voltage and photovoltaic properties of 2D-conjugated polymers by alkylthio substitution. Energ Environ Sci，2014，7：2276；（b）Ye L，Zhang S，Zhao W，et al. Highly efficient 2D-conjugated benzodithiophene-based photovoltaic polymer with linear alkylthio side chain. Chem Mater，2014，26：3603.

[36] Zhang S，Ye L，Zhao W，et al. Realizing over 10% efficiency in polymer solar cell by device optimization. Sci China：Chem，2015，58：248.

[37] Liu Y，Zhao J，Li Z，et al. Aggregation and morphology control enables multiple cases of

high-efficiency polymer solar cells. Nature Commun，2014，5：5293.
[38] Zhao J，Li Y，Yang G，et al. Efficient organic solar cells processed from hydrocarbon solvents. Nature Energy，2016，1：15027.
[39] Chen Z H，Cai P，Chen J W，et al. Low band-gap conjugated polymers with strong interchain aggregation and very high hole mobility towards highly efficient thick-film polymer solar cells. Adv Mater，2014，26：2586.
[40] Nian L，Chen Z，Herbst S，et al. Aqueous solution processed photoconductive cathode interlayer for high performance polymer solar cells with thick interlayer and thick active layer. Adv Mater，2016，28：7521.
[41] Hu X，Yi C，Wang M，et al. High-performance inverted organic photovoltaics with over 1-μm thick active layers. Adv Energ Mater，2014，4：1400378.
[42] Zhang J，Yang Y，He C，et al. Solution-processable star-shaped photovoltaic organic molecule with triphenylamine core and benzothiadiazole-thiophene arms. Macromolecules，2009，42：7619.
[43] Zhang J，Deng D，He C，et al. Solution-processable star-shaped molecules with triphenylamine core and dicyanovinyl endgroups for organic solar cells. Chem Mater，2011，23：817.
[44] Shang H，Fan H，Liu Y，et al. A solution-processable star-shaped molecule for high-performance organic solar cells. Adv Mater，2011，23：1554.
[45]（a）Chen Y，Wan X，Long G，et al. High performance photovoltaic applications using solution-processed small molecules. Accounts Chem Res，2013，46：2645；（b）Zhang Q，Kan B，Liu F，et al. Single-junction polymer solar cells with high efficiency and photovoltage. Nat Photon，2015，9：35.
[46] Kan B，Li M，Zhang Q，et al. A series of simple oligomer-like small molecules based on oligothiophenes for solution-processed solar cells with high efficiency. J Am Chem Soc，2015，137：3886.
[47] Zhou J，Wan X，Liu Y，et al. Small molecules based on benzo[1,2-b:4,5-b']dithiophene unit for high-performance solution-processed organic solar cells. J Am Chem Soc，2012，134：16345.
[48] Shen S，Jiang P，He C，et al. Solution-processable organic molecule photovoltaic materials with bithienyl-benzodithiophene central unit and indenedione end groups. Chem Mater，2013，25：2274.
[49] Cui C，Guo X，Min J，et al. High-performance organic solar cells based on a small molecule with alkylthio-thienyl-conjugated side chains without extra treatments. Adv Mater，2015，27：7469.
[50] Zhao G，He Y，Li Y F. 6.5% Efficiency of polymer solar cells based on poly（3-hexylthiophene）and indene-C_{60} bisadduct by device optimization. Adv Mater，2010，22：4355.

[51] Deng D，Zhang Y，Zhang J，et al. Fluorination-enabled optimal morphology leads to over 11% efficiency for inverted small-molecule organic solar cells. Nat Commun，2017，7：13740.

[52]（a）Gao K，Li L，Lai T，et al. Deep absorbing porphyrin small molecule for high-performance organic solar cells with very low energy losses. J Am Chem Soc，2015，137：7282；（b）Li M，Gao K，Wan X，et al. Solution-processed organic tandem solar cells with power conversion efficiencies >12%. Nat Photon，2017，11：85-90.

[53] He Y，Chen H Y，Hou J，et al. Indene-C_{60} bisadduct：A new acceptor for high-performance polymer solar cells. J Am Chem Soc，2010，132，1377.

[54] Guo X，Cui C，Zhang M，et al. High efficiency polymer solar cells based on poly（3-hexylthiophene）/indene-C_{70} bisadduct with solvent additive. Energ Environ Sci，2012，5：7943.

[55] Zhan X，Tan Z，Domercq B，et al. A high-mobility electron-transport polymer with broad absorption and its use in field-effect transistors and all-polymer solar cells. J Am Chem Soc，2007，129：7246.

[56] Long X，Ding Z，Dou C，et al. Polymer acceptor based on double B←N Bridged Bipyridine（BNBP）unit for high-efficiency all-polymer solar cells. Adv Mater，2016，28：6504.

[57] Zhang X，Lu Z，Ye L，et al. A potential perylene diimide dimer-based acceptor material for highly efficient solution-processed non-fullerene organic solar cells with 4.03% efficiency. Adv Mater，2013，25：5791.

[58] Meng D，Fu H，Xiao C，et al. Three-bladed rylene propellers with three-dimensional network assembly for organic electronics. J Am Chem Soc，2016，138：10184.

[59] Li S，Liu W，Shi M，et al. A spirobifluorene and diketopyrrolopyrrole moieties based non-fullerene acceptor for efficient and thermally stable polymer solar cells with high open-circuit voltage. Energ Environ Sci，2016，9：604.

[60] Lin Y，Wang J，Zhang Z G，et al. An electron acceptor challenging fullerenes for efficient polymer solar cells. Adv Mater，2015，27：1170.

[61] Lin Y，He Q，Zhao F，et al. A facile planar fused-ring electron acceptor for as-cast polymer solar cells with 8.71% efficiency. J Am Chem Soc，2016，138：2973.

[62] Yang Y，Zhang Z G，Bin H，et al. Side-chain isomerization on an *n*-type organic semiconductor ITIC acceptor makes 11.77% high efficiency polymer solar cells. J Am Chem Soc，2016，138：15011.

[63] Li S，Ye L，Zhao W，et al. Energy-level modulation of small-molecule electron acceptors to achieve over 12% efficiency in polymer solar cells. Adv Mater，2016，28：9423.

[64] Gao L，Zhang Z G，Xue L，et al. All-polymer solar cells based on absorption-comp lementary polymer donor and acceptor with high power conversion efficiency of 8.27%. Adv Mater，2016，28：1884.

[65] Bin H，Zhang Z G，Gao L，et al. Non-fullerene polymer solar cells based on alkylthio and

fluorine substituted 2d-conjugated polymers reach 9.5% efficiency. J Am Chem Soc，2016，138：4657.

[66] Bin H，Gao L，Zhang Z G，et al. 11. 4% Efficiency non-fullerene polymer solar cells with trialkylsilyl substituted 2D-conjugated polymer as donor. Nature Commun，2016，7：13651.

[67] Zhao W，Qian D，Zhang S，et al. Fullerene-free polymer solar cells with over 11% efficiency and excellent thermal stability. Adv Mater，2016，28：4734.

[68] Huang F，Wu H，Cao Y. Water/alcohol soluble conjugated polymers as highly efficient electron transporting/injection layer in optoelectronic devices. Chem Soc Rev，2010，39：2500.

[69] He Z，Zhong C，Huang X，et al. Simultaneous enhancement of open-circuit voltage，short-circuit current density，and fill factor in polymer solar cells. Adv Mater，2011，23：4636.

[70] He Z，Zhong C，Su S，et al. Enhanced power-conversion efficiency in polymer solar cells using an inverted device structure. Nat Photon，2012，6：593.

[71] Zhang Z G，Qi B，Jin Z，et al. Perylene diimides：A thickness-insensitive cathode interlayer for high performance polymer solar cells. Energy Environ Sci，2014，7：1966.

[72] Ouyang X，Peng R，Ai L，et al. Efficient polymer solar cells employing a non-conjugated small-molecule electrolyte. Nat Photon，2015，9：520.

[73] Wu Z，Sun C，Dong S，et al. *n*-Type water/alcohol-solublenaphthalene diimide-based conjugated polymers for high-performance polymer solar cells. J Am Chem Soc，2016，138：2004.

[74] Nian L，Zhang W，Zhu N，et al. Photoconductive cathode interlayer for highly efficient inverted polymer solar cells. J Am Chem Soc，2015，137：6995.

[75] Kojima A，Teshima K，Shirai Y，et al. Organometal halide perovskites as visible-light sensitizers for photovoltaic cells. J Am Chem Soc，2009，131（17）：6050-6051.

[76] Im J H，Lee C R，Lee J W，et al. 6.5% efficient perovskite quantum-dot-sensitized solar cell. Nanoscale，2011，3（10）：4088-4093.

[77] Kim H S，Lee C R，Im J H，et al. Lead iodide perovskite sensitized all-solid-state submicron thin film mesoscopic solar cell with efficiency exceeding 9%. Sci Rep，2012，2：591.

[78] Etgar L，Gao P，Xue Z S，et al. Mesoscopic $CH_3NH_3PbI_3/TiO_2$ heterojunction solar cells. J Am Chem Soc，2012，134（42）：17396-17399.

[79] Lee M M，Teuscher J，Miyasaka T，et al. Efficient hybrid solar cells based on meso-superstructured organometal halide perovskites. Science，2012，338（6107）：643-647.

[80] Burschka J，Pellet N，Moon S J，et al. Sequential deposition as a route to high-performance perovskite-sensitized solar cells. Nature，2013，499（7458）：316.

[81] Liu M Z，Johnston M B，Snaith H J. Efficient planar heterojunction perovskite solar cells by vapour deposition. Nature，2013，501（7467）：395.

[82] Jeng J Y，Chiang Y F，Lee M H，et al. $CH_3NH_3PbI_3$ perovskite/fullerene planar-

heterojunction hybrid solar cells. Adv Mater，2013，25（27）：3727-3732.
[83] Yang W S，Park B W，Jung E H，et al. Iodide management in formamidinium-lead-halide-based perovskite layers for efficient solar cells. Science，2017，356（6345）：1376.
[84] Mei A Y，Li X，Liu L F，et al. A hole-conductor-free，fully printable mesoscopic perovskite solar cell with high stability. Science，2014，345（6194）：295-298.
[85] Chen H，Ye F，Tang W，et al. A solvent-and-vacuum-free route to large-area perovskite films for efficient solar modules. Nature，2017，550（7674）：92.
[86] Chen W，Wu Y，Yue Y，et al. Efficient and stable large-area perovskite solar cells with inorganic charge extraction layers. Science，2015，350（6263）：944-948.
[87] Wang K，Liu C，Du P C，et al. Bulk heterojunction perovskite hybrid solar cells with large fill factor. Energ Environ Sci，2015，8（4）：1245-1255.
[88] Chiang C H，Wu C G. Bulk heterojunction perovskite-PCBM solar cells with high fill factor. Nat Photonics，2016，10（3）：196.
[89] Wu Y，Yang X，Chen W，et al. Perovskite solar cells with 18.21% efficiency and area over 1 cm^2 fabricated by heterojunction engineering. Nat Energy，2016，1：16148.
[90] Xiao Z G，Dong Q F，Bi C，et al. Solvent Annealing of perovskite-induced crystal growth for photovoltaic-device efficiency enhancement. Adv Mater，2014，26（37）：6503-6509.
[91] Liu D Y，Yang J L，Kelly T L. Compact layer free perovskite solar cells with 13.5% efficiency. J Am Chem Soc，2014，136（49）：17116-17122.
[92] Stranks S D，Eperon G E，Grancini G，et al. Electron-hole diffusion lengths exceeding 1 micrometer in an organometal trihalide perovskite absorber. Science，2013，342（6156）：341-344.
[93] Koh T M，Fu K W，Fang Y N，et al. Formamidinium-containing metal-halide：An alternative material for near-IR absorption perovskite solar cells. J Phys Chem C，2014，118（30）：16458-16462.
[94] Ogomi Y，Morita A，Tsukamoto S，et al. $CH_3NH_3Sn_xPb_{1-x}I_3$ perovskite solar cells covering up to 1060 nm. J Phys Chem Lett，2014，5（6）：1004-1011.
[95] Wu Y Z，Islam A，Yang X D，et al. Retarding the crystallization of PbI_2 for highly reproducible planar-structured perovskite solar cells via sequential deposition. Energ Environ Sci，2014，7（9）：2934-2938.
[96] Jeon N J，Noh J H，Kim Y C，et al. Solvent engineering for high-performance inorganic-organic hybrid perovskite solar cells. Nat Mater，2014，13（9）：897-903.
[97] Liu J，Shirai Y，Yang X D，et al. High-quality mixed-organic-cation perovskites from a phase-pure non-stoichiometric intermediate（FAI）$_{1-x}$-PbI_2 for solar cells. Adv Mater，2015，27（33）：4918-4923.
[98] Yang W S，Noh J H，Jeon N J，et al. High-performance photovoltaic perovskite layers fabricated through intramolecular exchange. Science，2015，348（6240）：1234-1237.
[99] Nie W Y，Tsai H H，Asadpour R，et al. High-efficiency solution-processed perovskite

solar cells with millimeter-scale grains. Science，2015，347（6221）：522-525.
[100] Li X，Bi D Q，Yi C Y，et al. A vacuum flash-assisted solution process for high-efficiency large-area perovskite solar cells. Science，2016，353（6294）：58-62.
[101] Ye F，Chen H，Xie F X，et al. Soft-cover deposition of scaling-up uniform perovskite thin films for high cost-performance solar cells. Energ Environ Sci，2016，9（7）：2295-2301.
[102] Liu J，Wu Y Z，Qin C J，et al. A dopant-free hole-transporting material for efficient and stable perovskite solar cells. Energ Environ Sci，2014，7（9）：2963-2967.
[103] Gardner K L，Tait J G，Merckx T，et al. Nonhazardous solvent systems for processing perovskite photovoltaics. Adv Energy Mater，2016，6（14）：8.
[104] Qiu W，Merckx T，Jaysankar M，et al. Pinhole-free perovskite films for efficient solar modules. Energ Environ Sci，2016，9（2）：484-489.
[105] Matteocci F，Cina L，Giacomo F D，et al. High efficiency photovoltaic module based on mesoscopic organometal halide perovskite. Prog Photovol Taics，2016，24（4）：436-445.
[106] Matteocci F，Razza S，Giacomo F D，et al. Solid-state solar modules based on mesoscopic organometal halide perovskite：A route towards the up-scaling process. Phys Chem Chem Phys，2014，16（9）：3918-3923.
[107] Giacomo F D，Zardetto V，D'Epifanio A，et al. Flexible perovskite photovoltaic modules and solar cells based on atomic layer deposited compact layers and UV-irradiated TiO_2 scaffolds on plastic substrates. Adv Energy Mater，2015，5（8）：9.
[108] Shen P S，Chen J S，Chiang Y H，et al. Low-pressure hybrid chemical vapor growth for efficient perovskite solar cells and large-area module. Adv Mater Int，2016，3（8）：8.
[109] Carlo A D，Matteocci F，Razza S，et al. Mesoscopic perovskite solar cells and modules. 2014：70-74.
[110] Razza S，Giacomo F D，Matteocci F，et al. Perovskite solar cells and large area modules（100 cm^2）based on an air flow-assisted PbI_2 blade coating deposition process. J Power Sources，2015，277：286-291.
[111] Green M A，Emery K，Hishikawa Y，et al. Solar cell efficiency tables（version 49）. Progress in Photovoltaics：Research and Applications，2017，25（1）：3-13.
[112] Seo J，Park S，Kim Y C，et al. Benefits of very thin PCBM and LiF layers for solution-processed p-i-n perovskite solar cells. Energ Environ Sci，2014，7（8）：2642-2646.
[113] Jeon N J，Noh J H，Yang W S，et al. Compositional engineering of perovskite materials for high-performance solar cells. Nature，2015，517（7535）：476.
[114] McMeekin D P，Sadoughi G，Rehman W，et al. A mixed-cation lead mixed-halide perovskite absorber for tandem solar cells. Science，2016，351（6269）：151-155.
[115] Noel N K，Stranks S D，Abate A，et al. Lead-free organic-inorganic tin halide perovskites for photovoltaic applications. Energ Environ Sci，2014，7（9）：3061-3068.
[116] Bai X G，Shi Y T，Wang K，et al. Synthesis of $CH_3NH_3Sr_xPb_{1-x}I_3$ with less Pb content and its application in all-solid thin film solar cells. Acta Physico Chimica Sinica，2015，31（2）：

285-290.
[117] Hao F, Stoumpos C C, Cao D H, et al. Lead-free solid-state organic-inorganic halide perovskite solar cells. Nat Photonics, 2014, 8（6）：489-494.
[118] Hao F, Stoumpos C C, Chang R P H, et al. Anomalous band gap behavior in mixed Sn and Pb perovskites enables broadening of absorption spectrum in solar cells. J Am Chem Soc, 2014, 136（22）：8094-8099.
[119] Kumar M H, Dharani S, Leong W L, et al. Lead-free halide perovskite solar cells with high photocurrents realized through vacancy modulation. Adv Mater, 2014, 26（41）：7122.
[120] Marshall K P, Walton R I, Hatton R A. Tin perovskite/fullerene planar layer photovoltaics: Improving the efficiency and stability of lead-free devices. J Mater Chem A, 2015, 3（21）：11631-11640.
[121] Sabba D, Mulmudi H K, Prabhakar R R, et al. Impact of anionic Br-substitution on open circuit voltage in lead free perovskite（$CsSnI_3$-xBr_x）solar cells. J Phys Chem C, 2015, 119（4）：1763-1767.
[122] Shen Q, Ogom Y, Chang J, et al. Optical absorption, charge separation and recombination dynamics in Sn/Pb cocktail perovskite solar cells and their relationships to photovoltaic performances. J Mater Chem A, 2015, 3（17）：9308-9316.
[123] Zuo F, Williams S T, Liang P W, et al. Binary-metal perovskites toward high-performance planar-heterojunction hybrid solar cells. Adv Mater, 2014, 26（37）：6454-6460.
[124] Zhu L Z, Yuh B, Schoen S, et al. Solvent-molecule-mediated manipulation of crystalline grains for efficient planar binary lead and tin triiodide perovskite solar cells. Nanoscale, 2016, 8（14）：7621-7630.
[125] Spear W E, Lecomber P G. Substitutional doping of amorphous silicon. Solid State Commun, 1975, 17：1193-1197.
[126] Carlson D, Wronski C. Amorphous silicon solar cell. Appl Phys Lett, 1976, 28：671-673.
[127] Staebler D L, Wronski C R. Reversible conductivity changes in discharge-produced amorphous Si. Appl Phys Lett, 1977, 31：292-294.
[128] Guha S, Narasimhan K, Pietruszko S. On light induced effect in amorphous hydrogenated silicon. J Appl Phys, 1981, 52：859-861.
[129] Matsui T, Sai H, Saito K, et al. High-efficiency thin-film silicon solar cells with improved light-soaking stability. Prog Photovolt：Res Appl, 2013, 21：1363-1370.
[130] Veprek S, Marecek V. The preparation of thin layers of Ge and Si by chemical hydrogen plasma transport. Solid State Electronics, 1968, 11：683-684.
[131] Tsu R, Izu M, Ovshinsky S R, et al. Electroreflectance and Raman scattering investigation of glow-discharge amorphous Si：F：H. Solid State Commun, 1980, 36：817-822.
[132] Hamasaki T, Kurata H, Hirose M, et al. Low temperature crystallization of doped a-Si：H alloys. Appl Phys Lett, 1980, 37：1084-1086.
[133] Hattori Y, Kruangam T, Toyama T, et al. High efficiency amorphous heterojunction solar cell

employing ECR-CVD produced *p*-type microcrystalline SiC film. Technical Digest of the International PVSEC-3，1987：171-174.

[134] Uchida Y，Ichimura T，Ueno M，et al. Microcrystalline Si：H film and its application to solar cells. Jpn J Appl Phys，1982，21：586-588.

[135] Meier J，Fluckiger R，Keppner H，et al. Complete microcrystalline p-i-n solar cell-crystalline or amorphous cell behavior. Appl Phys Lett，1994，65：860-862.

[136] Curtins H，Wyrsch N，Shah A. High-rate deposition of amorphous hydrogenated silicon：Effect of plasma excitation frequency. Elect Lett，1987，23：228-230.

[137] Meier J，Dubail S，Fluckiger R，et al. Intrinsic mincrocrystalline silicon-a promising new thin film solar cell material. Proc. of 1st World Conference on photovoltaic Energy Conversion，1994，409-412.

[138] Roschek T，Repmann T，Muller J，et al. Comprehensive study of microcrystalline silicon solar cells deposited at high rate using 13.56 MHz plasma-enhanced chemical vapor deposition. J Vac Sci & Tech A，2002，20：492-498.

[139] Niikura C，Kondo M，Matsuda A. High rate growth of microcrystalline silicon films assisted by high density plasma. Osaka：Proceedings of the 3rd World Conference on PVSEC，2003，1710-1713.

[140] Sai H，Maejima K，Matsui T，et al. High-efficiency microcrystalline silicon solar cells on honeycomb textured substrates grown with high-rate VHF plasma-enhanced chemical vapor deposition. Jpn J Appl Phys，2015，54：1-6.

[141] Cashmore J，Apolloni M. Improved conversion efficiencies of thin-film silicon tandem（Micromorph™）photovoltaic modules. Sol Energy Mater & Sol Cells，2016，144：84-95.

[142] Sai H，Matsui T，Koida T，et al. Triple-junction thin-film silicon solar cell fabricated on periodically textured substrate with a stabilized efficiency of 13.6%. Appl Phys Lett，2015，106：1-4.

[143] Chevallier J，Wieder H，Onton A，et al. Optical properties of amorphous Si_xGe_{1-x}（H）alloys prepared by R. F. glow discharge. Solid State Comm，1977，24：867-869.

[144] Matsuda A，Tanaka K. Guiding principle for preparing highly photosensitive Si-based amor-phous alloys. J Non-Cryst Solids，1987，97：1367-1374.

[145] Folsch J，Stiebig H，Finger F，et al. Role of bandgap grading for the performance of a-SiGe：H based solar cells. Photovoltaic Specialists Conference，Conference Record of the Twenty Fifth IEEE，1996，1133-1136.

[146] Liao X，Du W，Yang X，et al. High efficiency amorphous silicon germanium solar cells. Conference Record of the IEEE Photovoltaic Specialists Conference. IEEE，2005，1444-1447.

[147] Sato K，Gotoh Y，Wakayama Y，et al. Highly textured SnO_2：F TCO films for a-Si solar cells. Reports Research Laboratory Asahi Glass，1992，42：233-241.

[148] Fa S，Steinhauser J，Nicolay S，et al. Polycrystalline ZnO：B grown by LPCVD as TCO

for thin film silicon solar cells. Thin Solid Films，2010，518：2961-2966.

[149] Berginski M，Hüpkes J，Schulte M，et al. The effect of front ZnO∶Al surface texture and optical transparency on efficient light trapping in silicon thin-film solar cells. J Appl Phys，2007，101（7）：074903-074903-11.

[150] Tan H，Psomadaki E，Isabella O，et al. Micro-textures for efficient light trapping and improved electrical performance in thin-film nanocrystalline silicon solar cells. Appl Phys Lett，2013，103（17）：173905-1-173905-5.

[151] Tan H，Moulin E，Si F，et al. Highly transparent modulated surface textured front electrodes for high-efficiency multijunction thin-film silicon solar cells. Prog Photovolt：Res Appl，2015，23：949-963.

[152] Yue G，Sivec L，Owens J M，et al. Optimization of back reflector for high efficiency hydrogenated nanocrystalline silicon solar cells. Appl Phys Lett，2009，95：263501-263504.

[153] Yan B，Yue G，Sivec L，et al. Correlation of texture of Ag/ZnO back reflector and photocurrent in hydrogenated nanocrystalline silicon solar cells. Sol Energ Mater Sol Cells，2012，104：13-17.

[154] Tan H，Sivec L，Yan B，et al. Improved light trapping in microcrystalline silicon solar cells by plasmonic back reflector with broad angular scattering and low parasitic absorption. Appl Phys Lett，2013，102：153902-1-153902-4.

[155] Tan H，Santbergen R，Smets A，et al. Plasmonic light trapping in thin-film silicon solar cells with improved self-assembled silver nanoparticles. Nano Letters，2012，12（8）：4070-4076.

[156] Yue G，Yan B，Sivec L，et al. Hydrogenated nanocrystalline silicon based solar cell with 13.6% stable efficiency. Mater Res Soc Symposium Proceedings，2012，1436：33-38.

[157] Banerjee A，Liu F，Yang J，et al. 12% efficiency on large-area，encapsulated，multijunction nc-Si∶H-based solar cells. IEEE of Photovoltaics，2012，2：104-108.

[158] Cashmore J，Apolloni M. Improved conversion efficiencies of thin-film silicon tandem（Micromorph™）photovoltaic modules. Sol Energ Mater & Sol Cells，2016，144：84-95.

[159] Fang J，Bai L，Hou G，et al. Triple-functional *n*-type microcrystalline silicon oxide layers in hydrogenated amorphous silicon/microcrystalline silicon tandem solar cells. 42nd IEEE PVSC，2015，19：14-19.

[160] Liu B，Bai L，Zhang X，et al. High efficiency triple junction thin film silicon solar cells with optimized electrical structure. Prog Photovolt：Res Appl，2015，23：1313-1322.

[161] Shen X，Wang Q，Wang P Y，et al. Performance enhancement in a-Si∶H/μc-Si∶H tandem solar cells with periodic microstructured surface. Optics Letters，2015，40：1290-1293.

第八章

光驱动分子机器

第一节　光驱动分子机器概述

人类社会的进程总是与新型的机器和设备联系在一起的。由于各种不同的使用目的，有的机器设备需要很大，有的则希望很小。在过去的60年里，在机器和器件设备中使用的组件逐步微型化，致使技术领域，特别是信息处理领域取得了很大的成就。到目前为止，微型化普遍所采取的是“化大为小”（top-down approach）的方法，而这种方法已经接近物质能力的极限（几百纳米）。然而，微型化还能有更远的发展前景，正如Richard P. Feynman在1959年对美国物理协会所做的著名报告中所说的“底部仍有大量空间”。在过去的十年里，化学家们接受了Feynman的挑战，发展了一种很有前途的办法就是“积小为大”（bottom-up approach）的方法：用原子和分子来构建器件，从而将宏观机器的概念拓展到微观世界，这就是分子机器。

宏观的机器是由两个或两个以上的构件组成的，构件与构件之间在得到合适的能量之后会发生相对运动，从而能够运转或者做功。例如，电动机由转子和定子组成通电以后转子就能转起来。分子机器相对宏观机器而言，相同的地方在于它也是由两个或两个以上的分子构件组成，得到合适的能量之后也能够运转或者做功；不同的地方在于分子机器的构件是由分子单元构成的微观机器，其大小尺度在1 nm左右。

分子机器不仅具有宏观机器常有的功能，还因其极为微小的尺寸特征，在微观世界里将发挥无可比拟的作用。到目前为止，分子机器可以对外做功，如涂有分子机器的金属薄片，可以将化学能转化为弯曲/伸直运动的机械能；用分子机器修饰的表面可以在光照条件下推动液珠运动；还有分子马达可以使玻璃棒发生转动等。在此基础上，人们已经开发出了纳米汽车、纳米电梯、纳米肌肉等分子机器。分子机器还可以在微小的空间里控制其他分子，例如，利用分子钳的夹钳动作可以实现抓取或释放小分子的功能，分子剪刀或许将成为未来纳米机器人的机械手臂，在生物体内进行微小手术；利用分子机器也可以打开或者关上纳米洞穴的盖子，像阀门一样控制洞穴中药物分子的保存与释放，从而有可能实现药物对发病位置的精准治疗。最后，简单的分子机器有两种状态，这使人们很容易联想到计算机的“0”和“1”，事实也是如此，单个分子机器不但可以实现开关动作，还可以进行逻辑运算，而且由分子机器制成的存储器，其存储密度已经达到了现有半导体存储器到2020年才能达到的水平。分子机器构建的计算机有可能在微小的体积下具有与目前计算机同等的信息处理能力，从而引发一场计算机的革命。

2016 年度诺贝尔化学奖授予法国斯特拉斯堡大学的让-皮埃尔·索瓦日教授（Jean-Pierre Sauvage）、美国西北大学的弗雷泽·斯托达特爵士（Sir J. Fraser Stoddart）以及荷兰格罗宁根大学的伯纳德·L·费林加教授（Bernard L. Feringa），以奖励他们“在分子机器的设计和合成”方面的贡献。诺贝尔化学奖授予一个还处于基础研究阶段的研究领域是极其少见的，这也充分说明了分子机器具有非常光明的应用前景。分子机器就好比 19 世纪 30 年代的电动机和 20 世纪初的飞机，虽然还处在其发展的初级阶段，但是它们会对未来产生极其深远的影响。还有一点已经很明确，分子机器将开启一个把分子结构做“活”的新纪元，它极有可能在微观世界里实现宏观机器无法完成的功能。

分子机器要实现运作，必须给它适当的能量。这些能量或者说“驱动力”主要有化学能、电能、光能几种类型。用光能来驱动分子机器相对化学能来说有许多优点：①激光产生和停止很方便；②激光器的体积以及激光的焦点可以很小；③激光可以实现非接触的远距离传输；④光反应体系响应速度快，而且很多情况下光驱动体系不像化学能驱动体系那样产生副产物。正因为如此，光驱动分子机器在分子开关、分子逻辑门及分子存储等分子器件领域有着重要的应用前景，在分子机器领域占有重要的地位。

第二节　光驱动分子机器研究现状及进展

光驱动分子机器主要有两大类结构形式：一类是互锁分子，包括轮烷和索烃；另一类是位阻型烯烃。

最简单的轮烷是［2］轮烷［图 8-1（a）］，包含一个大环和哑铃状分子，大环被哑铃状分子两端的大阻挡基团锁在当中，这样即使两个组成部分不是通过化学键相连，但是它们却是一个整体，不会互相脱离。[2］轮烷分子机器运转时大环单元可以沿着棒状部分发生往复平移。同样，最简单的索烃是［2］索烃［图 8-1（b）］，其由两个互锁的环组成，[2］索烃分子机器运转时其中一个环能够在另一个环中滑动或转动。

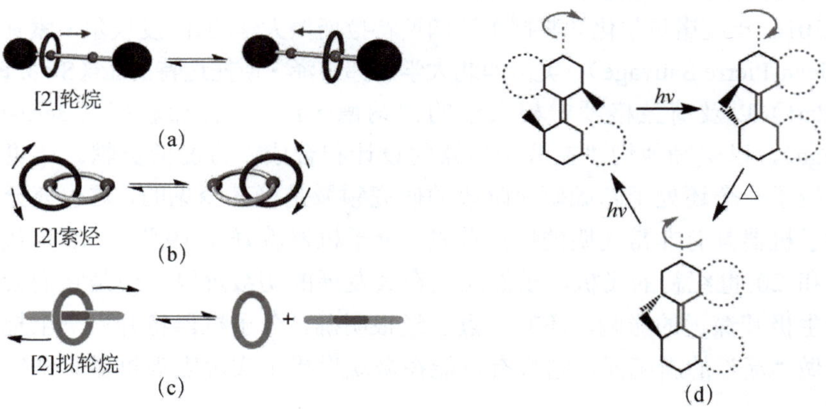

图 8-1　分子机器的几种原型

轮烷及索烃有一个共同的前体结构，即［2］拟轮烷［图 8-1（c）］。从［2］拟轮烷的结构可以看出，其两端接上大阻挡基团就是［2］轮烷，而其直线单元如果首尾相连成环就是［2］索烃。[2］拟轮烷可以在外界某种刺激的作用下，解离为相应的分子单元，再通过相反的刺激，又可以让它们重新结合起来。在早期拟轮烷体系也被认为是分子机器体系，但是随着研究的深入，由于拟轮烷不像轮烷或者索烃是一个分子，而是一个处于热力学平衡状态的超分子体系，因此研究者现在更倾向于不把它归结到分子机器体系中。

位阻型烯烃分子机器能将光能转化为圆周运动，其工作过程如图 8-1（c）所示，其中双键的一端在一定温度下经过两次光致异构能围绕双键相对另一端完成单向 360 度旋转，因此一个位阻型烯烃就是一个马达。

下面分别介绍我国在光驱动分子机器上的研究现状及进展。

一、基于互锁分子的光驱动分子机器

虽然拟轮烷已经倾向于不将其列入分子机器中，但是要说明的是，拟轮烷的不管是其结构，或者是其可控行为，均是互锁型分子机器的基础，甚至其结合-解离动作也已经衍生出许多具有重要意义的现象。应该说，绝大多数分子机器研究小组，不管是国外的，还是国内的，均或多或少涉及可控［2］拟轮烷的研究。我国分子机器研究小组，如刘育[1-5]、黄飞鹤[6-9]、田禾[10-13]、王乐勇[14]、孙立成[15]等，在光驱动［2］拟轮烷领域有很多重要的研究成果，这里不一一详细介绍。

较早期分子机器的状态识别（应用在分子器件时作为输出信号）主要是通过核磁共振法或循环伏安法以及两种状态对某种离子的络合能力的不同来加以辨别，但这些方法都不是输出信号的理想方法。田禾课题组首先提出将荧光作为输出信号去表征分子机器的状态的简洁思路，用荧光强度的变化来表征分子机器的运动状态有很多优点，它响应快、检测方便、灵敏度高，而且光信号可以远距离传输，实现非接触性读出。把荧光输出信号与光驱动分子机器结合，其最大特点在于输入和输出都是光，因而对分子机器的控制和状态的识别都是非接触性的（remote sensitive），这就为构建全光学分子器件提供了一种很好的选择。

2004 年，他们报道如图 8-2 所示的一个带“锁”的荧光识别分子“梭”[16]。体系在酸性和中性条件下，环糊精上的仲羟基与异酞酸的两个羧基之间形成氢键，在 335 nm 紫外光照射下，化合物中的二苯乙烯单元并不能发生异构化，该分子处于“锁定”状态；但在碱性条件下，环糊精上的仲羟基与异酞酸的两个羧基之间的氢键作用就被破坏了，分子处于“解锁”状态。此时 335 nm 紫外光照射其水溶液可以使该体系中二苯乙烯单元由反式变为顺式，同时环糊精由二苯乙烯单元移动到联苯单元上。用 280 nm 紫外光照射可以使该体系复原。实际上该分子机器的开关动作可以利用两种不同波长的输入光来实现，且可以通过调节体系的 pH 实现锁定和开启分子机器的功能，其最大特点在于输入和输出都是光，对分子机器的控制和状态的识别都是非接触性的。

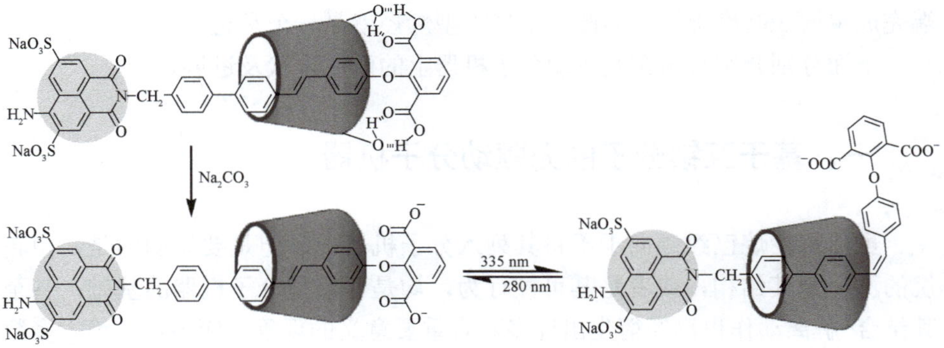

图 8-2　具有带锁功能的光驱动荧光输出［2］轮烷

该研究成果得到国际同行的普遍关注，有关荧光型分子机器的报道也逐渐多了起来。如果能用荧光波长来表征分子机器的运动状态，相对于用荧光强度的变化来表征分子机器的运动状态来说，前者除了具备后者的所有优点外，分子机器的荧光波长发生变化意味着输出信号通道增多，这样的分子机器，用在逻辑门上可以得到更复杂的功能，用在存储器上则可以存储更多的信息。因此这种具变色荧光输出的分子机器在分子计算机上的应用具有更大的优势。所以在单荧光输出分子机器的基础上，田禾课题组又创新合成了双荧光波长输出轮烷分子机器（图 8-3）[17]，该体系利用偶氮苯光致异构来驱动环糊精在偶氮苯单元和联苯单元之间来回运动，同时引起两个荧光阻挡基团的荧光强度发生交替变化。

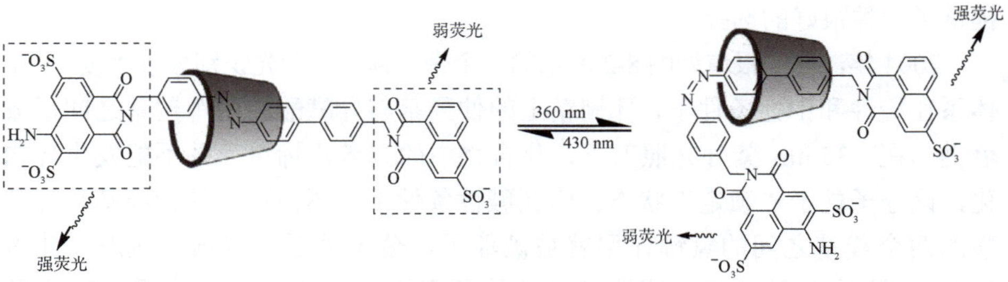

图 8-3　具有双荧光输出的光驱动［2］轮烷

他们进而还构建了图 8-4 所示的多输入、双荧光波长输出的三稳态［3］轮烷型分子“算盘”，可以模拟算盘做“+2”或者“−2”运算，并输出双波长荧光信号[18]。

该小组还创新地构建了多输入、双荧光波长输出的多稳态轮烷型分子梭，实现了全光学逻辑运算[19]。如图 8-5 所示，其设计思路是在［2］轮烷中引入偶氮苯和二苯乙烯，两端用双荧光基团作阻挡基团。利用不同波长的光分别控制偶氮苯和二苯乙烯的顺反异构，可以使环糊精大环分别停留在三个位置，同时引发两个荧光基团产生不同的荧光组合，实现了“半加法器”逻辑运算。体系的最大特点在于输入输出都是光信号，而且完全可逆，不产生副产物，有希望作为分子器件及全光学信号的多稳态分子开关或逻辑门，为分子机器在逻辑门上的应用打下了良好的基础。

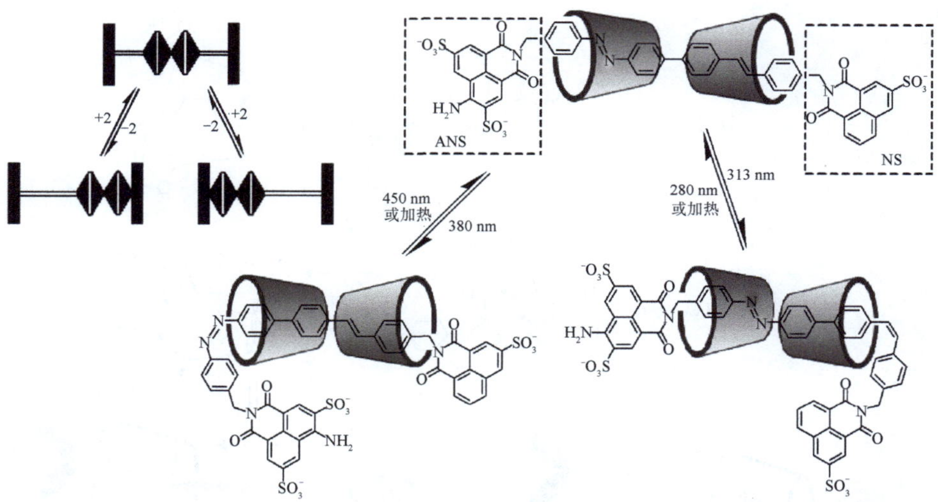

图 8-4　多输入、双荧光波长输出分子“算盘”

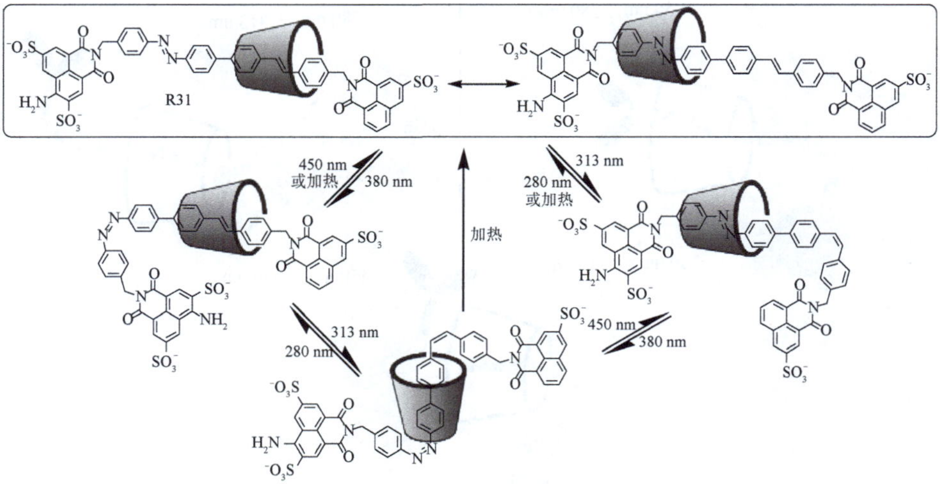

图 8-5　多输入、双荧光波长输出“半加法器”逻辑门

除了加法运算，该小组还构建了图 8-6 的具有“INHIBIT”逻辑运算功能的轮烷分子机器[20]。其设计思路还是在轮烷分子中引入偶氮苯及二苯乙烯单元，两头分别是荧光基团和异酞酸单元。该体系溶液在 520 nm 处的荧光可以在 380 nm/313 nm 紫外光的不同照射下发生有规律的变化，进而可以模拟一个“INHIBIT”逻辑门的运算功能，而且这个逻辑运算功能还可以通过酸碱信号来实现启用/禁止的控制。

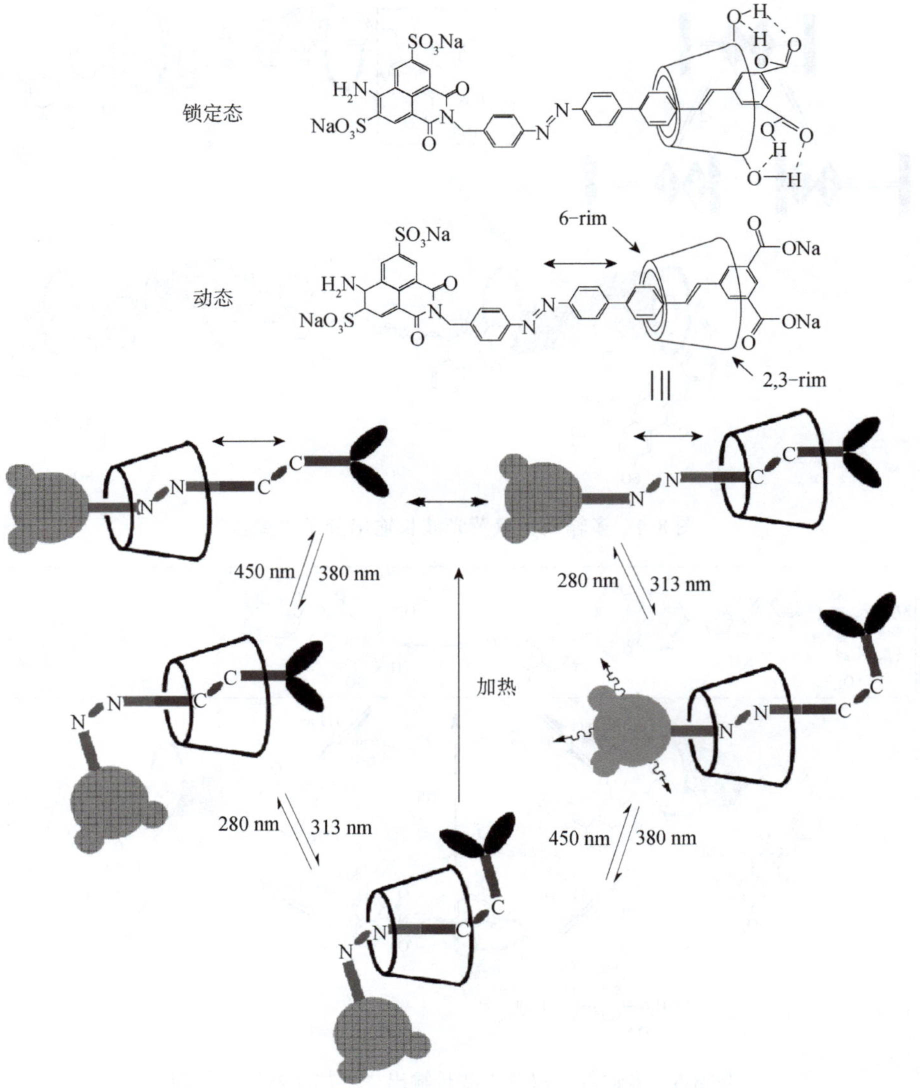

图 8-6　多输入、双荧光波长输出的“INHIBIT”逻辑门

李玉良/朱道本研究小组也构建了两端分别以苝酰亚胺和芘作为阻挡基团的光驱动环酰胺［2］轮烷分子机器（图 8-7），他们利用控制能量转移的办法也实现了荧光信号的输出[21]。体系中的反丁烯二酰胺可以在光照下发生异构，驱动含吡啶的酰胺大环发生平移，加热后又能恢复原状。需要指出的是，当大环中的吡啶质子化以后，其平移运动可以控制芘向苝酰亚胺的能量传递，进而引起酰亚胺荧光强度发生强弱变化。

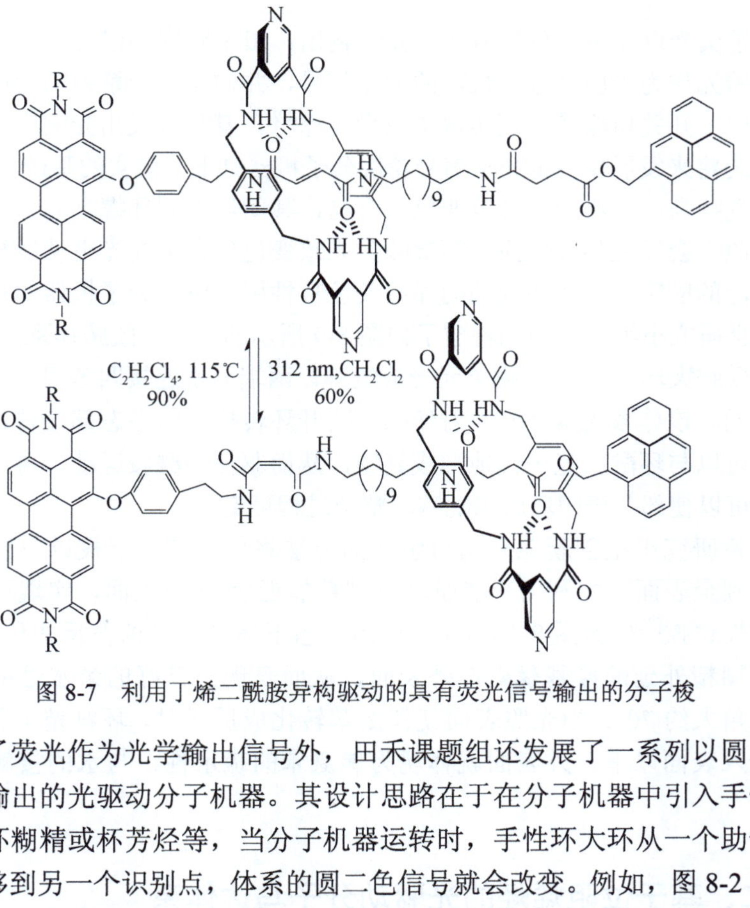

图 8-7　利用丁烯二酰胺异构驱动的具有荧光信号输出的分子梭

除了荧光作为光学输出信号外，田禾课题组还发展了一系列以圆二色光学信号输出的光驱动分子机器。其设计思路在于在分子机器中引入手性大环单元如环糊精或杯芳烃等，当分子机器运转时，手性环大环从一个助色团识别点转移到另一个识别点，体系的圆二色信号就会改变。例如，图 8-2 的分子机器，当环糊精停留在二苯乙烯上而远离萘酰亚胺基团，体系在 430 nm 处的圆二色信号很弱。一旦体系发生光致异构，环糊精转移到联苯而靠近萘酰亚胺基团，这时体系在 430 nm 处出现一个强的信号[22]。图 8-3 的分子机器有类似的圆二色信号输出[23]。

在轮烷体系中引入偶氮苯，并利用两个大的阻挡基团，如葫芦脲，将其封在偶氮苯上。该体系利用光照可以使偶氮苯发生可逆的顺反异构，同时驱动环糊精偏离或者回归偶氮苯识别点，从而引发 365 nm 处圆二色信号发生改变［图 8-8（a）］[24]。同样道理，直接将环糊精连接到轮烷分子的一端，另一端用大的荧光基团将其阻挡在偶氮苯上，得到［1］轮烷分子机器［图 8-8（b）］[25]，或者通过配位自组装得到［3］轮烷［图 8-8（c）］[26]，以及运用超分子自组装的方法得到轮烷超分子聚合物［图 8-8（d）］[27]，均实现了光驱动圆二色信号输出。

除了荧光以及圆二色信号作为光学输出，田禾研究小组近年来还提出了用室温磷光作为光驱动分子机器的输出信号，并构建了一系列拟轮烷体系，不但实现了开关功能[28]，还实现了逻辑运算[29]，甚至开发出光响应水凝胶体系[30]，为将来发展新型全光学信号轮烷分子机器打下了坚实的基础。

啰吡喃是一类典型的光致变色化合物，其闭环态闭环螺吡喃与开环部花菁在光照下会发生相互转换。啰吡喃类光致变色化合物在光电功能材料领域有着广泛的应用，但将啰吡喃的光致变色特性用来驱动分子机器的报道只见于李玉良研究小组[31]。他们构建了如图 8-9 所示的基于环酰胺体系的［2］轮烷，环酰胺大环与 1,4-二酮单元形成氢键，两端分别连接四苯甲烷和啰吡喃阻挡单元。该体系用紫外光照射使螺吡喃开环转化为两性态部花菁，其酚氧负离子可以与环酰胺竞争性地形成氢键，从而驱使环酰胺运动，再用可见光照射又可以使部花菁闭环成螺吡喃，整个过程可逆。

张希研究小组创新地利用自组装的方法将偶氮苯分子梭以单层膜的方式修饰到金表面，并利用光能驱动环糊精靠近/远离外表面，实现可逆的表面润湿性调控[32]，如图 8-10 所示。初始状态下环糊精停留在反式偶氮苯上，这时环糊精外延的羟基暴露在外表面，从而表现出良好的亲水性能，与水的接触角大约 70°；当光照表面使偶氮苯转化成反式时，环糊精下移，外延羟基进入表面以下，外表面就体现为偶氮苯的疏水性，与水的接触角变成 120°。

二、基于位阻烯烃的光驱动分子马达体系

相对于互锁型分子机器在我国有不少研究小组，基于位阻烯烃的光驱动分子马达在国内的研究小组就要少得多。最近，田禾研究小组也报道了几个光驱动分子马达体系。图 8-11 是他们对第一代光驱动分子马达进行修饰，合成具有两个冠醚取代基的分子马达，运用模板法合成了光响应的［3］轮烷体

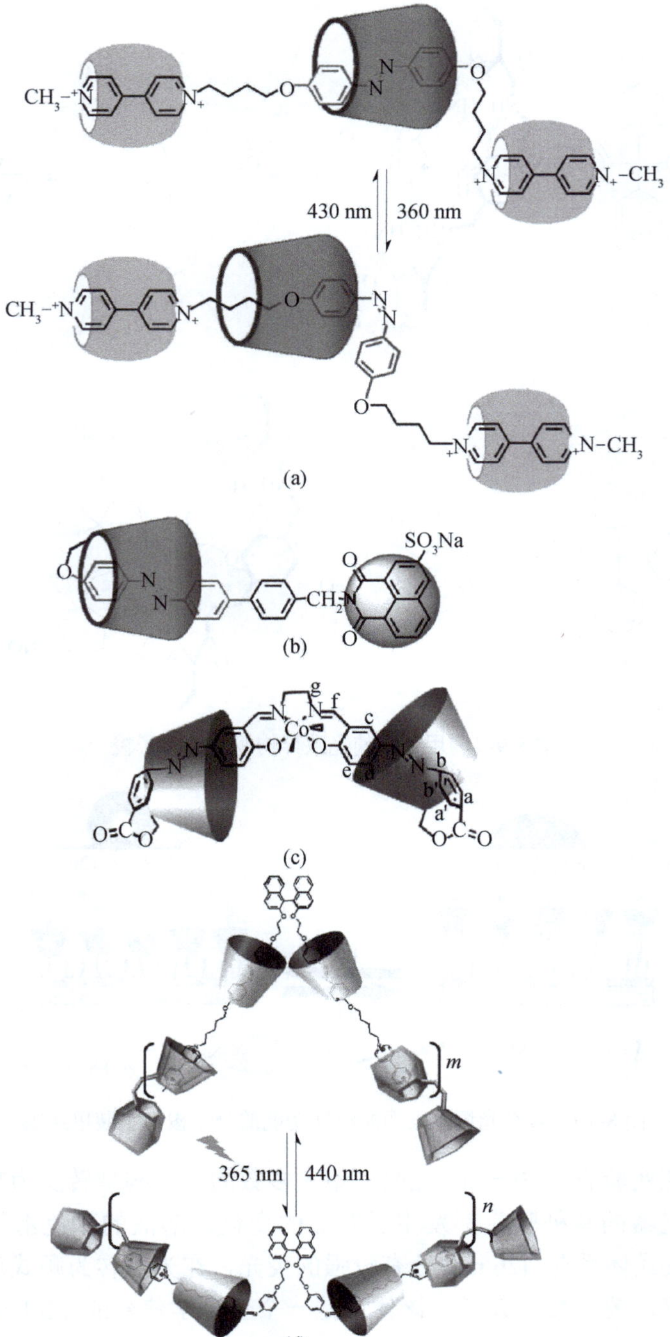

图 8-8　具有圆二色输出信号的光响应互锁型分子机器体系

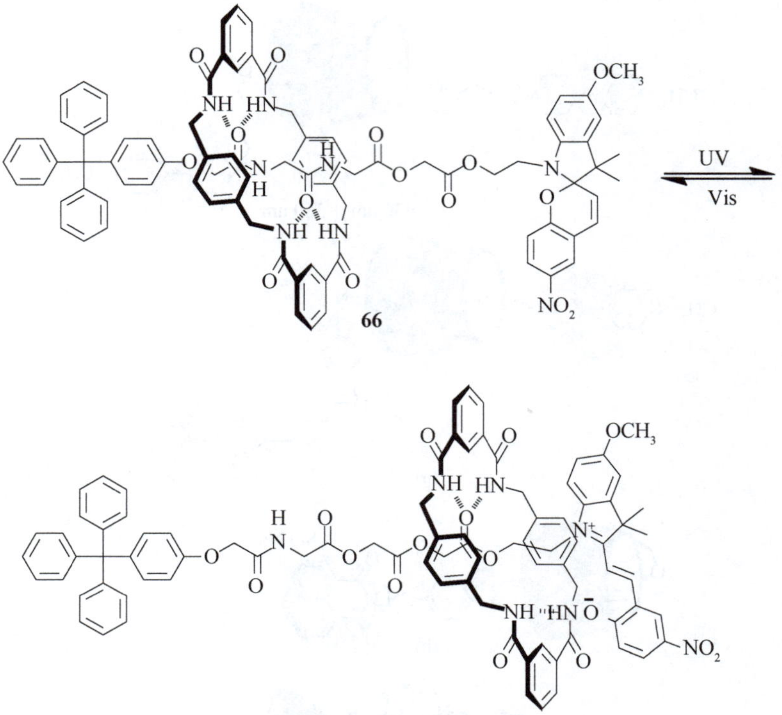

图 8-9　利用噁吡喃光致异构驱动的分子梭

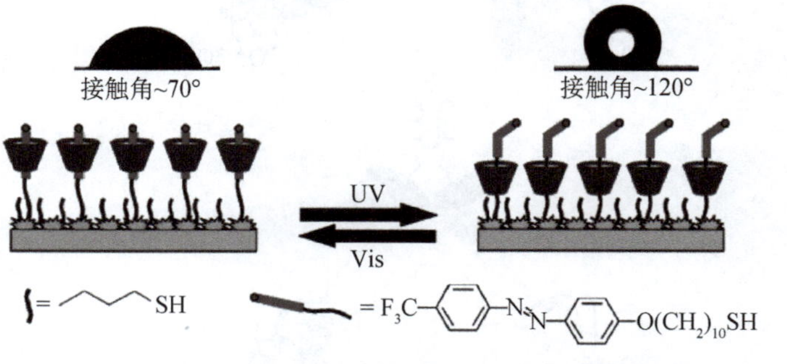

图 8-10　具有光调控表面润湿性功能的分子梭自组装单层膜

系[33]。光照实验表明 365 nm 光照下绝大多数的反式构型转变为顺式。光照前后分子机器的紫外吸收都发生了明显的变化，溶液的颜色由无色变为黄色。而且反式体系在 426 nm 处有较强的荧光，在光照转为顺式后，由于能量发生转移，荧光被淬灭了。该体系是一个全光学信号的［3］轮烷的分子开关。

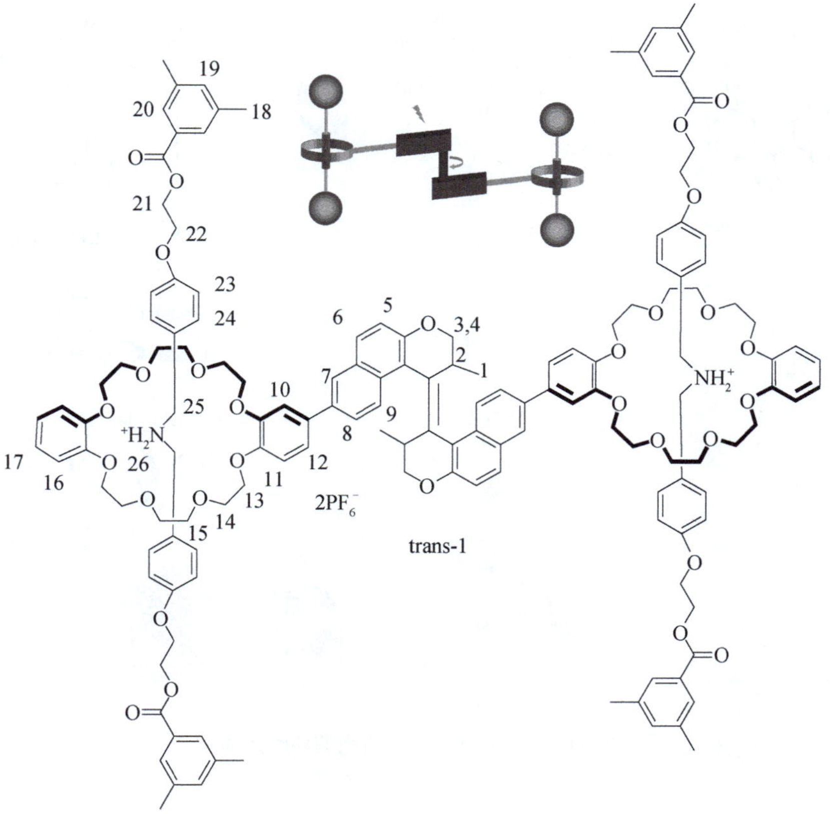

图 8-11 光驱动分子马达-轮烷结合体系

图 8-12 是他们最近设计的另外一个基于对称位阻烯烃的可控囊泡体系[34]。其中位阻烯烃为该分子提供疏水部分，修饰在位阻烯烃两端的聚乙二醇链为该分子提供亲水部分。该双亲性分子能够在水中自组装成纳米囊泡，然后通过对系统进行紫外光 365 nm 照射，初始态的囊泡能够进行尺寸收缩，并且通过对照射后的系统进行加热升温，已收缩的纳米囊泡能够重新回到初始状态，该过程能够实现完全的可逆。随后对初始态的纳米囊泡进行小分子钙黄绿素的包载，实验证明钙黄绿素能够被包裹在囊泡内。而通过紫外光进一步照射，已包载的钙黄绿素能够被完全释放出来，从而实现了囊泡的纳米容器性质，这一过程在药物释放领域具有重要的潜在应用价值。

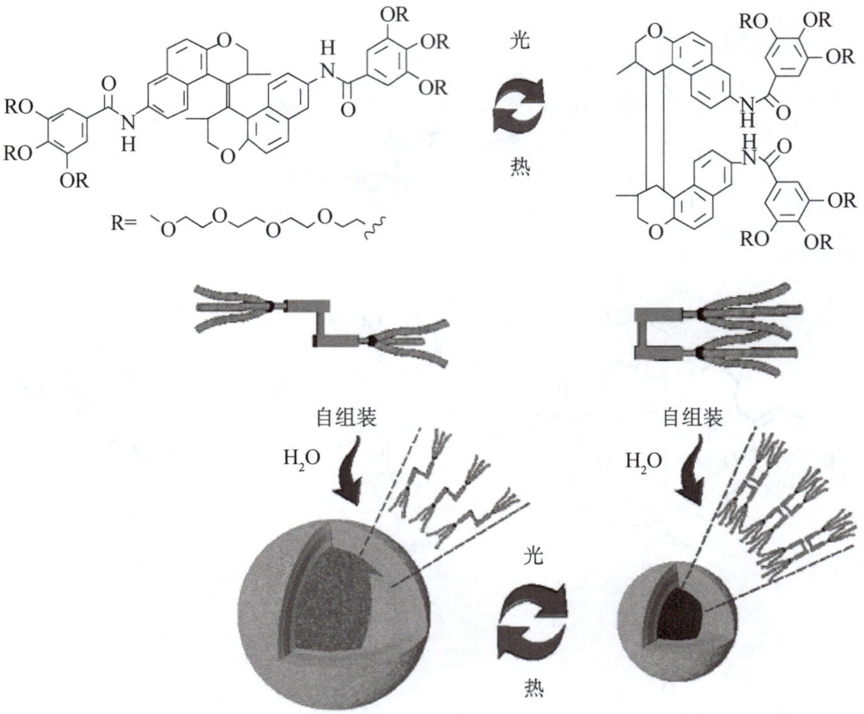

图 8-12　基于分子马达的光调控纳米囊泡

第三节　研究总结与展望

2016 年诺贝尔化学奖授予从事“分子机器”研究的三位科学家，充分体现出分子机器的巨大科学价值，从某种意义上说，分子机器已经颠覆了人们的观念。到目前为止，研究人员已经可以方便地合成各种各样的分子机器，分子机器诺贝尔奖得主之一 Feringa 教授讲过“我现在更关心的是怎么使用它们，而不是再造出一种新的马达来。”而另一得主 Stoddart 爵士也同样认为“这一领域的研究已经走过了漫长的道路，现在是时候向外界证明它们是有用的了”。分子机器已经开始了从基础研究阶段向应用研究阶段的征程，2016 年 6 月的美国戈登会议（US Gordon conferences），这一在学术界有着举足轻重地位的会议，首次将“分子机器及其潜在应用”作为重点议题，标志着该领域的研究进入新的纪元。曼彻斯特大学的 David Leigh 教授，Stoddart 爵士的优秀学生，也是分子机器领域著名的研究小组之一，也说道：“在 15 年内，分子机器领域的研究将成为化学和材料设计领域的核心部分。”

当然了，分子机器要真正走入实际应用、产生能够改变人们生活的社会效益还有一段路要走，期间还有许多技术难题需要解决。对于光驱动分子机器来说，科学家们还需要解决如光化学反应转化效率的问题；其在固态条件下运转受阻的问题；其作为光学分子器件要解决分子机器分子与分子之间如何通信的问题；如何保证通信过程中光信号不衰减；以及成千上万乃至过亿的分子机器之间如何协调一致实现特定功能的问题等。但是有理由相信在将来的一段时间里，随着研究人员对分子机器包括光驱动分子机器的进一步研究，基于光驱动分子机器的高端科技产品将会出现在人们的生活中并且发挥巨大的作用。

第四节　学科发展政策建议与措施

分子机器的最终发展目标是构建非溶液态化（如凝胶态和固态）、器件化分子水平的功能元件并加以应用，对于光驱动分子机器也是如此，构建具有复杂结构或（和）功能新颖的分子机器体系仍然是该领域的重要挑战之一。光驱动分子机器也是如此，如构建具有特定发光（荧光/室温磷光）功能的分子梭和分子马达传感器体系；发展能够用于载药、具有靶向功能的光控分子机器体系；进而设计能够在微观领域中进行光控动作（如在生物体细胞内进行手术）的分子机器体系；等等。要完成上述目标，当前还有许多研究工作要做。

一、构建真正能够做功的光驱动分子机器体系

现有多数光驱动分子机器是在机械互锁分子（多稳态轮烷、索烃）的基础上，通过更加精细地设计并调控其动力学过程来实现的。借助一些具有主客体识别作用的大环分子，目前已能够成熟地合成出各种各样的具有一定结构复杂性的机械互锁分子，并对其进行有效的热力学多稳态精确调控，从而发展出一类新型分子开关体系。然而，目前大多数的光驱动多稳态轮烷和索烃分子都仅仅只能被定义为分子开关，严格意义上还不能称为分子机器。按照目前国际上公认的分子机器的定义，只有那些能够将外界施加的能量转换成机械能或分子内势能的分子才能称为分子机器。因此，区别分子机器和分子开关的关键就是能否做功[35]。

为了实现真正能够做功的分子机器的构建和调控，不仅需要控制其热力学控制的稳态结构，更重要的是，通过精密的分子工程设计，精准地控制单分子内的相对运动动力学过程，使其在接受光能后，按给定的路线和方向运动到给定的空间位置。这方面的研究 Stoddart 和 Credi 在其轮烷分子泵体系中均将分子运动的方向性作为研究的重点[36]。他们分别采取了紫精单元的可逆氧化还原转换过程和偶氮苯单元的光致异构过程来实现对分子能垒的精确控制，从而实现了分子尺度下的分子单向运动过程，并证明这一过程能够模拟生物体内膜蛋白的主动运输过程，像泵一样将模型分子进行逆浓度梯度运输转移到另外一个空间位置，显示出了分子机器做功的巨大应用前景。Leigh 近期也通过定向运动的索烃分子实现了模拟化学燃料驱动的人工分子马达的构建[37]。

为了设计出新型的定向运动光驱动互锁型分子机器，需要在分子设计上从分子动力学的角度进行考虑，其中涉及分子间复杂的空间位阻、弱相互作用、电荷转移和稳态寿命等问题。可以考虑引入新型的大环分子和光响应单元，使其控制模式更多样化和可选择性。同时，由于目前的定向分子梭体系都只能实现单一方向的运输，是否可以发展出更加高级的双向分子梭，通过正交的光学/混合型驱动方式实现双向分子泵轮烷体系，是十分值得关注和设计研究的。

二、发展原位单分子机器表征手段

分子机器，包括光驱动分子机器，其表征方法目前局限于核磁、吸收和发射光谱等反映宏观统计学性质的表征手段。很少有研究能够原位或者观测到单个分子机器的运转过程。Giussepone 将分子马达共价连接到单个线性聚合物链中，在原子力显微镜下观测到了单个分子马达的定向转动导致的聚合物链的缠绕和扭曲[38]。他们还将分子肌肉轮烷通过刚性氢键超分子聚合成原子力显微镜下可观测到的线性纤维结构，然后在显微镜下原位观测到了分子肌肉纤维的刺激响应舒张和收缩的过程[39]。Leigh 和 Stoddart 同样通过原子力显微镜测出了单个轮烷分子发生环滑动行为所需要的微观应力[40]。这些研究均显示出了原位检测分子机器运转的挑战和巨大意义。

仅采取现有的原子力显微镜的原位检测技术显然具有极大的局限性，开展一些新型的原位检测手段是十分重要的。同时分子机器的单分子检测则更加重要和迫切需要得到解决，因为这将直接提高化学家对分子机器运转模式和机理的认知和理解。一些分析领域的单分子分析技术可以引入分子机器的检测中。郭雪峰利用其碳纳米管继电器，检测出了单个二噻吩乙烯光致异构产生的可开关的电流信号[41]。龙亿涛利用其暗场显微镜可以原位检测出单个金纳米粒子的光散射光谱的变化，从而检测出纳米粒子上配体的变化情况[42]。这些新型单分子原位检测手段可以从单分子光谱或者电流信号上给出单分子的实际情况，具有一定的分子机器原位单分子检测的应用前景。

三、解决光驱动分子机器微观运动的放大和功能材料化所面临的问题

目前绝大多数的光驱动分子机器（包括其他类型分子机器）均只在溶液相中运转，这对分子机器的材料化和器件化带来了巨大的挑战。而利用一些表面化学、高分子聚合的策略将分子机器引入表面、界面或聚合物材料中后，新的问题又会极大地抑制分子机器在表面相、固相或凝胶相中的正常运转。例如，分子机器的运转是需要空间的，当把分子机器单元固载到宏观表面相后，其拥挤的单分子层排列可能会抑制分子机器的有效运转，同时表面相的各向异性和溶液相的各项同性的本质上的不同又直接影响到分子机器的分子运动。同时，一些原本在溶液相中适用的刺激响应方式在非液相体系中也将不再适用。最近 Harada 将分子肌肉轮烷分子作为凝胶骨架来控制凝胶材料的形貌尺寸和宏观性能显示出了一定的分子机器材料化和分子运动放大的进展和前景[43]。而 Loeb 将轮烷分子梭引入金属有机框架材料中也为固态分子机器提出了新的策略和方法[44]。

为了将分子机器有效固载到固体或聚合物材料表面或体相中，首先需要有效可靠的表面化学反应手段，例如，现在普遍采用的点击化学策略，或者常见的金-硫醇、金属氧化物-邻苯二酚连接方式，都可以作为将分子机器连接到表面的链接单元。同时，更加重要的是，从溶液相转移到表面相后，分子机器有一定的运转空间是非常必要的。浓度太高的单分子层会使得分子机器太拥挤而失去原本的运转能力。因此可以考虑采用配体稀释的方法，引入共配体，一方面可以调节材料总体的溶解度或机械性能，另一方面可以将分子机器单元在表面均匀“稀释”，为其有效运转提供足够的空间。在实现了分子机器在表面的有效自组装后，还需要考虑分子机器对材料本身带来的性能改变和调控，而光驱动分子机器与电、热、磁等领域进行交叉结合将会成为这个领域今后的主要研究方向之一。

本章参考文献

[1] Qian H，Guo D S，Liu Yu. p-Sulfonatocalix[4]arene supramolecular polymers：Formation by host-guest interactions and light response. Asian J Org Chem，2012，1：155-159.

[2] Zhao J，Zhang Y M，Sun H L，et al. Multistimuli-responsive supramolecular assembly of cucurbituril/cyclodextrin pairs with an azobenzene-containing bispyridinium guest. Chem Eur J，2014，20：15108-15115.

[3] Cheng H B，Zhang Y M，Xu C，et al. Photoresponsive supramolecular complexes as efficient DNA regulator. Scientific Reports，2014，4：4210.

[4] Wang J，Zhang Y M，Zhang X J，et al. Light-controlled[3]pseudorotaxane based on tetrasulfonated 1,5-dinaphtho-32-crown-8 and a-cyclodextrin. Asian J Org Chem，2015，4：244-250.

[5] Wang J，Zhang H Y，Zhang X J，et al. Light-controlled reversible formation and dissociation of nanorods via interconversion of pseudorotaxanes. Chem Commun，2015，51：7329-7332.

[6] Liu M，Yan X Z，Hu M L，et al. Photoresponsive host-guest systems based on a new azobenzene-containing crytpand. Org Lett，2010，12：2558-2561.

[7] Yu G C，Han C Y，Zhang Z B，et al. Pillar[6]arene-based photoresponsive host-guest complexation. J Am Chem Soc，2012，134：8711-8717.

[8] Xia D Y，Yu G C，Li J Y，et al. Photo-responsive self-assembly based on a water-soluble pillar[6]arene and an azobenzene-containing amphiphile in water. Chem Commun，2014，50：3606-3608.

[9] Xia D Y，Wei P F，Shi B B，et al. A pillar[6]arene-based[2]pseudorotaxane in solution and in the solid state and its photo-responsive self-assembly behavior in solution. Chem Commun，2016，52：513-516.

[10] Zhang Q W，Li D F，Li X，et al. Multicolor photoluminescence including white-light emission by a single host-guest complex. J Am Chem Soc，2016，138：13541-13550.

[11] Cao J J，Ma X，Min M R，et al. Inhibit logic operations based on light-driven β-cyclodextrinpseudo[1]rotaxane with room temperature phosphorescence addresses. Chem Commun，2014，50：3224-3226.

[12] Sun R Y，Ma X. Photo-responsive pseudo[n]rotaxanes based on disparate hetero-macrocycle host combination. Tetrahedron，2013，69：1069-1073.

[13] Zhang Q，Qu D H，Wang Q C，et al. Dual-mode controlled self-assembly of TiO_2 nanoparticles through a cucurbit[8]uril-enhanced radical cation dimerization interaction. Angew Chem Int Ed，2015，54：15789-15793.

[14] Hu X Y，Jia K K，Cao Y，et al. Dual photo-and pH-responsive supramolecular nanocarriers based on water-soluble pillar[6]arene and different azobenzene derivatives for intracellular anticancer drug delivery. Chem Eur J，2015，21：1208-1220.

[15] Sun S G，Zhan R，Andersson S，et al. Host-guest chemistry and light driven molecular

lock of Ru(bpy)$_3$-viologen with cucurbit[7-8]urils. J Phys Chem B，2007，111：13357-13363.

[16] Wang Q C, Qu D H, Ren J, et al. A lockable light-driven molecular shuttle with a fluorescent signal. Angew Chem Int Ed，2004，43：2661-2665.

[17] Qu D H，Wang Q C，Ren J，et al. A light-driven rotaxane molecular shuttle with dual fluorescence addresses. Org Lett，2004，6：2085-2088.

[18] Qu D H，Wang Q C，Ma X，et al. A[3]rotaxane with three stable states that responds to multiple-inputs and displays dual fluorescence addresses. Chem Eur J, 2005, 11: 5929-5937.

[19] Qu D H，Wang Q C，Tian H. A half adder based on a photochemically driven[2]rotaxane. Angew Chem Int Ed，2005，44：5296-5299.

[20] Qu D H, Ji F Y, Wang Q C, et al. A double INHIBIT logic gate employing configuration and fluorescence changes. Adv Mater，2006，18：2035-2038.

[21] Li Y J，Li H，Li Y L，et al. Energy transfer switching in a bistable molecular machine. Org Lett，2005，7：4835-4838.

[22] Wang Q C，Ma X，Qu D H，et al. Unidirectional threading synthesis of isomer-free[2]rotaxanes. Chem Eur J，2006，12：1088-1096.

[23] Zhu L L，Ma X，Ji F Y，et al. Effective enhancement of fluorescence signals in rotaxane-doped reversible hydrosol-gel systems. Chem Eur J，2007，13：9216-9222.

[24] Ma X，Wang Q C，Qu D H，et al. A light-driven pseudo[4]rotaxane encoded by induced circular dichroism in a hydrogel. Adv Funct Mater，2007，17：829-837.

[25] Ma X，Qu D H，Ji F Y，et al. A light-driven[1]rotaxane via self-complementary and suzuki-coupling capping. Chem Commun，2007，14（14）：1409-1411.

[26] Gao C，Ma X，Zhang Q，et al. A light-powered stretch-contraction supramolecular system based on cobalt coordinated[1]rotaxane. Org Biomol Chem，2011，9：1126-1132.

[27] Sun R Y，Xue C M，Ma X，et al. Light-driven linear helical supramolecular polymer formed by molecular-ecognition-directed self-assembly of bis（p-sulfonatocalix[4]arene）and pseudorotaxane. J Am Chem Soc，2013，135：5990-5993.

[28] Ma X，Cao J J，Wang Q C，et al. Photocontrolled reversible room temperature phosphorescence（RTP）encoding beta-cyclodextrinpseudorotaxane. Che Commun，2011，47：3559-3661.

[29] Cao J J，Ma X，Min M R，et al. INHIBIT logic operations based on light-driven β-cyclodextrinpseudo[1]rotaxane with room temperature phosphorescence addresses. Chem Commun，2014，50：3224-3226.

[30] Chen H，Xu L，Ma X，et al. Room temperature phosphorescence of 4-bromo-1.8-naphthalic anhydride derivatives based polyacrylamide copolymer with photo-stimulated responsiveness. Polym Chem，2016，7：3989-3992.

[31] Zhou W D，Chen D G，Li J B，et al. Photoisomerization of spiropyran for driving a molecular shuttle. Org Lett，2007，9：3929-3932.

[32] Wan P B，Jiang Y G，Wang Y P，et al. Tuning surface wettability through photocontrolled reversible molecular shuttle. Chem Commun，2008，44（44）：5710-5712.

[33] Zhou W，Guo Y J，Qu D H. Photodriven clamlike motion in a[3]rotaxane with two [2] rotaxane arms bridged by an overcrowded alkene switch. J Org Chem，2013，78：590-596.

[34] Yu J J，Cao Z Q，Zhang Q，et al. Photo-powered stretchable nano-containers based on well-defined vesicles formed by an overcrowded alkene switch. Chem Commun，2016，52：12056-12059.

[35] Coskun A，Banaszak M，Astumian R D，et al. Great expectation：can artificial molecular machines deliver on their promise? Chem Soc Rev，2012，41：19-30.

[36] a）Ragazzon G，Baroncini M，Silvi S，et al. Light-powered autonomous and directional molecular motion of a dissipative self-assembling system. Nat Nanotechnol，2015，10：70-75；b）Cheng C Y，McGonigal P R，Schneebeli S T，et al. An artificial mdecwlar pump. Nat Nanotechnol，2015，10：547-553.

[37] Wilson M R，Solà J，Carlone A，et al. An autonomous chemically fuelled small-molecule motor. Nature，2016，534：235-240.

[38] Li Q，Fuks G，Moulin E，et al. Macroscopic contraction of a gel induced by the integrated motion of light-driven molecular motors. Nat Nanotechnol，2015，10：161-165.

[39] Goujon A，Du G Y，Moulin E，et al. Hierarchical self-assembly of supramolecular muscle-like fibers. Angew Chem Int Ed，2016，55：703-707.

[40] a）Lussis P，Svaldo-Lanerob T，Bertocco A，et al. A single synthetic small molecule that generates force against a load. Nat Nanotechnol，2011，6：553-557；b）Brough B，Northrop B H，Schmidt J J，et al. Evaluation of synthetic linear motor-molecule actuation energetics. PNAS，2006，103：8583-8588.

[41] Jia C C，Migliore A，Xin N，et al. Covalently bonded single-molecule junctions with stable and reversible photoswitched conductivity. Science，2016，352：1443-1445.

[42] Shi L，Jing C，Ma W，Et al. Plasmon resonance scattering spectroscopy at the single-nanoparticle level：Real-time monitoring of a click reaction. Angew Chem Int Ed，2013，52：6011-6014.

[43] Iwaso K，Takashima Y，Harada A. Fast response dry-type artificial molecular muscles with [c2] daisy chains. Nat Chem，2016，8：625-632.

[44] Zhu K L，O'Keefe C A，Vukotic V N，et al. A molecular shuttle that operates inside a metal-organic framework. Nat Chem，2015，7：514-519.

关键词索引

H

J

K

L

M

N

O

P

Q

R

S

T

W

X

Y

Z